国家出版基金项目
NATIONAL PUBLICATION FOUNDATION

国家出版基金资助项目
湖北省学术著作出版专项资金资助项目
数字制造科学与技术前沿研究丛书

复杂曲面零件五轴数控加工理论与技术

毕庆贞　丁　汉　王宇晗　著

武汉理工大学出版社
·武汉·

内 容 提 要

本书从五轴数控加工基本原理出发，在五轴加工后置处理、五轴数控系统转角光顺及速度规划、复杂曲面五轴加工轨迹规划、五轴机床运动轴几何误差检测与补偿、原位测量与智能控制等方面提出了新的算法与模型，并针对各项研究成果，给出了应用实例加以验证；并结合设计-加工-测量一体化制造技术在工业界的实际需求，分析了五轴数控加工的发展趋势。

本书形式上由浅入深，内容深入浅出，可供从事五轴数控加工、五轴数控系统开发、在线测量等领域研究的科研人员和工程技术人员阅读，也可作为机械制造相关专业研究生的教材或参考书。

图书在版编目(CIP)数据

复杂曲面零件五轴数控加工理论与技术/毕庆贞，丁汉，王宇晗著. —武汉：武汉理工大学出版社，2016.12

(数字制造科学与技术前沿研究丛书)

ISBN 978-7-5629-5380-7

Ⅰ.①复… Ⅱ.①毕… ②丁… ③王… Ⅲ.①曲面—数控机床—加工 Ⅳ.①TG659

中国版本图书馆 CIP 数据核字(2015)第 298860 号

项目负责人：田 高 王兆国　　**责 任 编 辑**：汪浪涛

责 任 校 对：梁雪姣　　**封 面 设 计**：兴和设计

出版发行：武汉理工大学出版社(武汉市洪山区珞狮路 122 号 邮编：430070)

http://www.wutp.com.cn

经 销 者：各地新华书店

印 刷 者：武汉中远印务有限公司

开 本：787×1092 1/16

印 张：17.75

字 数：454 千字

版 次：2016 年 12 月第 1 版

印 次：2016 年 12 月第 1 次印刷

印 数：1—1500 册

定 价：66.00 元

数字制造科学与技术前沿研究丛书
编审委员会

总　　序

当前，中国制造2025和德国工业4.0以信息技术与制造技术深度融合为核心，以数字化、网络化、智能化为主线，将互联网＋与先进制造业结合，正在兴起全球新一轮数字化制造的浪潮。发达国家特别是美、德、英、日等制造技术领先的国家，面对近年来制造业竞争力的下降，最近大力倡导"再工业化、再制造化"的战略，明确提出智能机器人、人工智能、3D打印、数字孪生是实现数字化制造的关键技术，并希望通过这几大数字化制造技术的突破，打造数字化设计与制造的高地，巩固和提升制造业的主导权。近年来，随着我国制造业信息化的推广和深入，数字车间、数字企业和数字化服务等数字技术已成为企业技术进步的重要标志，同时也是提高企业核心竞争力的重要手段。由此可见，在知识经济时代的今天，随着第三次工业革命的深入开展，数字化制造作为新的制造技术和制造模式，同时作为第三次工业革命的一个重要标志性内容，已成为推动21世纪制造业向前发展的强大动力，数字化制造的相关技术已逐步融入制造产品的全生命周期，成为制造业产品全生命周期中不可缺少的驱动因素。

数字制造科学与技术是以数字制造系统的基本理论和关键技术为主要研究内容，以信息科学和系统工程科学的方法论为主要研究方法，以制造系统的优化运行为主要研究目标的一门科学。它是一门新兴的交叉学科，是在数字科学与技术、网络信息技术及其他(如自动化技术、新材料科学、管理科学和系统科学等)与制造科学与技术不断融合、发展和广泛交叉应用的基础上诞生的，也是制造企业、制造系统和制造过程不断实现数字化的必然结果。其研究内容涉及产品需求、产品设计与仿真、产品生产过程优化、产品生产装备的运行控制、产品质量管理、产品销售与维护、产品全生命周期的信息化与服务化等各个环节的数字化分析、设计与规划、运行与管理，以及整个产品全生命周期所依托的运行环境数字化实现。数字化制造的研究已经从一种技术性研究演变成为包含基础理论和系统技术的系统科学研究。

作为一门新兴学科，其科学问题与关键技术包括：制造产品的数字化描述与创新设计，加工对象的物体形位空间和旋量空间的数字表示，几何计算和几何推理、加工过程多物理场的交互作用规律及其数字表示，几何约束、物理约束和产品性能约束的相容性及混合约束问题求解，制造系统中的模糊信息、不确定信息、不完整信息以及经验与技能的形式化和数字化表示，异构制造环境下的信息融合、信息集成和信息共享，制造装备与过程的数字化智能控制、制造能力与制造全生命周期的服务优化等。本系列丛书试图从数字制造的基本理论和关键技术、数字制造计算几何学、数字制造信息学、数字制造机械动力学、数字制造可靠性基础、数字制造智能控制理论、数字制造误差理论与数据处理、数字制造资源智能管控等多个视角构成数字制造科学的完整学科体系。在此基础上，根据数字化制造技术的特点，从不同的角度介绍数字化制造的广泛应用和学术成果，包括产品数字化协同设计、机械系统数字化建模与分析、机械装置数字监测与诊断、动力学建模与应用、基于数字样机的维修技术与方法、磁悬浮转子机电耦合动力学、汽车信息物理融合系统、动力学与振动的数值模拟、压电换能器设计原理、复杂多环耦合机构构型综合及应用、大数据时代的产品智能配置理论与方法等。

围绕上述内容，以丁汉院士为代表的一批我国制造领域的教授、专家为此系列丛书的初步形成，提供了他们宝贵的经验和知识，付出了他们辛勤的劳动成果，在此谨表示最衷心的感谢！

《数字制造科学与技术前沿研究丛书》的出版得到了湖北省学术著作出版专项资金项目的资助。对于该丛书，经与闻邦椿、徐滨士、熊有伦、赵淳生、高金吉、郭东明和雷源忠等我国制造领域资深专家及编委会讨论，拟将其分为基础篇、技术篇和应用篇3个部分。上述专家和编委会成员对该系列丛书提出了许多宝贵意见，在此一并表示由衷的感谢！

数字制造科学与技术是一个内涵十分丰富、内容非常广泛的领域，而且还在不断地深化和发展之中，因此本丛书对数字制造科学的阐述只是一个初步的探索。可以预见，随着数字制造理论和方法的不断充实和发展，尤其是随着数字制造科学与技术在制造企业的广泛推广和应用，本系列丛书的内容将会得到不断的充实和完善。

《数字制造科学与技术前沿研究丛书》编审委员会

前　言

复杂曲面零件在国防、能源等领域有着广泛应用，因其具有结构复杂、精度要求高等特点，属于典型难加工零件。本书以五轴数控设备与工艺技术为基础，从影响复杂曲面零件加工的误差源出发，将五轴数控加工相关理论与技术应用到复杂曲面零件的加工，形成了复杂曲面零件五轴数控加工-测量一体化的先进制造技术与理论。

全书共分为7章，第1章介绍了典型复杂曲面零件和五轴数控机床的结构与特点，分析了复杂曲面五轴数控加工中包含的基本问题；第2章为五轴数控加工运动学与后置处理，对五轴数控机床运动链、加工系统进行了详细的定义与说明，解决了后置处理中包括运动学变化等在内的主要问题，描述了开发的通用五轴后置处理软件；第3章为复杂曲面加工轨迹规划，提出了复杂曲面五轴侧铣、五轴插铣、型腔螺旋铣等刀具路径规划算法，同时针对曲率光顺、机床旋转角光滑和点铣避障分别建立了刀具路径优化模型；第4章为五轴数控系统中的局部光顺及速度规划，研究了三轴小线段刀具路径的转接光顺，以及工件坐标系和机床坐标系下五轴转接光顺；第5章为五轴数控机床几何精度检验与几何误差补偿，提出了五轴机床RTCP运动精度测试与改进方法和基于试件加工、接触式测头的五轴机床精度检验方法，并利用运动学变换的微分运动特性，提出机床几何误差补偿方法；第6章为原位测量与智能控制，开发了面向壁板的壁厚原位测量仪器，提出了面向五轴侧铣加工变形精度的原位测量与补偿方法、考虑迟滞补偿的搅拌摩擦焊加工过程力控制方法和面向镜像铣削加工变形的实时检测与控制策略；第7章为复杂曲面五轴加工的发展趋势，介绍了飞机蒙皮五轴协同与实时测控的柔性加工，以及叶轮叶片的设计-制造一体化新理论与新方法。

感谢国家自然科学基金项目（U1537209、51475302、51005155、50875171）、国家863重点项目（2009AA04Z150）、国家973项目（2011CB706804、2005CB724100）、上海市科技攻关项目（13111101000）等多年来对相关研究工作的支持和帮助！

本书对从事先进制造技术与系统、CAD/CAM、数字制造、精密测量和机床控制等领域的研究人员和专业技术人员具有参考价值，也可作为高等院校相关专业的研究生教材或参考书。由于时间关系和作者知识体系所限，书中难免会有各种纰漏和疏忽，敬请读者批评指正。今后我们会继续努力并不断充实本书内容，希望通过本书与同行学者及对五轴数控加工技术有兴趣的人员进行交流，起到抛砖引玉的作用。

编　者

2016年9月

前言

目　　录

1 绪 论

复杂曲面零件作为数字化制造的主要研究对象之一，在航空、航天、能源和国防等领域有着广泛的应用，这些零件的制造水平代表着国家制造业的核心竞争力。五轴数控铣削加工技术具有高可达性和高加工精度等优势，成为这些复杂曲面零件的常用加工方式，于是复杂零件五轴加工中刀具路径规划、后置处理、加工误差检测与补偿、测量与控制等成为数字化制造的关键问题。

1.1 典型复杂曲面零件

复杂曲面零件应用广泛，包括航空航天发动机轮盘类零件、燃气轮机叶片、飞机和火箭结构件等，这些零件往往具有形状和结构复杂、质量要求高等难点，成为研究五轴数控加工的典型对象。

1. 轮盘类零件

轮盘类零件作为帮助发动机完成对气体的压缩和膨胀的关键部件，以最高的效率产生强大的动力来推动飞机前进的工作(图 1.1)。典型的轮盘类零件主要包括整体叶盘类零件和叶片类零件。整体叶盘类零件是将叶片和叶盘做成整体，相对于传统的叶片类零件，省去连接的榫头和榫槽，简化零件结构，同时减轻了零件的重量。自 20 世纪 80 年代中期，西方发达国家在新型航空发动机设计中采用整体叶盘结构作为最新的结构和气动布局形式，它代表了第四代、第五代高推重比航空发动机技术的发展方向，已成为高推重比发动机的必选结构。美国通用电气和普惠公司、英国罗罗公司等均采用五轴数控加工技术研制了整体叶盘，并且广泛应用于新一代发动机中。

图 1.1　航空发动机整体叶轮和航天发动机诱导轮

整体叶盘类零件叶展长、叶片薄且扭曲度大、叶片间的通道深且窄、开敞性差，零件材料多为钛合金、高温合金等难加工材料，导致零件加工制造困难。叶片叶身型面主要由叶盆，叶背，前缘和尾缘构成。叶片是一种特殊的零件，它数量多、形状复杂、要求高、加工难度大，而且是故障多发的零件，一直以来是各发动机厂生产的关键部件。叶片类零件结构形状复杂，是典型的薄壁复杂曲面零件。

总体来说，这些轮盘类零件具有结构复杂，弱刚性和薄壁等加工特征，而且材料强度高，导致加工易变形，加工难度大，需要采用精度较高的多轴数控机床加工，保证零件的尺寸精度、形位公差和表面完整性。

2. 航空结构件

随着大型运输飞机等对运载能力需求的不断提高，航空结构件的研制思路也发生了很大的变化。除了传统的螺栓连接和铆接的组合件，大型整体结构件也被越来越广泛地投入到实际应用中。这些航空整体结构件由整块大型毛坯直接加工而成，具有复杂的槽腔、筋条、凸台和减轻孔等特征，在刚度、抗疲劳强度以及各种失稳临界值等方面均比铆接结构胜出一筹，如图 1.2 所示。整体结构件的广泛应用对飞机制造产生了深远影响[1,2]，大大减少了机体的零件数量，提高了其制造质量，同时减少了飞机装配工作量。对于整体结构件而言，由于其具有尺寸大、材料去除率大、结构复杂、刚性差等特点，加工成型后会产生弯曲、扭曲、弯扭组合等加工变形，这成为该类零件加工的关键技术难点。

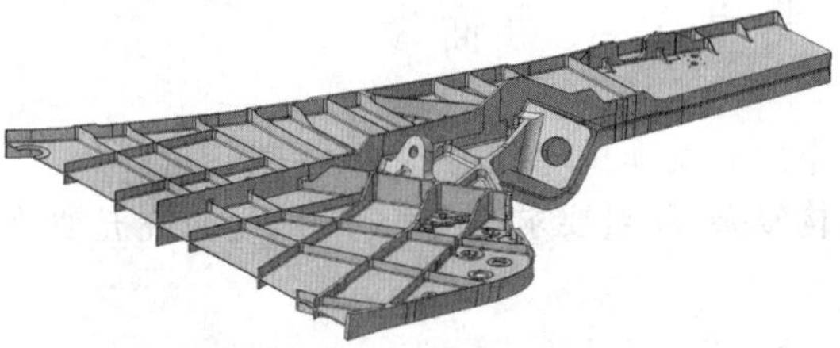

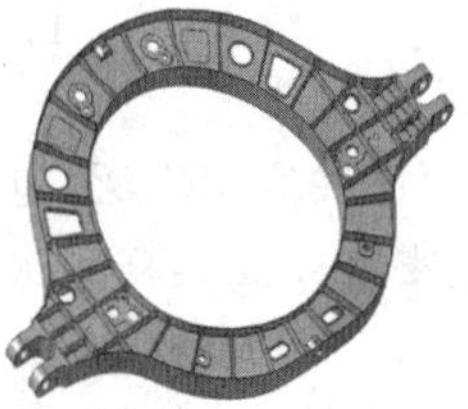

图 1.2 整体式飞机结构件

3. 火箭贮箱壁板

大型薄壁构件是构成火箭燃料贮箱的主要零件，它由铝合金薄板焊接而成，包括前底、筒段、后底三个结构部分。为了保证贮箱的刚度和火箭减重要求，贮箱壁板内壁设计成壁厚均匀的网格结构(图 1.3)。随着新一代大型运载火箭设计要求的提高，为保证火箭的可靠性，减轻结构重量，提高有效载荷，对壁板网格尺寸精度和减小筋条根部的圆弧过渡尺寸提出了更严格的要求。这类零件由于尺寸大、形状复杂、结构刚度低、加工精度要求高，导致可加工性差。而且由于最终加工曲面无法用其原始设计模型表述，必须根据零件的在机几何实测数据，重新生成精加工目标曲面，才能满足零件的制造要求。

图 1.3 火箭贮箱筒段壁板展开图

1.2 五轴数控机床简介

传统的自由曲面主要在三轴机床上利用球头铣刀完成材料去除。五轴数控机床在三个平动轴的基础上增加了两个转动轴，不仅可以使刀具相对于工件的位置任意可控，而且刀具轴线相对于工件的方向也在一定的范围内任意可控。随着多轴数控技术的发展，五轴数控加工是实现大型与异型复杂零件高效、高质的重要手段。

根据 ISO 的规定，在描述数控机床的运动时，采用右手直角坐标系；其中平行于主轴的坐标轴定义为 z 轴，绕 x、y、z 轴的旋转坐标分别为 A、B、C。各坐标轴的运动可由工作台，也可以由刀具的运动来实现，但方向均以刀具相对于工件的运动方向来定义。通常五轴联动是指 x、y、z 三个平动轴加 A、B、C 中任意两个旋转轴。相对于常见的三轴（x、y、z 三个自由度）加工而言，五轴加工是指加工几何形状比较复杂的零件时，需要刀具能够在五个自由度上进行定位。五轴加工所采用的机床通常称为五轴机床或五轴加工中心。

如图 1.4 所示为包含 A 轴和 C 轴的双转台结构五轴数控机床。设置在床身上的工作台可以围绕 X 轴回转，定义为 A 轴，A 轴一般工作范围为 $+30°$ 至 $-120°$。工作台的中间还设有绕 Z 轴旋转的回转台，定义为 C 轴，C 轴一般能进行 $360°$ 回转。这样通过控制 A 轴与 C 轴的旋转角度，可以对固定在工作台上的工件进行除了底面之外的其余五个面的立式主轴加工。A 轴和 C 轴运动的最小分度值一般为 $0.001°$，这样又可以将工件细分成任意角度，加工出倾斜面、倾斜孔等。当 A 轴和 C 轴与 X、Y、Z 三个直线轴实现联动，就可加工出复杂的空间曲面，这种设置方式的优点是主轴的结构比较简单，主轴刚性非常好，制造成本比较低。但受其结构影响，一般工作台不能设计太大，承重也较小，特别是当 A 轴角度大于等于 $90°$ 时，会对 A 轴带来很大的承载力矩，且刀具与转台易发生干涉。

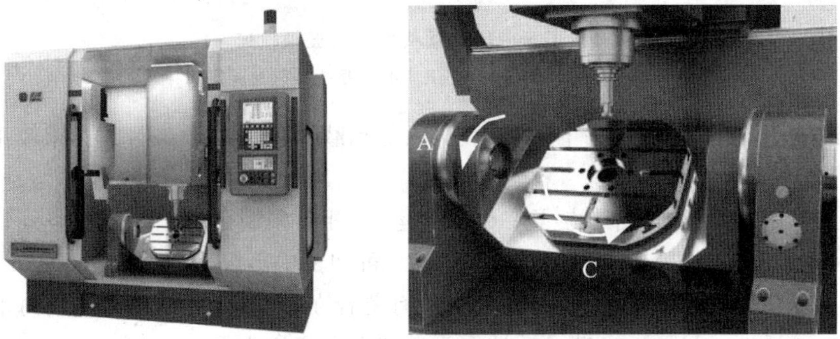

图 1.4 双转台结构五轴机床

双转台五轴机床在工件加工时需要工作台带动工件在两个旋转方向运动。其对工件尺寸有所限制，只适合加工小型零件，例如小型航空整体涡轮、汽车涡轮增压器叶轮以及小型精密模具等，很少应用于龙门铣床等大中型规格产品。由于机床尺寸相对较小，结构相对简单，所以价格较为低廉，是制造业中应用数量最多的五轴联动数控机床。

① 承载能力。由于工作台参与两个回转运动，结构环节多，因此承载能力大大降低[3]。

② 加工范围。由于工作台参与两个回转运动，工作台规格较小，回转角度较小，因此加工范围小，加工空间小，适用于加工中小规格零件。

③ 机构复杂性。两个回转运动机构复合在一起，所以结构较为复杂，但整体机构空间还是相对较大，且不含主轴机构，所以机构复杂性相对较小。

④ 运动灵活性。由于工作台和所加工零件参与两个回转运动，而工作台和所加工零件在整机中属于较大部件，因此运动灵活性小。

⑤ 机构刚性。虽然两个回转运动机构复合在一起，结构较为复杂，但整体机构空间较大，易于采用高刚性结构和零件，所以机构刚性相对较高。

图1.5所示为转台摆头式结构。由于摆头与转台可以分别是A轴、B轴或C轴，所以转台摆头结构的五轴联动机床可以有各种不同的组合，以适应不同的加工对象。该类机床的价格居中，随机器规格大小、精度和性能的不同相差很大。图1.5(a)是A转台B摆头结构机床，这种结构的机床适用于叶片类零件加工，图1.5(b)是B摆头C转台结构机床，这种类型结构的机床适用于发动机壳体和大型叶盘类零件的加工。

(a)　　(b)

图1.5　转台摆头式结构五轴机床

(a)A转台B摆头类机床；(b)B摆头C转台类机床

① 承载能力。工作台参与一个回转运动，因此承载能力相对于双摆头机床较小，而相对于双转台机床较大。

② 加工范围。由于工作台参与了一个回转运动，相对限制了加工范围和空间，因此加工范围和空间一般比双摆头机床小，比双转台机床大，可加工中等规格零件。

③ 机构复杂性。由于两个回转运动机构没有复合在一起，所以结构相对最简单。

④ 运动灵活性。很显然，运动灵活性介于前述两种机床之间。

⑤ 机构刚性。由于两个回转运动机构没有复合在一起，可采用高刚性结构和零件，一般来说，机构刚性相对最高。

图1.6所示为双摆头结构五轴数控机床，两个旋转轴安装在龙门架上，受其本身结构的限制，摆头的尺寸相对较大。不过依靠龙门结构的优势，工作台具有较大的承载能力和尺寸，加工范围和加工空间大，适合加工大中型零件。不过，双摆头机构、龙门结构复杂，使得机构刚性较差。图1.6所示为BC双摆头结构数控机床，旋转轴B轴和C轴的回转带动刀具运动，使得刀具姿态变化相对灵活。

由于双摆头结构的原因，摆头自身的尺寸不容易做小，一般在400～500mm左右。此外，

图 1.6 双摆头结构五轴机床

考虑机床行程范围的需要，双摆头结构的五轴联动机床的加工范围不宜太小，一般为龙门式或动梁龙门式，龙门的宽度一般在 2000 ～ 3000mm 以上。

① 承载能力。由于工作台不参与回转运动，工作台可以按较大规格设置，结构环节少，因此承载能力大。

② 加工范围。由于是摆头执行两个回转运动，回转部件体积相对较小，工作台可以较大，因此加工范围大，加工空间大，可加工中、大规格的零件。

③ 机构复杂性。由于两个回转运动机构和主传动机构复合在一起，且整体机构空间小，所以结构复杂。

④ 运动灵活性。由于是摆头执行两个回转运动，因此刀具运动相对灵活。

⑤ 机构刚性。由于两个回转运动机构复合在一起，传动与结合环节多，且整体机构空间小，所以机构刚性较差。

1.3 五轴数控加工的优势

传统的三轴数控加工通过控制刀具平动来完成零件的加工，五轴数控机床是由三轴机床增加两个旋转自由度构成，利用这两个旋转轴，五轴数控机床可以使刀具处于机床工作空间内的任意方向。五轴数控加工的优势主要通过控制刀具方向来实现，体现在以下四点：[4]

（1）提高刀具可达性

通过改变刀具方向可以提高刀具可达性，实现叶轮、叶片和螺旋桨等复杂曲面零件的数控加工。如图 1.7 所示，通过一次装夹就可以加工出复杂的零件，减少重新装夹时间，降低夹具成本。

图 1.7 调整刀轴方向避免干涉

（2）缩短刀具悬伸长度

通过选择合理的刀具方向可以在避开干涉的同时使用更短的刀具，提高铣削系统的刚度，改善数控加工中的动态特性，提高加工效率和加工质量；如在加工叶轮根部等曲率较大的区域时，只能用刚度较低的小半径刀具，选择合理的刀轴方向，可以缩短刀具悬伸量，如图1.8所示。

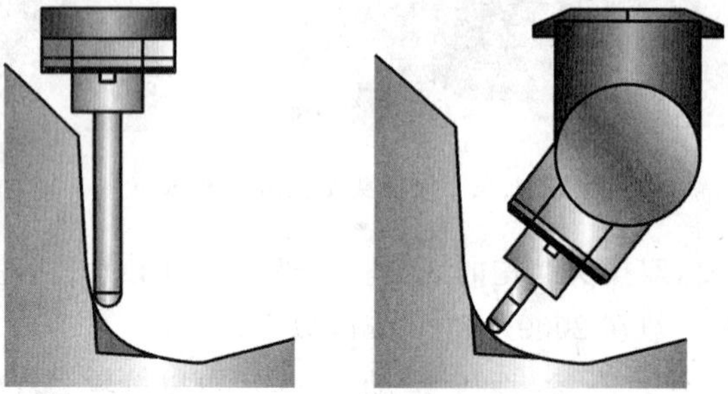

图1.8 调整刀轴方向缩短刀具长度

（3）可用高效加工刀具

通过调整刀轴方向能够更好地匹配刀具与工件曲面，增加有效切宽，实现零件的高效加工，可以用简单的刀具高效加工复杂曲面零件，如可以用侧刃铣刀加工直纹面的工件（图1.9），也可用平底铣刀或环形铣刀加工曲面工件。

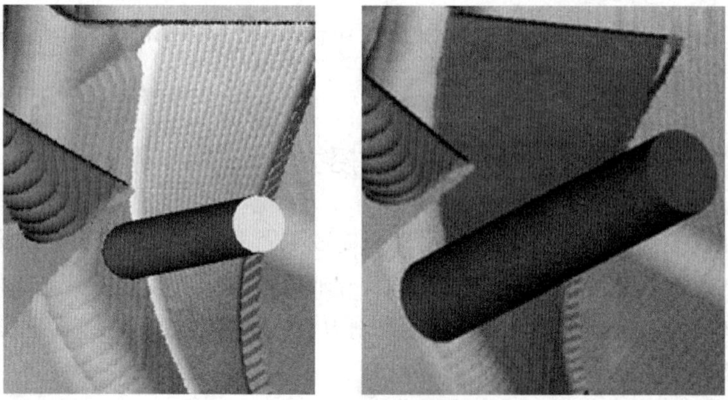

图1.9 线接触取代点接触加工

（4）控制刀具参与切削的区域

通过调整刀具方向可以使球头铣刀用合理的刀刃区域参与切削，降低切削力和刀具磨损，提高加工表面质量，如在用球头铣刀加工时，可以通过调整刀轴方向避免切削能力差的刀尖点参与切削（图1.10），此外还可以控制切削区域，减小切削力，减少刀具磨损，提高加工表面质量。

由于以上优势，五轴数控机床能够高效加工复杂曲面零件，特别是叶轮、叶片和螺旋桨等关键零件，对国家的军事、航空航天、船舶运输、精密医疗设备等有举足轻重的影响力，成为一个国家制造业发展水平的重要标志。

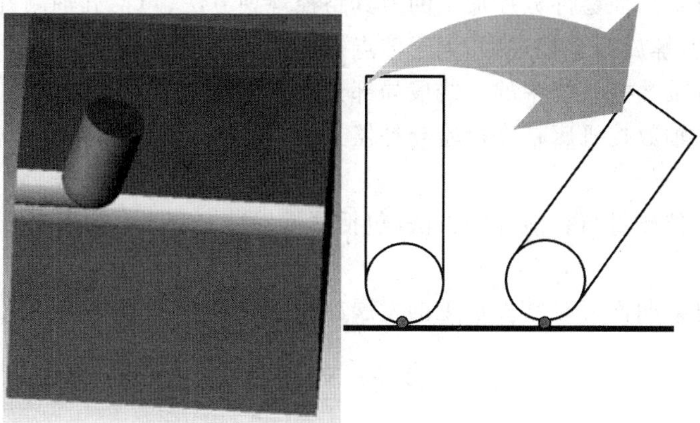

图 1.10 调整刀轴方向,避免刀尖点参与切削

1.4 复杂曲面五轴数控加工的基本问题

复杂曲面零件五轴数控加工的研究重点在于曲面的加工成形原理、零件外形对制造工具的几何约束以及加工曲面与设计曲面的比较。其基本问题包括:

(1) 在被加工零件的加工曲面确定后,首先需要根据加工曲面和不同结构类型的五轴数控机床的特点,选择合适的加工机床。

(2) 在避免干涉的同时,调整刀具位置和姿态以减小刀具包络面与工件曲面之间的偏差。计算刀具包络面与工件曲面之间的偏差是个非常关键的问题,它直接关系到刀位计算的精度。由于操作上的难度及复杂性,多数文献采用了近似的简化处理,将刀位规划转化为单个刀位下刀具曲面与工件曲面间的优化逼近问题,其给出的各种刀位优化模型并不能真实反映实际加工过程,并且现有的方法仅仅适合某种曲面或某种刀具的刀位计算,在通用性、可操作性、稳定性和加工精度方面还有许多需要改进的地方[5]。

(3) 数控机床的加工精度是衡量数控机床工作性能的重要指标,研究如何便捷、快速、精确地获得机床空间几何误差,对机床实施误差补偿,提高加工精度具有重要意义。

(4) 结合机床空间几何误差模型,研究机床空间几何误差补偿策略,减少机床误差对零件加工精度的影响。

(5) 薄壁零件在加工中极易发生变形、失稳和振动,需要根据零件几何形状的在机实测数据,修改刀具加工轨迹和加工参数,使得加工后的零件满足制造需求。

1.5 本书的内容编排

本书后面的内容安排如下:

第 2 章介绍五轴数控加工中最基础的部分——后置处理。介绍了不同结构类型的机床的运动学模型,以及后置处理算法。

第 3～6 章是本书的核心内容,主要介绍了作者所提出的复杂曲面零件加工和测量补偿的新原理和新方法。

第 3 章介绍复杂曲面零件数控加工的刀具路径规划方法，包括五轴侧铣路径规划、粗加工插铣路径规划、型腔螺旋铣路径规划、无干涉点铣加工的路径规划等。

第 4 章介绍五轴数控系统中的小线段局部光顺及速度规划方法。

第 5 章介绍五轴数控机床精度检验与补偿方法，包括机床几何误差测量方法和误差补偿方法。

第 6 章介绍原位测量与智能控制方法，包括薄壁件壁厚测量方法与补偿方法、大型薄壁件镜像铣方法。

第 7 章介绍复杂曲面五轴数控加工的发展趋势。

参考文献

[1] 查治中，杨彭基，等. 数控技术在飞机制造中的应用[M]. 北京：国防工业出版社，1992.

[2] 顾诵芬. 航空航天科学技术(航空卷)[M]. 济南：山东教育出版社，1998.

[3] 张政泼，覃学东. 五轴联动机床的结构性能分析与设计探讨[J]. 装备制造技术，2009(10)：5-7.

[4] 毕庆贞. 面向五轴高效铣削加工的刀具可行空间 GPU 计算与刀具方向整体优化[D]. 上海：上海交通大学，2009.

[5] 丁汉，朱利民. 复杂曲面数字化制造的几何学理论和方法[M]. 北京：科学出版社，2011.

2 五轴数控加工运动学与后置处理

五轴数控编程一般在工件坐标系下进行，描述刀具相对于工件的运动轨迹，编程产生的刀位数据没有考虑具体的机床结构和数控系统类型，无法直接应用于数控加工，需要通过机床运动学变换将工件坐标系下的刀位数据转换成机床坐标系下的数控加工程序，描述机床各轴的运动，这个过程就是后置处理。

与三轴机床不同，五轴数控机床引入了两个旋转轴，工件坐标系下刀具路径与机床坐标系中数控代码的映射关系是非线性的，在工件坐标系下同样的刀轴方向，机床坐标系下的旋转轴可能存在多个不同的可行解，由此带来了机床旋转轴多解选择问题和机床奇异点问题；机床旋转轴运动带来了机床非线性误差、机床各轴与刀尖点的速度映射和刀具中心点运动控制（Rotary Tool Center Point，简称 RTCP）等问题；机床旋转部件的结构设计也对机床的加工性能产生直接影响。

本章首先建立五轴机床坐标系到工件坐标系的运动学变换，在运动学基础上分析旋转轴多解选择、奇异点、非线性误差控制、刀尖点速度控制、RTCP 实现等后置处理中的主要问题，并应用运动学模型分析不同结构类型机庆对机床性能的影响，最后给出后置处理软件开发的案例。

2.1 五轴数控机床运动学模型的应用

2.1.1 机床坐标系与工件坐标系[1]

(1) 机床绝对坐标系(Absolute Coordinate System)：以机床原点为坐标系原点的坐标系（图 2.1 坐标系 $O_{MA}X_{MA}Y_{MA}Z_{MA}$），是机床固有的坐标系，它具有唯一性。机床绝对坐标系是数控机床中所有工件坐标系的参考坐标系，机床绝对坐标系一般不作为编程坐标系。

(2) 机床名义坐标系(Nominal Coordinate System)：加工时设定的机床坐标系（图 2.1 坐标系 $O_{MN}X_{MN}Y_{MN}Z_{MN}$），原点一般取在旋转轴轴线交点处，若轴线不相交，则取在定轴（机床运动中，轴线方向不变的旋转轴为定轴，反之为动轴）轴线上，各坐标轴方向与机床绝对坐标系各坐标轴方向相同。现代数控机床均可在名义坐标系基础上通过偏置设置多个加工坐标系，在加工时通过 G 指令（一般为 G54 ～ G59 命令）进行转换。

(3) 工件坐标系(Workpiece Coordinate System)：工件的加工坐标系，数控编程时，所有的坐标都基于此坐标系计算。值得注意的是：工件的加工坐标系可以与工件设计坐标系不一致。

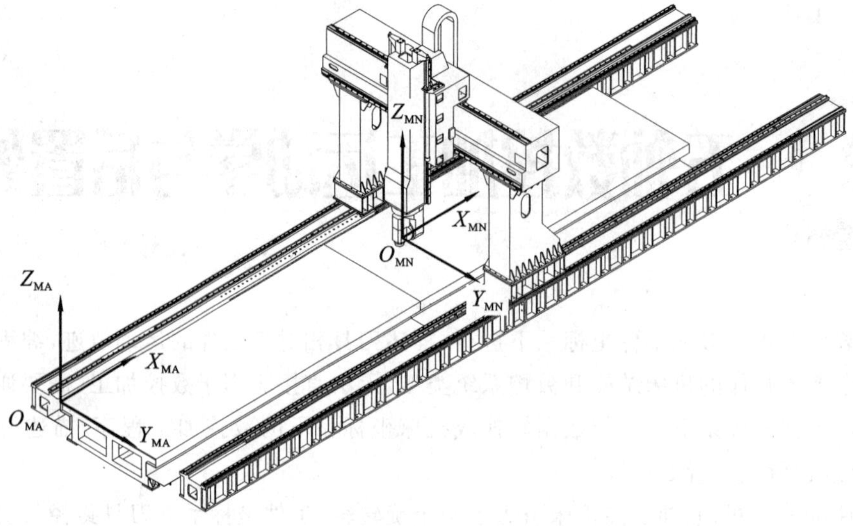

图 2.1　机床绝对坐标系与机床名义坐标系

(4) 局部坐标系(Local Coordinate System):在多坐标三维曲面加工时用于确定刀具相对零件姿态的坐标系,坐标原点一般为刀具与零件表面的接触点,坐标轴方向如图 2.2 所示,其 f 轴与刀具路径在接触点的进给方向一致,n 轴与接触点的法向一致,b 轴则由 f 与 n 的向量积决定。工件坐标系与局部坐标系的关系如图 2.2 所示。

(5) 刀具坐标系(Tool Coordinate System):与刀具固连的坐标系为刀具坐标系,其坐标原点一般是刀尖点,Z_T 轴沿刀具轴线指向主轴,如图 2.3 所示。

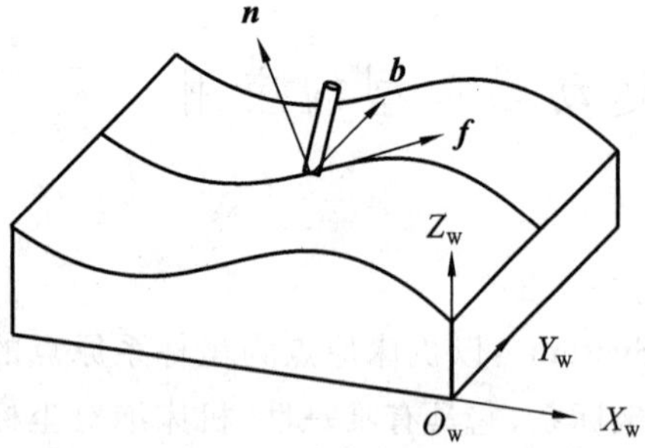

图 2.2　工件坐标系与局部坐标系

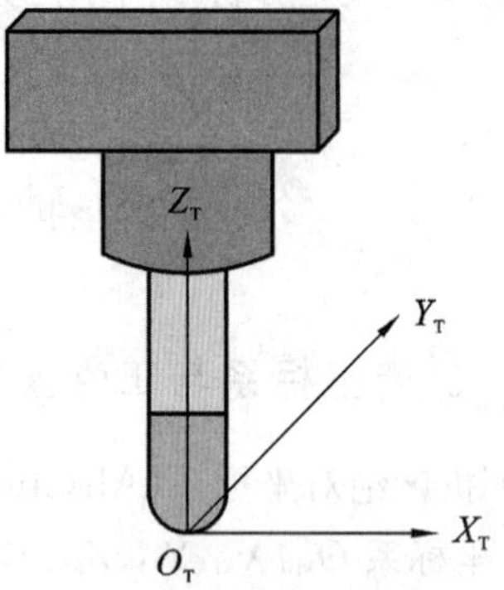

图 2.3　刀具坐标系

2.1.2　刀位文件与数控程序

(1) 刀位文件

刀位文件(Cutter Location Source File,简称 CLSF)是加工工艺数据经过分析、计算、处理生成的刀具运动轨迹,按照一定的加工顺序连接起来构成自动编程工具语言(Automatically Programmed Tool,简称 APT) 文件。刀位文件包括了加工过程中所需要的重要信息,这些信息虽然不是以加工中心数控程序的规则写成的,但是它所描述的加工过程和实际加工过程是一致的。为了获得实际加工中数控机床能够读懂的信息，刀位文件必须通过后置处理转化成数控程序[2]。

刀位文件中一般包含主要的工艺参数、刀具控制点、刀轴方向以及控制机床的其他指令信息。不同的 CAM(Computer Aided Manufacturing) 软件生成的刀位文件格式略有不同，但是都基本遵循 APT 语言格式[3]。下面是 UG 软件生成的一个五轴数控加工的刀位文件：

```
TOOL PATH/VARIABLE_STREAMLINE,TOOL,R5
TLDATA/MILL,10.0000,5.0000,80.0000,0.0000,0.0000
MSYS/-10.0000,0.0000,220.0000,1.0000000,0.0000000,0.0000000,0.0000000,-1.0000000,0.0000000
$$ centerline data
PAINT/PATH
PAINT/SPEED,10
COOLNT/ON
LOAD/TOOL,2
SPINDL/RPM,10000,CLW
PAINT/COLOR,186
RAPID
GOTO/709.4700,-149.8251,223.4772,-0.1522600,0.0000000,0.9883400
PAINT/COLOR,42
FEDRAT/MMPM,250.0000
GOTO/709.5267,-149.8004,222.4990
……
GOTO/705.4548,-148.5418,217.8000
PAINT/COLOR,31
GOTO/700.7760,-147.2849,217.0796,-0.1579054,-0.0220248,0.9872086
……
GOTO/705.4548,-84.5551,217.8000,0.1493975,0.0000000,0.9887772
PAINT/COLOR,37
GOTO/700.7575,-83.9914,224.2512
COOLNT/OFF
PAINT/SPEED,10
PAINT/TOOL,NOMORE
END-OF-PATH
```

首先介绍刀位文件所包含信息的含义，如：各个特征字、标志符号等所代表的意义，以便在后置处理过程中，对刀位数据进行解析，提取出所需要的数据，如：快速进刀位置及快进速度、进给位置及进给速度、运动方式(直线运动还是圆弧运动) 等数据。下面简要介绍后置处理中常用的 APT 命令及其含义：

① 刀路文件头：UG 生成的每一段刀路通常包含一段文件头，主要用于区别不同的刀路。TOOL PATH 命令记录了刀路名称；TOOL 命令记录了刀具名称；TLDATA 记录了刀具参数，其中 MILL 表示刀具类型，DIAMETER 表示刀具直径，LOWER RADIUS 表示刀具圆角半径，LENGTH 表示刀具长度，TAPER ANGLE 表示刀具锥角，TIP ANGLE 表示刀具尖角。

```
TOOL PATH/<operation name>,TOOL,<tool name>
TLDATA/MILL,DIAMETER,LOWER RADIUS,LENGTH,TAPER ANGLE,TIP ANGLE
```

② MSYS:MSYS命令表示工件加工坐标系相对于工件设计坐标系位姿的一个矩阵,矩阵的前三个元素表示加工坐标系原点的位置,后六个元素为加工坐标系相对于工件设计坐标系的旋转矩阵的前两行。对应样例中的语句为:

```
MSYS/-10.0000,0.0000,220.0000,1.0000000,0.0000000,0.0000000,0.0000000,-1.0000000,0.0000000
```

③ PAINT:PAINT 命令表示在 UG 加工模块中刀路的显示方式。关键字 PAINT/PATH 表示显示的刀路中,切削路径显示为实线,快速移动路径显示为虚线,若采用关键字 PAINT/PATH,DASH,则切削路径和快速移动路径均表示为虚线;关键字 PAINT/SPEED,n 表示刀路重绘速度,n 定义为 1～10 中的某个数字,其中 1 重绘速度最慢,10 重绘速度最快;关键字 PAINT/COLOR,n 则定义了显示的颜色;关键字 PAINT/TOOL,NOMORE 表示停止刀具显示。对应样例中的语句为:

```
PAINT/PATH
PAINT/SPEED,10
PAINT/COLOR,186
PAINT/TOOL,NOMORE
```

上述三种命令为辅助命令,不会被后置处理系统处理,也不对应数控代码;下面的命令则为功能命令,后置处理系统会解析并处理,生成相应的数控代码。

④ COOLNT:COOLNT 表示使用切削液,其中 OFF 表示关闭切削液,ON 表示打开切削液,相应的数控代码分别为 M08 和 M09。对应样例中的语句为:

```
COOLNT/ON
COOLNT/OFF
```

⑤ LOAD/TOOL: LOAD/TOOL 表示加载刀具,也就是换刀命令,后面的数字代表刀具编号,相应的数控代码为 T2 M06。对应样例中的语句为:

```
LOAD/TOOL,2
```

⑥ SPINDL: SPINDL 命令表示定义的机床主轴转速,RPM 表示转速单位为 r/min,后面的数值表示转速大小,CLW 表示主轴顺时针旋转,CCLW 表示逆时针旋转。相应的数控代码为 M03 S10000。对应样例中的语句为:

```
SPINDL/RPM,10000,CLW
```

⑦ RAPID:RAPID 命令表示快速进给,其对应的数控代码为 G0。对应样例中的语句为:

```
RAPID
```

⑧ GOTO: GOTO 命令表示刀具控制点轨迹的坐标,其格式为 GOTO/x,y,z,i,j,k。其中空间刀轨坐标点为(x,y,z),刀轴矢量方向为(i,j,k)。当(i,j,k)为(0,0,1)时,机床一般为三轴加工。对应样例中的语句为:

```
GOTO/709,4700,-149.8251,223.4772,-0.1522600,0.0000000,0.9883400
```

⑨ FEDRAT:FEDRAT 命令表示进给速度,MMPM 表示进给速度单位为 mm/min,后面

的数值为进给速度。相应的数控代码为 F250。对应样例中的语句为：

```
FEDRAT/MMPM,250.0000
```

⑩ END-OF-PATH：END-OF-PATH 表示程序结束。相应的数控代码为 M30，对应样例中的语句为：

```
END-OF-PATH
```

（2）数控程序

数控程序（NC 文件）由一系列程序段组成，通常每一段程序段包含了加工操作的一个单步命令。一般是由 N、G、X、Y、Z、F、S、T、M 等指令字和相应的数字组成。标准[4]对其中的部分准备代码功能、辅助功能代码的功能作了统一的规定。如 G00 为快速定位；G01 为直线插补；G02 为顺时针圆弧插补；G03 为逆时针圆弧插补；G04 为暂停。其中还有大量的未作统一规定的未指定代码，这些未指定的 G 代码由数控系统厂商自行规定其代码功能，如华中 Ⅰ 型铣床数控系统中，G11 为“单段允许”，FANUC-15MA 数控系统中，G11 表示取消数据设置模式。其他的 M 代码、T 代码也是由数控系统厂商自行定义。下面以 Siemens 840D sl 数控系统为例，说明常用数控指令的功能（表 2.1、表 2.2）。

表 2.1　Siemens 840D sl 数控系统常用 G 指令

G 指令	功能	G 指令	功能
G00	快速定位	G52	局部坐标系
G01	直线插补	G53	选择机床坐标系
G02	顺时针圆弧插补	G54 ～ G59	预置工件坐标系 1 ～ 6
G03	逆时针圆弧插补	G60	单向定位
G04	暂停	G61	准确停止（模态指令）
G09	准确停止	G62	拐角减速
G17	*XY* 平面选择	G63	倍率禁止
G18	*ZX* 平面选择	G64	切削模式
G19	*YZ* 平面选择	G65	宏调用
G20	英制指令	G66	模态宏调用
G21	公制指令	G73	深孔钻循环 1
G27	返回参考点检查	G74	攻丝循环（反螺纹）
G28	返回参考点	G76	镗循环 1
G29	返回第二参考点	G80	取消固定循环
G30	返回第三／四参考点	G81	钻孔循环
G40	刀具半径补偿取消	G82	镗循环 2
G41	刀具半径补偿左	G83	深孔钻循环
G42	刀具半径补偿右	G84	攻丝循环（正螺纹）

续表 2.1

G 指令	功能	G 指令	功能
G43	刀具长度补偿＋	G85 ～ G89	镗循环 3 ～ 7
G44	刀具长度补偿－	G90	绝对值编程
G45	刀具偏置＋	G91	增量值编程
G46	刀具偏置－	G94	每分进给
G47	刀具偏置＋＋	G95	每转进给
G48	刀具偏置－－	G98	固定循环回起始点
G49	刀具长度补偿取消	G99	固定循环回 *R* 点

表 2.2 Siemens 840D sl 数控系统常用 M 指令

M 指令	功能	M 指令	功能
M00	程序停止	M06	自动刀具交换
M01	可选程序停止	M08	冷却开
M02	程序结束	M09	冷却关
M03	主轴正转	M29	刚性攻丝
M04	主轴反转	M30	程序结束并回程序头
M05	主轴停止		

数控程序与刀位文件所遵循的语法规则不同，但是它们描述的加工过程是一致的，所以它们的控制命令有一定的对应关系，表 2.3 列出了常见的 APT 命令和 Siemens 840D sl 数控指令之间的对应关系。

表 2.3 常见 APT 命令与 Siemens 840D sl 数控指令的对应关系

APT 命令	数控指令	功能
SPINDL/CLW，RPM，1000	M03 S1000	主轴正转，转速 1000r/min
SPINDL/OFF	M05	主轴停止
LOAD/TOOL，1	T1 M06	换刀
COOLNT/ON	M08	冷却开
COOLNT/OFF	M09	冷却关
END_PROCEDURE	M30	程序结束
RAPID GOTO	G00	快速进给
FEDRAT/350，FPM GOTO	G01 F350	进给速度为 350mm/min 的直线运动

上节中刀位文件样例所对应的 *A*-*C* 双转台机床数控程序如下，从程序中可以看到上述常用 APT 命令与数控指令之间的对应关系。

```
N001 M06 T2
N002 GOO X0.000 Y-0.000 Z50.000 A0.000 C0.000
N003 M03 S10000
N004 X54.619 Y157.584 Z67.682 A-40.035 C128.978
N005 M09
N006 G01 X54.620 Y78.727 Z-36.181 F250
N007 X54.619 Z-46.182
N008 X54.602 Y157.582 Z67.697 A-40.026 C128.967
N009 M30
```

2.2 五轴数控机床运动学变换

数控编程中的刀位数据是以工件坐标系为参考基准，没有考虑具体的机床结构参数，后置处理的首要任务就是把 CAM 软件中前置处理计算出来的刀位数据转换成适合特定机床结构的数控程序。机床运动学变换是后置处理、刀具路径规划、旋转轴多解选择、非线性误差、机床精度检测和误差补偿的基础，本节首先介绍齐次坐标和齐次变换，并在此基础上推导三种典型机床结构的运动学变换公式和机床坐标系下的微分运动影响刀具轨迹的公式。

2.2.1 机床运动学变换基础

后置处理中研究机床运动时需要考虑到机床各轴的运动和刀具的运动，机床坐标系到工件坐标系之间的转换涉及机床各轴之间的位姿关系，在后置处理中将机床各轴和刀具都作为刚体，因此需要一种描述位姿和坐标变换的方法。齐次变换法、矢量法和四元数法等都可以描述刚体坐标变换，其中齐次变换具有较直观的几何意义，非常适合描述坐标系之间的变换关系，还可以将旋转变换与平移变换用一个矩阵来表达，关系明确，表达简洁[2]，本章重点介绍齐次变换法。

2.2.1.1 刚体位姿描述与齐次坐标[2]

(1) 位置描述 —— 位置矢量(图 2.4)

在选定的三维空间直角坐标系$\{A\}$中，空间任一点 P 的坐标可以用一个 3×1 列阵(或称三维列向量)$^{A}\boldsymbol{P}$ 表示，即：

$$^{A}\boldsymbol{P}=\begin{bmatrix}x\\y\\z\end{bmatrix}$$

式中 x,y,z —— 点 P 在坐标系$\{A\}$中的三个坐标分量；

$^{A}\boldsymbol{P}$ 的左上标 A —— 选定的参考坐标系$\{A\}$。

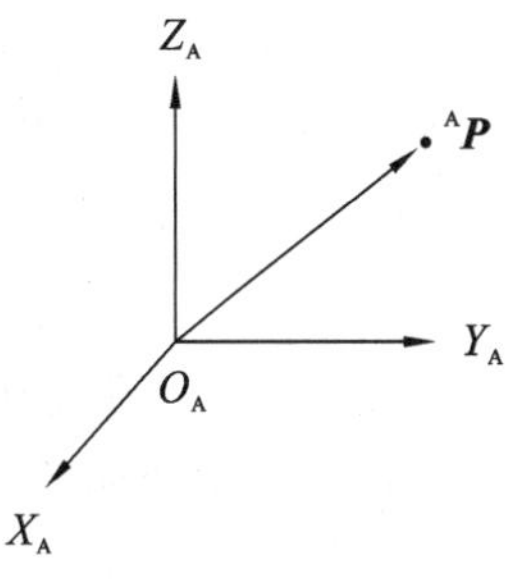

图 2.4 位置矢量

(2) 姿态描述 —— 旋转矩阵

为了描述空间某刚体 B 的姿态，设一直角坐标系$\{B\}$[1] 与此刚体固联，在表示刚体 B 相对于坐标系$\{A\}$的姿态时，用坐标系$\{B\}$中三个单位主矢量 X_B、Y_B、Z_B 相对于坐标系$\{A\}$三个主矢量的方向余弦组成的 3×3 矩阵：

$$ {}^{A}_{B}\boldsymbol{R} = \begin{bmatrix} {}^{A}\boldsymbol{X}_{B} & {}^{A}\boldsymbol{Y}_{B} & {}^{A}\boldsymbol{Z}_{B} \end{bmatrix} = \begin{bmatrix} r_{11} & r_{12} & r_{13} \\ r_{21} & r_{22} & r_{23} \\ r_{31} & r_{32} & r_{33} \end{bmatrix} $$

式中 ${}^{A}_{B}\boldsymbol{R}$—— 旋转矩阵，上标 A 代表参考坐标系$\{A\}$，下标 B 表示被描述的坐标系$\{B\}$。

${}^{A}_{B}\boldsymbol{R}$ 有 9 个元素，只有 3 个是独立的。因为${}^{A}_{B}\boldsymbol{R}$ 的三个列矢量${}^{A}\boldsymbol{X}_{B}$、${}^{A}\boldsymbol{Y}_{B}$、${}^{A}\boldsymbol{Z}_{B}$ 都是单位主矢量，且两两相互垂直，所以它的 9 个元素满足 6 个约束条件(称正交条件)：

$$ {}^{A}\boldsymbol{X}_{B} \cdot {}^{A}\boldsymbol{X}_{B} = {}^{A}\boldsymbol{Y}_{B} \cdot {}^{A}\boldsymbol{Y}_{B} = {}^{A}\boldsymbol{Z}_{B} \cdot {}^{A}\boldsymbol{Z}_{B} = 1 $$

$$ {}^{A}\boldsymbol{X}_{B} \cdot {}^{A}\boldsymbol{Y}_{B} = {}^{A}\boldsymbol{Y}_{B} \cdot {}^{A}\boldsymbol{Z}_{B} = {}^{A}\boldsymbol{Z}_{B} \cdot {}^{A}\boldsymbol{X}_{B} = 0 $$

因此，旋转矩阵${}^{A}_{B}\boldsymbol{R}$ 是单位正交的，并且${}^{A}_{B}\boldsymbol{R}$ 的逆与它的转置相同，其行列式等于 1。即

$$ {}^{A}_{B}\boldsymbol{R}^{-1} = {}^{A}_{B}\boldsymbol{R}^{\mathrm{T}} \quad \left| {}^{A}_{B}\boldsymbol{R} \right| = 1 $$

在机床运动学变换中常用到绕 X 轴、Y 轴或 Z 轴转某一角度的旋转变换矩阵，如下：

$$ \boldsymbol{R}(X,\theta) = \begin{bmatrix} 1 & 0 & 0 \\ 0 & \cos\theta & -\sin\theta \\ 0 & \sin\theta & \cos\theta \end{bmatrix} $$

$$ \boldsymbol{R}(Y,\theta) = \begin{bmatrix} \cos\theta & 0 & \sin\theta \\ 0 & 1 & 0 \\ -\sin\theta & 0 & \cos\theta \end{bmatrix} $$

$$ \boldsymbol{R}(Z,\theta) = \begin{bmatrix} \cos\theta & -\sin\theta & 0 \\ \sin\theta & \cos\theta & 0 \\ 0 & 0 & 1 \end{bmatrix} $$

(3) 坐标系的描述

为了完全描述刚体 B 在空间的位置和姿态，我们将刚体 B 与坐标系$\{B\}$固联，坐标系$\{B\}$的原点在物体的任意点上。相对于参考坐标系$\{A\}$，用位置矢量${}^{A}\boldsymbol{P}_{BO}$ 描述坐标系$\{B\}$原点的位置，用旋转矩阵(${}^{A}_{B}\boldsymbol{R}$)描述坐标系$\{B\}$的姿态。因此，坐标系$\{B\}$完全由${}^{A}\boldsymbol{P}_{BO}$ 和${}^{A}_{B}\boldsymbol{R}$ 描述。即

$$ \{B\} = \{ {}^{A}_{B}\boldsymbol{R} \quad {}^{A}\boldsymbol{P}_{BO} \} $$

坐标系的描述概括了刚体位置和方位的描述。当表示位置时，上式中的旋转矩阵${}^{A}_{B}\boldsymbol{R} = \boldsymbol{I}$(单位矩阵)；当表示姿态时，式中的位置矢量${}^{A}\boldsymbol{P}_{BO} = 0$。

2.2.1.2 齐次坐标与齐次变换[5]

如果用位置坐标${}^{A}\boldsymbol{P}_{BO}$ 描述$\{B\}$的坐标原点相对于$\{A\}$的位置，用旋转矩阵${}^{A}_{B}\boldsymbol{R}$ 描述$\{B\}$相对于$\{A\}$的姿态。任一点 P 在两坐标系$\{A\}$和$\{B\}$中描述${}^{A}\boldsymbol{P}$ 和${}^{B}\boldsymbol{P}$ 具有以下映射关系：

$$ {}^{A}\boldsymbol{P} = {}^{A}_{B}\boldsymbol{R}\,{}^{B}\boldsymbol{P} + {}^{A}\boldsymbol{P}_{BO} \tag{2.1} $$

式(2.1)可以看成是坐标旋转和坐标平移的复合映射。此式对于${}^{B}\boldsymbol{P}$ 而言是非齐次的，可以将它表示成齐次变换的形式：

$$ \begin{bmatrix} {}^{A}\boldsymbol{P} \\ 1 \end{bmatrix} = \begin{bmatrix} {}^{A}_{B}\boldsymbol{R} & {}^{A}\boldsymbol{P}_{BO} \\ 0\ \ 0\ \ 0 & 1 \end{bmatrix} \begin{bmatrix} {}^{B}\boldsymbol{P} \\ 1 \end{bmatrix} $$

或者矩阵形式：

$$ {}^{A}\boldsymbol{P} = {}^{A}_{B}\boldsymbol{T}\,{}^{B}\boldsymbol{P} $$

式中，位置矢量${}^{A}\boldsymbol{P}$ 和${}^{B}\boldsymbol{P}$ 表示成 4×1 的列矢量，与位置矢量的描述方式不同，加入了第 4 个分量

1，称为点 P 的齐次坐标。

变换矩阵 ${}_{\mathrm{B}}^{\mathrm{A}}\boldsymbol{T}$ 是 4×4 的方阵，具有如下形式：

$$
{}_{\mathrm{B}}^{\mathrm{A}}\boldsymbol{T}=\begin{bmatrix} {}_{\mathrm{B}}^{\mathrm{A}}R & {}^{\mathrm{A}}P_{\mathrm{BO}} \\ 0\quad 0\quad 0 & 1 \end{bmatrix}
$$

${}_{\mathrm{B}}^{\mathrm{A}}\boldsymbol{T}$ 的特点是最后一行元素为[0　0　0　1]，称为齐次变换矩阵，${}_{\mathrm{B}}^{\mathrm{A}}\boldsymbol{T}$ 综合地表示了平移变换和旋转变换两者的复合。

2.2.2　五轴数控机床运动学变换

五轴数控机床根据旋转轴相对于工件和刀具的不同配置，可分为双转台式、转台摆头式和双摆头式三大类，下面分别以 *A*-*C* 双转台、*A* 转台-*B* 摆头和 *AC* 双摆头为例介绍五轴机床运动学变换。

2.2.2.1　*A*-*C* 双转台五轴机床的运动学变换

这类机床两个旋转轴都作用于工件。按从定轴到动轴的顺序，可以分为 *A*-*C*、*A*-*B*、*B*-*A*、*B*-*C* 四种情况。图 2.5 所示为 *A*-*C* 双转台五轴联动数控机床，其中旋转轴 *A* 轴为定轴，其轴线方向相对于机床床身固定不变，旋转轴 *C* 轴为动轴，集成到 *A* 轴上，其轴线方向随 *A* 轴的旋转而改变。以床身为分界，*A*、*C* 轴位于工件侧，*X*、*Y*、*Z* 轴位于刀具侧。

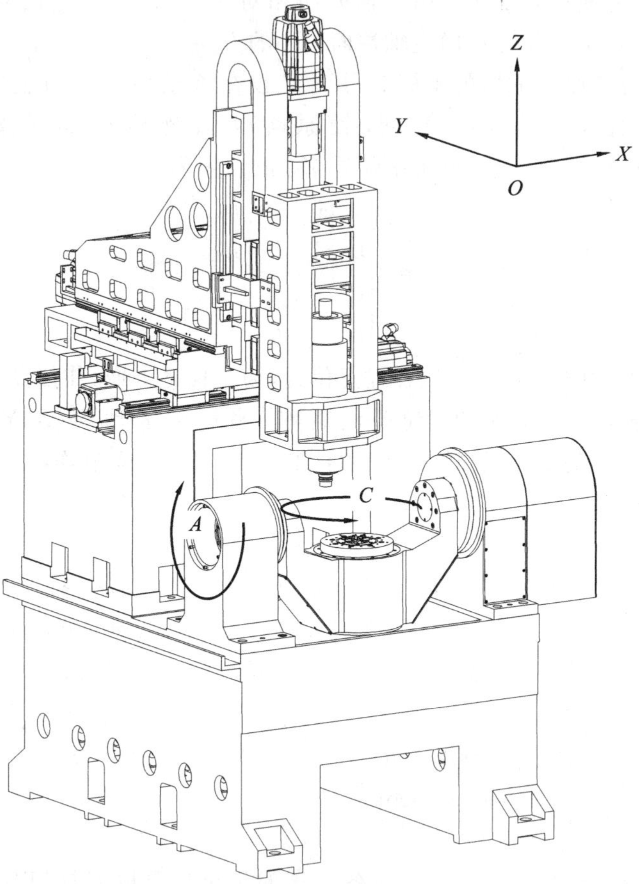

图 2.5　*A*-*C* 双转台五轴联动数控机床

下面针对图 2.5 所示的 A-C 双转台五轴联动数控机床进行运动学分析，为了方便描述机床的运动，建立图 2.6 所示坐标系统。

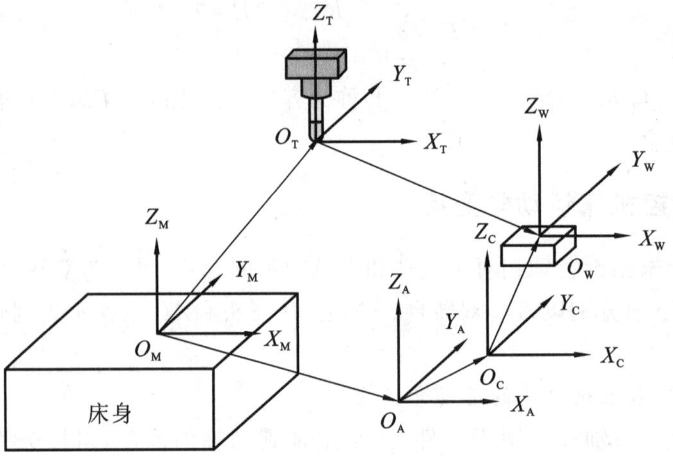

图 2.6 A-C 双转台机床坐标系定义

在图 2.6 中，$O_M X_M Y_M Z_M$ 为与机床床身固联的坐标系，在机床各轴运动过程中，此坐标系保持不变。在运动学变换中，刀位点和刀轴方向相对于 $O_M X_M Y_M Z_M$ 的齐次坐标分别为 ${}^{M}P$ 和 ${}^{M}V$，刀轴方向的正向为刀位点指向主轴端面中心的方向。

$O_A X_A Y_A Z_A$ 为与定轴 A 固联的坐标系，其原点设在 A 轴轴线上。在机床初始位置，三个主矢量的方向与坐标系 $O_M X_M Y_M Z_M$ 相同，设原点 O_A 在坐标系 $O_M X_M Y_M Z_M$ 中的坐标为 $\{L_{max}, L_{may}, L_{maz}\}$，$O_A X_A Y_A Z_A$ 相对于 $O_M X_M Y_M Z_M$ 的位姿为：

$$
{}_{A}^{M}\boldsymbol{T}_0 = \begin{bmatrix} 1 & 0 & 0 & L_{max} \\ 0 & 1 & 0 & L_{may} \\ 0 & 0 & 1 & L_{maz} \\ 0 & 0 & 0 & 1 \end{bmatrix}
$$

由于 $O_M X_M Y_M Z_M$ 的坐标原点可以在任意位置，为了描述方便，往往设 $O_M X_M Y_M Z_M$ 的原点与 $O_A X_A Y_A Z_A$ 的原点重合，即 ${}_{A}^{M}\boldsymbol{T}_0$ 为单位矩阵。当机床运动到 (X, Y, Z, A, C) 位置时，$O_A X_A Y_A Z_A$ 会绕其自身的 X 轴旋转 $-A$ 角度。由于 ${}_{A}^{M}\boldsymbol{T}_0$ 为单位矩阵，则 $O_A X_A Y_A Z_A$ 相对于 $O_M X_M Y_M Z_M$ 的位姿为：

$$
{}_{A}^{M}\boldsymbol{T} = \begin{bmatrix} 1 & 0 & 0 & L_{max} \\ 0 & 1 & 0 & L_{may} \\ 0 & 0 & 1 & L_{maz} \\ 0 & 0 & 0 & 1 \end{bmatrix} \begin{bmatrix} 1 & 0 & 0 & 0 \\ 0 & \cos(-A) & -\sin(-A) & 0 \\ 0 & \sin(-A) & \cos(-A) & 0 \\ 0 & 0 & 0 & 1 \end{bmatrix}
$$

$$
= \begin{bmatrix} 1 & 0 & 0 & 0 \\ 0 & \cos A & \sin A & 0 \\ 0 & -\sin A & \cos A & 0 \\ 0 & 0 & 0 & 1 \end{bmatrix}
$$

注意：机床运动指令 (X, Y, Z, A, C) 中各元素的正负号是以刀具相对于工件的位置来判断的。以 A 轴为例，当 A 为正值时，若刀具旋转，则绕其 X 轴旋转 A 角度，若为工件旋转，则绕

其 X 轴旋转 $-A$ 角度。

$O_C X_C Y_C Z_C$ 是与 C 轴固联的坐标系，其原点设在 C 轴轴线上，机床初始位置、三个主矢量的方向与坐标系 $O_A X_A Y_A Z_A$ 相同，设原点 O_C 在坐标系 $O_A X_A Y_A Z_A$ 中的坐标为 $\{L_{acx}, L_{acy}, L_{acz}\}$，$O_C X_C Y_C Z_C$ 相对于 $O_A X_A Y_A Z_A$ 的位姿为：

$$
{}_{C}^{A}\boldsymbol{T}_0 = \begin{bmatrix} 1 & 0 & 0 & L_{acx} \\ 0 & 1 & 0 & L_{acy} \\ 0 & 0 & 1 & L_{acz} \\ 0 & 0 & 0 & 1 \end{bmatrix}
$$

当机床运动到 (X, Y, Z, A, C) 位置时，$O_C X_C Y_C Z_C$ 会绕其自身的 Z 轴旋转 $-C$ 角度，$O_C X_C Y_C Z_C$ 相对于 $O_A X_A Y_A Z_A$ 的位姿为：

$$
\begin{aligned}
{}_{C}^{A}\boldsymbol{T} &= \begin{bmatrix} 1 & 0 & 0 & L_{acx} \\ 0 & 1 & 0 & L_{acy} \\ 0 & 0 & 1 & L_{acz} \\ 0 & 0 & 0 & 1 \end{bmatrix} \begin{bmatrix} \cos(-C) & -\sin(-C) & 0 & 0 \\ \sin(-C) & \cos(-C) & 0 & 0 \\ 0 & 0 & 1 & 0 \\ 0 & 0 & 0 & 1 \end{bmatrix} \\
&= \begin{bmatrix} 1 & 0 & 0 & L_{acx} \\ 0 & 1 & 0 & L_{acy} \\ 0 & 0 & 1 & L_{acz} \\ 0 & 0 & 0 & 1 \end{bmatrix} \begin{bmatrix} \cos C & \sin C & 0 & 0 \\ -\sin C & \cos C & 0 & 0 \\ 0 & 0 & 1 & 0 \\ 0 & 0 & 0 & 1 \end{bmatrix}
\end{aligned}
$$

$O_W X_W Y_W Z_W$ 为与工件固联的工件坐标系，其三个主矢量的方向与坐标系 $O_C X_C Y_C Z_C$ 相同，设原点 O_W 在坐标系 $O_C X_C Y_C Z_C$ 中的坐标为 $\{L_{cwx}, L_{cwy}, L_{cwz}\}$，$O_W X_W Y_W Z_W$ 相对于 $O_C X_C Y_C Z_C$ 的位姿为：

$$
{}_{W}^{C}\boldsymbol{T} = \begin{bmatrix} 1 & 0 & 0 & L_{cwx} \\ 0 & 1 & 0 & L_{cwy} \\ 0 & 0 & 1 & L_{cwz} \\ 0 & 0 & 0 & 1 \end{bmatrix}
$$

在工件坐标系中，刀位点和刀轴方向的齐次坐标分别为

$$
{}^{W}\boldsymbol{P} = (x \quad y \quad z \quad 1)^{T}
$$

$$
{}^{W}\boldsymbol{V} = (i \quad j \quad k \quad 0)^{T}
$$

$O_T X_T Y_T Z_T$ 为与刀具固联的刀具坐标系，其原点设在刀位点上，其坐标轴初始方向与机床坐标系一致，在机床初始位置时，$O_T X_T Y_T Z_T$ 的原点与 $O_W X_W Y_W Z_W$ 的原点重合，则 $O_T X_T Y_T Z_T$ 相对于 $O_M X_M Y_M Z_M$ 的位姿为：

$$
{}_{T}^{M}\boldsymbol{T}_0 = \begin{bmatrix} 1 & 0 & 0 & L_{acx} \\ 0 & 1 & 0 & L_{acy} \\ 0 & 0 & 1 & L_{acz} \\ 0 & 0 & 0 & 1 \end{bmatrix} \begin{bmatrix} 1 & 0 & 0 & L_{cwx} \\ 0 & 1 & 0 & L_{cwy} \\ 0 & 0 & 1 & L_{cwz} \\ 0 & 0 & 0 & 1 \end{bmatrix}
$$

当机床运动到 (X, Y, Z, A, C) 位置时，$O_T X_T Y_T Z_T$ 相对于 $O_M X_M Y_M Z_M$ 的位姿为：

$$
{}_{T}^{M}\boldsymbol{T} = \begin{bmatrix} 1 & 0 & 0 & L_{acx} \\ 0 & 1 & 0 & L_{acy} \\ 0 & 0 & 1 & L_{acz} \\ 0 & 0 & 0 & 1 \end{bmatrix} \begin{bmatrix} 1 & 0 & 0 & L_{cwx} \\ 0 & 1 & 0 & L_{cwy} \\ 0 & 0 & 1 & L_{cwz} \\ 0 & 0 & 0 & 1 \end{bmatrix} \begin{bmatrix} 1 & 0 & 0 & X \\ 0 & 1 & 0 & Y \\ 0 & 0 & 1 & Z \\ 0 & 0 & 0 & 1 \end{bmatrix}
$$

在刀具坐标系中，刀位点和刀轴方向的齐次坐标分别为：

$$^{T}\boldsymbol{P}=(0\quad 0\quad 0\quad 1)^{T}$$

$$^{T}\mathbf{V}=(0\quad 0\quad 1\quad 0)^{T}$$

在上述坐标系定义的基础上，通过齐次变换，可以将刀位点分别从刀具坐标系和工件坐标系映射到机床坐标系：

$$^{M}\boldsymbol{P}={}_{T}^{M}\boldsymbol{T}^{T}\boldsymbol{P}$$

$$^{M}\boldsymbol{P}={}_{A}^{M}\boldsymbol{T}_{C}^{A}\boldsymbol{T}_{W}^{C}\boldsymbol{T}^{W}\boldsymbol{P}$$

消去$^{M}\boldsymbol{P}$得到：

$$^{W}\boldsymbol{P}={}_{W}^{C}\boldsymbol{T}^{-1}{}_{C}^{A}\boldsymbol{T}^{-1}{}_{A}^{M}\boldsymbol{T}^{-1}{}_{T}^{M}\boldsymbol{T}^{T}\boldsymbol{P}$$

同理可得：

$$^{W}\mathbf{V}={}_{W}^{C}\boldsymbol{T}^{-1}{}_{C}^{A}\boldsymbol{T}^{-1}{}_{A}^{M}\boldsymbol{T}^{-1}{}_{T}^{M}\boldsymbol{T}^{T}\mathbf{V}$$

代入矩阵，得到从机床坐标系到工件坐标系的变换公式：

$$\begin{bmatrix} i \\ j \\ k \\ 0 \end{bmatrix}=\begin{bmatrix} \sin A\sin C \\ -\sin A\cos C \\ \cos A \\ 0 \end{bmatrix}$$

$$\begin{bmatrix} x \\ y \\ z \\ 1 \end{bmatrix}=\begin{bmatrix} \begin{pmatrix} (X+L_{acx}+L_{cwx})\cos C-(Y+L_{acy}+L_{cwy})\cos A\sin C \\ +(Z+L_{acz}+L_{cwz})\sin A\sin C-L_{acx}\cos C+L_{acy}\sin C-L_{cwx} \end{pmatrix} \\ \begin{pmatrix} (X+L_{acx}+L_{cwx})\sin C+(Y+L_{acy}+L_{cwy})\cos A\cos C \\ -(Z+L_{acz}+L_{cwz})\sin A\cos C-L_{acx}\sin C-L_{acy}\cos C-L_{cwy} \end{pmatrix} \\ (Y+L_{acy}+L_{cwy})\sin A+(Z+L_{acz}+L_{cwz})\cos A-L_{acz}-L_{cwz} \\ 1 \end{bmatrix}$$

转化为矩阵形式，可得：

$$[^{W}\mathbf{V}\quad ^{W}\boldsymbol{P}]=F_{TW}(X,Y,Z,A,C)[^{T}\mathbf{V}\quad ^{T}\boldsymbol{P}] \tag{2.2}$$

式(2.2)中，$\boldsymbol{F}_{TW}(X,Y,Z,A,C)$是从机床坐标系到工件坐标系的前向运动学变换矩阵，如下：

$$\boldsymbol{F}_{TW}(X,Y,Z,A,C)={}_{T}^{W}\boldsymbol{T}={}_{W}^{C}\boldsymbol{T}^{-1}{}_{C}^{A}\boldsymbol{T}^{-1}{}_{A}^{M}\boldsymbol{T}^{-1}{}_{T}^{M}\boldsymbol{T}=\begin{bmatrix} \cos C & -\cos A\sin C & \sin A\sin C & M_{x} \\ \sin C & \cos A\cos C & -\sin A\cos C & M_{y} \\ 0 & \sin A & \cos A & M_{z} \\ 0 & 0 & 0 & 1 \end{bmatrix}$$

其中

$$\begin{aligned} M_{x}=&(X+L_{acx}+L_{cwx})\cos C-(Y+L_{acy}+L_{cwy})\cos A\sin C \\ &+(Z+L_{acz}+L_{cwz})\sin A\sin C-L_{acx}\cos C+L_{acy}\sin C-L_{cwx} \\ M_{y}=&(X+L_{acx}+L_{cwx})\sin C+(Y+L_{acy}+L_{cwy})\cos A\cos C \\ &-(Z+L_{acz}+L_{cwz})\sin A\cos C-L_{acx}\sin C-L_{acy}\cos C-L_{cwy} \\ M_{z}=&(Y+L_{acy}+L_{cwy})\sin A+(Z+L_{acz}+L_{cwz})\cos A-L_{acz}-L_{cwz} \end{aligned}$$

由机床运动学变换公式反推得到从工件坐标系到机床坐标系的反变换公式：

$$A=\arccos k$$

$$C=\begin{cases}\text{任意值} & \text{当 } k=\pm 1 \text{ 时}\\ \dfrac{\pi}{2} & \text{当 } k\neq\pm 1, j=0, i>0 \text{ 时}\\ -\dfrac{\pi}{2} & \text{当 } k\neq\pm 1, j=0, i<0 \text{ 时}\\ \arctan\left(\dfrac{i}{-j}\right) & \text{其他}\end{cases}$$

$$X=(x+L_{cwx})\cos C+(y+L_{cwy})\sin C-L_{cwx}$$

$$Y=-(x+L_{cwx})\cos A\sin C+(y+L_{cwy})\cos A\cos C+(z+L_{acz}+L_{cwz})\sin A+L_{acy}\cos A-L_{acy}-L_{cwy}$$

$$Z=(x+L_{cwx})\sin A\sin C-(y+L_{cwy})\sin A\cos C+(z+L_{acz}+L_{cwz})\cos A-L_{acy}\sin A-L_{acz}-L_{cwz}$$

为了简化计算，不妨设机床旋转轴的轴线相交，且工件坐标系与C轴所在坐标系重合，即：

$$L_{acx}=0$$
$$L_{acy}=0$$
$$L_{acz}=0$$
$$L_{cwx}=0$$
$$L_{cwy}=0$$
$$L_{cwz}=0$$

则机床运动学反变换公式简化为：

$$A=\arccos k$$

$$C=\begin{cases}\text{任意值} & \text{当 } k=\pm 1 \text{ 时}\\ \dfrac{\pi}{2} & \text{当 } k\neq\pm 1, j=0, i>0 \text{ 时}\\ -\dfrac{\pi}{2} & \text{当 } k\neq\pm 1, j=0, i<0 \text{ 时}\\ \arctan\left(\dfrac{i}{-j}\right) & \text{其他}\end{cases}$$

$$X=x\cos C+y\sin C$$
$$Y=-x\cos A\sin C+y\cos A\cos C+z\sin A$$
$$Z=x\sin A\sin C-y\sin A\cos C+z\cos A$$

以下面3行APT代码为例，说明机床运动学变换过程。

```
GOTO/3.802100,-4.100900,8.684800,0.515223,-0.847061,0.130509
GOTO/4.301700,-4.074500,7.578200,0.560656,-0.808739,0.177780
GOTO/4.856300,-4.157400,6.476500,0.583343,-0.770472,0.257069
```

对于第一行代码，有

$$x_1=3.8021 \qquad i_1=0.515223$$
$$y_1=-4.1009 \qquad j_1=-0.847061$$
$$z_1=8.6848 \qquad k_1=0.130509$$

代入运动学反变换公式得：

$$A_1 = \arccos 0.130509 = 82.501°$$

$$C_1 = \arctan \frac{0.515223}{0.847061} = 31.310°$$

$$X_1 = 3.8021 \times \cos 31.310° - (-4.1009) \times \sin 31.310° = 1.117$$

$$Y_1 = 3.8021 \times \cos 82.501° \times \sin 31.310° + (-4.1009) \times \cos 82.501° \times \cos 31.310° - 8.6848 \times \sin 82.501° = 7.895$$

$$Z_1 = 3.8021 \times \sin 82.501° \times \sin 31.310° + (-4.1009) \times \sin 82.501° \times \cos 31.310° + 8.6848 \times \cos 82.501° = 6.566$$

同理对于第二行代码：

$$A_2 = 79.760° \quad C_2 = 34.732° \quad X_2 = 1.214 \quad Y_2 = 6.427 \quad Z_2 = 7.054$$

同理对于第三行代码：

$$A_3 = 75.104° \quad C_3 = 37.130° \quad X_3 = 1.362 \quad Y_3 = 4.563 \quad Z_3 = 7.701$$

2.2.2.2 A 转台-B 摆头五轴机床运动学变换

这类机床一个旋转轴作用于刀具上，另一个旋转轴作用于工件上。按旋转轴配置方式的不同，可以分为 B'-A、A'-B、A'-C 与 B'-C 四种情况（带 $'$ 的轴为刀具摆动）。图 2.7 所示 B'-A 类型五轴联动数控机床，旋转轴 B 轴作用于刀具，旋转轴 A 轴作用于工件上。以床身为分界，Y、A 轴位于工件侧，X、Z、B 轴位于刀具侧。

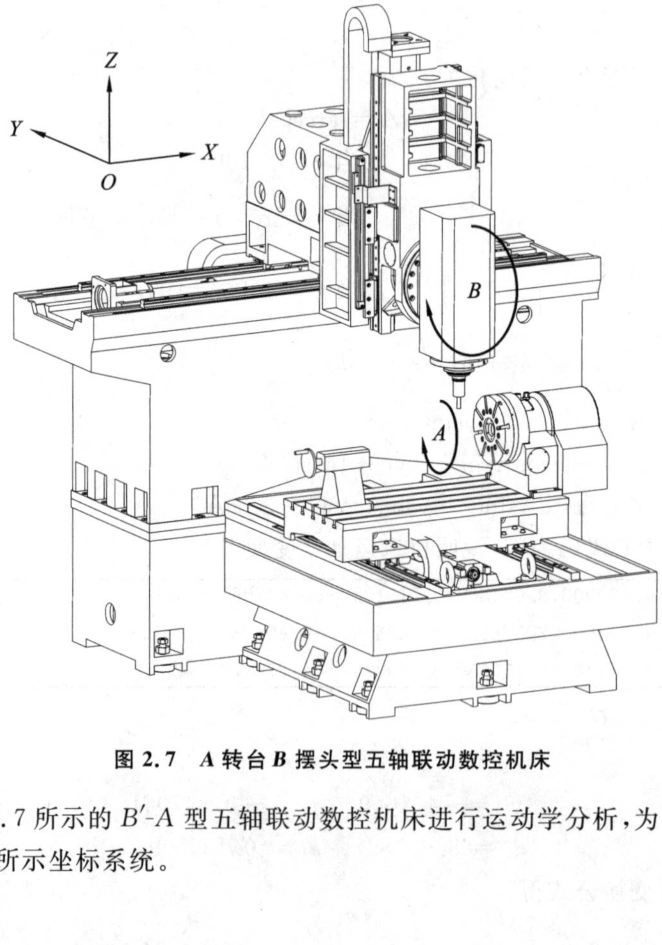

图 2.7 A 转台 B 摆头型五轴联动数控机床

下面针对图 2.7 所示的 B'-A 型五轴联动数控机床进行运动学分析，为了方便描述机床的运动，建立图 2.8 所示坐标系统。

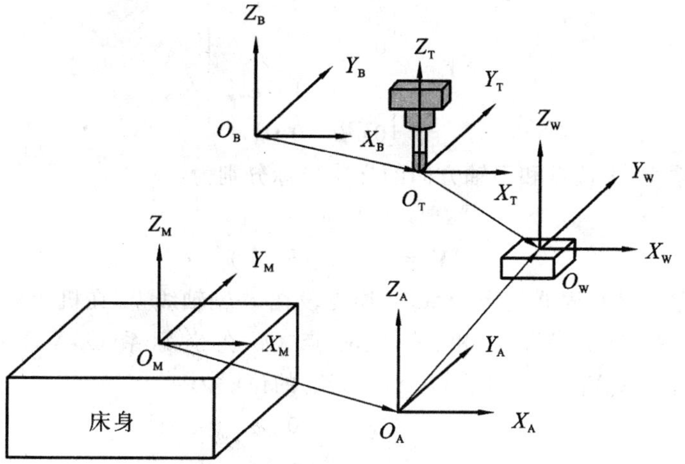

图 2.8　A 转台 B 摆头型机床坐标系定义

在图 2.8 中，$O_M X_M Y_M Z_M$ 为与机床床身固联的坐标系，在机床各轴运动过程中，此坐标系保持不变。在机床坐标系中，刀位点和刀轴方向相对于 $O_M X_M Y_M Z_M$ 的齐次坐标分别为 $^M P$ 和 $^M V$，刀轴方向的正向为刀位点指向主轴端面中心的方向。

$O_A X_A Y_A Z_A$ 为与 A 轴固联的坐标系，其原点设在 A 轴轴线上。在机床初始位置，三个主矢量的方向与坐标系 $O_M X_M Y_M Z_M$ 相同，设原点 O_A 在坐标系 $O_M X_M Y_M Z_M$ 中的坐标为 $\{L_{max}, L_{may}, L_{maz}\}$，$O_A X_A Y_A Z_A$ 相对于 $O_M X_M Y_M Z_M$ 的位姿为：

$$
{}^M_A\boldsymbol{T}_0 = \begin{bmatrix} 1 & 0 & 0 & L_{max} \\ 0 & 1 & 0 & L_{may} \\ 0 & 0 & 1 & L_{maz} \\ 0 & 0 & 0 & 1 \end{bmatrix}
$$

由于 $O_M X_M Y_M Z_M$ 的坐标原点可以在任意位置，为了描述方便，往往设 $O_M X_M Y_M Z_M$ 的原点与 $O_A X_A Y_A Z_A$ 的原点重合，即 ${}^M_A\boldsymbol{T}_0$ 为单位矩阵。当机床运动到 (X, Y, Z, A, B) 位置时，$O_A X_A Y_A Z_A$ 会绕其自身的 X 轴旋转 $-A$ 角度。则 $O_A X_A Y_A Z_A$ 相对于 $O_M X_M Y_M Z_M$ 的位姿为：

$$
{}^M_A\boldsymbol{T} = \begin{bmatrix} 1 & 0 & 0 & L_{max} \\ 0 & 1 & 0 & L_{may} \\ 0 & 0 & 1 & L_{maz} \\ 0 & 0 & 0 & 1 \end{bmatrix} \begin{bmatrix} 1 & 0 & 0 & 0 \\ 0 & 1 & 0 & -Y \\ 0 & 0 & 1 & 0 \\ 0 & 0 & 0 & 1 \end{bmatrix} \begin{bmatrix} 1 & 0 & 0 & 0 \\ 0 & \cos(-A) & -\sin(-A) & 0 \\ 0 & \sin(-A) & \cos(-A) & 0 \\ 0 & 0 & 0 & 1 \end{bmatrix}
$$

$$
= \begin{bmatrix} 1 & 0 & 0 & 0 \\ 0 & 1 & 0 & -Y \\ 0 & 0 & 1 & 0 \\ 0 & 0 & 0 & 1 \end{bmatrix} \begin{bmatrix} 1 & 0 & 0 & 0 \\ 0 & \cos A & \sin A & 0 \\ 0 & -\sin A & \cos A & 0 \\ 0 & 0 & 0 & 1 \end{bmatrix}
$$

$O_W X_W Y_W Z_W$ 为与工件固联的工件坐标系，其三个主矢量的方向与坐标系 $O_A X_A Y_A Z_A$ 相同，设原点 O_W 在坐标系 $O_A X_A Y_A Z_A$ 中的坐标为 $\{L_{awx}, L_{awy}, L_{awz}\}$，$O_W X_W Y_W Z_W$ 相对于 $O_A X_A Y_A Z_A$ 的位姿为：

$$
{}_{\mathrm{W}}^{\mathrm{A}}\boldsymbol{T}=\begin{bmatrix}1&0&0&L_{\mathrm{awx}}\\0&1&0&L_{\mathrm{awy}}\\0&0&1&L_{\mathrm{awz}}\\0&0&0&1\end{bmatrix}
$$

在工件坐标系中，刀位点和刀轴方向的齐次坐标分别为：

$$
{}^{\mathrm{W}}\boldsymbol{P}=(x\quad y\quad z\quad 1)^{\mathrm{T}}
$$

$$
{}^{\mathrm{W}}\boldsymbol{V}=(i\quad j\quad k\quad 0)^{\mathrm{T}}
$$

$O_{\mathrm{B}}X_{\mathrm{B}}Y_{\mathrm{B}}Z_{\mathrm{B}}$ 为与 B 轴固联的坐标系，其原点设在 B 轴轴线上。在机床初始位置，三个主矢量的方向与坐标系 $O_{\mathrm{M}}X_{\mathrm{M}}Y_{\mathrm{M}}Z_{\mathrm{M}}$ 相同，设原点 O_{B} 在坐标系 $O_{\mathrm{M}}X_{\mathrm{M}}Y_{\mathrm{M}}Z_{\mathrm{M}}$ 中的坐标为 $\{L_{\mathrm{mbx}},L_{\mathrm{mby}},L_{\mathrm{mbz}}\}$，$O_{\mathrm{B}}X_{\mathrm{B}}Y_{\mathrm{B}}Z_{\mathrm{B}}$ 相对于 $O_{\mathrm{M}}X_{\mathrm{M}}Y_{\mathrm{M}}Z_{\mathrm{M}}$ 的位姿为：

$$
{}_{\mathrm{B}}^{\mathrm{M}}\boldsymbol{T}_0=\begin{bmatrix}1&0&0&L_{\mathrm{mbx}}\\0&1&0&L_{\mathrm{mby}}\\0&0&1&L_{\mathrm{mbz}}\\0&0&0&1\end{bmatrix}
$$

当机床按照指令(X,Y,Z,A,B)运动时，$O_{\mathrm{B}}X_{\mathrm{B}}Y_{\mathrm{B}}Z_{\mathrm{B}}$ 会绕其自身的 Y 轴旋转 B 角度，$O_{\mathrm{B}}X_{\mathrm{B}}Y_{\mathrm{B}}Z_{\mathrm{B}}$ 相对于 $O_{\mathrm{M}}X_{\mathrm{M}}Y_{\mathrm{M}}Z_{\mathrm{M}}$ 的位姿为：

$$
{}_{\mathrm{B}}^{\mathrm{M}}\boldsymbol{T}=\begin{bmatrix}1&0&0&L_{\mathrm{mbx}}\\0&1&0&L_{\mathrm{mby}}\\0&0&1&L_{\mathrm{mbz}}\\0&0&0&1\end{bmatrix}\begin{bmatrix}1&0&0&X\\0&1&0&0\\0&0&1&Z\\0&0&0&1\end{bmatrix}\begin{bmatrix}\cos B&0&\sin B&0\\0&1&0&0\\-\sin B&0&\cos B&0\\0&0&0&1\end{bmatrix}
$$

$O_{\mathrm{T}}X_{\mathrm{T}}Y_{\mathrm{T}}Z_{\mathrm{T}}$ 为与刀具固联的刀具坐标系，其原点设在刀位点上，其坐标轴方向与 $O_{\mathrm{B}}X_{\mathrm{B}}Y_{\mathrm{B}}Z_{\mathrm{B}}$ 一致，$O_{\mathrm{T}}X_{\mathrm{T}}Y_{\mathrm{T}}Z_{\mathrm{T}}$ 相对于 $O_{\mathrm{B}}X_{\mathrm{B}}Y_{\mathrm{B}}Z_{\mathrm{B}}$ 的位姿为：

$$
{}_{\mathrm{T}}^{\mathrm{B}}\boldsymbol{T}=\begin{bmatrix}1&0&0&L_{\mathrm{btx}}\\0&1&0&L_{\mathrm{bty}}\\0&0&1&L_{\mathrm{btz}}\\0&0&0&1\end{bmatrix}
$$

在刀具坐标系中，刀位点和刀轴方向的齐次坐标分别为：

$$
{}^{\mathrm{T}}\boldsymbol{P}=(0\quad 0\quad 0\quad 1)^{\mathrm{T}}
$$

$$
{}^{\mathrm{T}}\boldsymbol{V}=(0\quad 0\quad 1\quad 0)^{\mathrm{T}}
$$

当机床处于初始位置时，$O_{\mathrm{T}}X_{\mathrm{T}}Y_{\mathrm{T}}Z_{\mathrm{T}}$ 和 $O_{\mathrm{W}}X_{\mathrm{W}}Y_{\mathrm{W}}Z_{\mathrm{W}}$ 相对于 $O_{\mathrm{M}}X_{\mathrm{M}}Y_{\mathrm{M}}Z_{\mathrm{M}}$ 的位姿分别为：

$$
{}_{\mathrm{T}}^{\mathrm{M}}\boldsymbol{T}_0={}_{\mathrm{B}}^{\mathrm{M}}\boldsymbol{T}_0\,{}_{\mathrm{T}}^{\mathrm{B}}\boldsymbol{T}_0=\begin{bmatrix}1&0&0&L_{\mathrm{mbx}}\\0&1&0&L_{\mathrm{mby}}\\0&0&1&L_{\mathrm{mbz}}\\0&0&0&1\end{bmatrix}\begin{bmatrix}1&0&0&L_{\mathrm{btx}}\\0&1&0&L_{\mathrm{bty}}\\0&0&1&L_{\mathrm{btz}}\\0&0&0&1\end{bmatrix}=\begin{bmatrix}1&0&0&L_{\mathrm{mbx}}+L_{\mathrm{btx}}\\0&1&0&L_{\mathrm{mby}}+L_{\mathrm{bty}}\\0&0&1&L_{\mathrm{mbz}}+L_{\mathrm{btz}}\\0&0&0&1\end{bmatrix}
$$

$$
{}_{\mathrm{W}}^{\mathrm{M}}\boldsymbol{T}_0={}_{\mathrm{A}}^{\mathrm{M}}\boldsymbol{T}_0\,{}_{\mathrm{W}}^{\mathrm{A}}\boldsymbol{T}_0={}_{\mathrm{W}}^{\mathrm{A}}\boldsymbol{T}_0=\begin{bmatrix}1&0&0&L_{\mathrm{awx}}\\0&1&0&L_{\mathrm{awy}}\\0&0&1&L_{\mathrm{awz}}\\0&0&0&1\end{bmatrix}
$$

机床处于初始位置时，$O_TX_TY_TZ_T$ 的原点与 $O_WX_WY_WZ_W$ 的原点重合，所以上述两个位姿矩阵相等，有如下几何关系：

$$L_{mbx}=-L_{btx}+L_{awx}$$
$$L_{mby}=-L_{bty}+L_{awy}$$
$$L_{mbz}=-L_{btz}+L_{awz}$$

在上述坐标系定义的基础上，通过齐次变换，可以将刀位点分别从刀具坐标系和工件坐标系映射到机床坐标系：

$$^{M}\boldsymbol{P}={}^{M}_{B}\boldsymbol{T}^{B}_{T}\boldsymbol{T}^{T}\boldsymbol{P}$$
$$^{M}\boldsymbol{P}={}^{M}_{A}\boldsymbol{T}^{A}_{W}\boldsymbol{T}^{W}\boldsymbol{P}$$

消去$^{M}\boldsymbol{P}$得到：

$$^{W}\boldsymbol{P}={}^{A}_{W}\boldsymbol{T}^{-1}{}^{M}_{A}\boldsymbol{T}^{-1}{}^{M}_{B}\boldsymbol{T}^{B}_{T}\boldsymbol{T}^{T}\boldsymbol{P}$$

同理可得：

$$^{W}\boldsymbol{V}={}^{A}_{W}\boldsymbol{T}^{-1}{}^{M}_{A}\boldsymbol{T}^{-1}{}^{M}_{B}\boldsymbol{T}^{B}_{T}\boldsymbol{T}^{T}\boldsymbol{V}$$

代入矩阵，得到机床运动学变换公式：

$$\begin{bmatrix} i \\ j \\ k \\ 0 \end{bmatrix}=\begin{bmatrix} \sin B \\ -\sin A\cos B \\ \cos A\cos B \\ 0 \end{bmatrix}$$

$$\begin{bmatrix} x \\ y \\ z \\ 1 \end{bmatrix}=\begin{bmatrix} X+L_{btx}\cos B+L_{btz}\sin B-L_{btx} \\ (Y+L_{awy})\cos A-(Z-L_{btz}+L_{awz})\sin A+L_{btx}\sin A\sin B-L_{btz}\sin A\cos B-L_{awy} \\ (Y+L_{awy})\sin A+(Z-L_{btz}+L_{awz})\cos A-L_{btx}\cos A\sin B+L_{btz}\cos A\cos B-L_{awz} \\ 1 \end{bmatrix}$$

由机床运动学变换公式反推得到机床运动学反变换公式：

$$B=\arcsin i$$

$$A=\begin{cases} \text{任意值} & \text{当 } i=\pm 1 \text{ 时} \\ \dfrac{\pi}{2} & \text{当 } i\neq\pm 1, k=0, j<0 \text{ 时} \\ -\dfrac{\pi}{2} & \text{当 } i\neq\pm 1, k=0, j>0 \text{ 时} \\ \arctan\left(\dfrac{-j}{k}\right) & \text{其他} \end{cases}$$

$$X=x-L_{btx}\cos B-L_{btz}\sin B+L_{btx}$$
$$Y=(y+L_{awy})\cos A+(z+L_{awz})\sin A-L_{awy}$$
$$Z=-(y+L_{awy})\sin A+(z+L_{awz})\cos A+L_{btx}\sin B-L_{btz}\cos B-L_{awz}+L_{btz}$$

为了简化计算，不妨设机床旋转轴轴线相交，设原点 O_T 在坐标系 $O_BX_BY_BZ_B$ 中的坐标为 $\{0,0,-200\}$，且工件坐标系与 A 轴所在坐标系重合，即：

$$L_{btx}=0$$
$$L_{bty}=0$$
$$L_{btz}=-200$$

$$L_{awx} = 0$$
$$L_{awy} = 0$$
$$L_{awz} = 0$$

则机床运动学反变换公式化简为：

$$B = \arcsin i$$

$$A = \begin{cases} \text{任意值} & \text{当 } i = \pm 1 \text{ 时} \\ \dfrac{\pi}{2} & \text{当 } i \neq \pm 1, k = 0, j < 0 \text{ 时} \\ -\dfrac{\pi}{2} & \text{当 } i \neq \pm 1, k = 0, j > 0 \text{ 时} \\ \arctan\left(\dfrac{-j}{k}\right) & \text{其他} \end{cases}$$

$$X = x - L_{btz}\sin B$$
$$Y = y\cos A + z\sin A$$
$$Z = -y\sin A + z\cos A + L_{btz}(1 - \cos B)$$

以下面3行 *APT* 代码为例，说明机床运动学变换过程。

```
GOTO/3.802100,-4.100900,8.684800,0.515223,-0.847061,0.130509
GOTO/4.301700,-4.074500,7.578200,0.560656,-0.808739,0.177780
GOTO/4.856300,-4.157400,6.476500,0.583343,-0.770472,0.257069
```

对于第一行代码，有：

$$x_1 = 3.8021 \quad i_1 = 0.515223$$
$$y_1 = -4.1009 \quad j_1 = -0.847061$$
$$z_1 = 8.6848 \quad k_1 = 0.130509$$

代入运动学反变换公式得：

$$B_1 = \arcsin 0.515223 = 31.012°$$

$$A_1 = \arctan\frac{0.847061}{0.130509} = 81.241°$$

$$X_1 = 3.8021 - (-200) \times \sin 31.012° = 106.847$$

$$Y_1 = (-4.1009) \times \cos 81.241° + 8.6848 \times \sin 81.241° = 7.959$$

$$Z_1 = 4.1009 \times \sin 81.241° + 8.6848 \times \cos 81.241° + (-200) \times (1 - \cos 31.012°) = -23.213$$

同理对于第二行代码：

$$B_2 = 34.101° \quad A_2 = 77.602° \quad X_2 = 116.433 \quad Y_2 = 6.527 \quad Z_2 = -28.784$$

第三行代码：

$$B_3 = 35.686° \quad A_3 = 71.549° \quad X_3 = 121.525 \quad Y_3 = 4.828 \quad Z_3 = -31.561$$

2.2.2.3 *AC* 双摆头五轴机床运动学变换

这类机床两个旋转轴都作用于刀具上。按从定轴到动轴的顺序，可以分为 *C-A*、*C-B*、*A-B* 与 *B-A* 四种情况。图2.9所示为 *C-A* 双摆头五轴联动数控机床，其中旋转轴 *C* 轴为定轴，其轴线方向相对于机床床身固定不变，旋转轴 *A* 轴为动轴，集成到 *C* 轴上，其轴线方向随 *C* 轴的旋转而改变。以床身为分界，*X*、*Y*、*Z*、*C*、*A* 轴均位于刀具侧。

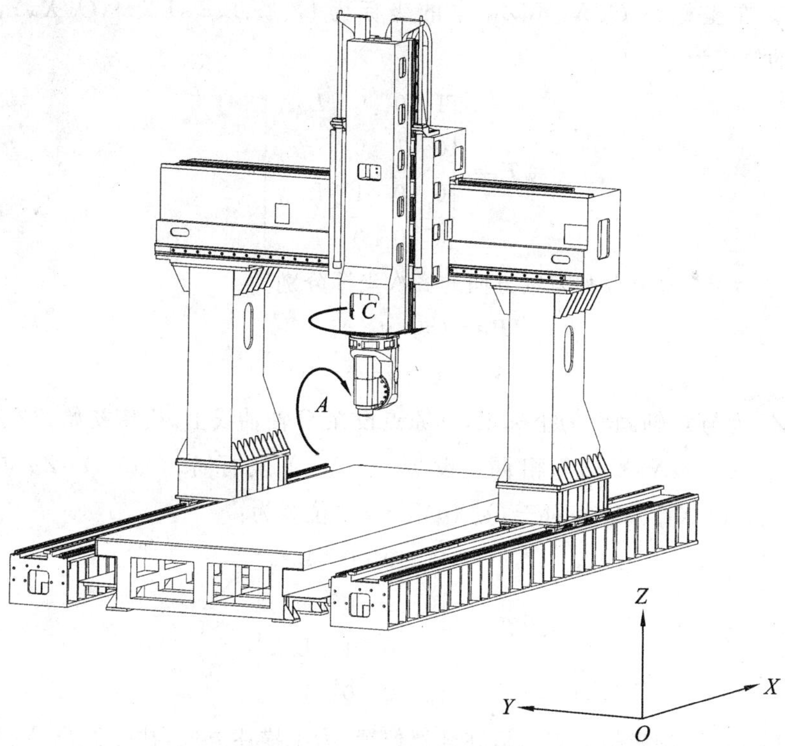

图 2.9　*AC* 双摆头五轴联动数控机床

下面针对图 2.9 所示的 *AC* 双摆头五轴数控机床进行运动学分析，为了方便描述机床的运动，建立图 2.10 所示的坐标系。

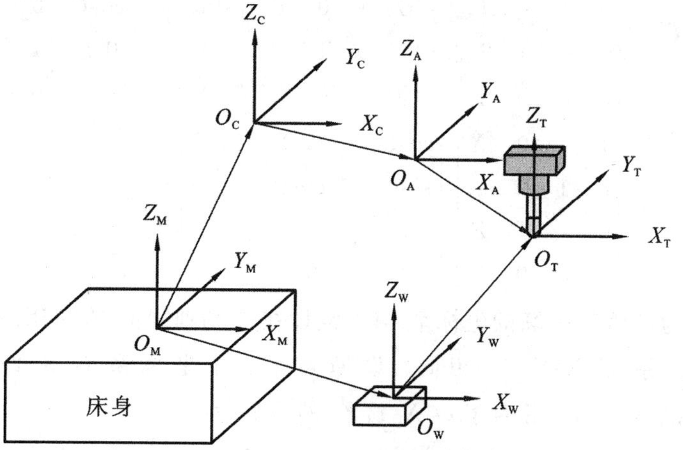

图 2.10　*C*-*A* 双摆头机床坐标系定义

在图 2.10 中，$O_M X_M Y_M Z_M$ 为与机床床身固联的坐标系，在机床各轴运动过程中，此坐标系保持不变。在运动学变换中，刀位点和刀轴方向相对于 $O_M X_M Y_M Z_M$ 的齐次坐标分别为 ${}^M P$ 和 ${}^M V$，刀轴方向的正向为刀位点指向主轴端面中心的方向。

$O_W X_W Y_W Z_W$ 为与工件固联的工件坐标系，其三个主矢量的方向与坐标系 $O_M X_M Y_M Z_M$ 相同，设原点 O_W 在坐标系 $O_MX_MY_MZ_M$ 中的坐标为 $\{L_{mwx}, L_{mwy}, L_{mwz}\}$，$O_WX_WY_WZ_W$ 相对于 $O_MX_MY_MZ_M$ 的位姿为：

$$ {}^{M}_{W}\boldsymbol{T} = \begin{bmatrix} 1 & 0 & 0 & L_{mwx} \\ 0 & 1 & 0 & L_{mwy} \\ 0 & 0 & 1 & L_{mwz} \\ 0 & 0 & 0 & 1 \end{bmatrix} $$

在工件坐标系中，刀位点和刀轴方向的齐次坐标分别为：

$$ {}^{W}\boldsymbol{P} = (x \quad y \quad z \quad 1)^{T} $$

$$ {}^{W}\mathbf{V} = (i \quad j \quad k \quad 0)^{T} $$

$O_CX_CY_CZ_C$ 为与 C 轴固联的坐标系，其原点设在 C 轴轴线上。机床初始位置，三个主矢量的方向与坐标系 $O_MX_MY_MZ_M$ 相同，设原点 O_C 在坐标系 $O_MX_MY_MZ_M$ 中的坐标为 $\{L_{mcx}, L_{mcy}, L_{mcz}\}$，$O_CX_CY_CZ_C$ 相对于 $O_MX_MY_MZ_M$ 的位姿为：

$$ {}^{M}_{C}\boldsymbol{T}_0 = \begin{bmatrix} 1 & 0 & 0 & L_{mcx} \\ 0 & 1 & 0 & L_{mcy} \\ 0 & 0 & 1 & L_{mcz} \\ 0 & 0 & 0 & 1 \end{bmatrix} $$

由于 $O_MX_MY_MZ_M$ 的坐标原点可以在任意位置，为了描述方便，往往设 $O_MX_MY_MZ_M$ 的原点与 $O_CX_CY_CZ_C$ 的原点重合，即 ${}^{M}_{C}\boldsymbol{T}_0$ 为单位矩阵。当机床按照指令 (X, Y, Z, A, C) 运动时，$O_CX_CY_CZ_C$ 会绕其自身的 Z 轴旋转 C 角度，则 $O_CX_CY_CZ_C$ 相对于 $O_MX_MY_MZ_M$ 的位姿为：

$$ {}^{M}_{C}\boldsymbol{T} = \begin{bmatrix} 1 & 0 & 0 & L_{mcx} \\ 0 & 1 & 0 & L_{mcy} \\ 0 & 0 & 1 & L_{mcz} \\ 0 & 0 & 0 & 1 \end{bmatrix} \begin{bmatrix} 1 & 0 & 0 & X \\ 0 & 1 & 0 & Y \\ 0 & 0 & 1 & Z \\ 0 & 0 & 0 & 1 \end{bmatrix} \begin{bmatrix} \cos C & -\sin C & 0 & 0 \\ \sin C & \cos C & 0 & 0 \\ 0 & 0 & 1 & 0 \\ 0 & 0 & 0 & 1 \end{bmatrix} $$

$$ = \begin{bmatrix} 1 & 0 & 0 & X \\ 0 & 1 & 0 & Y \\ 0 & 0 & 1 & Z \\ 0 & 0 & 0 & 1 \end{bmatrix} \begin{bmatrix} \cos C & -\sin C & 0 & 0 \\ \sin C & \cos C & 0 & 0 \\ 0 & 0 & 1 & 0 \\ 0 & 0 & 0 & 1 \end{bmatrix} $$

$O_AX_AY_AZ_A$ 为与 A 轴固联的坐标系，其原点设在 A 轴轴线上，在机床初始位置，三个主矢量的方向与坐标系 $O_CX_CY_CZ_C$ 相同，设原点 O_A 在坐标系 $O_CX_CY_CZ_C$ 中的坐标为 $\{L_{cax}, L_{cay}, L_{caz}\}$，$O_AX_AY_AZ_A$ 相对于 $O_CX_CY_CZ_C$ 的位姿为：

$$ {}^{C}_{A}\boldsymbol{T}_0 = \begin{bmatrix} 1 & 0 & 0 & L_{cax} \\ 0 & 1 & 0 & L_{cay} \\ 0 & 0 & 1 & L_{caz} \\ 0 & 0 & 0 & 1 \end{bmatrix} $$

当机床运动到 (X, Y, Z, A, C) 位置时，$O_AX_AY_AZ_A$ 会绕其自身的 X 轴旋转 A 角度，$O_AX_AY_AZ_A$ 相对于 $O_CX_CY_CZ_C$ 的位姿为：

$$
{}_{A}^{C}\boldsymbol{T}=\begin{bmatrix}1&0&0&L_{\mathrm{cax}}\\0&1&0&L_{\mathrm{cay}}\\0&0&1&L_{\mathrm{caz}}\\0&0&0&1\end{bmatrix}\begin{bmatrix}1&0&0&0\\0&\cos A&-\sin A&0\\0&\sin A&\cos A&0\\0&0&0&1\end{bmatrix}
$$

$O_T X_T Y_T Z_T$ 为与刀具固联的刀具坐标系，其原点设在刀位点上，其坐标轴初始方向与 $O_A X_A Y_A Z_A$ 一致，$O_T X_T Y_T Z_T$ 相对于 $O_A X_A Y_A Z_A$ 的位姿为：

$$
{}_{T}^{A}\boldsymbol{T}=\begin{bmatrix}1&0&0&L_{\mathrm{atx}}\\0&1&0&L_{\mathrm{aty}}\\0&0&1&L_{\mathrm{atz}}\\0&0&0&1\end{bmatrix}
$$

在刀具坐标系中，刀位点和刀轴方向的齐次坐标分别为：

$$
{}^{T}\boldsymbol{P}=(0\quad 0\quad 0\quad 1)^{T}
$$

$$
{}^{T}\boldsymbol{V}=(0\quad 0\quad 1\quad 0)^{T}
$$

当机床处于初始位置时，$O_T X_T Y_T Z_T$ 和 $O_W X_W Y_W Z_W$ 相对于 $O_M X_M Y_M Z_M$ 的位姿分别为：

$$
{}_{T}^{M}\boldsymbol{T}_0={}_{C}^{M}\boldsymbol{T}_0\,{}_{A}^{C}\boldsymbol{T}_0\,{}_{T}^{A}\boldsymbol{T}_0={}_{A}^{C}\boldsymbol{T}_0\,{}_{T}^{A}\boldsymbol{T}_0=\begin{bmatrix}1&0&0&L_{\mathrm{cax}}\\0&1&0&L_{\mathrm{cay}}\\0&0&1&L_{\mathrm{caz}}\\0&0&0&1\end{bmatrix}\begin{bmatrix}1&0&0&L_{\mathrm{atx}}\\0&1&0&L_{\mathrm{aty}}\\0&0&1&L_{\mathrm{atz}}\\0&0&0&1\end{bmatrix}
$$

$$
=\begin{bmatrix}1&0&0&L_{\mathrm{cax}}+L_{\mathrm{atx}}\\0&1&0&L_{\mathrm{cay}}+L_{\mathrm{aty}}\\0&0&1&L_{\mathrm{caz}}+L_{\mathrm{atz}}\\0&0&0&1\end{bmatrix}
$$

$$
{}_{W}^{M}\boldsymbol{T}_0=\begin{bmatrix}1&0&0&L_{\mathrm{mwx}}\\0&1&0&L_{\mathrm{mwy}}\\0&0&1&L_{\mathrm{mwz}}\\0&0&0&1\end{bmatrix}
$$

机床处于初始位置时，$O_T X_T Y_T Z_T$ 的原点与 $O_W X_W Y_W Z_W$ 的原点重合，所以上述两个位姿矩阵相等，此时有如下几何关系：

$$
L_{\mathrm{mwx}}=L_{\mathrm{cax}}+L_{\mathrm{atx}}
$$

$$
L_{\mathrm{mwy}}=L_{\mathrm{cay}}+L_{\mathrm{aty}}
$$

$$
L_{\mathrm{mwz}}=L_{\mathrm{caz}}+L_{\mathrm{atz}}
$$

在上述坐标系定义的基础上，通过齐次变换，可以将刀位点分别从刀具坐标系和工件坐标系映射到机床坐标系：

$$
{}^{M}\boldsymbol{P}={}_{C}^{M}\boldsymbol{T}\,{}_{A}^{C}\boldsymbol{T}\,{}_{T}^{A}\boldsymbol{T}\,{}^{T}\boldsymbol{P}
$$

$$
{}^{M}\boldsymbol{P}={}_{W}^{M}\boldsymbol{T}\,{}^{W}\boldsymbol{P}
$$

消去 ${}^{M}\boldsymbol{P}$ 得到：

$$
{}^{W}\boldsymbol{P}={}_{W}^{M}\boldsymbol{T}^{-1}\,{}_{C}^{M}\boldsymbol{T}\,{}_{A}^{C}\boldsymbol{T}\,{}_{T}^{A}\boldsymbol{T}\,{}^{T}\boldsymbol{P}
$$

同理可得：

$$^{W}\boldsymbol{V}={}^{M}_{W}\boldsymbol{T}^{-1}{}^{M}_{C}\boldsymbol{T}^{C}_{A}\boldsymbol{T}^{A}_{T}\boldsymbol{T}^{T}\boldsymbol{V}$$

代入矩阵，得到机床运动学变换公式：

$$\begin{bmatrix} i \\ j \\ k \\ 0 \end{bmatrix}=\begin{bmatrix} \sin A\sin C \\ -\sin A\cos C \\ \cos A \\ 0 \end{bmatrix}$$

$$\begin{bmatrix} x \\ y \\ z \\ 1 \end{bmatrix}=\begin{bmatrix} X+(L_{cax}+L_{atx})\cos C-L_{aty}\cos A\sin C+L_{atz}\sin A\sin C-L_{cay}\sin C-L_{cax}-L_{atx} \\ Y+(L_{cax}+L_{atx})\sin C+L_{aty}\cos A\cos C-L_{atz}\sin A\cos C+L_{cay}\cos C-L_{cay}-L_{aty} \\ Z+L_{aty}\sin A+L_{atz}\cos A-L_{atz} \\ 1 \end{bmatrix}$$

由机床运动学变换公式反推得到机床运动学反变换公式：

$$A=\arccos k$$

$$C=\begin{cases} \text{任意值} & \text{当 } k=\pm 1 \text{ 时} \\ \dfrac{\pi}{2} & \text{当 } k\neq\pm 1, j=0, i>0 \text{ 时} \\ -\dfrac{\pi}{2} & \text{当 } k\neq\pm 1, j=0, i>0 \text{ 时} \\ \arctan(\dfrac{i}{-j}) & \text{其他} \end{cases}$$

$$X=x-(L_{cax}+L_{atx})\cos C+L_{aty}\cos A\sin C-L_{atz}\sin A\sin C+L_{cay}\sin C+L_{cax}+L_{atx}$$
$$Y=y-(L_{cax}+L_{atx})\sin C-L_{aty}\cos A\cos C+L_{atz}\sin A\cos C-L_{cay}\cos C+L_{cay}+L_{aty}$$
$$Z=z-L_{aty}\sin A-L_{atz}\cos A+L_{atz}$$

为了简化计算，不妨设机床旋转轴轴线相交，$O_C X_C Y_C Z_C$ 与 $O_A X_A Y_A Z_A$ 重合，设原点 O_T 在坐标系 $O_A X_A Y_A Z_A$ 中的坐标为 $\{0,0,-200\}$，即：

$$L_{cax}=0$$
$$L_{cay}=0$$
$$L_{caz}=0$$
$$L_{atx}=0$$
$$L_{aty}=0$$
$$L_{atz}=-200$$

则机床运动学反变换公式化简为：

$$A=\arccos k$$

$$C=\begin{cases} \text{任意值} & \text{当 } k=\pm 1 \text{ 时} \\ \dfrac{\pi}{2} & \text{当 } k\neq\pm 1, j=0, i>0 \text{ 时} \\ -\dfrac{\pi}{2} & \text{当 } k\neq\pm 1, j=0, i>0 \text{ 时} \\ \arctan\left(\dfrac{i}{-j}\right) & \text{其他} \end{cases}$$

$$X = x - L_{atz}\sin A\sin C$$
$$Y = y + L_{atz}\sin A\cos C$$
$$Z = z - L_{atz}\cos A + L_{atz}$$

以下面 3 行 APT 代码为例，说明机床运动学变换过程。

```
GOTO/3.802100，-4.100900,8.684800,0.515223，-0.847061,0.130509
GOTO/4.301700，-4.074500,7.578200,0.560656，-0.808739,0.177780
GOTO/4.856300，-4.157400,6.476500,0.583343，-0.770472,0.257069
```

对于第一行代码，有

$$x_1 = 3.8021 \qquad i_1 = 0.515223$$
$$y_1 = -4.1009 \qquad j_1 = -0.847061$$
$$z_1 = 8.6848 \qquad k_1 = 0.130509$$

代入运动学反变换公式得：

$$A_1 = \arccos 0.130509 = 82.501°$$
$$C_1 = \arctan\left(\frac{0.515223}{-0.847061}\right) = 31.310°$$
$$X_1 = 3.8021 - (-200) \times \sin 82.501° \times \sin 31.310° = 106.847$$
$$Y_1 = -4.1009 + (-200) \times \sin 82.501° \times \cos 31.310° = -173.513$$
$$Z_1 = 8.6848 - (-200) \times \cos 82.501° + (-200) = -165.213$$

同理对于第二行代码：

$$A_2 = 79.760° \quad C_2 = 34.732° \quad X_2 = 116.433 \quad Y_2 = -165.822 \quad Z_2 = -156.866$$

同理对于第三行代码：

$$A_3 = 75.104° \quad C_3 = 37.130° \quad X_3 = 121.525 \quad Y_3 = -158.252 \quad Z_3 = -142.110$$

2.2.3　机床运动与刀具路径

由刀位文件(APT 代码) 描述的刀具路径是由 CAM 软件在工件坐标系下生成的，而机床运动则由含有机床坐标的数控程序(NC 代码) 来描述，虽然二者都描述了同一组连续运动，但是其描述的坐标系和语法规则都是不同的。因此数控机床无法直接读取 APT 刀路，需要通过机床运动学反变换将 APT 代码转化为 NC 代码，才能将刀具路径转化为机床的实际运动。同理，NC 代码也需要通过机床运动学变换才能转化为 APT 刀路。下面以几行 APT 代码及其对应的 *A-C* 双转台五轴联动数控机床 NC 代码为例，来说明如何实现 NC 代码与 APT 刀路之间的转换。

NC 代码：

```
N1 G01 F125.
N2 X0.751 Y72.463 Z-42.633 A-88.550 C-21.679
N3 X0.766 Y72.139 Z-42.200 A-88.190 C-22.022
N4 X0.780 Y71.810 Z-41.759 A-87.820 C-22.369
N5 X0.803 Y71.280 Z-41.075 A-87.240 C-22.912
N6 X0.820 Y70.849 Z-40.525 A-86.770 C-23.347
```

APT 刀路：

```
FEDRAT/125.0000
GOTO/2.7409,-4.8624,22.6260,0.369282,-0.928973,0.025293
GOTO/2.7788,-4.8278,22.3489,0.374781,-0.926573,0.031650
GOTO/2.8163,-4.7928,22.0717,0.380296,-0.924084,0.038003
GOTO/2.8739,-4.7372,21.6269,0.388869,-0.920032,0.048186
GOTO/2.9201,-4.6954,21.2700,0.395670,-0.916662,0.056350
```

第一行NC代码为直线进给命令和进给速度，第二行NC代码开始描述运动中的机床各轴位置，其中 $X=0.751$，$Y=72.463$，$Z=-42.633$，$A=-88.55$，$C=-21.679$ 标识机床各轴运动到的位置，将这组数据直接代入 A-C 双转台五轴联动数控机床运动学变换公式，可得：$x=2.7409$，$y=-4.8624$，$z=22.6260$，$i=0.369282$，$j=-0.928973$，$k=0.025293$。反之，将 $x=2.7409$，$y=-4.8624$，$z=22.6260$，$i=0.369282$，$j=-0.928973$，$k=0.025293$ 代入机床运动学反变换公式，也可得到 $X=0.751$，$Y=72.463$，$Z=-42.633$，$A=-88.55$，$C=-21.679$。其余各行代码之间的转换方法相同。

2.3 五轴机床微分运动

五轴机床运动学变换建立了机床各轴位置与工件坐标系下刀具位姿的映射关系，本节将在五轴机床运动学变换的基础上，计算对应的雅可比矩阵，分析机床各轴位置发生微小变化时对加工结果的影响。从而能够进一步说明当机床参数不同时，即使是同一类型机床，针对相同的刀位文件，机床的加工代码也不同。

2.3.1 刚体的微分运动

对于一维空间中质点的微分运动可表达为在某一时刻 t 处，单位采样时间 Δt 内质点的位移，即时刻 t 处对位移关于时间的一阶求导。进一步推广至刚体在空间中的微分运动，可以求某一时刻处空间位姿关于时间的导数。

刚体绕 X 轴、Y 轴和 Z 轴分别旋转角度 α、β 和 γ，以及沿着 X 轴、Y 轴和 Z 轴分别平移位移 d_x、d_y 和 d_z 的齐次坐标变换矩阵，例如刚体绕 X 轴旋转角度 α 和沿 X 轴平移位移 d_x 的齐次坐标变换矩阵为：

$$\boldsymbol{R}(X,\alpha)=\begin{bmatrix}1 & 0 & 0 & 0\\ 0 & \cos\alpha & -\sin\alpha & 0\\ 0 & \sin\alpha & \cos\alpha & 0\\ 0 & 0 & 0 & 1\end{bmatrix}$$

$$\boldsymbol{T}(X,d_x)=\begin{bmatrix}1 & 0 & 0 & d_x\\ 0 & 1 & 0 & 0\\ 0 & 0 & 1 & 0\\ 0 & 0 & 0 & 1\end{bmatrix}$$

当上述旋转角度 α 很小时，有 $\cos\alpha\approx 1$，$\sin\alpha\approx\alpha$，因此，$\boldsymbol{R}(X,\alpha)$ 可简写为：

$$\boldsymbol{R}(X,\alpha)=\begin{bmatrix}1&0&0&0\\0&1&-\alpha&0\\0&\alpha&1&0\\0&0&0&1\end{bmatrix}$$

根据上一节中运动学变换可知，刚体在空间中位姿可表示为平移、旋转变化的复合运动，即：

$$\boldsymbol{D}=\boldsymbol{T}(Z,d_x)\boldsymbol{T}(Y,d_y)\boldsymbol{T}(X,d_z)\boldsymbol{R}(Z,\gamma)\boldsymbol{R}(Y,\beta)\boldsymbol{R}(X,\alpha)$$

当旋转角度和平移位移的数值都很小时，上式右边各矩阵位置发生变化时仍然不影响计算结果。但当数值较大时需根据旋转和平移的先后关系计算复合矩阵。当旋转角度和平移位移的数值都很小时，可忽略二阶及更高阶微量，化简上式得到：

$$\boldsymbol{D}=\begin{bmatrix}1&-\gamma&\beta&d_x\\\gamma&1&-\alpha&d_y\\-\beta&\alpha&1&d_z\\0&0&0&1\end{bmatrix}$$

2.3.2 五轴机床运动轴的微分运动特性

为了分析机床各轴运动误差和刀具位姿变化之间的关系，需要求出运动学变换方程的微分和导数，研究机床坐标系下机床运动轴发生微小运动时，对工件坐标系下刀具位姿产生的影响，即研究扰动性因素对刀具路径的影响。

根据上一节五轴数控机床运动学变换，针对任何由三个平动轴两个旋转轴构成的五轴数控机床，可以得到工件坐标系中刀尖点位置和刀轴方向用机床坐标系下各运动轴位置表示的关系如下：

$$\begin{bmatrix}{}^{W}\boldsymbol{P}\\{}^{W}\boldsymbol{V}\end{bmatrix}=\boldsymbol{F}_{TW}(X,Y,Z,M,N)\begin{bmatrix}{}^{T}\boldsymbol{P}\\{}^{T}\boldsymbol{V}\end{bmatrix}\tag{2.1}$$

其中，M,N 分别代表五轴机床上两旋转轴。将上式从矩阵形式改写为代数式形式，得到：

$$\begin{cases}x=f_x(X,Y,Z,M,N)\\y=f_y(X,Y,Z,M,N)\\z=f_z(X,Y,Z,M,N)\\i=f_i(X,Y,Z,M,N)\\j=f_j(X,Y,Z,M,N)\\k=f_k(X,Y,Z,M,N)\end{cases}\tag{2.2}$$

简写为

$$\Psi=f_\Psi(X,Y,Z,M,N)\tag{2.3}$$

其中符号 Ψ 表示 x、y、z、i、j 或 k。

将上式两侧取微分，可得：

$$\mathrm{d}\Psi=\frac{\partial f_\Psi}{\partial X}\mathrm{d}X+\frac{\partial f_\Psi}{\partial Y}\mathrm{d}Y+\frac{\partial f_\Psi}{\partial Z}\mathrm{d}Z+\frac{\partial f_\Psi}{\partial A}\mathrm{d}M+\frac{\partial f_\Psi}{\partial C}\mathrm{d}N\tag{2.4}$$

写为矩阵形式：

$$ \tag{2.5} $$

$$\begin{bmatrix} \mathrm{d}x \\ \mathrm{d}y \\ \mathrm{d}z \\ \mathrm{d}i \\ \mathrm{d}j \\ \mathrm{d}k \end{bmatrix} = \boldsymbol{J}(X,Y,Z,M,N)\begin{bmatrix} \mathrm{d}X \\ \mathrm{d}Y \\ \mathrm{d}Z \\ \mathrm{d}M \\ \mathrm{d}N \end{bmatrix} \tag{2.6}$$

其中，$\boldsymbol{J}(X,Y,Z,M,N)$为雅可比(Jacobian)矩阵，是从5维机床运动轴构成的向量到6维刀具位姿构成的向量的线性转换矩阵，其表达式为：

$$\boldsymbol{J}(X,Y,Z,M,N) = \begin{bmatrix} \dfrac{\partial f_x}{\partial X} & \dfrac{\partial f_x}{\partial Y} & \cdots & \dfrac{\partial f_x}{\partial N} \\ \dfrac{\partial f_y}{\partial X} & \dfrac{\partial f_y}{\partial Y} & \cdots & \dfrac{\partial f_y}{\partial N} \\ \vdots & \vdots & & \vdots \\ \dfrac{\partial f_k}{\partial X} & \dfrac{\partial f_k}{\partial Y} & & \dfrac{\partial f_k}{\partial N} \end{bmatrix} \tag{2.7}$$

本节以A-C双转台机床为例，其雅可比矩阵为：

$$\boldsymbol{J}(X,Y,Z,A,C) = \begin{bmatrix} \cos C & -\cos A\sin C & \sin A\sin C & M_1 & M_2 \\ \sin C & \cos A\cos C & -\sin A\cos C & M_3 & M_4 \\ 0 & \sin A & \cos A & M_5 & 0 \\ 0 & 0 & 0 & \cos A\sin C & \sin A\cos C \\ 0 & 0 & 0 & -\cos A\cos C & \sin A\sin C \\ 0 & 0 & 0 & -\sin A & 0 \end{bmatrix} \tag{2.8}$$

其中，$M_1 = (Y+L_{\mathrm{cwy}})\sin A\sin C + (Z+L_{\mathrm{acz}}+L_{\mathrm{cwz}})\cos A\sin C$

$M_2 = -(X+L_{\mathrm{cwx}})\sin C - (Y+L_{\mathrm{cwy}})\cos A\cos C + (Z+L_{\mathrm{acz}}+L_{\mathrm{cwz}})\sin A\cos C$

$M_3 = -(Y+L_{\mathrm{cwy}})\sin A\cos C - (Z+L_{\mathrm{acz}}+L_{\mathrm{cwz}})\cos A\cos C$

$M_4 = (X+L_{\mathrm{cwx}})\cos C - (Y+L_{\mathrm{cwy}})\cos A\sin C + (Z+L_{\mathrm{acz}}+L_{\mathrm{cwz}})\sin A\sin C$

$M_5 = (Y+L_{\mathrm{cwy}})\cos A + (Z+L_{\mathrm{acz}}+L_{\mathrm{cwz}})\sin A$

式(2.8)反映了机床各运动轴扰动对刀具位姿的影响。这种扰动性因素可以是瞬间的作用，引起制造系统的状态的变化，即产生加工误差；也可以是持续的作用，即形成五轴前置处理。即雅可比矩阵表示不同坐标下的转换尺度。

2.3.3 机床结构与运动性能分析

相对于三轴数控机床，五轴数控机床最显著的优势之一是实现了刀轴的调整，提高了刀具位姿的灵活性。与此同时，为了保证五轴数控机床刀尖点的可达区，也增加了机床平动轴行程，如图2.11所示。机床的结构不同，其运动性能也有很大的差异，即使是同一种类型的机床，其结构参数不同，运动性能差异也很明显，例如当图2.11(b)中刀尖点到回转中心O_2点的距离L

增大时，也增加了平动轴的行程需求。为了保证机床的运动性能，需要合理设计五轴数控机床的结构及其参数。

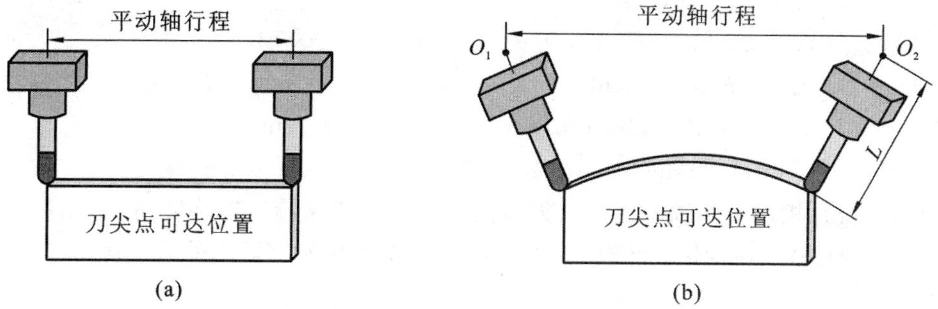

图 2.11 刀尖点到回转中心的距离与机床平动轴行程的关系

机床设计中通常要求刀具控制点尽可能接近两个旋转轴的交点，降低旋转长度，减少刀轴方向改变时引起的平动轴的补偿运动。例如，瑞士 Liechti Turbomill 叶片加工机床，摆头设计为“几”字形状，与传统的摆头机床相比，在叶片加工过程中，刀尖点到摆头回转轴的距离大大缩短。上海拓璞数控科技有限公司的 C20H 叶轮加工机床，*A*-*C* 双转台设计为“摇篮式”，*C* 轴台面位于 *A* 轴旋转轴线的下方，与 *C* 轴台面在 *A* 轴旋转轴线上面相比，在安装叶轮和夹具后，叶片加工区域到 *A* 轴旋转轴线的距离大大缩短，减少了平动轴的补偿运动，如图 2.12 所示。

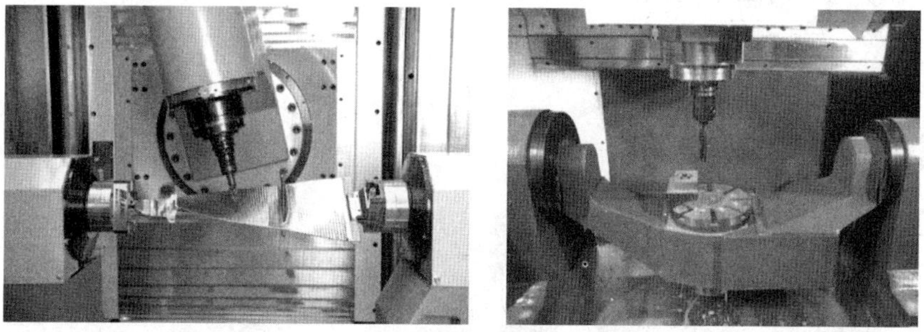

图 2.12 机床结构参数的合理设计

下面以 *A*-*C* 双转台机床为例，分析机床的结构与运动性能的关系。从 2.2.2 节已知 *A*-*C* 双转台机床的运动学反变换公式如下：

$$A = k_A \times \arccos k \qquad k_A = 1, -1$$
$$C = \arctan(i/j) - k_C \times \pi \quad k_C = 0, 1$$
$$X = (x + L_{cwx})\cos C - (y + L_{cwy})\sin C - L_{cwx}$$
$$Y = (x + L_{cwx})\cos A\sin C + (y + L_{cwy})\cos A\cos C - (z + L_{cwz} + L_{acz})\sin A - L_{cwy}$$
$$Z = (x + L_{cwx})\sin A\sin C + (y + L_{cwy})\sin A\cos C + (z + L_{cwz} + L_{acz})\cos A - L_{cwz} - L_{acz}$$

此处考虑机床结构与性能的关系，而 L_{cwx}、L_{cwy}、L_{cwz} 是工件坐标系 $O_W X_W Y_W Z_W$ 相对于 $O_C X_C Y_C Z_C$ 的坐标，只与工件的装夹有关，与机床结构无关，不妨设：

$$L_{cwx} = 0$$
$$L_{cwy} = 0$$

$$L_{cwz}=0$$

则 A-C 双转台机床的运动学反变换公式简化为：

$$\begin{aligned}
&A = k_A \times \arccos k \qquad k_A = 1, -1\\
&C = \arctan(i/j) - k_C \times \pi \quad k_C = 0, 1\\
&X = x\cos C - y\sin C\\
&Y = x\cos A\sin C + y\cos A\cos C - z\sin A - L_{acz}\sin A\\
&Z = x\sin A\sin C + y\sin A\cos C + z\cos A + L_{acz}(\cos A - 1)
\end{aligned}$$

从上式可以看出，机床平动轴的运动由刀位点(x,y,z)、机床旋转轴旋转角度(A,C)、机床结构参数 L_{acz} 共同决定。在 A 轴旋转时，L_{acz} 使得机床 Y 轴和 Z 轴有了额外的运动，降低了机床的加工性能。

L_{acz} 表示了 A 轴轴线到工作台面的距离，其值由机床的结构而定，可以通过合理的结构设计（如 A 轴摇篮式设计），来减小或者说完全消除 L_{acz} 的值，从而减少平动轴的运动，提高加工性能。值得注意的是，当工件安装在工作台上，L_{acz} 表示 A 轴轴线到工件坐标系原点的距离，如图 2.13 所示。对刀的目的是通过调整机床各轴偏移量，使得机床各轴处于零位时，机床刀尖点与工件坐标系原点重合。因此需要结合机床适合加工零件的尺寸设计摇篮结构，使得 L_{acz} 的值尽量小。

以图 2.14 所示的叶轮叶片为对象，规划铣削刀具路径，得到 APT 文件。并以 A-C 双转台机床为手段，通过设定不同的 A 轴轴线到工作台面的距离，经过后置处理生成加工代码。比较加工代码中各平动轴的工作范围及机床运动性能来进一步说明机床结构及其参数对加工的影响。

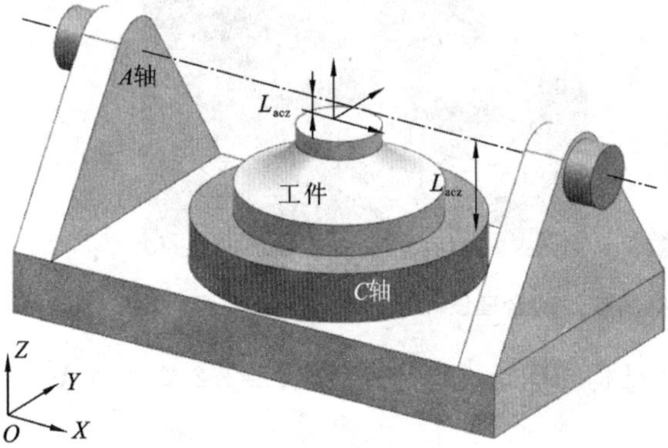

图 2.13　摇篮式双转台

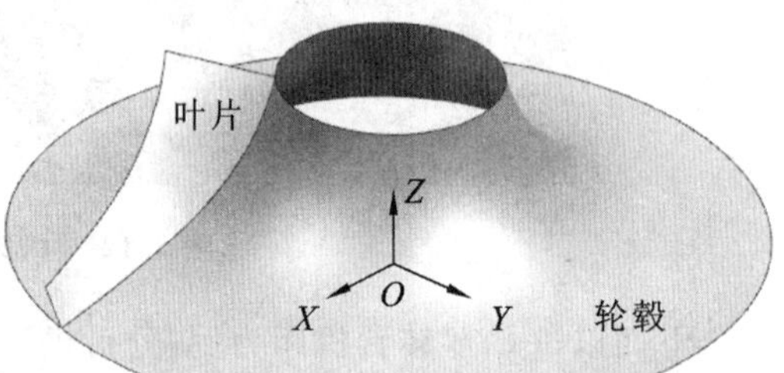

图 2.14　叶轮叶片铣削

根据几何模型规划的刀具路径用 APT 代码表示如下。

```
GOTO/3.802100,-4.100900,8.684800,0.515223,-0.847061,0.130509
GOTO/4.301700,-4.074500,7.578200,0.560656,-0.808739,0.177780
GOTO/4.856300,-4.157400,6.476500,0.583343,-0.770472,0.257069
GOTO/5.361300,-4.290800,5.619500,0.589326,-0.740825,0.322294
GOTO/6.077500,-4.509000,4.617800,0.585229,-0.704113,0.402159
GOTO/6.897000,-4.760400,3.704200,0.569954,-0.667200,0.479580
```

```
GOTO/7.843600,-5.022700,2.876000,0.543806,-0.629162,0.555364
GOTO/8.708800,-5.226100,2.279000,0.513344,-0.598834,0.614717
GOTO/9.944200,-5.446000,1.634000,0.451996,-0.572918,0.683714
GOTO/11.252300,-5.576300,1.133900,0.362779,-0.570887,0.736532
GOTO/12.631500,-5.620000,0.739300,0.257942,-0.578400,0.773899
GOTO/13.697700,-5.599900,0.510800,0.179254,-0.579506,0.795010
GOTO/15.040400,-5.529500,0.300600,0.089255,-0.563571,0.821232
GOTO/16.435800,-5.393000,0.175100,0.008781,-0.536815,0.843654
GOTO/17.826800,-5.162800,0.153700,-0.011777,-0.532432,0.846391
```

对于普通的 *A*-*C* 双转台机床，若工作台面上工件坐标系高于 *A* 轴轴线，即 $L_{acz}\neq 0$，将会大幅降低机床的加工能力。在这里，不妨设 $L_{acz}=100$，通过后置处理，得到对应的 NC 代码为：

```
X1.117289 Y-108.470358 Z-91.248298 A82.500994 C-31.309967
X1.213897 Y-106.895518 Z-86.581730 A79.759522 C-34.731524
X1.362233 Y-104.503791 Z-78.664239 A75.103782 C-37.130245
X1.524450 Y-102.141543 Z-72.297753 A71.198287 C-38.502235
X1.791725 Y-98.741710 Z-64.658585 A66.286782 C-39.731928
X2.152106 Y-94.884501 Z-57.372650 A61.342025 C-40.505529
X2.649715 Y-90.511334 Z-50.291867 A56.264210 C-40.837965
X3.210578 Y-86.595585 Z-44.727529 A52.068640 C-40.604478
X4.433902 Y-81.301886 Z-38.126260 A46.865446 C-38.271202
X6.506224 Y-76.318654 Z-32.777182 A42.563173 C-32.434551
X9.247339 Y-71.752815 Z-28.546756 A39.294682 C-24.034855
X11.431151 Y-68.440658 Z-25.793451 A37.343800 C-17.187993
X13.990303 Y-63.648167 Z-22.088629 A34.791687 C-8.999417
X16.345397 Y-58.558738 Z-18.526245 A32.471991 C-0.937137
X17.936610 Y-57.373069 Z-17.769702 A32.178722 C1.267133
```

然而，对于摇篮式双转台的结构设计，工作台面上工件坐标系原点位于 *A* 轴轴线附近，不妨近似将他们看作位于同一水平面，即 $L_{acz}=0$，对应的 NC 代码为：

```
X1.117289 Y-9.325645 Z-4.299198 A82.500994 C-31.309967
X1.213897 Y-8.488492 Z-4.359730 A79.759522 C-34.731524
X1.362233 Y-7.864486 Z-4.371139 A75.103782 C-37.130245
X1.524450 Y-7.477581 Z-4.527153 A71.198287 C-38.502235
X1.791725 Y-7.184726 Z-4.874485 A66.286782 C-39.731928
X2.152106 Y-7.134685 Z-5.330650 A61.342025 C-40.505529
X2.649715 Y-7.350596 Z-5.828267 A56.264210 C-40.837965
X3.210578 Y-7.720810 Z-6.199229 A52.068640 C-40.604478
X4.433902 Y-8.326879 Z-6.497660 A46.865446 C-38.271202
```

```
X6.506224 Y-8.678384 Z-6.430382 A42.563173 C-32.434551
X9.247339 Y-8.421911 Z-5.936656 A39.294682 C-24.034855
X11.431151 Y-7.781026 Z-5.294451 A37.343800 C-17.187993
X13.990303 Y-6.588724 Z-4.211829 A34.791687 C-8.999417
X16.345397 Y-4.870013 Z-2.891645 A32.471991 C-0.937137
X17.936610 Y-4.116870 Z-2.408802 A32.178722 C1.267133
```

根据两种情况后置处理得到的加工代码可以看出，运动轴 X 轴，A 轴和 C 轴数值相同，Y 轴和 Z 轴位置曲线如下图所示。$L_{acz}=100$ 时，Y 轴和 Z 轴的运动范围为[－108.47，－57.37]和[－91.25，－17.77]，$L_{acz}=0$ 时，Y 轴和 Z 轴的运动范围为[－9.33，－4.12]和[－6.50，－2.41]。显然，$L_{acz}=100$ 时，需要 Y 轴和 Z 轴具有更大的行程范围，否则无法完成零件加工。

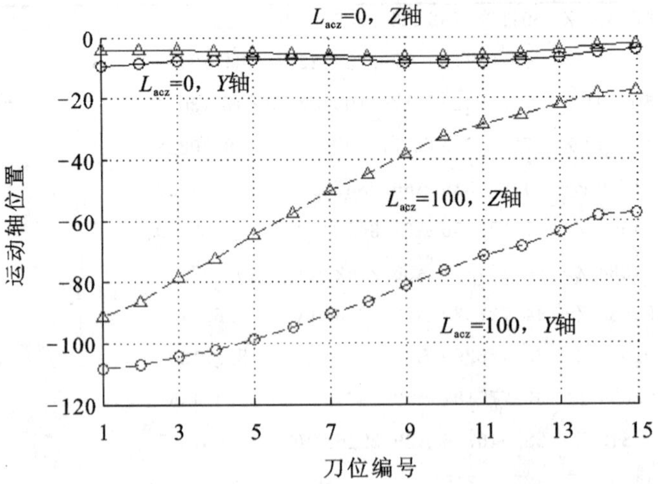

图 2.15　$L_{acz}=100$ 和 $L_{acz}=0$ 时 Y 轴和 Z 轴位置

根据图 2.15 中 Y 轴和 Z 轴相邻两个位置的差值作图，得到上述两段代码的 Y 轴和 Z 轴的增量对比图，如图 2.16 所示。

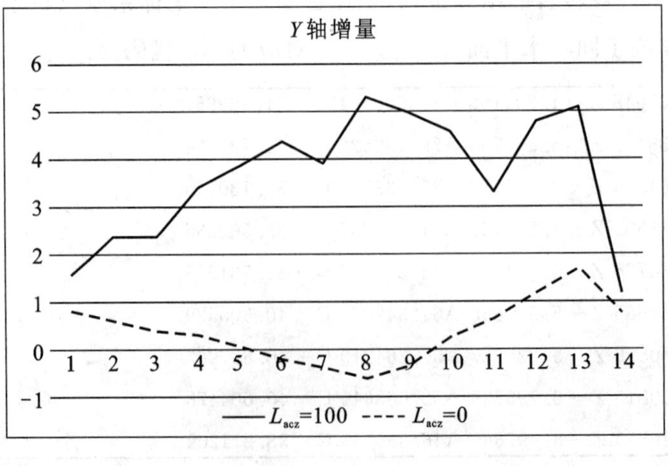

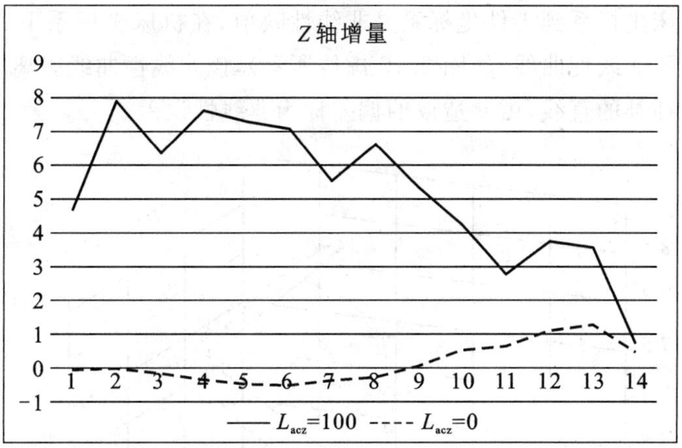

图 2.16　$L_{acz}=100$ 和 $L_{acz}=0$ 时 Y 轴和 Z 轴增量的对比图

对比图 2.16 可知，减小甚至消除 L_{acz} 可以大幅减小 Y、Z 轴的运动量，从而提高机床的加工性能。

机床运动性能可以通过微分运动的雅可比矩阵来分析，如果从机床坐标系到工件坐标系的雅可比矩阵为 $\boldsymbol{J}(^{M}P)$，那么机床运动性能可以用雅可比和其转置的行列式衡量：

$$w=\sqrt{|\boldsymbol{J}(^{M}P)\boldsymbol{J}^{T}(^{M}P)|}$$

其中^{M}P 为机床坐标系下的点，w 为机床运动性能度量。图 2.17 为不同 L_{acz} 时对应的机床运动性能。

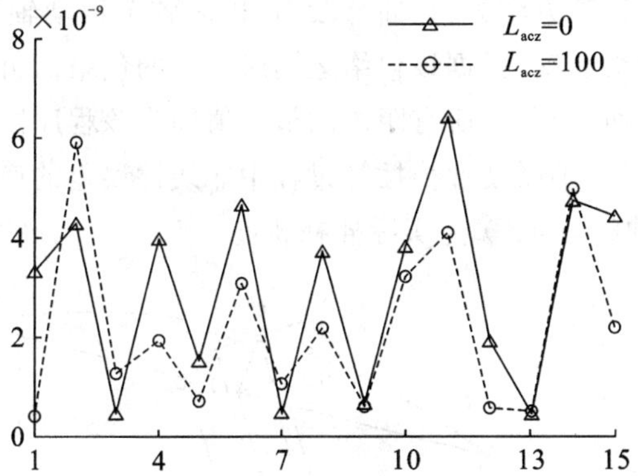

图 2.17　运动性能评价

同理，工件装夹位置(L_{awx},L_{awy},L_{awz})也会引起机床平动轴的运动。合理的装夹(如保持工件坐标系与转台所在坐标系重合，即(L_{awx},L_{awy},L_{awz})$=(0,0,0)$可以消除(L_{awx},L_{awy},L_{awz})引起的机床平动轴的运动，也可以提高加工性能。

2.4　基于机床运动学变换的后置处理

2.4.1　五轴联动非线性误差分析

2.4.1.1　五轴联动非线性误差

当数控机床在执行相邻两行的NC代码时，认为机床各轴之间是线性插补的(如图 2.18 实线所示)。考虑到机床坐标系到工件坐标系是非线性映射,在机床坐标系下的线性关系映射到工件坐标系下变成了非线性曲线(如图 2.18 虚线所示),该非线性曲线脱离了工件坐标系下两个刀位点之间线性插补的直线,由此造成的偏差称为非线性误差。

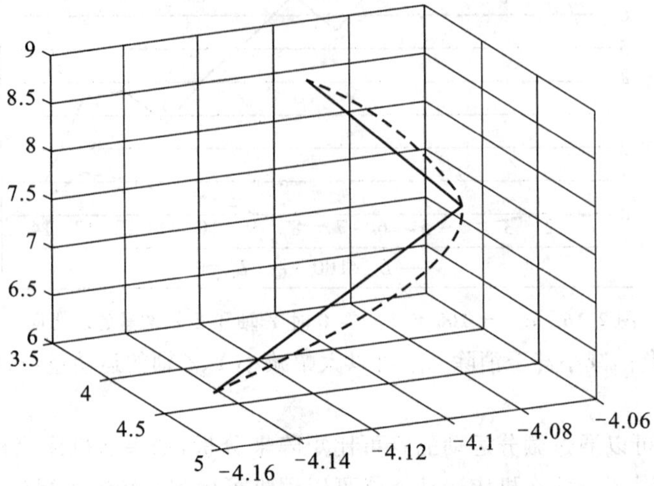

图 2.18　非线性误差示意图

2.4.1.2　非线性误差理论模型

严格的非线性误差的计算方法为:在插补段内,机床各个运动轴的线性插补运动,使刀具切削表面沿加工表面做包络运动,根据该包络运动所形成的包络面,计算插补段内加工表面各点沿其法线方向到该包络面的距离,所有距离的最大值即为该程序段的非线性误差。

图 2.19 详细地描述了五轴联动数控插补过程中非线性误差的产生原理和误差评价方法。其中,$r_1(s_1)$ 为理想编程曲线,$r_2(s_2)$ 为实际插补轨迹。

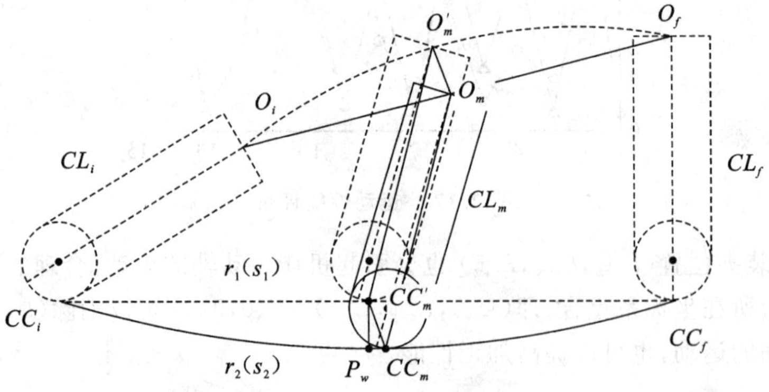

图 2.19　非线性误差[2]

根据微分几何理论,严格的非线性误差 δ 可由下式精确描述:

$$\delta = \max_{s_1} \min_{s_2} \| r_1(s_1) - r_2(s_2) \|$$

在实际工程应用中,需要对 $r_1(s_1)$、$r_2(s_2)$ 离散化。因此,连续曲线的非线性误差 δ 经过离散化处理后得到离散计算公式:

$$\delta = \max_{1\leqslant i\leqslant n} \min_{s_2} \| r_1(s_1^i) - r_2(s_2) \|$$

严格非线性误差模型不仅需要刀具切削表面和待加工表面的几何信息，而且包络面的求解也十分复杂和困难。然而，非线性误差的理论分析有助于我们在实际工程计算过程中对误差模型进行合理的简化。

2.4.1.3　非线性误差简化模型

非线性误差的计算涉及机床运动学变换，因此误差模型随机床结构的不同而不同，但非线性误差模型的推导思路是一样的。本节针对图 2.5 所示的 *A-C* 双转台五轴联动数控机床的插补非线性误差简化模型进行讨论。

在使用 *A-C* 双转台五轴联动数控机床的加工过程中，刀具沿 X、Y、Z 三个轴进行平移运动，工作台围绕 X、Z 两个平动轴做旋转运动。根据运动的相对性，假设工件不动，刀具运动，如图 2.19 所示。在没有非线性误差的理想情况下，插补轨迹应该为点 CC_i 和点 CC_f 之间的实线轨迹。要实现这种理想情况，要求五轴联动插补不再是线性插补，插补控制点的轨迹应该为经过点 O_i、O'_m、O_f 的曲线。然而，由于目前的数控系统只能进行线性插补，即插补控制点的实际运动轨迹为经过点 O_i、O_m、O_f 的直线。这样将导致虚线所描述的实际插补轨迹偏离了经过点 CC_i、CC_f 和 CC_m 的理想插补轨迹。其中，CC_m 为理想插补轨迹中点附近的点。从图 2.19 中可以清楚地看出，非线性误差应该为理想插补轨迹与实际插补轨迹之间的最大距离，即点 CC_m 和点 P_w 之间的距离。非线性误差简化模型的建立过程如下：

1. 线性插补轨迹方程的建立

如图 2.20 所示，假设相邻刀位点(P_{w0},U_{w0})和(P_{w1},U_{w1})所对应的各联动控制轴的运动分量分别为(X_0,Y_0,Z_0,A_0,C_0)和(X_1,Y_1,Z_1,A_1,C_1)。

由于机床的五个运动轴分别在时间 t 内做线性插补运动，以时间 t 为参数，则机床从位置(X_0,Y_0,Z_0,A_0,C_0)到(X_1,Y_1,Z_1,A_1,C_1)的运动过程中各轴的运动为：

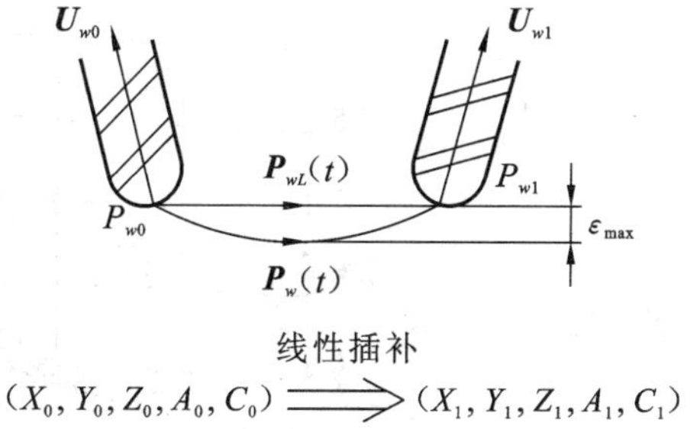

图 2.20　非线性误差描述

$$X(t) = X_0 + t \times (X_1 - X_0)$$
$$Y(t) = Y_0 + t \times (Y_1 - Y_0)$$
$$Z(t) = Z_0 + t \times (Z_1 - Z_0)$$
$$A(t) = A_0 + t \times (A_1 - A_0)$$
$$C(t) = C_0 + t \times (C_1 - C_0)$$

2. 运动学变换

根据 2.2.2 中关于 *A-C* 双转台五轴联动数控机床运动学变换公式，计算刀位数据(P_{w0},U_{w0})和(P_{w1},U_{w1})对应的机床运动分量，即：(X_0,Y_0,Z_0,A_0,C_0)和(X_1,Y_1,Z_1,A_1,C_1)。

3. 非线性误差的计算

如图 2.20 所示，当机床各轴做线性插补运动时，其合成运动使刀位点实际运动 $\boldsymbol{P}_w(t)$ 偏离直线 $\boldsymbol{P}_{wL}(t)$，则两者之间的最大偏离量 ε_{max} 可近似作为非线性误差的估计。设理想插补轨迹 $\boldsymbol{P}_{wL}(t)$ 的方向矢量为 $\boldsymbol{\alpha}$，实际插补轨迹 $\boldsymbol{P}_w(t)$ 上任意点到 $\boldsymbol{P}_{wL}(t)$ 的距离为 $\varepsilon(t)$，则

$$\boldsymbol{\alpha} = (\boldsymbol{P}_{w1} - \boldsymbol{P}_{w0}) / |\boldsymbol{P}_{w1} - \boldsymbol{P}_{w0}|$$

$$\varepsilon(t) = |\boldsymbol{P}_w(t) - \{\boldsymbol{P}_{w0} + [(\boldsymbol{P}_w(t) - \boldsymbol{P}_{w0}) \times \boldsymbol{\alpha}] \times \boldsymbol{\alpha}\}|$$

将 $\varepsilon(t)$ 对参数 t 求导，设 $t = t_s$ 时，$\varepsilon(t)$ 具有最大值，则最大误差为 $\varepsilon_{\max}$ 为：

$$\varepsilon_{\max} = |\boldsymbol{P}_w(t_s) - \{\boldsymbol{P}_{w0} + [(\boldsymbol{P}_w(t_s) - \boldsymbol{P}_{w0}) \times \boldsymbol{\alpha}] \times \boldsymbol{\alpha}\}|$$

$\varepsilon_{\max}$ 为理想插补轨迹与实际插补轨迹之间的最大距离，该距离能够可靠地估计非线性误差。计算 $\varepsilon_{\max}$ 较复杂，在工程应用中经常计算两个刀位点的中点的偏差作为非线性误差。

2.4.1.4　非线性误差控制

目前，减小非线性误差的方法主要有刀具切触点偏置法、线性加密法等。

(1) 刀具切触点偏置法是通过将刀具沿切触点的法向方向偏置一定的距离，改变误差的分布，消除过切和欠切量。该方法不能保证改变后的误差在给定的误差范围内，无法精确控制误差。

(2) 线性加密法是将所有插补段线性分割，加密走刀步数，减小因走刀步长过大引起的非线性运动误差。如图 2.21 所示，图中包含 3 个刀位点，点线为理论插补直线，实线为刀位点加密前的实际插补轨迹，虚线为刀位点加密一倍以后的实际插补轨迹。从图中可以看出，刀位点加密可以明显减小非线性误差。

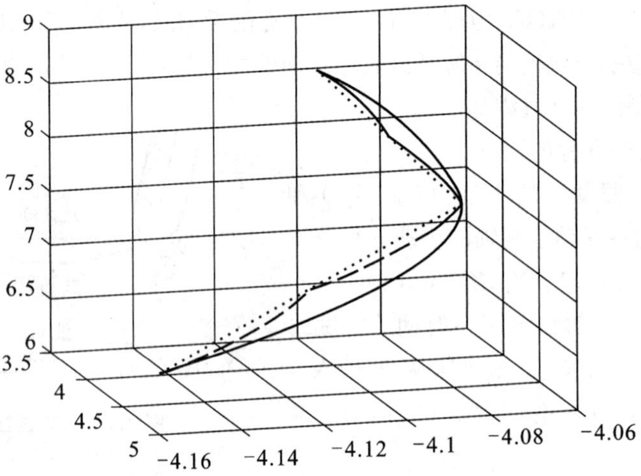

图 2.21　线性加密法示意图

2.4.2　旋转轴后置处理的多解选择方法

在工件坐标系下的一个刀位映射到机床坐标系时，旋转轴的映射往往有多种选择。由于两个旋转运动轴的存在，导致运动学变换公式中含有三角函数，在一个周期[$-\pi, \pi$]内，在刀具矢量到机床旋转轴的分解中，三角函数有多个可行解。当旋转轴的解确定后，可以根据运动学反变换公式获得对应的平动轴的解，因此本节仅介绍旋转轴的解的选择方法。如 2.2.2 节中所述的 C-A 双摆头五轴数控机床，其旋转轴运动学变换公式和反变换公式如下：

$$\begin{bmatrix} i \\ j \\ k \\ 0 \end{bmatrix} = \begin{bmatrix} \sin A \sin C \\ -\sin A \cos C \\ \cos A \\ 0 \end{bmatrix}$$

$$A = \arccos k$$

$$C = \arctan\left(\frac{i}{-j}\right)$$

A 轴在$[-\pi,\pi]$范围内，以下两个解都满足：

$$A_1 = \arccos k$$

$$A_2 = -\arccos k$$

同理，C 轴在$[-\pi,\pi]$内有两个解分别与 A_1、A_2 对应。所以，C-A 双摆头五轴数控机床在上述行程范围内旋转轴有两组解。若机床旋转轴的行程超过$[-\pi,\pi]$，则可以在上述两个解的基础上，进行周期平移 $\pm 2n\pi$，形成新的解。例如，对于 C 轴无限旋转的机床，就可以形成无数组解。

一个刀位数据一般都有多组解与之对应，不同的解会产生不同的非线性误差。在一些特殊位置，选择不同解会极大地增大非线性误差，轨迹完全偏离的刀具路径。刀位文件中有时会出现某些特殊位置，伴随某个旋转轴的大幅度旋转，真实加工轨迹经常会极大地偏离正确刀路轨迹，造成刀具和工件的报废，如图 2.22(a) 所示。

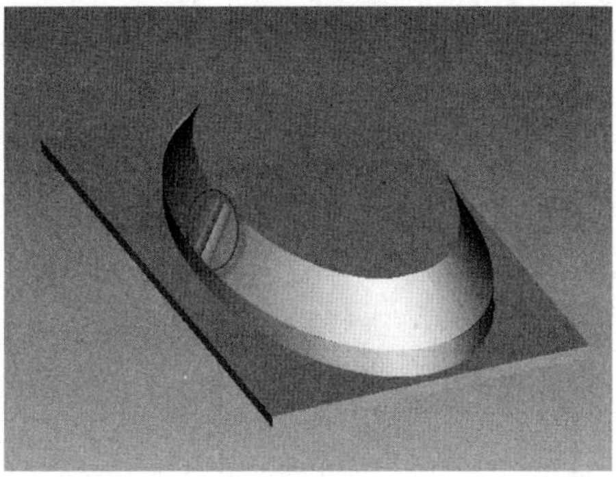

(a) 不合理解

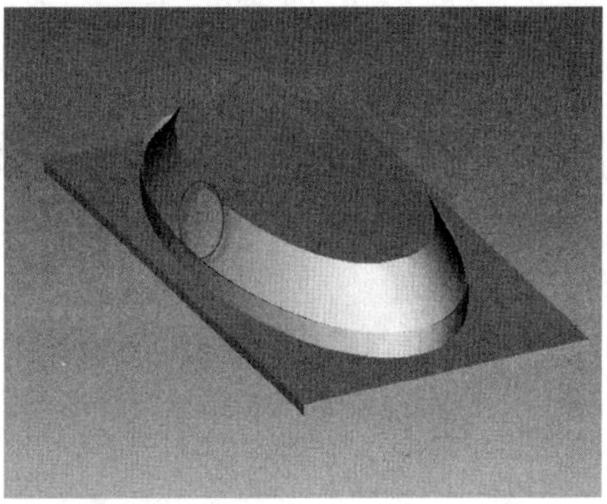

(b) 合理解

图 2.22 不同解对应的刀具轨迹

这些特殊位置一般都出现在刀具轴线与五轴机床某个旋转轴轴线几乎重合时，这时该旋转轴的转动对刀轴矢量的影响很小，如果从运动学变换得到的几组解之间选择通过这根轴来改变刀轴矢量的解，就导致该旋转轴运行一个很大的角度，一般在 π 左右。如果刀位点取得不够密集，由于五轴联动加工非线性误差的存在，将造成上述现象。

五轴联动数控机床的旋转轴在理论上可以无限制地自由旋转，但实际的五轴联动数控机床的旋转轴都有一定的工作范围，因此，在旋转角优化选择中还必须考虑具体的机床工作空间。常用的方法有旋转量最短路径法[6] 和依赖轴旋转量最小算法，下面以依赖轴旋转量最小算法为例来介绍旋转轴后置处理的多解选择方法。

依赖轴旋转量最小算法是指根据刀位文件当前行刀位数据计算出依赖轴的两个解，选择最接近上一行依赖轴角度的解作为本行刀位计算出的依赖轴旋转角度最终解的算法，该算法可以通过选择旋转轴的解保证运动的连续性，图 2.23 是依赖轴旋转量最小算法流程。为了算法描述的方便，这里假设依赖轴为 C 轴。

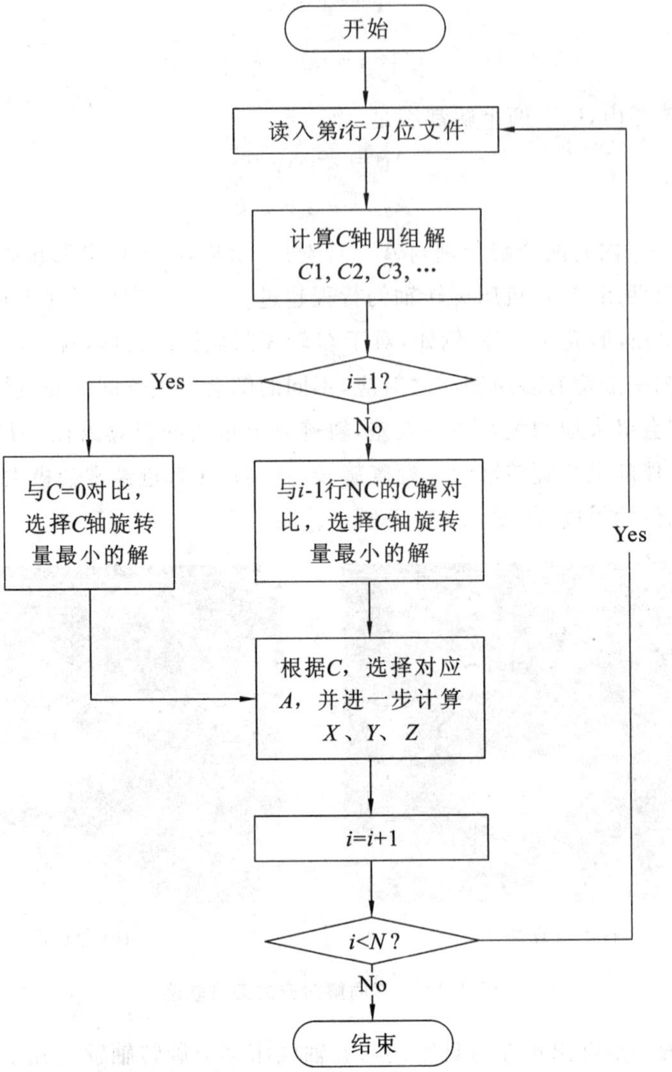

图 2.23　依赖轴旋转量最小算法流程

依赖轴旋转量最小算法的具体步骤如下：

1）将 i 赋予初值，$i=1$；

2）根据第 i 行刀位数据中的刀轴矢量$[i,j,k]$计算出依赖轴 C 轴的旋转角度的四个数值解 C_1、C_2、C_3、C_4；

3）如果 $i=1$，则 C_1、C_2、C_3、C_4 分别与 $C=0$ 对比，选择使 C 轴旋转量最小的解作为第 1 行刀位的 C 轴解；如果 $i=1$，则 C_1、C_2、C_3、C_4 分别与前一行 NC 的 C 轴旋转角度对比，选择使 C 轴旋转量最小的解作为第 i 行刀位的依赖轴解；

4）计算其余各轴对应的解并输出；

$i\neq 1$，重复 2)、3)、4) 步骤，直到 $i=N$ 结束。

下面以 C-A 双摆头五轴联动数控机床为例，来说明后置处理过程中多解的形成和依赖轴旋转量最小算法的实施方法。

以图 2.9 所示的 C-A 双摆头五轴联动数控机床为例，其 A 轴的工作范围为$[-\pi/2,\pi/2]$，C 轴的工作范围为$[-2\pi,2\pi]$。

由 C-A 双摆头五轴联动数控机床的运动学变换公式可知：

$$\begin{bmatrix} i \\ j \\ k \\ 0 \end{bmatrix} = \begin{bmatrix} \sin A \sin C \\ -\sin A \cos C \\ \cos A \\ 0 \end{bmatrix}$$

A 轴在$[-\pi/2,\pi/2]$的范围内包含两个解：

$$A_1 = \arccos k$$

$$A_2 = -\arccos k$$

当 $k=1$ 时，$A_1=A_2=0$，$\sin A_1=\sin A_2=0$，此时 $i=j=0$，故 C 可为任意值；

当 $k\neq 1$ 时，$A_1\in(0,\pi/2]$，$A_2\in[-\pi/2,0)$，即有 $\sin A_1>0$、$\sin A_2<0$，下面的讨论均基于此种情况。

设 C_1、$C_2\in[-\pi,\pi]$为 C 轴分别与 A_1、A_2 对应的两个解，C'_1、$C'_2\in[-2\pi,-\pi)\cup(\pi,2\pi]$为 C_1、C_2 分别做周期变换得到的两个解。由运动学变换公式得：

$$\sin C = \frac{i}{\sin A}$$

$$\cos C = \frac{-j}{\sin A}$$

由于 $\sin A_1>0$、$\sin A_2<0$，故 $\sin C_1$ 与 i 同号，$\cos C_1$ 与 $-j$ 同号，而 $\sin C_2$ 与 i 异号，$\cos C_2$ 与 $-j$ 异号。分以下几种情况讨论：

(1) 当 $-j>0$，$i=0$ 时，C_1 位于 X 轴正半轴，C_2 位于 X 轴的负半轴，此时

$$\begin{cases} C_1 = 0 \\ C_2 = -\pi \\ C'_1 = C_1 - 2\pi \\ C'_2 = C_2 + 2\pi \end{cases}$$

(2) 当 $-j>0$，$i>0$ 时，C_1 位于第一象限，C_2 位于第三象限，此时

$$\begin{cases} C_1 = \arctan\left(\dfrac{i}{-j}\right) \\ C_2 = \arctan\left(\dfrac{i}{-j}\right) - \pi \\ C'_1 = C_1 - 2\pi \\ C'_2 = C_2 + 2\pi \end{cases}$$

(3) 当 $-j=0$，$i>0$ 时，C_1 位于 Y 轴正半轴，C_2 位于 Y 轴的负半轴，此时

$$\begin{cases} C_1 = \pi/2 \\ C_2 = -\pi/2 \\ C'_1 = C_1 - 2\pi \\ C'_2 = C_2 + 2\pi \end{cases}$$

(4) 当 $-j<0$，$i>0$ 时，C_1 位于第二象限，C_2 位于第四象限，此时

$$\begin{cases}C_1 = \arctan\left(\dfrac{i}{-j}\right)+\pi \\ C_2 = \arctan\left(\dfrac{i}{-j}\right) \\ C'_1 = C_1 - 2\pi \\ C'_2 = C_2 + 2\pi\end{cases}$$

(5) 当 $-j<0, i=0$ 时，C_1 位于 X 轴负半轴，C_2 位于 X 轴的正半轴，此时

$$\begin{cases}C_1 = \pi \\ C_2 = 0 \\ C'_1 = C_1 - 2\pi \\ C'_2 = C_2 + 2\pi\end{cases}$$

(6) 当 $-j<0, i<0$ 时，C_1 位于第三象限，C_2 位于第一象限，此时

$$\begin{cases}C_1 = \arctan\left(\dfrac{i}{-j}\right)-\pi \\ C_2 = \arctan\left(\dfrac{i}{-j}\right) \\ C'_1 = C_1 + 2\pi \\ C'_2 = C_2 - 2\pi\end{cases}$$

(7) 当 $-j=0, i<0$ 时，C_1 位于 Y 轴负半轴，C_2 位于 Y 轴的正半轴，此时

$$\begin{cases}C_1 = -\pi/2 \\ C_2 = \pi/2 \\ C'_1 = C_1 + 2\pi \\ C'_2 = C_2 - 2\pi\end{cases}$$

(8) 当 $-j>0, i<0$ 时，C_1 位于第四象限，C_2 位于第二象限，此时

$$\begin{cases}C_1 = \arctan\left(\dfrac{i}{-j}\right) \\ C_2 = \arctan\left(\dfrac{i}{-j}\right)+\pi \\ C'_1 = C_1 + 2\pi \\ C'_2 = C_2 - 2\pi\end{cases}$$

综合上述，组成 C-A 双摆头五轴联动数控机床后置处理转角的多解为$\left[\text{为了便于表示，令 } A_{\text{base}} = \arccos k, C_{\text{base}} = \arctan\left(\dfrac{i}{-j}\right)\right]$：

$$\Lambda=\begin{cases}k=1, A=0, C\text{ 为任意值;} \\ k\neq 1\begin{cases}-j>0, i\geqslant 0 & (A_{\text{base}}, C_{\text{base}}) & (A_{\text{base}}, C_{\text{base}}-2\pi) & (-A_{\text{base}}, C_{\text{base}}-\pi) & (-A_{\text{base}}, C_{\text{base}}+\pi) \\ -j=0, i>0 & (A_{\text{base}}, \pi/2) & (A_{\text{base}}, -3\pi/2) & (-A_{\text{base}}, -\pi/2) & (-A_{\text{base}}, 3\pi/2) \\ -j<0, i\geqslant 0 & (A_{\text{base}}, C_{\text{base}}+\pi) & (A_{\text{base}}, C_{\text{base}}-\pi) & (-A_{\text{base}}, C_{\text{base}}) & (-A_{\text{base}}, C_{\text{base}}+2\pi) \\ -j<0, i<0 & (A_{\text{base}}, C_{\text{base}}+\pi) & (A_{\text{base}}, C_{\text{base}}-\pi) & (-A_{\text{base}}, C_{\text{base}}) & (-A_{\text{base}}, C_{\text{base}}-2\pi) \\ -j=0, i<0 & (A_{\text{base}}, -\pi/2) & (A_{\text{base}}, 3\pi/2) & (-A_{\text{base}}, \pi/2) & (-A_{\text{base}}, -3\pi/2) \\ -j>0, i<0 & (A_{\text{base}}, C_{\text{base}}) & (A_{\text{base}}, C_{\text{base}}+2\pi) & (-A_{\text{base}}, C_{\text{base}}+\pi) & (-A_{\text{base}}, C_{\text{base}}-\pi)\end{cases}\end{cases}$$

下面以15行刀位文件转化为A-C双摆头机床(其依赖轴为C轴)的数控程序为例,说明依赖轴旋转量最小算法的计算过程。

```
GOTO/3.802100,-4.100900,8.684800,0.515223 ,-0.847061,0.130509
GOTO/4.301700,-4.074500,7.578200,0.560656,-0.808739,0.177780
GOTO/4.856300,-4.157400,6.476500,0.583343,-0.770472,0.257069
GOTO/5.361300,-4.290800,5.619500,0.589326,-0.740825,0.322294
GOTO/6.077500,-4.509000,4.617800,0.585229,-0.704113,0.402159
GOTO/6.897000,-4.760400,3.704200,0.569954,-0.667200,0.479580
GOTO/7.843600,-5.022700,2.876000,0.543806,-0.629162,0.555364
GOTO/8.708800,-5.226100,2.279000,0.513344,-0.598834,0.614717
GOTO/9.944200,-5.446000,1.634000,0.451996,-0.572918,0.683714
GOTO/11.252300,-5.576300,1.133900,0.362779,-0.570887,0.736532
GOTO/12.631500,-5.620000,0.739300,0.257942,-0.578400,0.773899
GOTO/13.697700,-5.599900,0.510800,0.179254,-0.579506,0.795010
GOTO/15.040400,-5.529500,0.300600,0.089255,-0.563571,0.821232
GOTO/16.435800,-5.393000,0.175100,0.008781 ,-0.536815,0.843654
GOTO/17.826800,-5.162800,0.153700,-0.011777,-0.532432,0.846391
```

设 $C=0$ 为刀位文件第0行的C轴旋转量。表2.4为多解选择分析表,表中列出了每一行APT代码对应的旋转轴的四组解,每一行依赖轴最小增量绝对值以及最优解。

(1) 对于第1行,依赖轴C轴相对于第0行的最小旋转增量绝对值为31.310,对应的C轴旋转量为解一的31.310(表中粗体标出),故解一为最优解;

(2) 对于第2行,依赖轴C轴相对于第1行的最小旋转增量绝对值为3.422,对应的C轴旋转量为解一的34.732(表中粗体标出),故解一为最优解;

……

对于第15行,依赖轴C轴相对于第14行的最小旋转增量绝对值为2.204,对应的C轴旋转量为解二的-1.267(表中粗体标出),故解二为最优解。

至此,多解选择计算结束,每一行所得的最优解即为机床旋转轴的最终解。

表2.4 多解选择分析表

行号	解一		解二		解三		解四		依赖轴最小增量绝对值	最优解
	A	C	A	C	A	C	A	C		
0	0	0	0	0	0	0	0	0	0	
1	82.501	**31.310**	82.501	-328.690	-82.501	-148.690	-82.501	211.310	31.310	解一
2	79.760	**34.732**	79.760	-325.268	-79.760	-145.268	-79.760	214.732	3.422	解一
3	75.104	37.130	75.104	-322.870	-75.104	-142.870	-75.104	217.130	2.399	解一
4	71.198	38.502	71.198	-321.498	-71.198	-141.498	-71.198	218.502	1.372	解一
5	66.287	39.732	66.287	-320.268	-66.287	-140.268	-66.287	219.732	1.230	解一
6	61.342	40.506	61.342	-319.494	-61.342	-139.494	-61.342	220.506	0.774	解一
7	56.264	40.838	56.264	-319.162	-56.264	-139.162	-56.264	220.838	0.332	解一

续表 2.4

行号	解一		解二		解三		解四		依赖轴最小增量绝对值	最优解
	A	C	A	C	A	C	A	C		
8	52.069	40.604	52.069	−319.396	−52.069	−139.396	−52.069	220.604	0.233	解一
9	46.865	38.271	46.865	−321.729	−46.865	−141.729	−46.865	218.271	2.333	解一
10	42.563	32.435	42.563	−327.565	−42.563	−147.565	−42.563	212.435	5.837	解一
11	39.295	24.035	39.295	−335.965	−39.295	−155.965	−39.295	204.035	8.400	解一
12	37.344	17.188	37.344	−342.812	−37.344	−162.812	−37.344	197.188	6.847	解一
13	34.792	8.999	34.792	−351.001	−34.792	−171.001	−34.792	188.999	8.189	解一
14	32.472	0.937	32.472	−359.063	−32.472	−179.063	−32.472	180.937	8.062	解一
15	32.179	358.733	32.179	**−1.267**	−32.179	178.733	−32.179	−181.267	2.204	解二

2.4.3 机床奇异点的定义与判断

2.4.3.1 机床奇异问题的由来

奇异点问题主要体现在五轴机床的两个旋转轴上，当机床旋转轴在奇异形位时，微分运动的逆变换不存在，对于工件坐标系下的刀位，在机床坐标系下有无穷多组解对应；在奇异形位的附近时，在工件坐标系下很小的运动也会导致机床坐标系下的大范围运动，在加工中往往是不可行的，因此奇异点是五轴加工后置处理和路径规划中必须考虑的问题。

从微分运动的角度出发较容易发现各类机床的奇异点，如果微分运动的雅可比矩阵为奇异矩阵，这时所对应的旋转轴位置为奇异状态。以 A-C 双摆头机床为例，只考虑旋转轴，其微分运动关系可简化为：

$$\begin{bmatrix} \mathrm{d}i \\ \mathrm{d}j \\ \mathrm{d}k \end{bmatrix} = \begin{bmatrix} \cos A\sin C & \sin A\cos C \\ -\cos A\cos C & \sin A\sin C \\ -\sin A & 0 \end{bmatrix} \begin{bmatrix} \mathrm{d}A \\ \mathrm{d}C \end{bmatrix}$$

简化的雅可比矩阵为：

$$\boldsymbol{J}(A,C) = \begin{bmatrix} \cos A\sin C & \sin A\cos C \\ -\cos A\cos C & \sin A\sin C \\ -\sin A & 0 \end{bmatrix}$$

因为 $\mathrm{rank}(\boldsymbol{J}^{\mathrm{T}}\cdot\boldsymbol{J})=\mathrm{rank}(\boldsymbol{J})$，而

$$\boldsymbol{J}^{\mathrm{T}}\cdot\boldsymbol{J} = \begin{bmatrix} \cos A\sin C & -\cos A\cos C & -\sin A \\ \sin A\cos C & \sin A\sin C & 0 \end{bmatrix} \begin{bmatrix} \cos A\sin C & \sin A\cos C \\ -\cos A\cos C & \sin A\sin C \\ -\sin A & 0 \end{bmatrix}$$

$$= \begin{bmatrix} 1 & 0 \\ 0 & \sin^2 A \end{bmatrix}$$

当 $\boldsymbol{J}^{\mathrm{T}}\cdot\boldsymbol{J}$ 为奇异矩阵时，$\mathrm{rank}(\boldsymbol{J}^{\mathrm{T}}\cdot\boldsymbol{J})=\mathrm{rank}(\boldsymbol{J})<2$，即雅可比矩阵 $\boldsymbol{J}(A,C)$ 也为奇异矩阵。此时：

$$|\boldsymbol{J}^{\mathrm{T}}\cdot\boldsymbol{J}|=\sin^2 A=0$$

解得 $A=0$，对应微分运动关系为：

$$\begin{bmatrix}\mathrm{d}i\\\mathrm{d}j\\\mathrm{d}k\end{bmatrix}=\begin{bmatrix}\sin C & 0\\-\cos C & 0\\0 & 0\end{bmatrix}\begin{bmatrix}\mathrm{d}A\\\mathrm{d}C\end{bmatrix}$$

显然，此时 C 轴运动不会引起刀轴方向的改变，表明损失了一个旋转轴的运动能力，此时对应的旋转轴位置为奇异状态，在工件坐标系下的刀轴方向 $(i,j,k)=(0,0,1)$ 为奇异形位。此时机床旋转轴的运动性能和动态性能往往很差，在加工中应尽可能避免。

表 2.5 给出了某奇异形位附近的刀位数据，表 2.6 是机床后处理对应的机床各轴运动坐标值。

表 2.5　某奇异形位附近的刀位数据

刀位点	x(mm)	y(mm)	z(mm)	i	j	k
$n-1$	98.091600	1.963100	89.965100	−0.038137	0.039231	0.998502
n	100	0	90	0	0	1
$n+1$	101.908400	−1.963100	89.965100	0.038137	−0.039231	0.998502

表 2.6　后处理对应的机床各轴运动坐标值

刀位点	X(mm)	Y(mm)	Z(mm)	A(°)	C(°)
$n-1$	−496.164	−210.718	89.183	3.136	−135.810
n	100	0	90	0	0
$n+1$	27.164	210.717866	89.183	3.136	44.189

根据表 2.6 的计算结果可以看出，当刀轴矢量从(−0.038137，0.039231，0.998502)变到(0.038137，−0.039231，0.998502)时，工件坐标系下刀具的方向仅仅变化了 6.2728°，C 角的变化为180°，由于 C 角的剧烈变化导致 C 轴转角、角速度 C' 以及角加速度 C'' 都出现了突变。实际加工时产生的误差非常显著，严重影响了加工质量，如图 2.24(a) 所示。

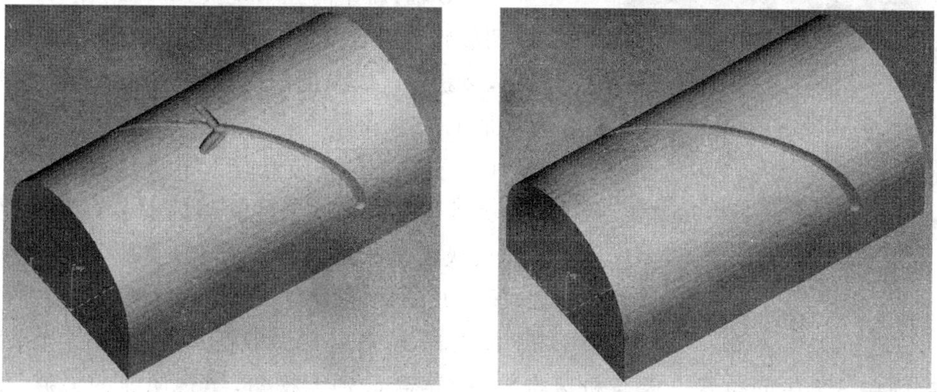

(a) 存在奇异点　　(b) 不存在奇异点

图 2.24　加工奇异点现象

(a) 存在奇异点；(b) 不存在奇异点

一般来讲，当刀轴矢量和奇异轴的夹角小于一较小值 ε 时，机床的动力学性能就不能满足旋转轴角度的剧烈变化，从而产生较大加工误差。由 ε 所限定的区域称为奇异区域。此处需要特别说明的是，加工中刀具经过奇异点就一定经过奇异区域，而经过奇异区域却并不一定会经过奇异点。因此，*C-A* 双摆头型五轴机床奇异问题所造成的加工误差较大的原因主要有两个：一是奇异点处 C 角的值不能确定；二是奇异区域奇异点两侧的刀轴方向在 XY 平面上的投影发生了相变（i 或 j 符号变化）。

2.4.3.2 机床奇异点的避免

根据处理的阶段不同，奇异点处理方法可分为四类：刀具路径规划阶段处理、后置处理中的 G 代码处理、机床旋转轴配置形式、更改工件安装方向。

（1）刀具路径规划阶段处理

在规划刀具路径时考虑奇异点问题，使生成的刀轴方向避开奇异区域。王浏宁[7] 提出通过监测刀轴矢量来规划刀轨，通过监测刀轴与旋转轴的夹角，找出产生奇异的刀位点，避免发生奇异现象。

（2）后置处理中的 G 代码处理

G 代码处理则是通过优化 G 代码使机床各轴变化趋于平缓。王峰[8] 等人以 *A-C* 双转台五轴联动数控机床为研究对象，在反向运动学变化中根据正弦、余弦三角函数的周期性对 C 轴转角进行初次优化；按照加工是否通过奇异点两种情况，采用设定奇异点处的 C 角值或者修改奇异点附近的刀轴方向两种方法，进一步降低 C 轴过大的转角；以当前加工区间的非线性误差是否超过允许值为判断条件，对仍然不满足精度要求的区间进行递归插值处理。

（3）机床配置形式优化

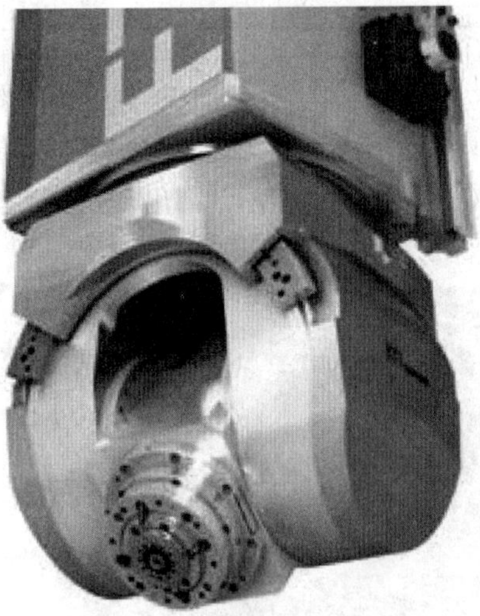

图 2.25 M3ABC 三轴铣头

机床配置形式优化则是通过修改机床结构，避开机床奇异点。例如，M3ABC 三轴铣头的出现顺利解决了传统 *C-A* 双摆头型五轴机床奇异问题。M3ABC 三轴铣头如图 2.25 所示，其中 C 角的回转角度为 $\pm 360°$，A 轴可使主轴摆动 $\pm 90°$，在 A 轴和 C 轴之间是可偏转 $\pm 15°$ 的 B 轴。新型的三轴铣头 M3ABC 集 *AB* 轴组合、*AC* 两旋转轴组合两项应用于一身，既有效解决了奇异问题，又获得了大幅度的摆角，进而实现了多种形式的联动加工。

（4）更改工件安装方向

另外还可以通过工件倾斜的安装方法，避免刀轴方向出现在机床旋转轴奇异点，克服了奇异现象。例如，国际 ISO 标准（ISO 10791-7）[9] 中的 S 试件（图 2.25）加工时，若采用 *C-A* 双摆头机床加工，如果工件水平装夹，则在 S 形中间位置会跨越机床奇异点，导致 C 轴大摆角，出现明显的刀痕，如图 2.27(a) 所示；若将工件竖直装夹，则避开了奇异点，不会出现明显刀痕，如图 2.27(b) 所示。

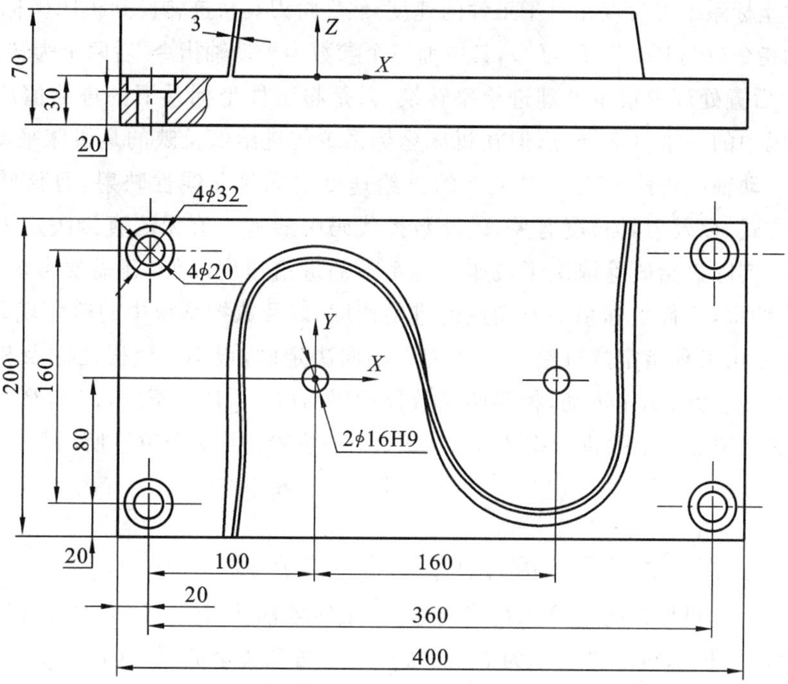

图 2.26 S试件几何尺寸

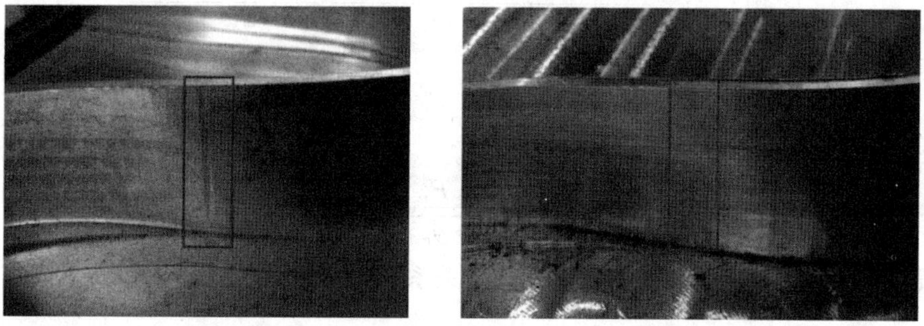

(a) (b)

图 2.27 更改工件装夹方向前后加工效果对比

(a) 更改装夹方向以前；(b) 更改装夹方向以后

2.4.4 机床各轴速度与刀尖点速度的映射[10]

在五轴加工进给率规划方面，主要是基于材料去除率的分析来规划进给，目前 Vericut 的 Optipath 和 MasterCAM 的 Hifeed 就采用了这种思路，但这些商用软件并没有考虑机床本身的运动学特性，在工业应用中，机床的速度和加速度值不能超过某一特定值，否则会使机床运动产生抖动和跟随误差，影响机床加工精度，同时对机床机械和伺服机构产生损害。为了实现稳定加工，往往选择一个保守的恒定进给率，限制了加工效率的提高。

五轴数控加工过程中，首先规划出刀具相对于工件的运动路径。这时刀具路径在工件坐标系下，通常由一系列的刀尖点(x,y,z) 和刀轴方向(i,j,k) 定义，也包含了进给率 f。这里的进给速度为工件坐标系下刀尖点相对于工件的速度。然后将刀具轨迹转换到机床坐标系下，获得机床各轴的运动指令(P^1,P^2,P^3,P^4,P^5)，其中前三个参数为平动轴指令，后两个为转动轴指令。

在现有的后置处理中很少处理进给率转换，只是将工件坐标系下的进给值放入数控代码中，即数控代码中的进给值 $F=f$，但在机床坐标系下的进给值反映的是机床平动轴的进给速度，由于机床平动轴的进给速度与刀尖点的进给速度之间是非线性映射，且该映射与机床结构、工件安装方式，以及刀具长度有关，因此数控代码中的进给值无法直接决定刀具的实际进给速度。机床的实际进给值除取决于机床坐标系下的进给速度以外，还需要考虑各轴的速度、加速度与跃度约束，工件坐标系下刀尖点的进给速度，以及数控系统中的速度规划方法。

各轴速度是由编程指定的进给率 f 和刀具轴向决定的，设 NC 代码之间及相应的两行刀位文件之间的运动为匀加速运动，相邻两段数控代码为($P_{i-1}^1,P_{i-1}^2,P_{i-1}^3,P_{i-1}^4,P_{i-1}^5$)和($P_i^1,P_i^2,P_i^3,P_i^4,P_i^5$)，那么按照指定的进给率 F_i，从第 $i-1$ 个位置到第 i 个位置所用的时间为：

$$T_i=\frac{L_{i(i-1)}}{F_i}$$

其中：$L_{i(i-1)}=\sqrt{(P_i^1-P_{i-1}^1)^2+(P_i^2-P_{i-1}^2)^2+(P_i^3-P_{i-1}^3)^2}$。

在实际加工中，机床执行了第 i 行代码后，机床的各轴从($P_{i-1}^1,P_{i-1}^2,P_{i-1}^3,P_{i-1}^4,P_{i-1}^5$)移动到($P_i^1,P_i^2,P_i^3,P_i^4,P_i^5$)，机床进给率为 F_i，刀尖点的位置和矢量分别从(x_{i-1},y_{i-1},z_{i-1})和(i_{i-1},j_{i-1},k_{i-1})移动到了(x_i,y_i,z_i)和(i_i,j_i,k_i)，刀尖点合成速度为 f_i。f_i 与 F_i 的关系为：

$$f_i=F_i\times\frac{\sqrt{(x_i-x_{i-1})^2+(y_i-y_{i-1})^2+(z_i-z_{i-1})^2}}{\sqrt{(X_i-X_{i-1})^2+(Y_i-Y_{i-1})^2+(Z_i-Z_{i-1})^2}}$$

机床的第 j 轴的速度 V_i^j 为：

$$\begin{aligned}V_i^j&=2\,\frac{P_i^j-P_{i-1}^j}{T_i}-V_{i-1}^j\\&=\frac{2(P_i^j-P_{i-1}^j)}{\sqrt{(x_i-x_{i-1})^2+(y_i-y_{i-1})^2+(z_i-z_{i-1})^2}}f_i-V_{i-1}^j\end{aligned}$$

这就是机床各轴速度与刀尖点速度的映射关系。

2.4.5 RTCP 定义与格式

五轴加工中，刀轴方向不论是刀具旋转还是转台转动，都使刀尖点产生了 X、Y、Z 方向的附加运动，五轴数控系统可以自动对这些转动和摆动产生的工件与刀尖点间产生的位移进行补偿，称之为五轴机床刀具旋转中心编程(Rotation Around Tool Center Point，简称 RTCP)控制功能。

早期的控制系统一般不带 RTCP 功能，进行五轴联动加工时，要求加工程序计算出工件的加工点在机床转动后的实际坐标值；还要考虑刀具长度的补偿等问题。如果是带主轴头摆动的机床，这个问题尤为突出，一旦在换新刀等情况下，刀具长度发生了改变，原来的程序值都不正确了，需要重新进行后处理，这给实际使用带来了很大的麻烦[11]。

近期的控制系统新版本基本上都带有 RTCP 选项功能，如果启用 RTCP 功能后，控制系统会自动计算并保持刀具控制点(数控编程中的刀尖点或刀心)始终在编程的 XYZ 位置上，转动坐标的每一个运动都会被 X、Y、Z 坐标的一个直线位移所补偿。如图 2.28 所示相对于传统的数控系统而言，一个或多个转动坐标的运动会引起刀具中心的位移，而对带有RTCP功能的数控系统而言，可以直接规划刀具中心的轨迹，而不用考虑机床运动轴的结构和旋转轴的中心距，这个机床结构和旋转轴中心距是独立于编程的，是在执行程序前由机床配置文件指定[12]。

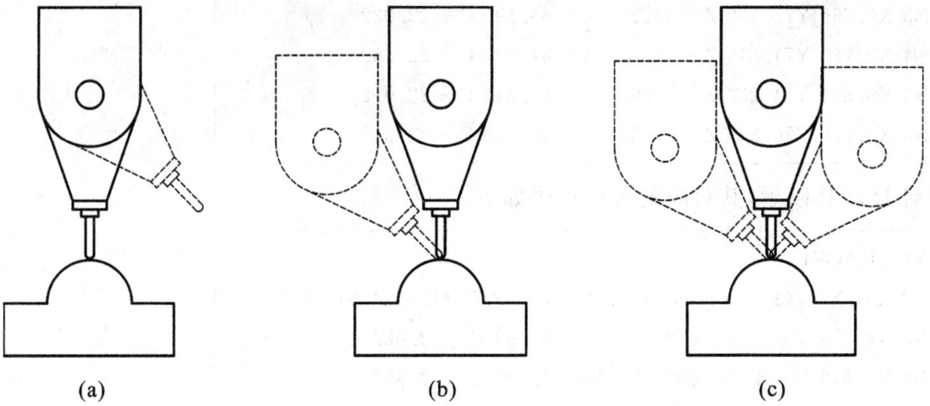

图 2.28　RTCP 开启与关闭效果图

(a) 关闭 RTCP；(b) 开启 RTCP；(c)RTCP 与刀具补偿

当前很多数控系统都有RTCP功能，但不同的数控系统的RTCP格式存在着很大的差异。常见数控系统开启和关闭RTCP功能的代码如表2.7所示。

表 2.7　常见数控系统开启和关闭 RTCP 功能代码

数控系统	开启 RTCP	关闭 RTCP
Siemens 840D sl	TRAORI	TRAFOOF
广州数控 GSK	G43.4	G49
海德汉 530i	M128	M129
Fidia	G96	G97
Fanuc	G43.1、G43.2、G43.3、G43.4	G49

以A-C双摆头机床为例，开启RTCP后，NC文件中的X_Y_Z_A_C中的X、Y、Z不再表示机床各平动轴的坐标，而是刀尖点或刀心点的坐标值。数控系统会根据旋转坐标自动计算当前机床各平动轴的坐标，并保持刀尖点或刀心点始终在编程APT文件中的(X,Y,Z)位置上。

以下面这段刀路APT文件为例：

```
FEDRAT/125.0000
GOTO/2.7409,-4.8624,22.6260,0.369282,-0.928973,0.025293
GOTO/2.7788,-4.8278,22.3489,0.374781,-0.926573,0.031650
GOTO/2.8163,-4.7928,22.0717,0.380296,-0.924084,0.038003
GOTO/2.8739,-4.7372,21.6269,0.388869,-0.920032,0.048186
GOTO/2.9201,-4.6954,21.2700,0.395670,-0.916662,0.056350
```

未开启RTCP时，在Siemens 840D slSL数控系统控制下的A-C双转台机床对应的数控程序如下：

```
N1 TRAOOF
N2 G01 X0.751 Y72.463 Z-42.633 A-88.550 C-21.679 F125.
N3 X0.766 Y72.139 Z-42.200 A-88.190 C-22.022
N4 X0.780 Y71.810 Z-41.759 A-87.820 C-22.369
N5 X0.803 Y71.280 Z-41.075 A-87.240 C-22.912
N6 X0.820 Y70.849 Z-40.525 A-86.770 C-23.347
```

开启 RTCP 以后，其对应的数控程序如下：

```
N1 TRAORI
N2 G01 X2.741 Y-4.862 Z22.626 A-88.550 C-21.679 F125.
N3 X2.779 Y-4.828 Z22.349 A-88.190 C-22.022
N4 X2.816 Y-4.793 Z22.072 A-87.820 C-22.369
N5 X2.874 Y-4.737 Z21.627 A-87.240 C-22.912
N6 X2.920 Y-4.695 Z21.270 A-86.770 C-23.347
```

在开启 RTCP 之后数控指令(X,Y,Z) 总是和刀尖有关。参与运动的旋转轴位置的改变将导致其他加工轴的补偿运动，而刀尖位置沿数控代码中指定的(X,Y,Z) 位置运动。

对于 Siemens 840D sl 数控系统，除了上述常用的 RTCP 编程方法(即直接给定旋转轴的旋转角度 A、B、C)，还可以通过欧拉角、RPY 角、刀轴矢量或给定前倾角、侧倾角进行编程，具体编程格式如表 2.8 所示。

表 2.8 Siemens 840D sl 数控系统 RTCP 编程方法

G1 X Y Z A B C	编程回转轴运动
G1 X Y Z A2 = B2 = C2 =	编程欧拉角或 RPY 角
G1 X Y Z A3 = B3 = C3 =	编程刀轴矢量
LEAD =	编程前倾角
TILT =	编程侧倾角

2.5 后置处理软件开发案例

2.5.1 程序框架与技术模块

后置处理的主要任务就是根据具体机床运动的结构形式和控制指令格式，将前置处理所得刀位数据转换为机床各轴的运动数据，并按数控系统可接受的控制指令格式进行转换，得到数控机床的加工程序。对刀位数据进行后置处理前，首先要根据机床结构配置确定机床各个坐标系统之间的相互关系，后置处理中需要处理机床运动学变换、非线性误差、旋转轴多解选择、奇异点、速度映射，还要根据机床种类及机床配置、程序起始控制、程序块及号码、准备功能、辅助功能、快速运动控制、直线圆弧插补进给运动控制、暂停控制、主轴控制、冷却控制、子程序调用、固定循环加工控制、刀具控制等功能的格式要求生成满足特定要求的数控机床加工代码。

后置处理软件功能结构如图 2.29 所示。

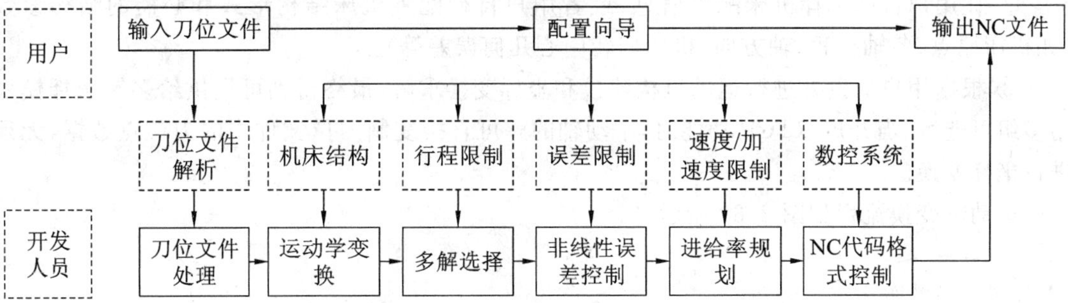

图 2.29　后置处理软件功能结构

后置处理系统包括以下功能模块：

(1) 刀位文件处理模块

该模块读入由数控编程软件生成的刀位文件，将刀位文件中包含的数据内容与指令信息解析整理，并传输到运动学变换模块，如图 2.30 所示。

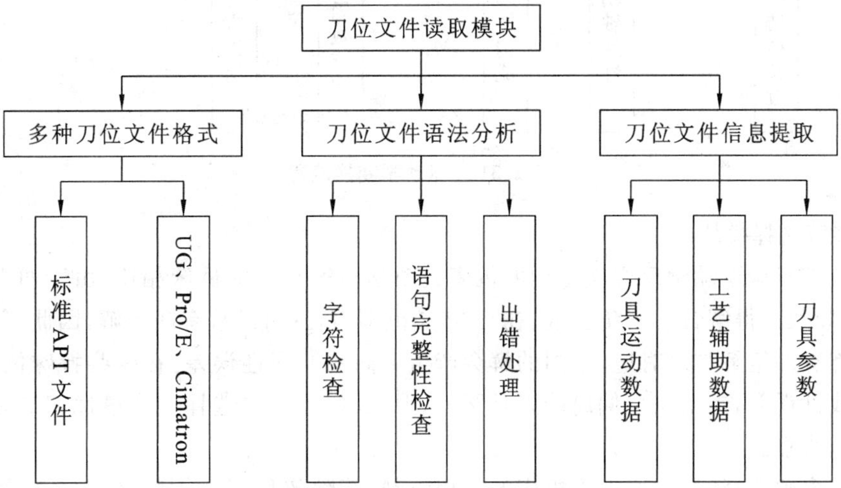

图 2.30　刀位文件读取流程

读取标准 APT 文件和多种常用格式(包括.apt、.apl、.cld、.clf、.cls、.nci 等)刀位文件；并进行语法分析，检查刀位文件字符是否合法，检查刀位语句的完整性，并根据检查出的错误，提示用户进行修改；最终，提取刀尖点位置和刀轴矢量数据，以及各种工艺辅助数据和刀具参数等信息。

(2) 运动学变换模块

根据 2.2.2 节所述的机床运动学变换原理，针对具体的机床结构，将(1) 读取的刀位和刀轴数据转换为多组机床轴运动数据(运动学多解)。

机床运动变换是根据机床运动结构将前置刀位数据转换为机床轴运动数据。在运动转换时，为提高加工精度，运动变换中还需进一步考虑机床结构误差，在加工程序上给予补偿修正。具体来说，运动学变换应具有下列功能：

① 提供机床特性库，其中包含各种常见五轴机床结构形式、双转台、双摆头、摆头转台等机构。

② 让用户自己选择机床配置信息，或者用户自行配置机床结构形式和必需的结构参数（如机床原点、各轴行程、轴方向、机床回转中心几何误差等）。

③ 根据用户的设置进行运动机构建模和坐标变换求解，最终得到可提供给多解选择模块的多组可选解。当开启 RTCP 功能时，平动轴的解可直接复制刀位文件中的刀位点数据，无须进行坐标变换。

运动学变换流程如图 2.31 所示。

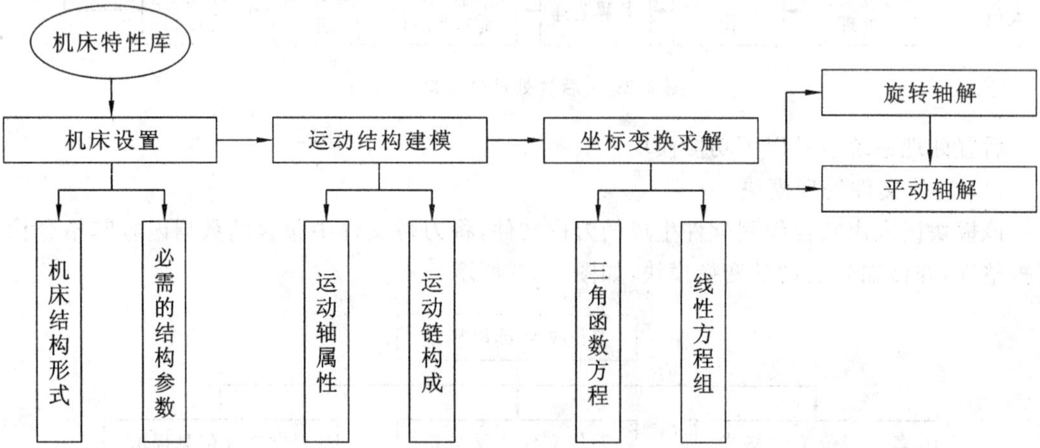

图 2.31 运动学变换流程

(3) 多解选择模块

五轴数控机床运动学反变换得到的机床运动学多解与三轴机床相比，由于两个旋转运动轴的存在，导致所得解含有三角函数。在 $\pm 360^\circ$ 范围内，三角函数有四个解，因此，每一个刀位数据一般都有四组解与之对应，不同的解会产生不同的非线性误差。在一些特殊位置，会极大地增大非线性误差，走出完全偏离的刀具路径。因此，如何从中选择一个最优解是后置处理技术中的重点难点。

在进行多解选择时，一般根据机床的行程限制，筛除超程解，在剩下的解中应用轴旋转量最小算法、最短路径算法等多解选择算法，选出唯一最优解（图 2.32）。多解选择策略有很多，本系统中有单步轴旋转量最小算法、最短路径算法可供选择。

(4) 非线性误差控制模块

在前置刀位计算中，程序步长是根据离散直线对轮廓表面的逼近误差来确定的。但是转换到机床坐标系下的时候，由于旋转运动的影响，机床各轴线性插补的合成运动会使实际刀位运动偏离编程直线，该误差称为非线性加工误差。由于非线性加工误差的存在，五轴加工的准确性以及精度都受到严重的影响。

非线性误差控制模块通过输入非线性误差上限来控制非线性误差抑制的范围，抑制非线性误差确保加工的准确性，提高加工精度。

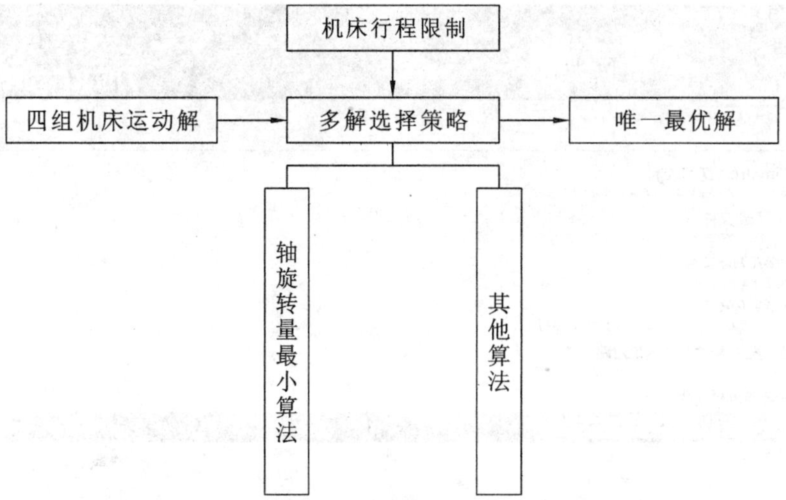

图 2.32　多解选择策略

(5) 进给率规划模块

运用 2.3.3 节中各轴速度与刀尖点速度的映射关系，附加刀尖和机床运动学约束，对 NC 代码进行速度规划。充分考虑机床性能的情况下，结合数控工艺员给定的最大刀尖点速度，运用各轴速度与刀尖点速度的映射关系，附加刀尖和机床运动学约束，对各程序段中的机床进给速度进行规划。

对机床坐标系和工件坐标系下的进给速度同时进行规划，既可以满足机床运动学特性，又可以使刀尖点的运动趋于平滑，满足加速度约束，此时机床机械结构的负荷不会过载，刀具在加工中对于工件的冲击也将减小，从而保证了加工质量并提高加工效率。自适应进给率规划的目的是在机床参数和工艺参数的约束范围内尽可能提高进给率，以达到高效加工的目的。

因此，软件的必备功能是能够在充分考虑机床性能的情况下，结合数控工艺员给定的最大刀尖点速度，对各程序段中的机床进给速度进行规划。

(6) NC 代码输出模块

根据数控系统特性库，让用户自己选择数控系统，并生成与该数控系统相适应的 NC 代码指令，同时也可以让用户自己设定常用的 G 代码指令。

2.5.2　应用方法与使用案例

使用后置处理软件一般包括三个基本步骤：配置机床、导入刀位文件和生成 NC 代码。下面以上海拓璞数控科技有限公司开发的通用后处理软件为例，介绍后置处理软件的使用方法。

(1) 导入刀位文件

点击“刀位文件”，进入刀位文件导入页面，如图 2.33 所示。导入刀路时，可根据不同的刀位文件来源，选择不同的刀位文件解析器。

(2) 配置机床数据

点击“机床配置”，进入机床配置页面，如图 2.34 所示。

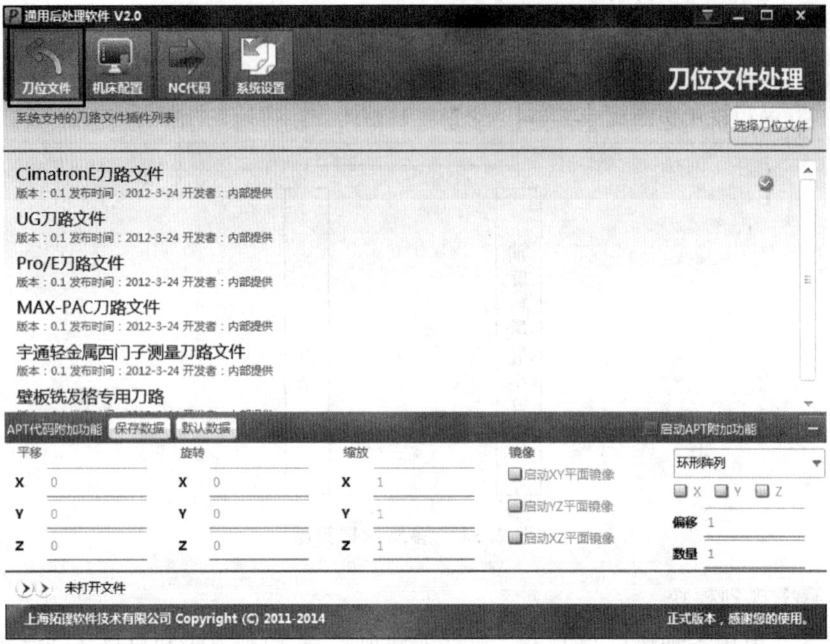

图 2.33 导入刀位文件

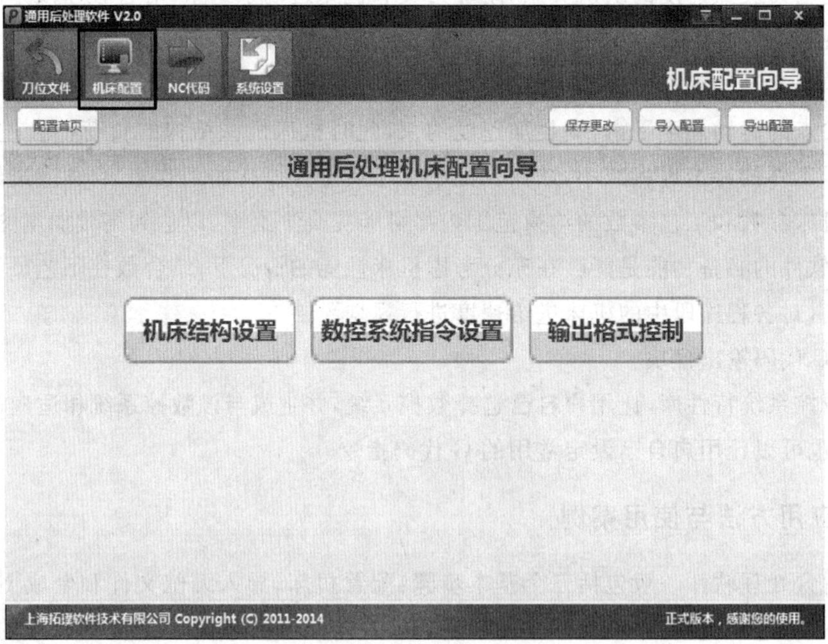

图 2.34 机床配置

机床配置可导入事先保存的配置文件，完成相应的机床配置功能，也可以直接配置机床。如果是直接配置机床，那机床配置一般分为三大部分：机床结构设置、数控系统指令设置和输出格式控制。

在机床结构设置中，可以设置如表 2.9 所列的机床结构参数，可选择的机床结构如图 2.35 所示。

表 2.9　机床结构参数列表

参数	说明
结构类型	根据机床旋转轴配置的不同，可分为双转台、双摆头、转台摆头等多种形式
行程	机床各轴的行程范围
机床原点	机床的编程原点
平动轴分辨率	机床平动轴光栅尺的测量最小长度
最大进给速度	限定机床的最大进给速度
主轴初始位置	主轴的初始位置
最大加速度	限定机床的最大加速度
轴方向	机床轴方向与笛卡尔坐标系不一致时，对特定的轴反向
旋转轴转动方式	旋转轴转动方式
主轴旋转中心到刀具装夹点距离	主轴旋转中心到刀具装夹点距离
机床原点到第四轴中心偏置距离	机床原点到第四轴中心偏置距离
第四轴到第五轴中心偏置距离	第四轴到第五轴中心偏置距离
非线性误差等参数	限定非线性误差上限

图 2.35　机床结构类型

在数控系统指令设置中，可选择数控系统、配置 NC 代码程序头(尾)、设置 G(M) 代码含义等功能。可选择的数控系统如图 2.36 所示。对于不同的数控系统，NC 代码格式略有不同，其 G 代码含义也略有不同，对于 Siemens 840D 系统，G 代码和 M 代码如表 2.10、表 2.11 所示。

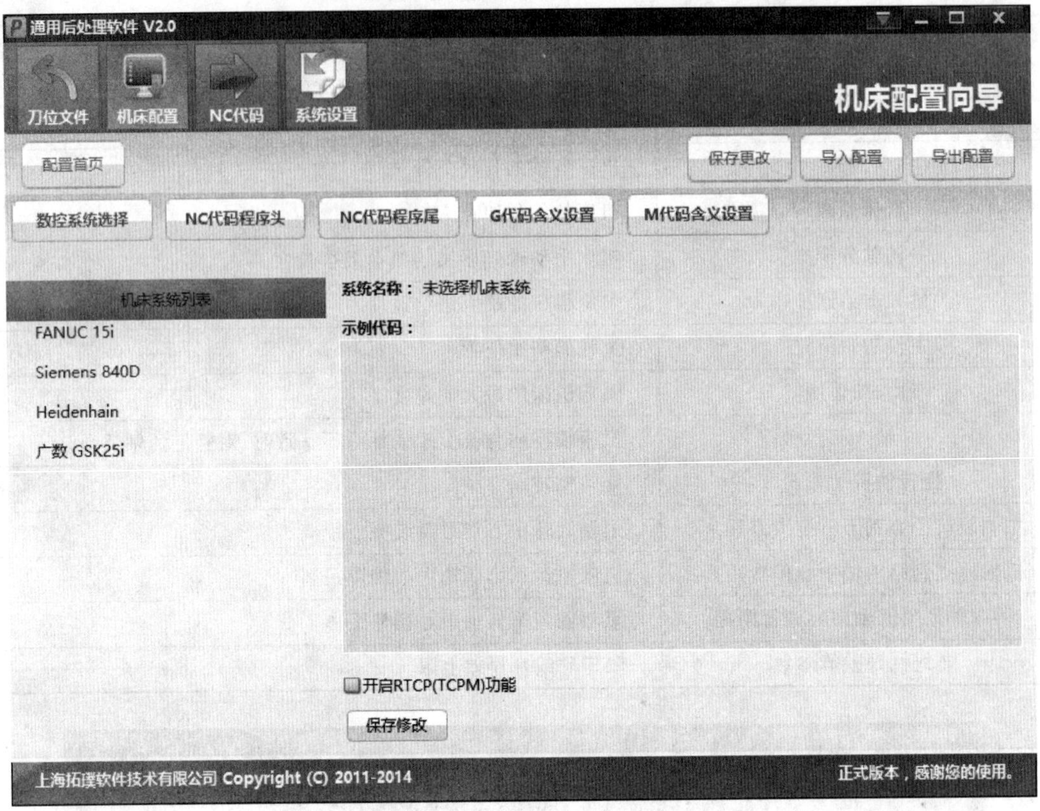

图 2.36 数控系统选择

表 2.10 Siemens 840D 系统 G 指令表

G 代码含义	G 代码	G 指令顺序	G 代码含义	G 代码	G 指令顺序
以最大速度直线插补	G00	3	修正激活左刀补	G43	2
以编程速度直线插补	G01	1	修正激活右刀补	G44	2
定义中心点圆弧或螺旋插补(顺时针)	G02	2	缩放	G50	2
定义中心点圆弧或螺旋插补(逆时针)	G03	2	工件螺旋角度	G51	2
延迟时间	G04	2	工件螺旋弧度	G52	2
样条定义	G05	2	零点偏移关	G53	2
样条激活	G06	2	零点偏移 1	G54	2
切弧插补	G07	2	零点偏移 2	G55	2
前看关	G08	2	零点偏移 3	G56	2

续表 2.10

G 代码含义	G 代码	G 指令顺序	G 代码含义	G 代码	G 指令顺序
前看开	G09	2	零点偏移 4	G57	2
清空动态缓冲区	G10	2	零点偏移 5	G58	2
填满动态缓冲区	G11	2	零点偏移 6	G59	2
定义半径圆弧插补(顺时针)	G12	2	进给 / 主轴倍率开	G63	2
定义半径圆弧插补(逆时针)	G13	2	进给 / 主轴倍率关	G66	2
绝对式极坐标编程	G14	2	英制编程	G70	2
增量式极坐标编程	G15	2	公制编程	G71	2
坐标系统定义	G16	2	精确停止插补关	G72	2
X/*Y* 平面选择	G17	2	精确停止插补开	G73	2
Z/*X* 平面选择	G18	2	可编程回参考点	G74	2
Y/*Z* 平面选择	G19	2	2D 切线控制开	G78	2
可编程平面选择	G20	2	2D 切线控制关	G79	2
工作区下边界	G24	2	绝对值编程	G90	2
工作区上边界	G25	2	相对值编程	G91	2
工作区限制关	G26	2	零点设置、主轴限速	G92	2
工作区限制开	G27	2	每分钟进给量	G94	2
恒螺距螺纹切削	G33	2	每转进给量	G95	2
变螺距螺纹切削	G34	2	恒线速切削开	G96	2
震荡	G35	2	恒线速切削关	G97	2
可编程镜像开	G38	2	极 / 圆柱转化关	G100	2
可编程镜像关	G39	2	极转化开	G101	2
刀具半径补偿关	G40	2	圆柱转化开	G102	2
左刀补	G41	2	可变轴地址极转化	G106	2
右刀补	G42	2	可变轴地址圆柱转化	G106	2

表 2.11　Siemens 840D 系统 M 指令表

M 代码含义	M 代码	M 指令顺序
无条件暂停	M00	0
条件暂停	M01	1
程序结束	M02	1
主轴正转	M03	1

2.11 续表

M 代码含义	M 代码	M 指令顺序
主轴反转	M04	1
主轴停止	M05	1
主轴定向	M19	1
程序结束	M30	1
样条定义,起点、终点为 0 阶曲线	M70	1
样条定义,起点切线,终点为 0 阶曲线	M71	1
样条定义,起点 0 阶曲线,终点切线	M72	1
样条定义,起点、终点均为切线	M73	1
探头功能,删除剩余距离	M80	1

如图 2.37～图 2.39 所示,在配置输出格式时,可以设置输出数据位数、正负号显示、行号等。在完成上述配置后,可以保存更改,还可以导出刚刚配置的机床数据,供下次使用。

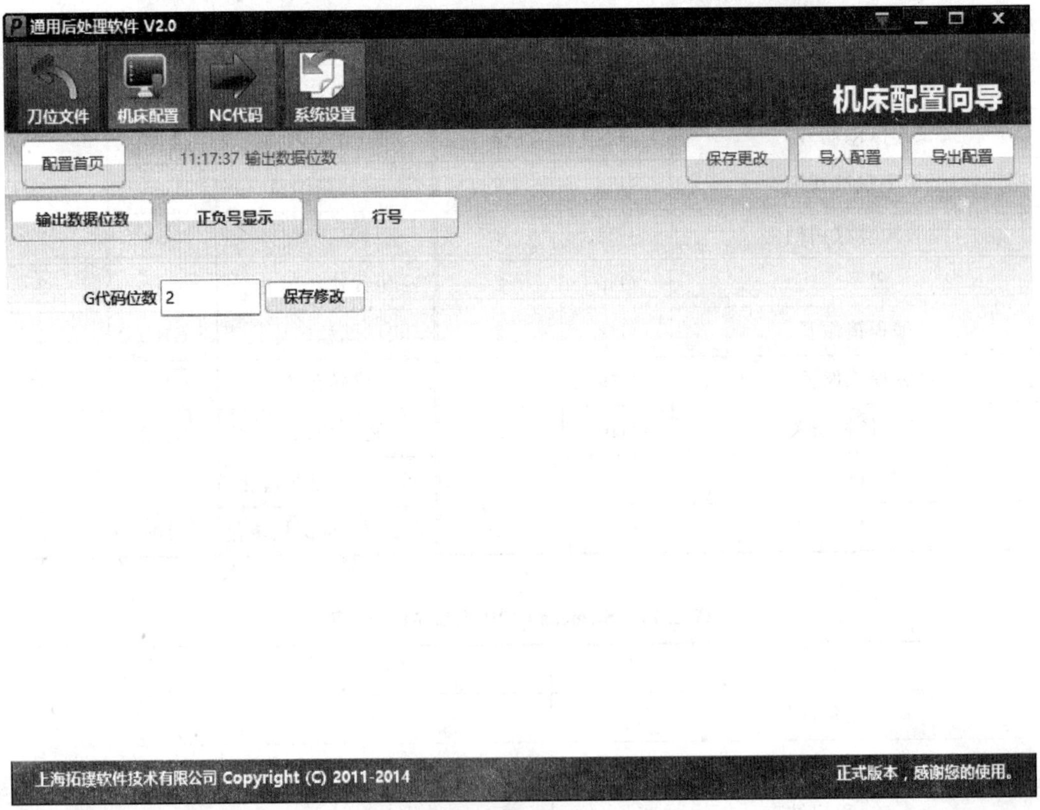

图 2.37 输出数据位数

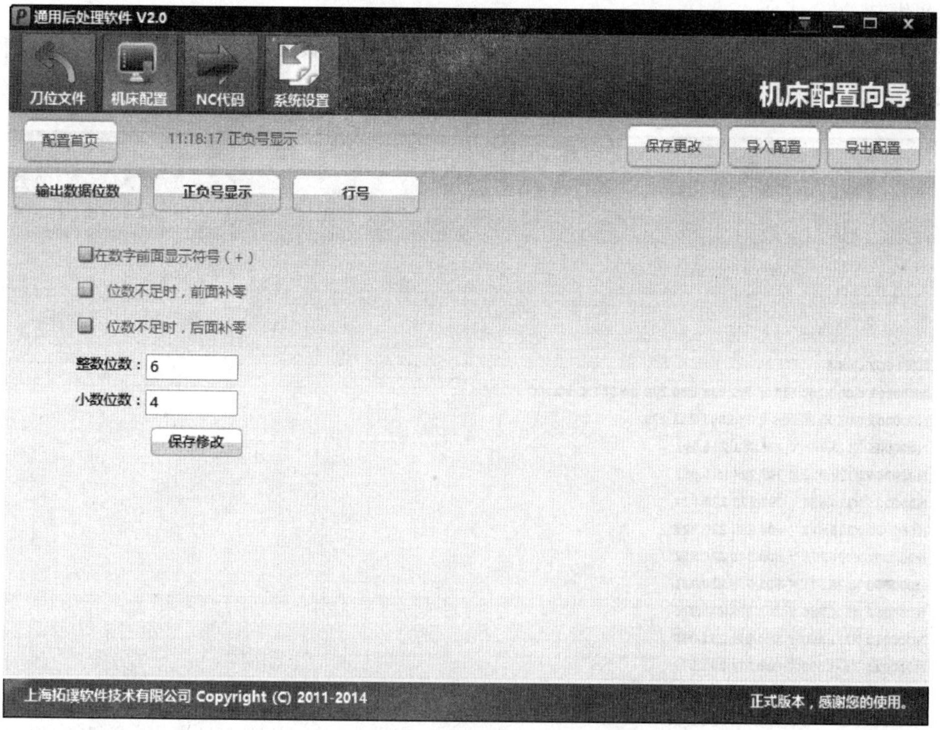

图 2.38　正负号显示设置

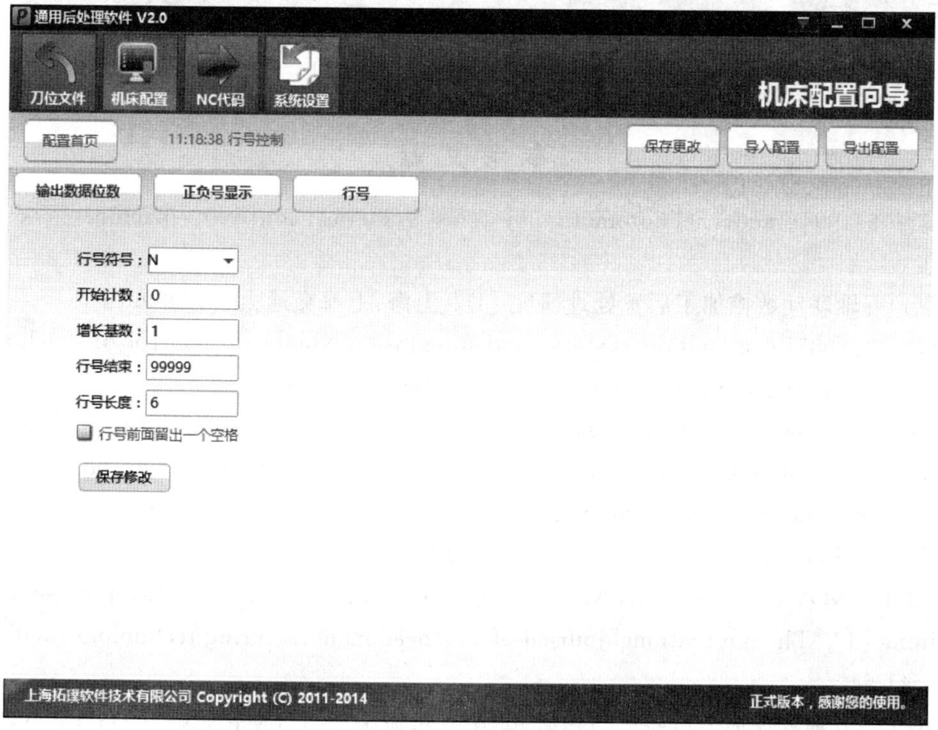

图 2.39　行号设置

(3) 生成 NC 代码

在 NC 代码生成页面中，点击生成代码，软件会根据配置好的机床将导入的刀位文件处理成机床可直接读取的 NC 代码，如图 2.40 所示。

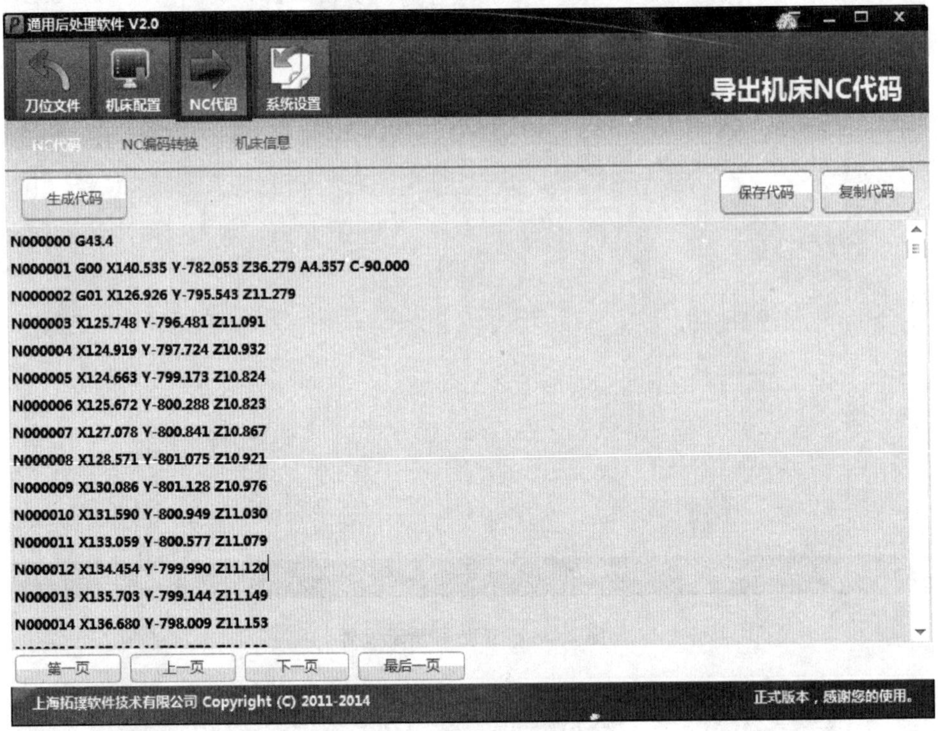

图 2.40 生成 NC 代码

参考文献

[1] ISO2806:1994. Industrial automation systems-Numerical control of machines-Vocabulary [S].

[2] 武跃. 五轴联动数控加工后置处理研究 [D]. 上海:上海交通大学,2009.

[3] ISO4342:1985:Automation systems and integration-Numerical control of machines-NC processor input-Basic part program reference language[S].

[4] ISO6983. 1:2009. Automation systems and integration-Numerical control of machines-Program format and definitions of address words-Part 1: Data format for positioning, line motion and contouring control systems[S].

[5] 熊有伦. 机器人学 [M]. 北京:机械工业出版社,1993.

[6] MAKHANOV S S, MUNLIN M. Optimal sequencing of rotation angles for five-axis machining [J]. The international journal of advanced manufacturing technology, 2007, 35(1-2): 41-54.

[7] 王浏宁. 五轴数控加工奇异点问题研究 [J]. 机械工程与自动化,2012(5): 122-124.

[8] 王峰,林浒,刘峰,等. 五轴加工奇异区域内的刀具路径优化 [J]. 机械工程学报,2011,47

(19)：174-180.

[9] ISO10791-7:2014. Test conditions for machining centres—Part 7：Accuracy of finished test pieces[S].

[10] 毕庆贞. 复杂曲面零件五轴高速进给加工的关键技术研究 [D]. 上海：上海交通大学，2011.

[11] 任锐，张建，张玉芳. 带 RTCP 功能五轴机床后置处理程序的编制 [J]. 机械工程师，2009(6)：68-69.

[12] 梁全，王永章. 五轴数控系统 RTCP 和 RPCP 技术应用 [J]. 组合机床与自动化加工技术，2008(2)：62-65.

[13] AG S. Milling with SINUMERIK 5-axis machining [M]. Siemens，2009.

3 复杂曲面加工轨迹规划

数控(Numerical Control,NC)加工需要根据零件的尺寸和工艺要求,编制出数控代码程序,输入到数控机床中,控制刀具与工件的相对运动,从而加工出合格零件,具有高效率、高精度、高柔性与高度自动化的特点。

数控编程是数控加工中的一项重要技术,它决定了刀具对于工件的相对运动,直接影响加工效率和加工质量。刀具路径规划技术是数控编程中的核心技术,是复杂零件数控加工中最重要的内容。在零件造型的基础上,根据加工方案和加工参数,按照加工误差的要求,规划出刀具相对于工件的运动轨迹。生成的刀具路径对数控加工的质量和效率有决定作用。刀具路径规划的目标不仅仅包括干涉避免和满足加工误差要求,还必须考虑刀具轨迹和刀轴方向光滑、切削有效宽度、工艺特殊要求等。目前商业软件在三轴数控加工刀具路径规划方面已经比较成熟。由于两个旋转自由度的影响,五轴数控加工的刀具路径规划比较困难。

3.1 面向五轴侧铣加工的曲面直纹化

复杂曲面直纹面近似主要应用于五轴侧铣加工。如图 3.1 所示,五轴侧铣加工是指用刀具的侧刃铣削去除材料。与球头刀点接触加工方式相比,侧铣加工是线接触加工方式,加工带宽显著增加,可以提高材料去除率,提高加工零件的表面质量。普惠航空发动机公司发表的文献[1]指出如果一个曲面能够被近似为直纹面,该曲面就能够用侧铣方式加工,同时也指出可以用多行侧铣来加工更为复杂的曲面。该公司耗费了 28 年(1984—2012 年)时间开发了整体叶轮五轴侧铣加工设计与制造软件 Arbitrary Surface Flank Milling(ASFM)[2]。通过插值设计者给定的截面曲线得到叶片曲面后,在保持该叶轮零件的气动性能和结构强度的前提下,该软件修改设计曲面以便于侧铣加工,当叶片曲面扭曲大、更为复杂时,该软件能够生成多行侧铣刀路,并且相邻刀路形成的包络面能够光滑过渡。如图 3.2 所示,该工作扩展了侧铣加工的适用范围,已经 100%成功应用于 11 个试验发动机和 39 个发动机产品的叶轮加工,包括离心式和轴流式叶轮,提高了叶片加工效率约 14 倍。

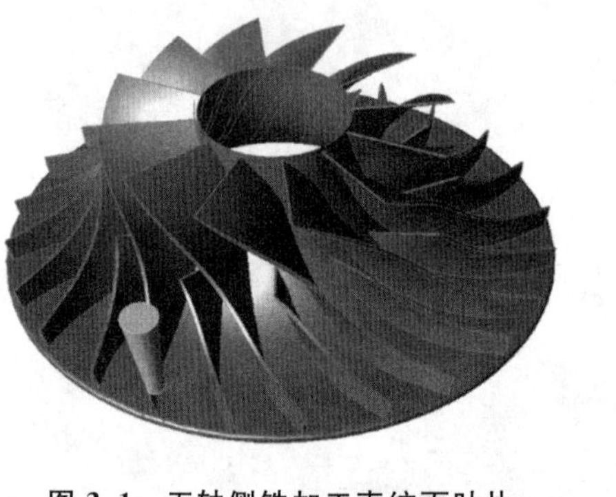

图 3.1 五轴侧铣加工直纹面叶片

压气机叶轮叶片一般设计为自由曲面,飞机结构件往往包含大量细碎曲面,两者均难以直接侧铣加工,因此需要研究用直纹面近似复杂曲面的方法。

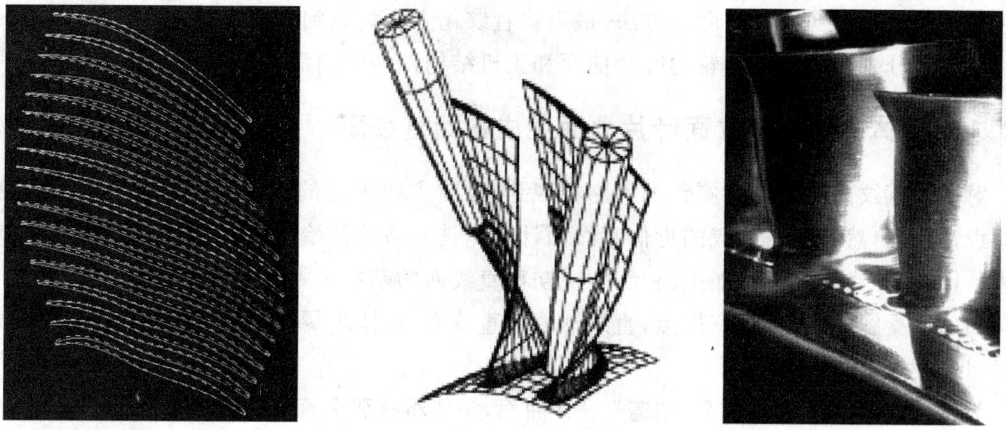

(a) (b) (c)

图 3.2 ASFM 侧铣软件

(a)叶片设计;(b)多行侧铣;(c)加工后的叶轮

本节中采用两条 B 样条曲线 $\boldsymbol{p}(u)$ 和 $\boldsymbol{q}(u)$ 表示直纹面,如公式(3.1) 所示:

$$\begin{aligned} \boldsymbol{p}(u) &= \sum_{i=0}^{l} N_{i,k}(u)\boldsymbol{b}_i, \quad \boldsymbol{q}(u) = \sum_{i=0}^{l} N_{i,k}(u)\boldsymbol{d}_i \\ \boldsymbol{S}_{\text{ruled}}(\boldsymbol{w},u,v) &= (1-v)\boldsymbol{p}(u) + v\boldsymbol{q}(u) \end{aligned} \tag{3.1}$$

其中:$\boldsymbol{w}^{\mathrm{T}} = [\boldsymbol{b}_0^{\mathrm{T}},\cdots,\boldsymbol{b}_l^{\mathrm{T}},\boldsymbol{d}_0^{\mathrm{T}},\cdots,\boldsymbol{d}_l^{\mathrm{T}}] \in \mathbf{R}^{6(l+1)}$,$\boldsymbol{b}_0^{\mathrm{T}},\cdots,\boldsymbol{b}_l^{\mathrm{T}}$ 和 $\boldsymbol{d}_0^{\mathrm{T}},\cdots,\boldsymbol{d}_l^{\mathrm{T}}$ 分别是两条 B 样条曲线的控制点,可以视为直纹面的形状控制参数。$N_{i,k}(u)(i=0,1,\cdots,n)$ 称为 k 阶($k-1$ 次)B 样条基函数,可以采用 De Boor-Cox 算法计算样条基函数值。关于 B 样条曲线的详细介绍可以参考文献[3]。

在直纹面近似中,减少直纹面与原设计曲面 S_o 的几何偏差是主要的目标。直接计算两个曲面之间的距离比较困难,这里采用离散的方式计算两个曲面之间的距离:首先离散原有曲面 S_o 得到数据点云 $\{\boldsymbol{p}_i \in \mathbf{R}^3, 1 \leqslant i \leqslant n\}$,然后计算这些点到近似直纹面 $\boldsymbol{S}_{\text{ruled}}(w)$ 的距离 $d_{\boldsymbol{p}_i,\boldsymbol{S}_{\text{ruled}}(w)}$,如图 3.3 所示。因此,一般曲面直纹化问题转化为如下的优化模型:

$$\mathrm{P}_1 \qquad \min_{\boldsymbol{w}\in\mathbf{R}^{6(l+1)}} \max_{1\leqslant i\leqslant n} \| d_{\boldsymbol{p}_i,\boldsymbol{S}_{\text{ruled}}(w)} \|$$

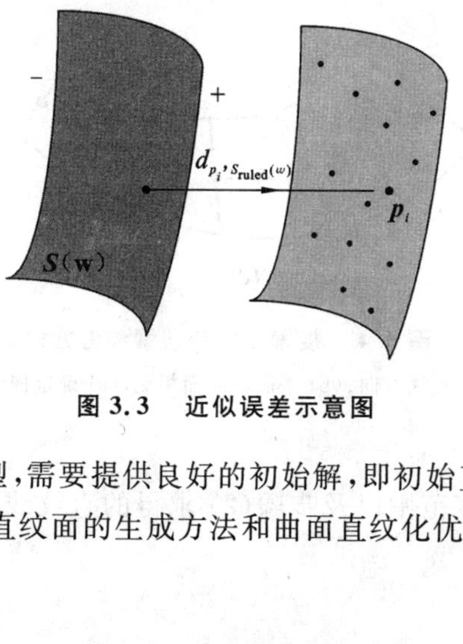

图 3.3 近似误差示意图

P_1 是一个非线性优化模型,需要提供良好的初始解,即初始直纹面,然后通过非线性优化方法求解。下面首先介绍初始直纹面的生成方法和曲面直纹化优化模型的求解方法,然后介绍在边界约束下生成初始直纹面的方法，最后将直纹化方法集成到商用三维软件 Unigraphics 和 CATIA 中，分别实现整体叶轮的叶片曲面和飞机结构件细碎曲面的直纹化。

3.1.1 整体叶轮类直纹面叶片曲面生成初始直纹面

对于非直纹面的曲面的侧铣加工路径规划，目前主要采用的技术思路是使用直纹面来逼近原设计曲面，然后根据生成的近似直纹面计算侧铣刀路的初始解，最后采用优化方法对初始解进行优化，最终得到侧铣加工路径。生成初始直纹面的基本步骤主要包括：确定搜索路径，平面与曲面求交线，直线拟合离散点，直线插值成直纹面。具体步骤如下：

(1) 扩大曲面

为保证生成的直纹面完全“覆盖”设计曲面，需要将这张曲面在三维空间中扩展。

(2) 确定搜索路径

如图 3.4(a) 所示，计算设计曲面的重心坐标，并计算曲面的平均法向 $\boldsymbol{n}_{\text{ave}}$；平均法向 $\boldsymbol{n}_{\text{ave}}$ 与矢量 $[0\quad 0\quad 1]^{\mathrm{T}}$ 叉乘得到新向量 $\boldsymbol{r}$；新向量 $\boldsymbol{r}$ 绕着平均法向 $\boldsymbol{n}_{\text{ave}}$ 旋转 180°，得到一系列直线方向 $\boldsymbol{l}_i$，$1 \leqslant i \leqslant m$，其中 m 是离散份数。针对每个直线方向 $\boldsymbol{l}_i$，过曲面重心，根据平均法向与该直线方向可以确定一个平面 π_i，而该平面与曲面相交可得到交线 c_i，如图 3.4(b) 所示。离散交线得到离散点，利用主元分析法(Principal Components Analysis，PCA)[4] 拟合出直线，并计算该直线与设计曲面的最大拟合误差；选择误差最小的直线作为后续寻找直纹线的参考方向；以重心在曲面的垂足所在的等参数线作为搜索路径，根据给定的直纹线条数离散该曲线，得到搜索点，如图 3.4(c) 所示。

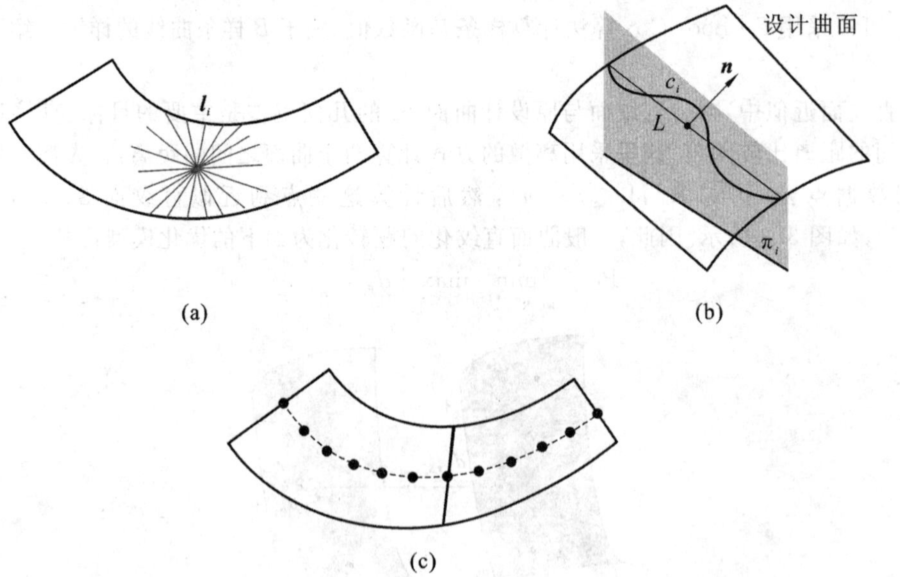

图 3.4 搜索路径和搜索参考方向

(a) 直线方向；(b) 平面与曲面相交；(c) 确定搜索点

(3) 确定直纹搜索范围

根据输入的直纹搜索角度范围以及步骤(2) 求得的直纹线参考方向，在各搜索点处以曲面在搜索点的法向作为旋转轴，旋转参考直纹方向得到一系列搜索方向，如图 3.5 所示。

(4) 搜索直纹

过搜索点，根据设计曲面在搜索点的法向和搜索直纹方向可以决定一个平面，如图 3.4(b) 所示。该平面与曲面相交得到交线，把交线离散成点后，用 PCA 法进行直线拟合，如图 3.6 所示，并计算该直线与设计曲面的最大拟合误差，若直线的拟合误差大于给定误差，则后续操作中不考虑该直线；如果拟合误差满足要求，把该直线作为可行直纹线。

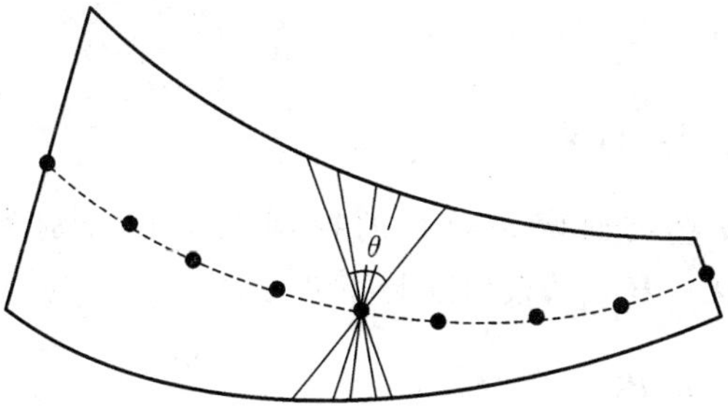

图 3.5 直纹搜索范围

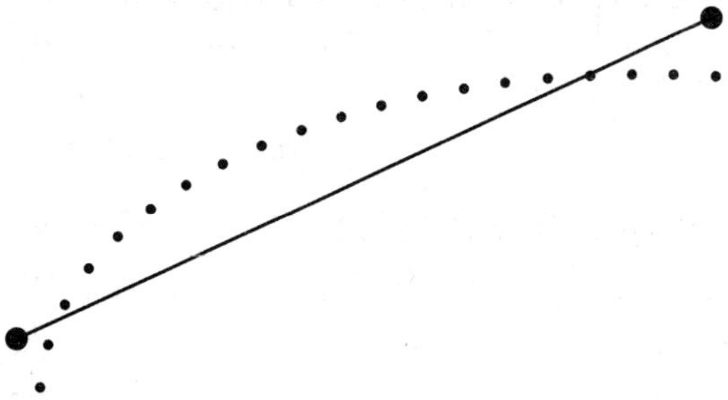

图 3.6 直线拟合离散数据点

(5) 光顺直纹线

在每个搜索点处可以得到多条满足给定拟合误差的可行直线，于是选择直纹线问题转变为一个组合优化问题。如果直接求解，时间复杂度对于搜索点个数的变化是指数级增长，需要大量运算时间。为了降低计算量，这类组合优化问题可以用离散域的动态规划算法求解。

动态规划算法的基本思路是分解与综合，把一个问题转化为一组子问题进行求解，然后把结果综合起来获得原问题的最优解。对于直纹线选择问题，子问题为相邻搜索点处的直线方向选择，搜索点序列中的每一个点可以看作是动态规划中的一个阶段，搜索点处可行直线方向为动态规划模型中的节点，相邻搜索点的直线方向组合为动态规划模型中的连接。这个动态规划模型的优化目标是使沿搜索路径的直线夹角总和最小。下面先建立模型图，然后求解该动态规划模型，获得对应的直线方向连接。

直线方向选择模型连接图如图 3.7 所示，其中 S_i 是动态规划模型的第 i 阶段，$N_{i,j}$ 是第 i 个阶段中的第 j 个节点，每一个节点包含的变量是在第 i 个搜索点处第 j 个直线可行方向 $\boldsymbol{l}_{i,j}$。确定节点后，下一步是建立相邻阶段中节点的连接组合，设 N_{i,j_1} 和 N_{i+1,j_2} 分别为相邻阶段中的节点，以直线的夹角度量相邻阶段中节点的连接。通过求解有向图最短路径模型来获得最优的光顺直纹线。

(6) 插值直纹线得到直纹面

步骤(5) 得到的是离散直线簇，是每个搜索点处的最优直纹线。需要插值这些直纹线得到直纹面。直纹线插值计算方法如下：

令 $\boldsymbol{p}$ 和 $\boldsymbol{q}$ 表示一条空间有向线段的两端端点，该有向线段可以被表示为($\boldsymbol{p}$,$\boldsymbol{q}$)。三维空间中两条有向线段 $l_1(\boldsymbol{p}_1,\boldsymbol{q}_1)$ 和 $l_2(\boldsymbol{p}_2,\boldsymbol{q}_2)$ 的距离 d 可以由式(3.2) 度量[5]。

$$\begin{aligned} d = &(p_{1x}-p_{2x})^2+(p_{1y}-p_{2y})^2+(p_{1z}-p_{2z})^2+(q_{1x}-q_{2x})^2+(q_{1y}-q_{2y})^2 \\ &+(q_{1z}-q_{2z})^2+(p_{1x}-p_{2x})\times(q_{1x}-q_{2x})+(p_{1y}-p_{2y})\times(q_{1y}-q_{2y}) \\ &+(p_{1z}-p_{2z})\times(q_{1z}-q_{2z}) \end{aligned} \tag{3.2}$$

于是可以参考 B 样条曲线反求控制点的算法，计算插值直线的直纹面的控制点。假设直纹线为 $\{l_i((\boldsymbol{p}_i,\boldsymbol{q}_i)),0\leqslant i\leqslant N\}$，且令 $\hat{\boldsymbol{q}}_i=[\boldsymbol{p}_i^{\mathrm{T}}\quad \boldsymbol{q}_i^{\mathrm{T}}]^{\mathrm{T}}$。根据式(3.2)计算相邻直线的距离 $\{d_i,0\leqslant i\leqslant N\}$。

令 $S=\sum_{i=0}^{N}d_i$ 为所有距离之和，则 $\begin{cases}\bar{u}_0=0,\\ \bar{u}_k=\bar{u}_{k-1}+\dfrac{d_k}{S},k=1,\cdots,N\end{cases}$。为了保证拟合求解时矩阵正定，样条曲线的节点矢量计算方法为

$$u_0=\cdots=u_p=0,\quad u_{m-p}=\cdots=u_m=1$$

$$u_{j+p}=\frac{1}{p}\sum_{i=j}^{i+p-1}\bar{u}_i,\qquad j=1,\cdots,N-p$$

其中，p 为样条曲线的次数，$m=N+p$。假设直纹面两条导线的控制点坐标分别为 $\{\boldsymbol{Q}_i,0\leqslant i\leqslant N\}$，$\{\boldsymbol{H}_i,0\leqslant i\leqslant N\}$，且令 $\boldsymbol{P}_i=[\boldsymbol{Q}_i^{\mathrm{T}}\quad \boldsymbol{H}_i^{\mathrm{T}}]^{\mathrm{T}}$，根据以上可知

$$\hat{\boldsymbol{q}}_i=\sum_{j=0}^{N}N_{j,p}(u_i)\boldsymbol{P}_j$$

则

$$\underbrace{\begin{bmatrix}\hat{\boldsymbol{q}}_0\\ \hat{\boldsymbol{q}}_1\\ \vdots\\ \hat{\boldsymbol{q}}_N\end{bmatrix}}_{\hat{q}}=\underbrace{\begin{bmatrix}N_{0,p}(\bar{u}_0) & N_{1,p}(\bar{u}_0) & N_{2,p}(\bar{u}_0) & \cdots & N_{N,p}(\bar{u}_0)\\ N_{0,p}(\bar{u}_1) & N_{1,p}(\bar{u}_1) & N_{2,p}(\bar{u}_1) & \cdots & N_{N,p}(\bar{u}_1)\\ \vdots & \vdots & \vdots & & \vdots\\ N_{0,p}(\bar{u}_N) & N_{1,p}(\bar{u}_N) & N_{2,p}(\bar{u}_N) & \cdots & N_{N,p}(\bar{u}_N)\end{bmatrix}}_{\boldsymbol{\Phi}}\underbrace{\begin{bmatrix}\boldsymbol{P}_0\\ \boldsymbol{P}_1\\ \boldsymbol{P}_2\\ \vdots\\ \boldsymbol{P}_N\end{bmatrix}}_{P}$$

矩阵 $\boldsymbol{\Phi}$ 的各个元素的数值可以通过 De Boor-Cox 算法计算，然后求解线性方程组即可得到直纹面的控制点 $\boldsymbol{P}_i$。

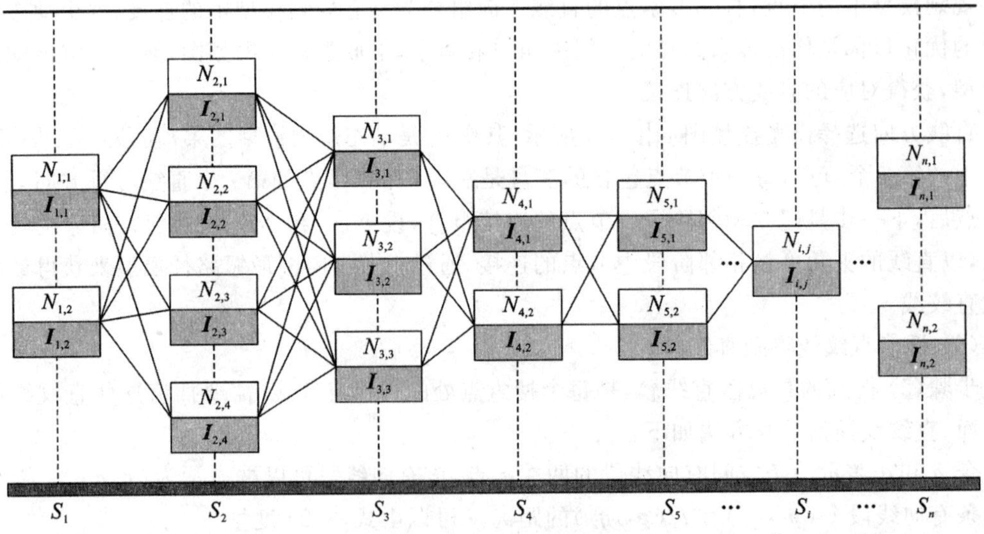

图 3.7 最短路径算法示意图

3.1.2 直纹面优化模型与算法

利用上节算法得到的初始直纹面与设计曲面的几何偏差可能会比较大，需要采用优化算法进一步减少几何偏差。首先给出点-曲面距离的一般定义：

定义 3.1 **点-曲面距离**：给定空间中一点 $p \in \mathbf{R}^3$，则曲面 $\boldsymbol{S}(\boldsymbol{w})$ 上至少存在一点 $\boldsymbol{q}$ 满足[6]

$$\| \boldsymbol{p} - \boldsymbol{q} \| = \min_{x \in \boldsymbol{S}(\boldsymbol{w})} \| \boldsymbol{p} - \boldsymbol{x} \| \tag{3.3}$$

点 $\boldsymbol{p}$ 与曲面 $\boldsymbol{S}(\boldsymbol{w})$ 间的距离定义为

$$d_{\boldsymbol{p},\boldsymbol{S}(\boldsymbol{w})} = \min_{(u,v)} \| \boldsymbol{p} - \boldsymbol{S}(\boldsymbol{w},u,v) \| \tag{3.4}$$

由最优性条件，公式(3.4)的最优解可通过求解如下方程组获得

$$\left.\begin{aligned} \frac{\boldsymbol{p} - \boldsymbol{S}(\boldsymbol{w},u,v)}{\| \boldsymbol{p} - \boldsymbol{S}(\boldsymbol{w},u,v) \|} \cdot \boldsymbol{S}_u(\boldsymbol{w},u,v) = 0 \\ \frac{\boldsymbol{p} - \boldsymbol{S}(\boldsymbol{w},u,v)}{\| \boldsymbol{p} - \boldsymbol{S}(\boldsymbol{w},u,v) \|} \cdot \boldsymbol{S}_v(\boldsymbol{w},u,v) = 0 \end{aligned}\right\} \tag{3.5}$$

命题 3.1 若 $d_{\boldsymbol{p},\boldsymbol{S}(\boldsymbol{w})}$ 是有定义的，则 $d_{\boldsymbol{p},\boldsymbol{S}(\boldsymbol{w})}$ 的一阶微分增量为[6]

$$\Delta d_{\boldsymbol{p},\boldsymbol{S}(\boldsymbol{w})} \approx \sum_{i=1}^{6(l+1)} \left[\boldsymbol{S}_{w_i}(\boldsymbol{w},a,t) \cdot \frac{\boldsymbol{S}(\boldsymbol{w},a,t) - \boldsymbol{p}}{\| \boldsymbol{S}(\boldsymbol{w},a,t) - \boldsymbol{p} \|} \right] \Delta w_i \tag{3.6}$$

证明：当 $\boldsymbol{w}$ 变为 $\boldsymbol{w} + \Delta \boldsymbol{w}$ 时，足点 $\boldsymbol{q}$ 的曲纹坐标由 (u,v) 变为 $(u + \Delta u, v + \Delta v)$，因此有

$$\begin{aligned} \Delta d_{\boldsymbol{p},\boldsymbol{S}(\boldsymbol{w})} \approx & - \left[\boldsymbol{S}_u(\boldsymbol{w},a,t) \cdot \frac{\boldsymbol{S}(\boldsymbol{w},a,t) - \boldsymbol{p}}{\| \boldsymbol{S}(\boldsymbol{w},a,t) - \boldsymbol{p} \|} \right] \Delta u \\ & - \left[\boldsymbol{S}_v(\boldsymbol{w},a,t) \cdot \frac{\boldsymbol{S}(\boldsymbol{w},a,t) - \boldsymbol{p}}{\| \boldsymbol{S}(\boldsymbol{w},a,t) - \boldsymbol{p} \|} \right] \Delta v \\ & - \sum_{i=1}^{m} \left[\boldsymbol{S}_{w_i}(\boldsymbol{w},a,t) \cdot \frac{\boldsymbol{S}(\boldsymbol{w},a,t) - \boldsymbol{p}}{\| \boldsymbol{S}(\boldsymbol{w},a,t) - \boldsymbol{p} \|} \right] \Delta w_i \end{aligned}$$

将式(3.5)代入上式得最终结果。命题得证。

命题 3.1 中点-曲面距离关于直纹面形状控制参数的一阶梯度表达式定量刻画了直纹面微小调整对近似误差的影响。序列线性规划(Sequential Linear Programming，SLP)算法是求解约束最优化问题时常用的一种方法，其基本思路是在当前解处将目标函数和约束函数进行泰勒展开，保留其线性项，然后求解近似的线性规划问题得到新的解，如此反复迭代直至算法收敛。在点-曲面距离函数导数解析表达的基础上，可应用序列线性规划方法求解 P_1 问题，算法步骤如下：

直纹面近似优化问题可以归结为直纹面向设计曲面 $\boldsymbol{S}$ 离散化后得到的数据点云 $\{\boldsymbol{p}_i \in \mathbf{R}^3, 1 \leqslant i \leqslant n\}$ 的最佳一致逼近问题，即如下最优化问题：

$$P_1 \quad \min_{\boldsymbol{w} \in \mathbf{R}^{6(l+1)}} \max_{1 \leqslant i \leqslant n} \| d_{\boldsymbol{p}_i, \boldsymbol{S}_{\text{ruled}}(\boldsymbol{w})} \|$$

引入松弛变量 ξ，上述不可微无约束优化问题转化为如下可微约束优化问题：

$$P_2 \quad \begin{aligned} & \min_{(\boldsymbol{w},\xi) \in \mathbf{R}^{6(l+1)+1}} \xi \\ & s.t. \quad -\xi \leqslant d_{\boldsymbol{p}_i, \boldsymbol{S}_{\text{ruled}}(\boldsymbol{w})} \leqslant \xi, \quad i = 1,2,\cdots,n \end{aligned}$$

优化问题 P_2 可以用序列线性规划方法求解。设 $(\boldsymbol{w}^k, \xi^k)$ 为当前解，其附近的可行解记为 $(\boldsymbol{w}^k + \Delta \boldsymbol{w}, \xi^k + \Delta \xi)$。由命题 3.1 得到线性化的约束函数

$$\begin{cases} d_{\boldsymbol{p}_i, \boldsymbol{S}_{\text{ruled}}(\boldsymbol{w})} - \left[\boldsymbol{S}_{w_1} \cdot \dfrac{\boldsymbol{S}-\boldsymbol{p}}{\|\boldsymbol{S}-\boldsymbol{p}\|}, \cdots, \boldsymbol{S}_{w_m} \cdot \dfrac{\boldsymbol{S}-\boldsymbol{p}}{\|\boldsymbol{S}-\boldsymbol{p}\|}\right]\Delta \boldsymbol{w} \leqslant \xi^k + \Delta\xi \\ d_{\boldsymbol{p}_i, \boldsymbol{S}_{\text{ruled}}(\boldsymbol{w})} - \left[\boldsymbol{S}_{w_1} \cdot \dfrac{\boldsymbol{S}-\boldsymbol{p}}{\|\boldsymbol{S}-\boldsymbol{p}\|}, \cdots, \boldsymbol{S}_{w_m} \cdot \dfrac{\boldsymbol{S}-\boldsymbol{p}}{\|\boldsymbol{S}-\boldsymbol{p}\|}\right]\Delta \boldsymbol{w} \geqslant -\xi^k - \Delta\xi \end{cases}, \quad i = 1,2,\cdots,n$$

其中，$m = 6(l+1)$。线性化的目标函数等价于 $\Delta\xi$，由此得到相应的线性规划问题：

$$\min_{(\boldsymbol{w},\xi) \in \mathbf{R}^{6(l+1)+1}} \Delta\xi$$

$$\mathrm{P}_3 \quad s.t. \begin{cases} d_{\boldsymbol{p}_i, \boldsymbol{S}_{\text{ruled}}(\boldsymbol{w})} - \left[\boldsymbol{S}_{w_1} \cdot \dfrac{\boldsymbol{S}-\boldsymbol{p}}{\|\boldsymbol{S}-\boldsymbol{p}\|}, \cdots, \boldsymbol{S}_{w_m} \cdot \dfrac{\boldsymbol{S}-\boldsymbol{p}}{\|\boldsymbol{S}-\boldsymbol{p}\|}\right]\Delta \boldsymbol{w} \leqslant \xi^k + \Delta\xi \\ d_{\boldsymbol{p}_i, \boldsymbol{S}_{\text{ruled}}(\boldsymbol{w})} - \left[\boldsymbol{S}_{w_1} \cdot \dfrac{\boldsymbol{S}-\boldsymbol{p}}{\|\boldsymbol{S}-\boldsymbol{p}\|}, \cdots, \boldsymbol{S}_{w_m} \cdot \dfrac{\boldsymbol{S}-\boldsymbol{p}}{\|\boldsymbol{S}-\boldsymbol{p}\|}\right]\Delta \boldsymbol{w} \geqslant -\xi^k - \Delta\xi \end{cases}, \quad i = 1,2,\cdots,n$$

直纹面近似复杂曲面整体优化算法如下所示：

算法 3.1：直纹面整体优化算法

输入：

Sur Design；　　// 设计曲面

ε　　// 算法终止

输出：

　　$\boldsymbol{w}^*$；　　// 优化后的直纹面控制点

　　MaxGeometricError；　　// 最大近似误差

步骤：

$\boldsymbol{w}^0$ = Initial(Sur Design)；　　// 生成初始直纹面

$k = 0$；

FOR　$i = 1:m$　　// 设计曲面参数 u 方向离散点个数

　　For $j = 1:n$　　// 设计曲面参数 v 方向离散点个数

　　　　$d_{\boldsymbol{p},\boldsymbol{S}_{\text{ruled}}(\boldsymbol{w}^0)}$ = Distance($\boldsymbol{w}^0$)；　　// 点到直纹面距离

　　　　$\xi^0 = \max\limits_{1\leqslant i\leqslant n} |d_{\boldsymbol{p},\boldsymbol{S}_{\text{ruled}}(\boldsymbol{w}^0)}|$；

　　End For

End FOR

While($|1-\xi^k/\xi^{k+1}| > \varepsilon$)　　// 算法精度

　　　$\Delta\boldsymbol{w}$ = LP(P3)；　　// 求解线性规划

　　　$\boldsymbol{w}^{k+1} = \boldsymbol{w}^k + \Delta\boldsymbol{w}$；

　　　FOR　$i = 1:m$

　　　　　For $j = 1:n$

　　　　　　　$d_{\boldsymbol{p},\boldsymbol{S}_{\text{ruled}}(\boldsymbol{w})}$ = Distance($\boldsymbol{w}^{k+1}$)；　　// 更新点到直纹面距离

　　　　　　　$\xi^{k+1} = \max\limits_{1\leqslant i\leqslant n} | d_{\boldsymbol{p},\boldsymbol{S}_{\text{ruled}}(\boldsymbol{w}^{k+1})}$；

　　　　　　　End For

　　　　　　End FOR

　　　　　　$k = k + 1$；

End

Return $\boldsymbol{w}^* = \boldsymbol{w}^{k+1}$；

Return MaxGeometricError $= \max\limits_{1\leqslant i\leqslant n} |d_{\boldsymbol{p},\boldsymbol{S}_{\text{ruled}}(\boldsymbol{w}^{k+1})}|$；

3.1.3 航空结构件的直纹化

航空结构件中存在大量的碎面、断面等，如图 3.8 所示。在数控编程中如果为这些细碎曲面逐一编程，将会降低加工效率，这些不规则曲面也往往造成刀轴方向变化剧烈、零件加工时机床跨象限等问题。本节提出细碎曲面、复杂曲面等内外缘曲面的直纹化拟合方法，将五轴加工的约束纳入拟合过程，可获得满足误差约束、直纹方向、光顺性、多组曲面等要求的直纹面。

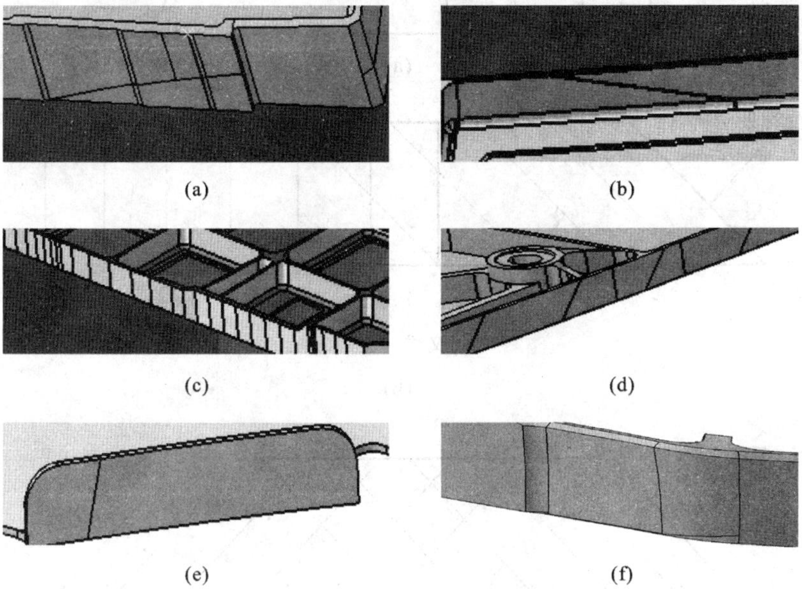

图 3.8 航空结构件常见的曲面问题

(a) 碎面；(b) 断面；(c) 长碎面；(d) 不规则长碎面；(e) 非规则边界断面；(f) 非规则边界多断面

在飞机结构件加工中，通常需要对直纹线方向和直纹面两端的边界进行约束，分为以下三类(图 3.9)：

① 两端边界无约束时，要求生成的直纹面的直纹方向与参考直纹方向的夹角尽可能小。

② 一端边界自由、一端边界约束时，拟合输出两个直纹面，其中受限制一端的直纹面的直纹线方向与边界直纹线方向一致，不受限制一端的直纹面直纹线方向与参考直纹方向一致，这两个直纹面都可以用 3＋2 轴加工，提高加工效率。

③ 两端边界约束时，当两端直纹线处于不同象限时拟合输出两个直纹面，保证每个直纹面的直纹线方向与边界直纹线方向一致。当两端直纹线处于同一象限时拟合输出一个直纹面，直纹线方向与边界直纹线方向一致，这两个直纹面也都可以用 3＋2 轴加工。

直纹化算法的具体实现过程可分为 5 个步骤，如图 3.10 所示。根据输入数据对曲面分组，然后确定直纹搜索路径。在直纹搜索过程中，构造平面与曲面相交，得到交线并离散成点集，拟合出直线，满足拟合误差要求的直线作为可行直纹线；利用动态规划算法得到满足光顺要求的直纹线，最后插值这些直纹线得到直纹面。

3.1.3.1 数据输入

数据输入包括：细碎曲面列表，拟合精度以及参考直纹方向(图 3.11)，曲面两端边界约束情况。拟合精度默认为 0.2mm,用户可根据实际零件的要求进行设置。

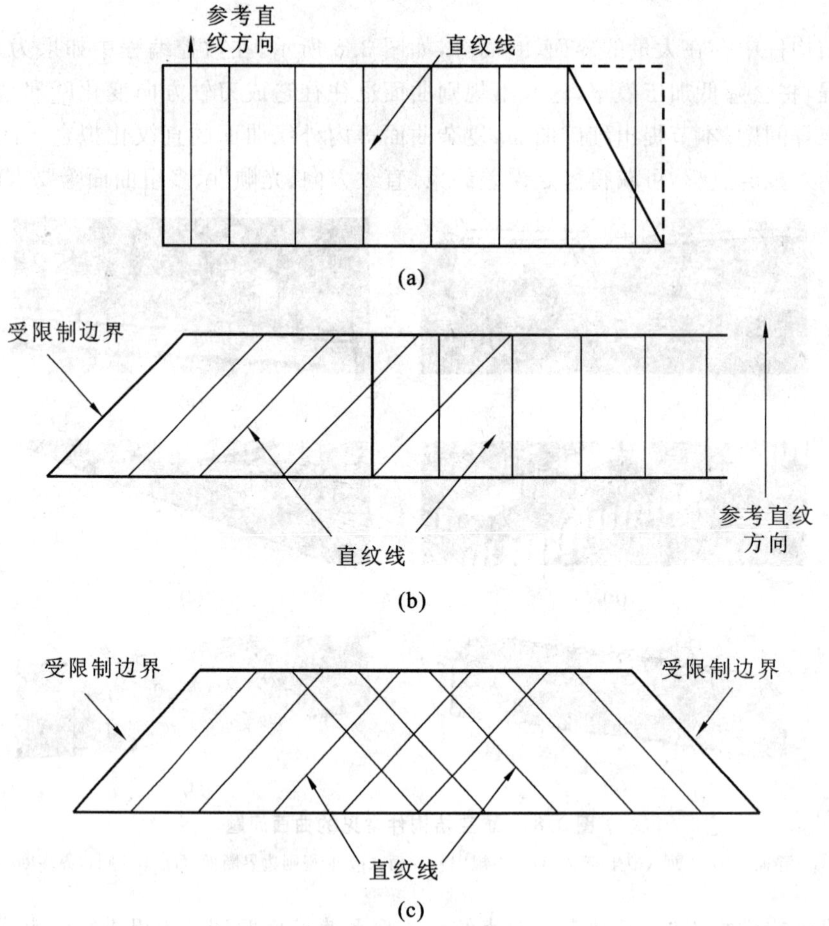

图 3.9 曲面边界约束

(a) 两端边界无约束;(b) 一端边界自由、一端边界约束;(c) 两端边界约束

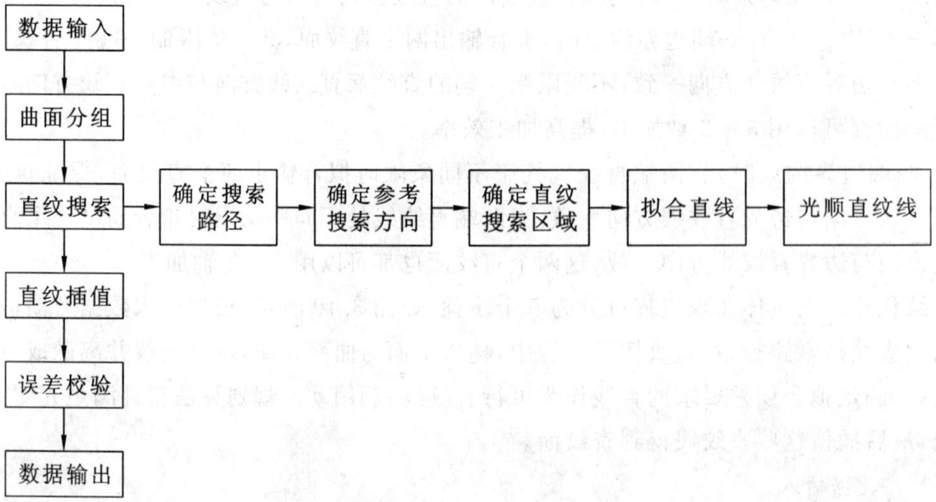

图 3.10 直纹化算法流程

图 3.11 直纹化的参考方向

3.1.3.2 直纹搜索

直纹搜索包含 5 个步骤，分别是：确定搜索路径，确定参考搜索方向，确定直纹搜索区域，拟合直线，光顺直纹线。

1）确定搜索路径

这一步的目的是确定直纹线搜索过程所沿路径。首先，根据曲面点的平均法矢量确定投影平面，将曲面的边界投影到该平面上。然后确定搜索区域，接着根据光顺原则确定搜索路径。

（1）曲面两端边界无约束

搜索区域是包含曲面边界投影且平行于坐标轴的矩形区域，如图 3.12(a) 所示。

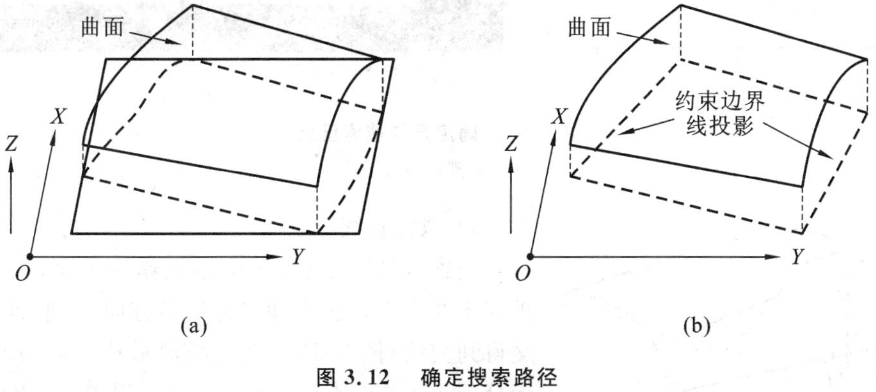

图 3.12 确定搜索路径

(a) 曲面两端边界无约束；(b) 曲面两端有边界约束

（2）曲面两端边界约束

把曲面两端受约束的边界曲线拟合成直线，然后投影到平面 XY 上，作为搜索区域的起始和终止直线段，如图 3.12(b) 所示。

(3) 曲面一端边界约束、一端边界自由

此情况下需要输出两个曲面，搜索区域可以分别根据(1)、(2) 得到。

2) 确定参考搜索方向

得到搜索区域和搜索路径后，确定参考搜索方向。如果是两端边界无约束的情况，参考搜索方向是用户输入的参考直纹方向，如图 3.13(a) 所示；如果是两端边界约束的情况，根据光顺原则确定参考搜索方向，如图 3.13(b) 所示。

3) 确定直纹搜索区域

这一步骤确定了各搜索节点上无相交区域。如图 3.14 所示，以初始搜索路径为中心，自动寻找搜索区域，相邻搜索区域不能相交，图 3.14(b) 中的白线为示例运算中的各节点搜索区域。

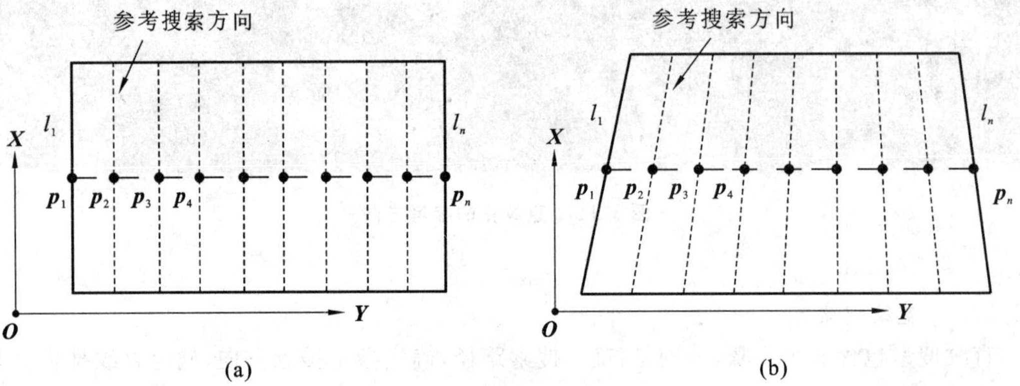

图 3.13　确定参考直纹搜索方向

(a) 两端边界无约束；(b) 两端边界约束

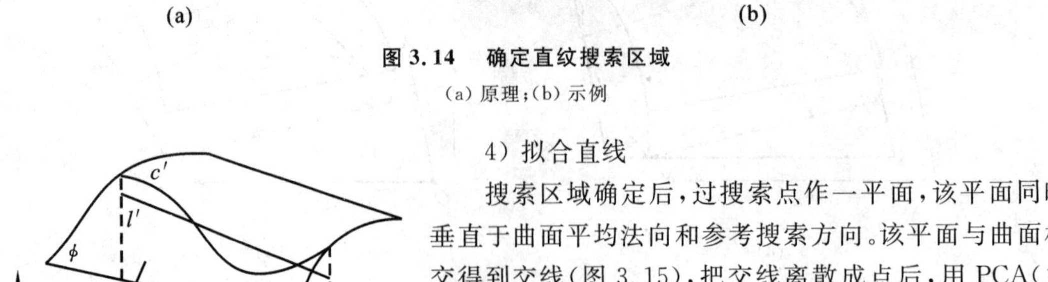

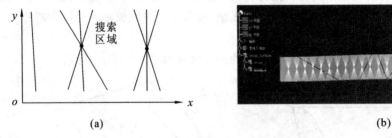

图 3.14　确定直纹搜索区域

(a) 原理；(b) 示例

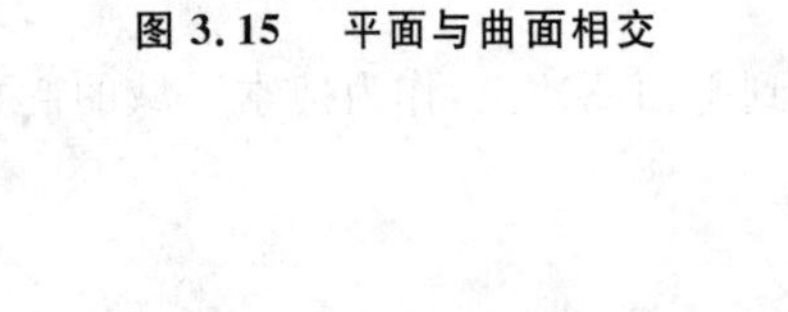

图 3.15　平面与曲面相交

4) 拟合直线

搜索区域确定后，过搜索点作一平面，该平面同时垂直于曲面平均法向和参考搜索方向。该平面与曲面相交得到交线(图 3.15)，把交线离散成点后，用 PCA(主元分析法) 进行直线拟合。并判断误差，以得到各节点上可行的直纹线族。

5) 光顺直纹线

最后，利用动态规划中的最短路径算法从搜索区域中符合误差约束的直线段中获得光顺的离散直纹线段，如图 3.16 所示。

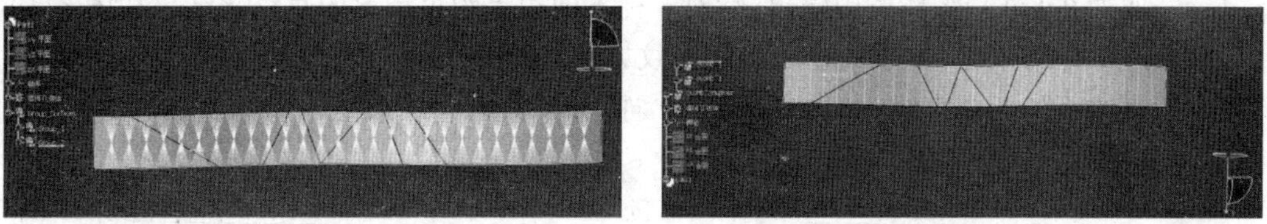

(a) (b)

图 3.16 光顺性计算示例

(a) 可行直纹线；(b) 最终光顺直纹线

3.1.3.3 直纹插值

获得可行的直纹线之后，需要将光顺的直线插值为直纹面，如图 3.17 所示。

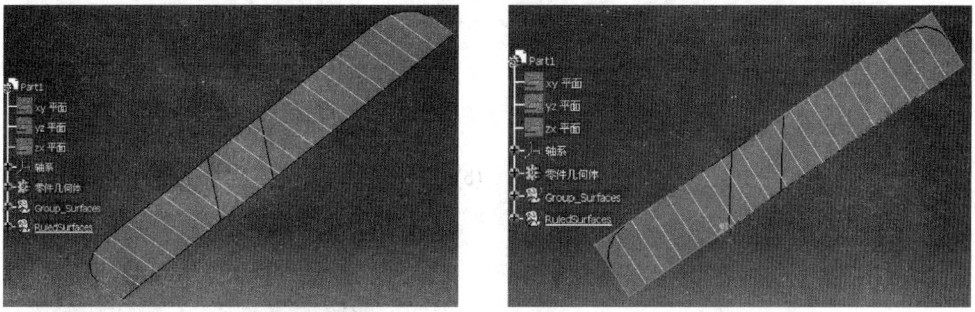

(a) (b)

图 3.17 直纹插值

(a) 直纹线；(b) 一致化后的拟合直纹面

3.1.3.4 误差校验

检查最终的拟合误差，如果超差，加密一次搜索路径上的点，仍不能满足误差要求就退出。在信息框中会给出误差信息，如图 3.18 所示。

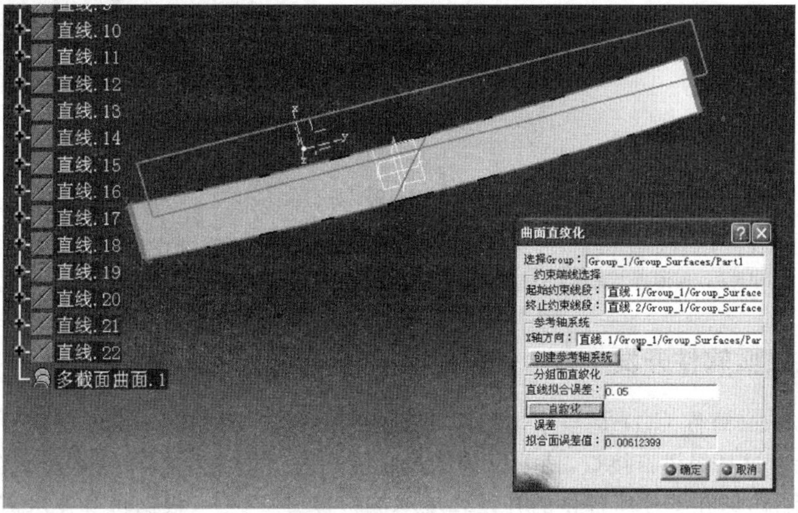

图 3.18 误差校验

3.1.3.5 数据输出

最终，曲面在CATIA环境中输出，针对3种不同边界约束情况的直纹化结果如图3.19所示。当两端边界无约束时，生成的直纹面的直纹方向与指定的直纹方向接近；当两端边界约束时，生成的直纹面的两端直线方向与指定的方向一样；当边界约束是一端边界约束、一端边界自由时，生成两张直纹面，满足要求。

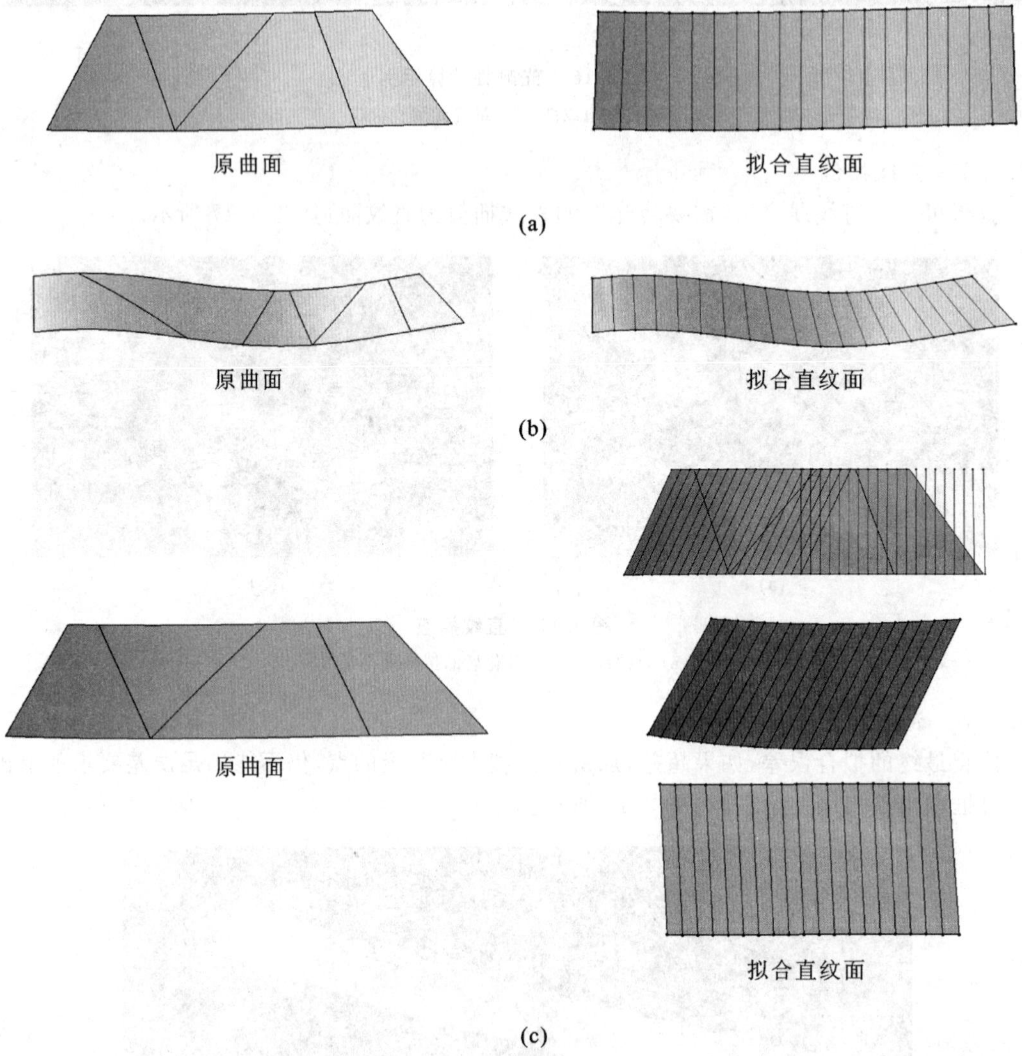

图3.19 数据输出

(a) 两端边界无约束；(b) 两端边界约束；(c) 一端边界约束、一端边界自由

3.1.4 直纹面软件开发

Unigraphics(简称UG)是当今工程应用中使用最普遍的软件之一。它提供了良好的应用开发工具，能通过高级语言接口，使UG的图形功能与高级语言计算功能紧密结合，以此开发专用CAM系统，即在UG所提供的开发环境与编程接口基础上，根据自身技术需要开发集成化软件。

(1) 叶片曲面直纹化

图 3.20 显示了直纹化软件的主界面。直纹化软件中生成初始直纹面的操作步骤主要包括以下内容：

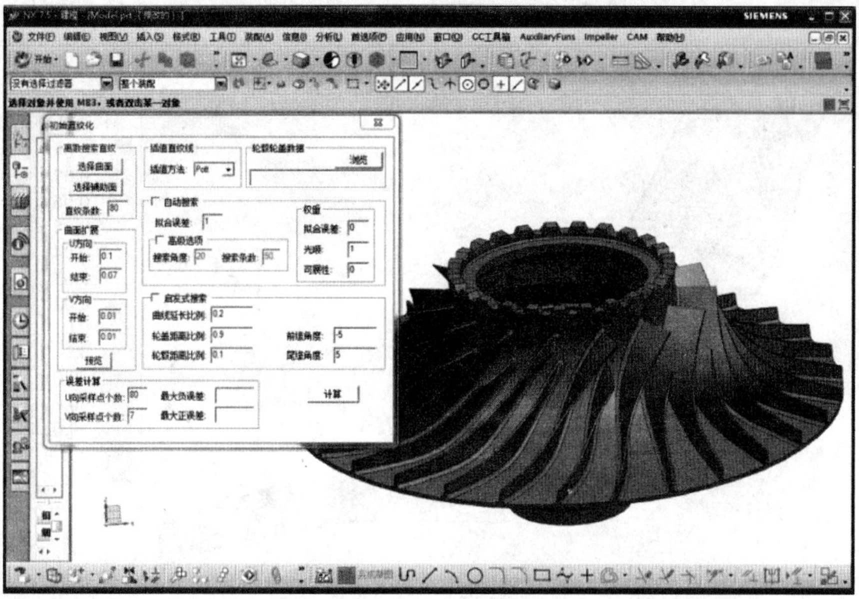

图 3.20　曲面直纹化模块

① 点击“选择曲面”选择要直纹化的叶片曲面，点击“选择辅助面”选择叶片的另一曲面(选择辅助面是为了计算拟合直纹面的正负误差，正误差代表变厚，负误差代表变薄)；输入直纹条数；为了使生成的拟合直纹面能完全覆盖原来的叶片曲面，需要扩展叶片曲面，输入“曲面扩展参数”(曲面按照比例扩展)，可以点击“预览”观看扩展的曲面；

② 点击“浏览”按钮，选择轮毂轮盖数据文件；

③ 输入直线搜索过程中允许的几何偏差；

④ 点击“计算”按钮，开始计算初始直纹面。

计算完成后，生成的结果如图 3.21 所示。

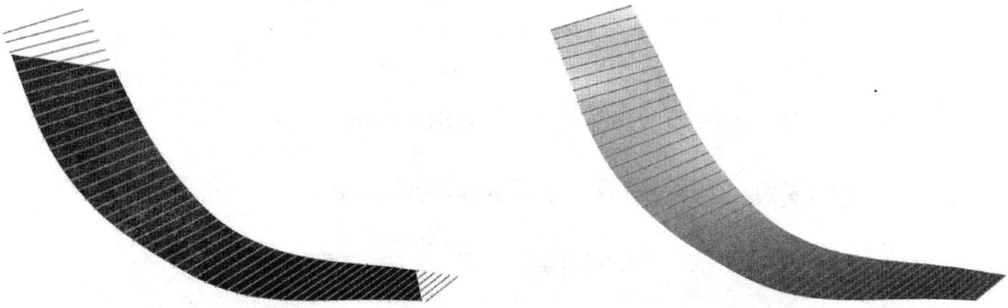

(a)　　　　(b)

图 3.21　叶片曲面直纹化

(a) 原叶片曲面与直纹线；(b) 近似直纹面

初始直纹面的几何偏差分别为－0.057mm和0.096mm。经过优化算法后，直纹面的几何偏差变为－0.061mm和0.087mm。优化后的直纹面的几何偏差分布如图3.22所示。

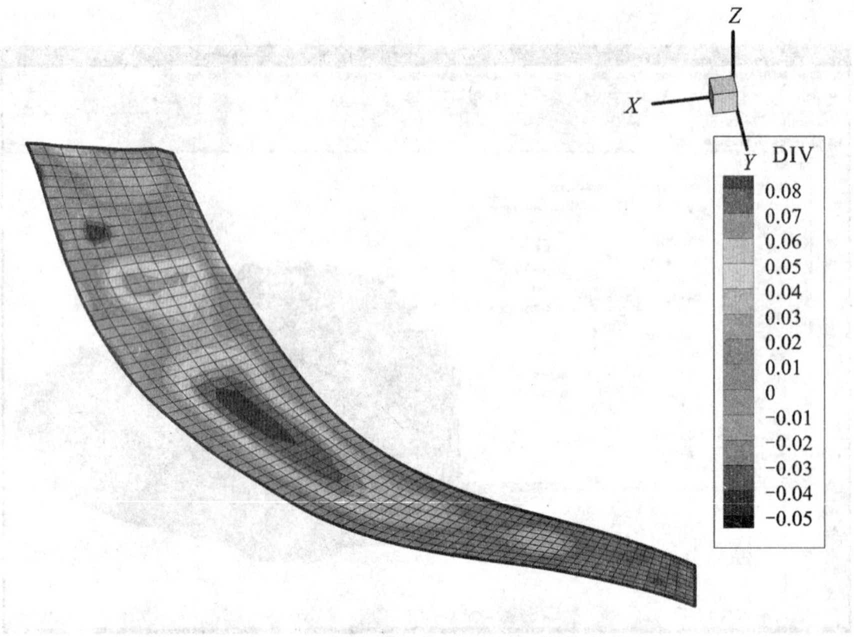

图3.22 直纹面优化后的几何偏差分布

(2) 叶轮模型重构

对叶轮叶片曲面直纹化后，根据输入的叶缘椭圆长短轴比例，计算出叶片叶缘模型，最终得到直纹化后的叶轮模型。图3.23所示是叶轮模型重构界面，图3.24是重构后的叶轮模型，图3.25显示了重构后的叶缘形状和叶片模型。

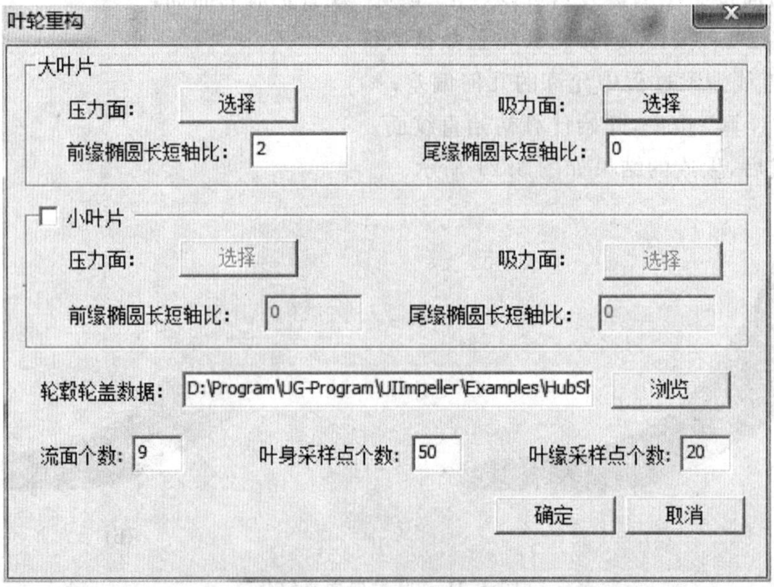

图3.23 叶轮模型重构界面

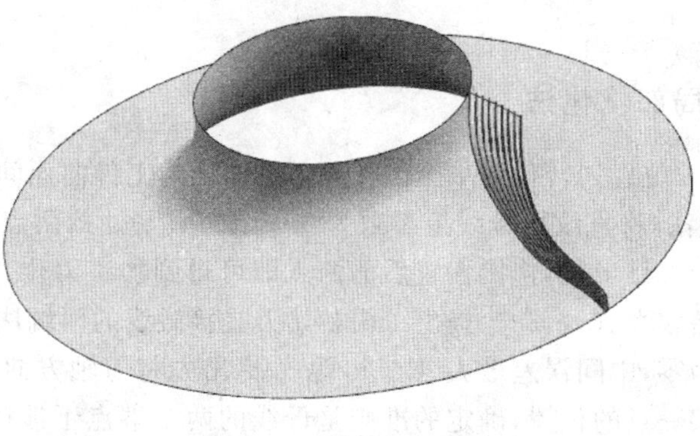

图 3.24　叶轮重构模型

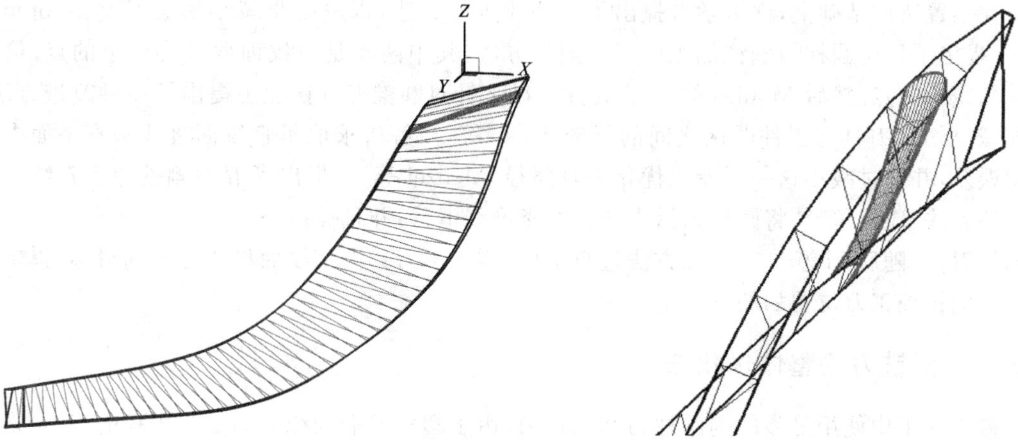

图 3.25　重构后的叶缘形状和叶片模型

3.2　复杂曲面五轴侧铣加工路径规划

五轴数控加工刀路规划中存在的误差为刀具包络曲面相对于工件曲面的法向几何误差，因此其刀具路径优化的基本原理可以归结为刀具空间运动形成的包络曲面向工件曲面的优化逼近问题。五轴侧铣加工具有材料去除率高，零件表面一次成形的优点，已广泛应用于航空航天整体结构件、压气机整体叶轮等零件的加工。当前使用最为广泛的侧铣刀具为圆柱刀和圆锥刀。圆柱刀沿刀具轴线方向的半径相同，其刀具包络曲面可以看作刀轴轨迹面的等距面，并且刀具沿轴线的滑移对加工误差没有影响，这些特性使圆柱刀侧铣刀位规划相对简单，但也使其很难推广到其他类型的刀具。圆锥刀由于沿轴线方向半径是变化的，因而其侧铣刀位规划相对比较复杂。从几何学的角度而言，侧铣加工的刀具扫掠面通常难以精确贴合设计曲面，因此侧铣加工的路径规划重要的一点是调整刀具位置和姿态以减少刀具包络面与设计曲面的距离，同时需要考虑刀具路径的光顺性。不管是针对圆柱刀、圆锥刀，还是其他类型的回转刀具，从优化原理和效果来看，现有的侧铣加工刀位规划方法总体上可以分为两大类：局部优化法和整体优化法。局部优化法计算效率高，适用范围广，但由于采用了近似的简化处理，给出的各种刀位优化模型并不能真实地反映实际侧铣加工过程，因此影响了加工精度的提高。整体优化法不拘泥于局部误差的大小，而是着眼于控制刀具面族包络在整体上向设计曲面逼近，因而得到的刀路几何偏差较小，被广泛采用[6]。

3.2.1 侧铣刀路局部优化法

局部优化法是将刀位规划转化为单个刀位下刀具曲面与工件曲面间的优化逼近问题。Liu等[7]提出了两点偏置法，将直纹面母线上参数为 0.25 和 0.75 处的两点分别沿曲面法向方向偏置，偏置的距离等于刀具半径，连接偏置后的两点即可得到加工刀位，该方法对于圆柱刀和圆锥刀都适用，但误差较大。Lee 等[8]提出了沿初始刀具接触线的两端法向做偏置获得刀位的方法，在两端的误差为零，中间误差最大。Rubio 等[9]提出先将刀轴方向调整为与直纹面母线平行，再确定刀轴上某一点的位置，确定的准则是母线的两个端点干涉误差相等。上述几种方法尽管方法略有不同，但都是基于曲面的直接偏置来求取刀位，因此误差较大。

在偏置法的基础上，许多学者提出了一些改进的方法，以进一步减小加工误差。Redonnet 等[10]提出了用于圆柱刀侧铣加工的三点规划方法，其中两点是直纹面两条准线上的点。第三点是母线上的点。然后 Monies 等[11-13]在此基础上针对圆锥刀侧铣加工提出了一种改进方法，能够减小切削刀具与工件曲面之间的干涉。Tasy 等[14]解析求取了直纹面母线垂直平面内的过切误差，并通过减小这一误差来优化刀具路径。Menzel 等[15]提出了五轴侧铣加工直纹面的三点切触法。Bedi 等[16]将圆柱刀沿直纹面两条准线滑移，并且保持与准线相切，由此得到一系列离散刀位。随后 Li 等[17-18]将此方法进行推广，增加了刀具沿直纹面母线方向的滑移，提出了圆锥刀侧铣加工刀位规划的三步法。

3.2.2 侧铣刀路整体优化法

侧铣加工中使用最多的为圆柱刀和圆锥刀，由于圆柱刀沿轴线方向是等半径的，其包络曲面为刀轴面的等距面，在此不做讨论。而圆锥刀沿其轴线方向是变半径的，具有一般性，下面以圆锥刀为例给出回转刀具扫掠体包络面的双参数球族表示[19]（图 3.26）。

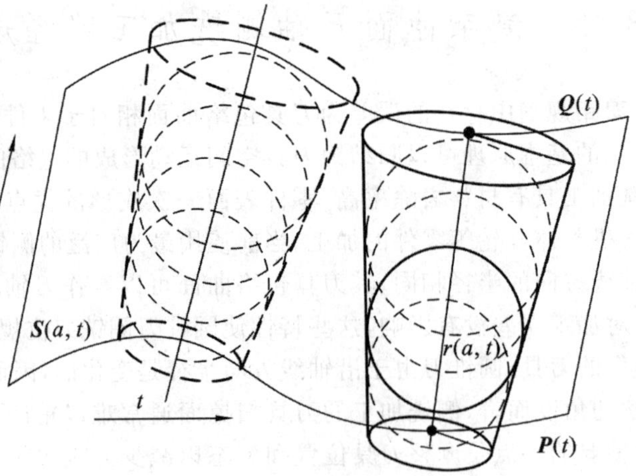

图 3.26 圆锥刀面族包络的双参数球族表示

如图 3.26 所示，圆锥刀的切削刃回转面可以视为沿其轴线分布的单参数变半径球族的包络，因此圆锥刀在单参数运动下的包络面可以表示为光滑双参数变半径球族的包络，刀轴轨迹面即为该双参数球族的球心面。轴迹面是刀具轴线空间运动的轨迹，为一张直纹面，可以用两

条B样条曲线 $\boldsymbol{P}(t)$ 和 $\boldsymbol{Q}(t)$ 表示为

$$\boldsymbol{P}(t)=\sum_{i=0}^{l}N_{i,k}(t)\,\boldsymbol{b}_i,\quad \boldsymbol{Q}(t)=\sum_{i=0}^{l}N_{i,k}(t)\,\boldsymbol{d}_i \tag{3.7}$$

$$\boldsymbol{S}(\boldsymbol{w};a,t)=(1-a)\boldsymbol{P}(t)+a\boldsymbol{Q}(t)=\sum_{i=0}^{l}[(1-a)N_{i,k}(t)\,\boldsymbol{b}_i+aN_{i,k}(t)\,\boldsymbol{d}_i] \tag{3.8}$$

其中，直纹面 $\boldsymbol{S}(\boldsymbol{w};a,t)$ 表示刀轴轨迹面；$N_{i,k}(t)$ 为B样条曲线的基函数；$\boldsymbol{w}^{\mathrm{T}}=[\boldsymbol{b}_0^{\mathrm{T}},\cdots,\boldsymbol{b}_l^{\mathrm{T}},\boldsymbol{d}_0^{\mathrm{T}},\cdots,\boldsymbol{d}_l^{\mathrm{T}}]\in\mathbf{R}^{6(l+1)}$，$\boldsymbol{b}_0,\cdots,\boldsymbol{b}_l$ 和 $\boldsymbol{d}_0,\cdots,\boldsymbol{d}_l$ 分别为两条B样条曲线的控制点，可以视为轴迹面的形状控制参数；$(a,t)\in[0,1]\times[t_0,t_1]$。对于半圆锥角为 φ，圆锥底面半径为 R_0 的锥形铣刀，双参数球族中任意一个球的半径可以表示为参数 a 和 t 的光滑函数：

$$r(\boldsymbol{w};a,t)=\frac{R_0}{\cos\varphi}+\left\|\sum_{i=0}^{l}N_{i,k}(t)(\boldsymbol{b}_i-\boldsymbol{d}_i)\right\|\cdot a\cdot\sin\varphi \tag{3.9}$$

其中，$\|\cdot\|$ 表示 $\mathbf{R}^3$ 中的欧氏距离。

下面给出点-刀具包络面有向距离的定义，详细描述请参考文献[20-21]。

定义3.2　点-刀具包络面有向距离：若包络面 $\boldsymbol{X}(\boldsymbol{w})$ 上存在点 $\boldsymbol{p}$ 的足点 $\boldsymbol{q}$，则点 $\boldsymbol{p}$ 到包络面 $\boldsymbol{X}(\boldsymbol{w})$ 的距离定义为

$$d_{\boldsymbol{p},\boldsymbol{X}(\boldsymbol{w})}=\|\boldsymbol{p}-\boldsymbol{q}\|=\min_{x\in\boldsymbol{X}(\boldsymbol{w})}\|\boldsymbol{p}-\boldsymbol{x}\| \tag{3.10}$$

有向距离定义为

$$d^{\mathrm{S}}_{\boldsymbol{p},\boldsymbol{X}(\boldsymbol{w})}=(\boldsymbol{p}-\boldsymbol{q})\cdot\boldsymbol{n}^{q}$$

显然

$$d_{\boldsymbol{p},\boldsymbol{X}(\boldsymbol{w})}=\left|d^{\mathrm{S}}_{\boldsymbol{p},\boldsymbol{X}(\boldsymbol{w})}\right| \tag{3.11}$$

包络面 $\boldsymbol{X}(\boldsymbol{w})$ 上可能有多个足点，此时点-曲面有向距离函数无定义。在下文讨论中，点 $\boldsymbol{p}$ 取自设计曲面，由于实际加工中误差很小，点 $\boldsymbol{p}$ 几乎位于包络面 $\boldsymbol{X}(\boldsymbol{w})$ 上，所以多足点情况很少出现。即使出现，任选其中一点作为足点，对后续的刀位优化算法也没有本质影响。

如图3.27所示，曲面 $\boldsymbol{X}(\boldsymbol{w};a,t)$ 作为双参数球族的包络面为一张槽面，根据槽面的几何性质，$d^{\mathrm{S}}_{\boldsymbol{p},\boldsymbol{X}(\boldsymbol{w})}$ 可以直接根据式(3.12)计算而无须构造包络面[6]。

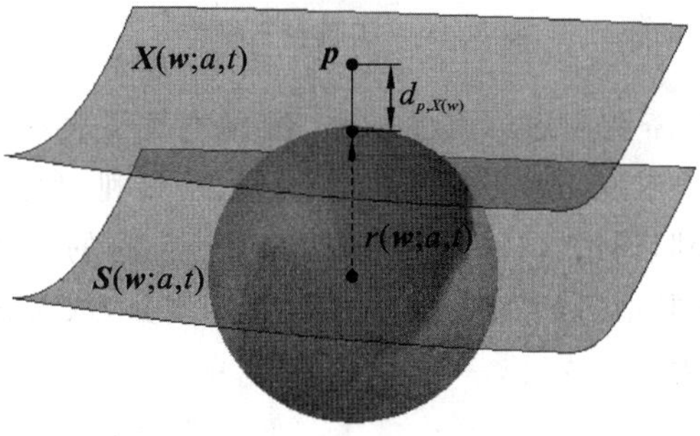

图3.27　点-刀具包络面法向误差

$$d^{\mathrm{S}}_{\boldsymbol{p},\boldsymbol{X}(\boldsymbol{w})}=\min_{(a,t)\in[0,1]\times[t_0,t_1]}(\|\boldsymbol{p}-\boldsymbol{S}(\boldsymbol{w};a,t)\|-r(\boldsymbol{w};a,t)) \tag{3.12}$$

其中：$\{S(\boldsymbol{w};a,t),r(\boldsymbol{w};a,t)>0\}$ 为给定光滑双参数球族。$d^{\mathrm{S}}_{\boldsymbol{p},\boldsymbol{X}(\boldsymbol{w})}$ 的正负具有明确的几何含义，如果 $d^{\mathrm{S}}_{\boldsymbol{p},\boldsymbol{X}(\boldsymbol{w})}>0$，则点 $\boldsymbol{p}$ 位于刀具扫掠体的外部；如果 $d^{\mathrm{S}}_{\boldsymbol{p},\boldsymbol{X}(\boldsymbol{w})}<0$，则点 $\boldsymbol{p}$ 位于刀具扫掠体的内部；如果 $d^{\mathrm{S}}_{\boldsymbol{p},\boldsymbol{X}(\boldsymbol{w})}=0$，则 $\boldsymbol{p}$ 位于刀具扫掠包络面上。由最优性条件，式(3.12)的最优解可通过求解如下方程组获得：

$$\left.\begin{aligned}\frac{\boldsymbol{S}_a(\boldsymbol{w};a,t)\cdot[\boldsymbol{p}-\boldsymbol{S}(\boldsymbol{w};a,t)]}{\|\boldsymbol{p}-\boldsymbol{S}(\boldsymbol{w};a,t)\|}+r_a(\boldsymbol{w};a,t)=0\\ \frac{\boldsymbol{S}_t(\boldsymbol{w};a,t)\cdot[\boldsymbol{p}-\boldsymbol{S}(\boldsymbol{w};a,t)]}{\|\boldsymbol{p}-\boldsymbol{S}(\boldsymbol{w};a,t)\|}+r_t(\boldsymbol{w};a,t)=0\end{aligned}\right\} \tag{3.13}$$

点-刀具包络面有向距离 $d^{\mathrm{S}}_{\boldsymbol{p},\boldsymbol{X}(\boldsymbol{w})}$ 的求解为一最优化问题，虽然无法求得其具体的解析表达式，却可以推导出它关于自变量 $\boldsymbol{w}$ 的函数。若 $d^{\mathrm{S}}_{\boldsymbol{p},\boldsymbol{X}(\boldsymbol{w})}$ 是有定义的，则 $d^{\mathrm{S}}_{\boldsymbol{p},\boldsymbol{X}(\boldsymbol{w})}$ 的一阶微分增量为

$$\Delta d^{\mathrm{S}}_{\boldsymbol{p},\boldsymbol{X}(\boldsymbol{w})}=\sum_{j=1}^{m}\left[\boldsymbol{S}_{w_j}(\boldsymbol{w};a,t)\cdot\frac{\boldsymbol{S}(\boldsymbol{w};a,t)-\boldsymbol{p}}{\|\boldsymbol{S}(\boldsymbol{w};a,t)-\boldsymbol{p}\|}-r_{w_j}(\boldsymbol{w};a,t)\right]\cdot\Delta w_j \tag{3.14}$$

3.2.3 面向侧铣加工的刀具形状优化方法

对于单张独立的曲面，其侧铣加工刀具路径规划仅需考虑刀具与加工曲面的局部干涉问题。但在加工具有狭窄通道的复杂工件时，如整体叶轮，由于结构空间的限制，刀具干涉可能不仅发生在加工表面上，而且还可能发生在其他非加工面上。在实际加工中，为了获得更高的刀具刚性，提高材料去除率，通常希望选择尺寸较大的刀具。因此在选择侧铣刀具时，除了加工精度之外，还必须要考虑刀具与相邻叶片以及流道的整体干涉问题，同时要提高刀具的刚性。本节内容的详细描述请参考文献[27]。

3.2.3.1 刀具变形曲线

刀具被简化为一端固定的悬臂梁，假设集中力 F 作用在刀具末端，因此刀具发生变形，且最大变形为 $\delta_{\max}$，如图 3.28 所示。采用类似弹簧刚度的定义方法，刀具的刚度定义为

$$K=\frac{F}{\delta_{\max}} \tag{3.15}$$

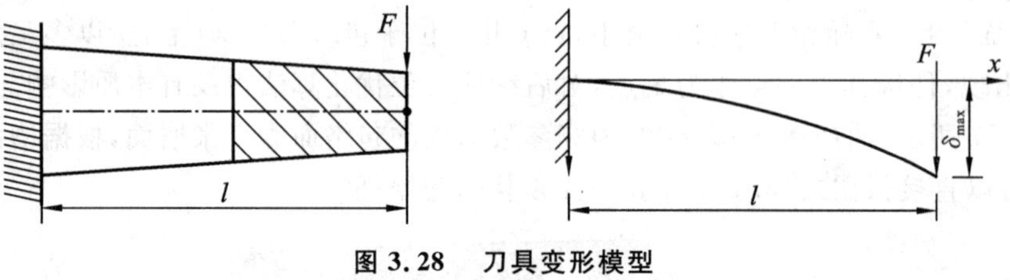

图 3.28 刀具变形模型

为了计算刀具的刚度，需要知道刀具变形量。准确地解析表示刀具的变形情况是很困难的，本节中采用瑞利-利兹法求取刀具的变形曲线表达式。瑞利-利兹法是直接变分法的一种，以最小势能原理为理论基础，通过选择一个试函数来逼近问题的精确解，将试函数代入某个问题的泛函中，然后对泛函求驻值，以确定试函数中的待定参数，从而获得问题的近似解。因此假设刀具的变形曲线表达式为

$$y(x)=\sum_{i=1}^{\infty}a_i\cdot\left[1-\cos\left(\frac{i\pi x}{2l}\right)\right] \tag{3.16}$$

其中，$a_i(i=1,\cdots,\infty)$ 是代求系数。为了简化计算，只取公式中的前两项，于是公式(3.16) 变为

$$y(x)=a_1\cdot\left[1-\cos\left(\frac{\pi x}{2l}\right)\right]+a_2\cdot\left[1-\cos\left(\frac{\pi x}{l}\right)\right] \tag{3.17}$$

由于刀具简化为梁，其总势能是外力功和其应变能之和，表示为

$$\Pi=\frac{1}{2}\int_0^l[E\cdot I_x\cdot(y'')^2]\mathrm{d}x-[F\cdot y(l)] \tag{3.18}$$

其中，E 表示弹性模量，I_x 是刀具的截面惯性矩，表达式为

$$I_x = \frac{\pi \cdot d_x^4}{64} = \frac{[z \cdot l - (z-1) \cdot x]^4}{z^4 \cdot l^4} I_a \tag{3.19}$$

其中，$z = \dfrac{d_a}{d_b} = \dfrac{r_0 + \tan(\varphi) \cdot l}{r_0}$，$I_a = \dfrac{\pi \cdot d_a^4}{64} = \dfrac{\pi \cdot [r_0 + \tan(\varphi) \cdot l]^4}{4}$，$r_0$ 是锥刀底端半径，φ 是刀具的半锥角。

由势能驻值原理可得方程组

$$\frac{\partial \Pi}{\partial a_1} = 0, \quad \frac{\partial \Pi}{\partial a_2} = 0$$

使用 Matlab 符号运算功能求解方程组，得到 a_1、a_2 的表达式。为了简化表达式，把 $\pi = 3.1415926$ 代入表达式，可得

$$y(x) = \frac{b_1}{b_3} \frac{F \cdot l^3}{E \cdot I_a} \left[1 - \cos\left(\frac{\pi x}{2l}\right)\right] + \frac{b_2}{b_3} \frac{F \cdot l^3}{E \cdot I_a} \left[1 - \cos\left(\frac{\pi x}{l}\right)\right]$$

其中

$$b_1 = 13.2244z^8 + 7.4005z^7 + 8.7407z^6 + 18.3706z^5 + 31.7707z^4$$

$$b_2 = -3.2882z^8 - 0.7607z^7 + 1.4635z^6 + 2.5171z^5 + 1.9755z^4$$

$$b_3 = (2.0453z^8 + 9.8264z^7 + 26.3044z^6 + 50.6994z^5 + 76.5398z^4 + 48.1355z^3 + 25.3753z^2 + 10.3635z + 2.5856)$$

于是刀具的刚度表达式为

$$K = \frac{b_3}{b_1 + 2b_2} \frac{E \cdot I_a}{l^3} \tag{3.20}$$

刀具刚度 K 关于刀具形状 r_0 和 φ 的一阶导数为

$$\Delta K = m \cdot \Delta r_0 + n \cdot \Delta \varphi \tag{3.21}$$

其中

$$m = \frac{\mathrm{d}k}{\mathrm{d}z} \frac{\mathrm{d}z}{\mathrm{d}r_0} + \frac{\mathrm{d}k}{\mathrm{d}I_a} \frac{\mathrm{d}I_a}{\mathrm{d}r_0}, \quad n = \frac{\mathrm{d}k}{\mathrm{d}z} \frac{\mathrm{d}z}{\mathrm{d}\varphi} + \frac{\mathrm{d}k}{\mathrm{d}I_a} \frac{\mathrm{d}I_a}{\mathrm{d}\varphi} \tag{3.22}$$

$$\frac{\mathrm{d}k}{\mathrm{d}z} = \left(\frac{c_1}{c_4} - \frac{c_2 c_3}{c_4{}^2}\right) \frac{EI_a}{l^3}, \quad \frac{\mathrm{d}k}{\mathrm{d}I_a} = \frac{c_3}{c_4} \frac{E}{l^3}$$

$$c_1 = 16.3624z^7 + 68.7847z^6 + 157.8264z^5 + 253.4970z^4 + 306.1592z^3 + 144.4065z^2 + 50.7506z + 10.3635$$

$$c_2 = 53.1845z^7 + 41.1535z^6 + 70.0056z^5 + 117.0237z^4 + 142.8866z^3$$

$$c_3 = 2.0453z^8 + 9.8264z^7 + 26.3044z^6 + 50.6994z^5 + 76.5398z^4 + 48.1355z^3 + 25.3753z^2 + 10.3635z + 2.5856$$

$$c_4 = 6.6481z^8 + 5.8791z^7 + 11.6676z^6 + 23.4047z^5 + 35.7216z^4$$

3.2.3.2 几何约束

本节采用球头锥形刀具进行侧铣加工，其几何形状参数如图 3.29 所示，其中 $\boldsymbol{c}$ 为刀位点。令 $\boldsymbol{v} = [v_1, \cdots, v_m] \in \mathbf{R}^m$ 表示刀具路径的形状控制参数，且 $\boldsymbol{w} = [w_1, w_2, \cdots, w_{m+2}] = [\boldsymbol{v}, r_{\text{ball}}, \varphi] \in \mathbf{R}^{m+2}$。

圆锥刀空间运动生成两张包络曲面，用于生成加工曲面的包络面称为有效包络曲面（$\boldsymbol{S}_{\text{EE}}$），另一张包络曲面称为辅助包络曲面（$\boldsymbol{S}_{\text{AE}}$）。在刀路规划过程中，需要考虑以下几何约束：

(1) 刀路几何精度约束

对于设计曲面上的离散点云 $\{\boldsymbol{p}_i \in \mathbf{R}^3, i = 1, \cdots, n_1\}$，其到刀具包络面 $\boldsymbol{S}_{\text{EE}}$ 的距离可以由公

式(3.23)计算。为满足几何精度要求,离散点到 S_{EE} 的距离应该小于 δ。如图 3.30 所示,刀路几何精度约束可以表示为

$$C_1 \quad |d_{p_i, s_{EE}(w)}| \leqslant \delta \quad i = 1, \cdots, n_1 \tag{3.23}$$

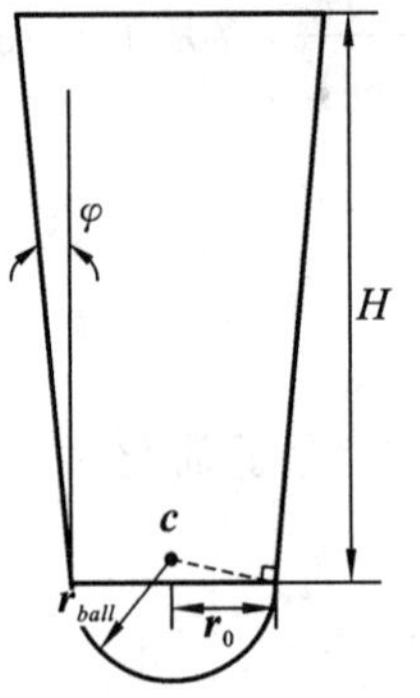

图 3.29 球头锥刀几何模型

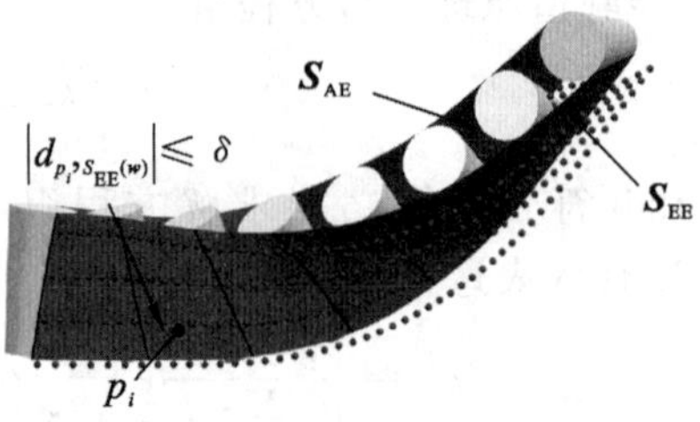

图 3.30 加工精度约束

(2) 刀具球头端与轮毂面相切约束

在侧铣加工中,为了避免刀具球头端部与轮毂面干涉,刀具球头端应该与轮毂面相切,如图 3.31 所示。对于刀位点 $\{c_i \in \mathbf{R}^3, i = 1, \cdots, n_2\}$,约束条件可以表示为

$$C_2 \quad |d_{c_i, s_0(w)} - r_{ball}| \leqslant \varepsilon \quad i = 1, \cdots, n_2 \tag{3.24}$$

其中,ε 表示允许几何偏差。

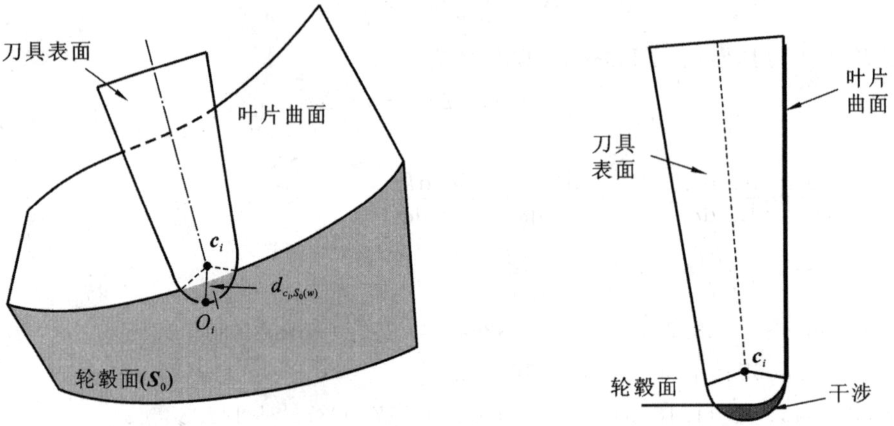

图 3.31 刀具球头端与轮毂面相切约束

(3) 刀具与相邻叶片无干涉约束

刀具与相邻叶片发生干涉通常是由刀具尺寸的不合理选择造成的。如图 3.32 所示,对于相邻叶片上的离散点云 $\{p_i \in \mathbf{R}^3, i = 1, \cdots, n_3\}$,与刀具不发生干涉的条件为点到包络面 S_{AE} 的距离大于或等于 0,可以表示为

$$C_3 \quad d_{p_i, s_{AE}(w)} \geqslant 0 \quad i = 1, \cdots, n_3 \tag{3.25}$$

3.2.3.3 面向侧铣加工的刀具形状优化模型与算法

在前文中分析了叶轮侧铣刀路规划中需要考虑的几何约束和对应的约束条件,这样就可以在同时考虑几何约束的情况下,优化刀具形状以提高刀具刚度。于是模型可以表示为

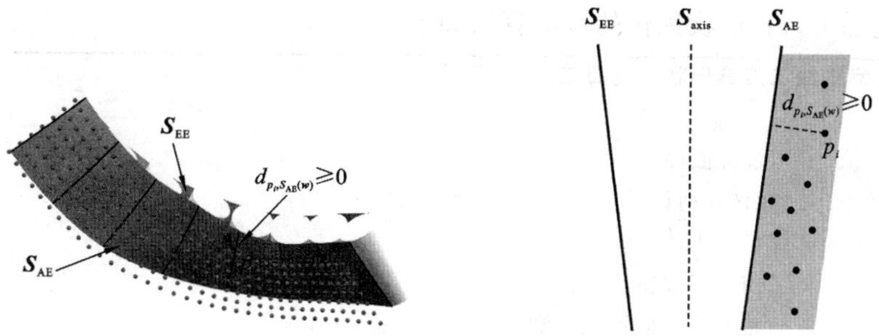

图 3.32 刀具与相邻叶片无干涉约束

$$\mathrm{P}_1 \qquad \max_{w\in\mathbf{R}^{m+2}} K \qquad s.t.\begin{cases} |d_{p_i,S_{\mathrm{EE}}(w)}|\leqslant\delta & i=1,\cdots,n_1 \quad (\mathrm{C}_1)\\ |d_{c_i,S_0(w)}-r_{\mathrm{ball}}|\leqslant\varepsilon & i=1,\cdots,n_2 \quad (\mathrm{C}_2)\\ d_{p_i,S_{\mathrm{AE}}(w)}\geqslant 0 & i=1,\cdots,n_3 \quad (\mathrm{C}_3)\end{cases}$$

P_1 可以等价表示为

$$\mathrm{P}_2 \qquad \max_{w\in\mathbf{R}^{m+2}} K \qquad s.t.\begin{cases} -\delta\leqslant d_{p_i,S_{\mathrm{EE}}(w)}\leqslant\delta & i=1,\cdots,n_1 \quad (\mathrm{C}_1)\\ -\varepsilon\leqslant d_{c_i,S_0(w)}-r_{ball}\leqslant\varepsilon & i=1,\cdots,n_2 \quad (\mathrm{C}_2)\\ d_{p_i,S_{\mathrm{AE}}(w)}\geqslant 0 & i=1,\cdots,n_3 \quad (\mathrm{C}_3)\end{cases}$$

约束条件 C_3 仅用于检测是否发生干涉，而与刀具路径的加工精度无关，因此将其转化为算法的一个终止条件，即当 $d_{p_i,S_{\mathrm{AE}}(w)}<0$，算法终止。$\mathrm{P}_2$ 中目标函数和约束条件关于刀具形状的一阶导数均可以求出，可以采用序列线性规划法求解，相应的线性规划模型为

$$\min_{\Delta w\in\mathbf{R}^{m+2}} \Delta K$$

$$LP\ s.t.\begin{cases} d_{p_i,S_{\mathrm{EE}}}(\boldsymbol{w}^{kk})+\displaystyle\sum_{l=1}^{m}\left[\boldsymbol{S}_{v_l}(\boldsymbol{w}^{kk};a_i,t_i)\cdot\frac{\boldsymbol{S}(\boldsymbol{w}^{kk};a_i,t_i)-\boldsymbol{p}_i}{\|\boldsymbol{S}(\boldsymbol{w}^{kk};a_i,t_i)-\boldsymbol{p}_i\|}\right]\cdot\Delta\boldsymbol{v}_l\\ \quad -R_{r\,\mathrm{ball}}(\boldsymbol{w}^{kk};a_i,t_i)\cdot\Delta r_{\mathrm{ball}}-R_{\varphi}(\boldsymbol{w}^{kk};a_i,t_i)\cdot\Delta\varphi\leqslant\delta,\quad 1\leqslant i\leqslant n_1\\ d_{p_i,S_{\mathrm{EE}}}(\boldsymbol{w}^{kk})+\displaystyle\sum_{l=1}^{m}\left[\boldsymbol{S}_{v_l}(\boldsymbol{w}^{kk};a_i,t_i)\cdot\frac{\boldsymbol{S}(\boldsymbol{w}^{kk};a_i,t_i)-\boldsymbol{p}_i}{\|\boldsymbol{S}(\boldsymbol{w}^{kk};a_i,t_i)-\boldsymbol{p}_i\|}\right]\cdot\Delta\boldsymbol{v}_l\\ \quad -R_{r_{\mathrm{ball}}}(\boldsymbol{w}^{kk};a_i,t_i)\cdot\Delta r_{\mathrm{ball}}-R_{\varphi}(\boldsymbol{w}^{kk};a_i,t_i)\cdot\Delta\varphi\geqslant-\delta,\quad 1\leqslant i\leqslant n_1\\ d_{c_j,S_0}(\boldsymbol{w}^{kk})+\displaystyle\sum_{l=1}^{m}\left[\boldsymbol{S}_{v_l}(\boldsymbol{w}^{kk};a_0,t_j)\cdot\frac{\boldsymbol{S}(\boldsymbol{w}^{kk};a_0,t_j)-\boldsymbol{O}_j}{\|\boldsymbol{S}(\boldsymbol{w}^{kk};a_0,t_j)-\boldsymbol{O}_j\|}\right]\cdot\Delta\boldsymbol{v}_l-r_{\mathrm{ball}}-\Delta r_{\mathrm{ball}}\leqslant\varepsilon,\\ \quad 1\leqslant j\leqslant n_2\\ d_{c_j,S_0}(\boldsymbol{w}^{kk})+\displaystyle\sum_{l=1}^{m}\left[\boldsymbol{S}_{w_l}(\boldsymbol{w}^{kk};a_0,t_j)\cdot\frac{\boldsymbol{S}(\boldsymbol{w}^{kk};a_0,t_j)-\boldsymbol{O}_j}{\|\boldsymbol{S}(\boldsymbol{w}^{kk};a_0,t_j)-\boldsymbol{O}_j\|}\right]\cdot\Delta\boldsymbol{v}_l-r_{\mathrm{ball}}-\Delta r_{\mathrm{ball}}\geqslant-\varepsilon,\\ \quad 1\leqslant j\leqslant n_2\end{cases}$$

在求解出最优刀具形状 r_{ball} 和 φ 后，选择 r_{ball} 和 φ 的整数值，然后最优刀具路径由以下约束 Minimax 问题得到

$$\mathrm{P}_3 \qquad \begin{aligned}&\min_{v\in\mathbf{R}^m}\max_{1\leqslant i\leqslant n_1}|d_{p_i,S_{\mathrm{EE}}(v)}|\\ &s.t.\quad |d_{p_i,S_0(v)}-r_{\mathrm{ball}}|\leqslant\varepsilon\quad i=1,\cdots,n_2\end{aligned}$$

面向侧铣加工刀具形状优化的基本算法如下所示：

算法 3.2：面向侧铣加工刀具形状优化算法

输入：

SurfDesign；　　　　// 设计曲面

δ,ε；　　　　// 允许几何误差

ζ　　　　// 算法终止

$\boldsymbol{v}^0$　　　　// 初始刀轴轨迹面控制点

r_{ball} 和 φ　　　　// 初始刀具几何形状参数

输出：

$\boldsymbol{v}^*$；　　　　// 优化后的刀轴轨迹面控制点

r_{ball}^* 和 φ^*　　　　// 优化后的刀具形状参数

步骤：

1. 设 $k=0$；
2. 计算 $d_{\boldsymbol{p}_i,s_{\text{AE}}(\boldsymbol{w}^0)},i=1,\cdots,n_3$；
3. 求解线性规划模型，计算刀具形状的增量和刀轴轨迹面控制点的增量 $\Delta\boldsymbol{w}$；
4. 更新 $\boldsymbol{w}^{k+1}=\boldsymbol{w}^k+\Delta\boldsymbol{w}$；
5. 计算 $d_{\boldsymbol{p}_i,s_{\text{AE}}(\boldsymbol{w}^{k+1})},i=1,\cdots,n_3$；
6. 如果 $|1-r_{\text{ball}}^k/r_{\text{ball}}^{k+1}|<\zeta$ 或者 $|1-\varphi^k/\varphi^{k+1}|<\zeta$，或者 $d_{\boldsymbol{p}_i,s_{\text{AE}}(\boldsymbol{w}^{k+1})}<0$，算法终止，并记录 $\boldsymbol{v}^*=\boldsymbol{v}^k$，$r_{\text{ball}}^*=r_{\text{ball}}^k,\varphi^*=\varphi^{k+1}$，否则 $k=k+1$，返回步骤 3；

3.2.3.4　整体叶轮侧铣加工算例

下面给出整体叶轮侧铣加工的算例，详细描述本节所提出的刀具形状优化模型与算法的应用，然后依据选好的最优刀具形状生成无干涉刀具路径。

整体叶轮的实体模型如图 3.33 所示，共由 30 个叶片组成，其中大小叶片各有 15 片。大叶片吸力面的曲面模型如图 3.33 所示，在本小节中仅以该叶片直纹面作为理论设计曲面。

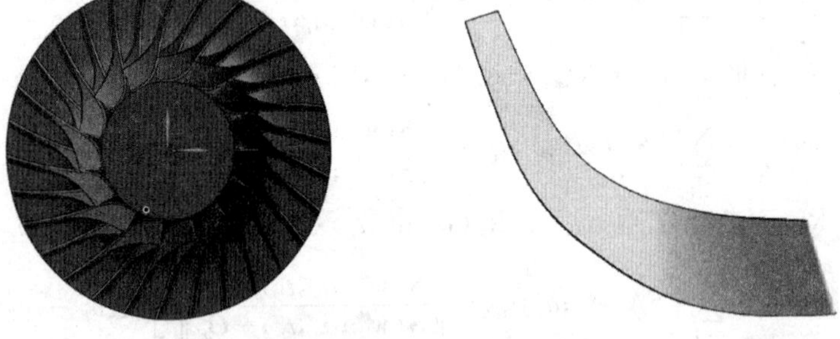

图 3.33　离心式叶轮与叶片

由于整体叶轮的叶片分布及其结构特点，选用圆锥刀进行叶片的侧铣加工，圆锥刀的初始参数为：底圆半径 $r_{\text{ball}}=3\text{mm}$，高度 $H=20\text{mm}$，半锥角 $\varphi=5°$。几何偏差 $\delta=0.02\text{mm}$，$\varepsilon=0.005\text{mm}$。初始刀位的生成方法可以参考文献[30,31]。初始刀路的最大过切和最大欠切分别是0.00525mm 和 0.0217mm。利用前文介绍的算法步骤计算满足几何约束的刀具形状。计算结果如图 3.34～图 3.36 所示。从图3.36 可以发现，当圆锥刀的底部半径为 3.09mm，半锥角为 6° 时，刀具与相邻叶片发生干涉。因此底部半径为 3mm，半锥角为 6° 的圆锥刀被选为最优刀具，使用该刀具来规划叶片侧铣加工刀路。

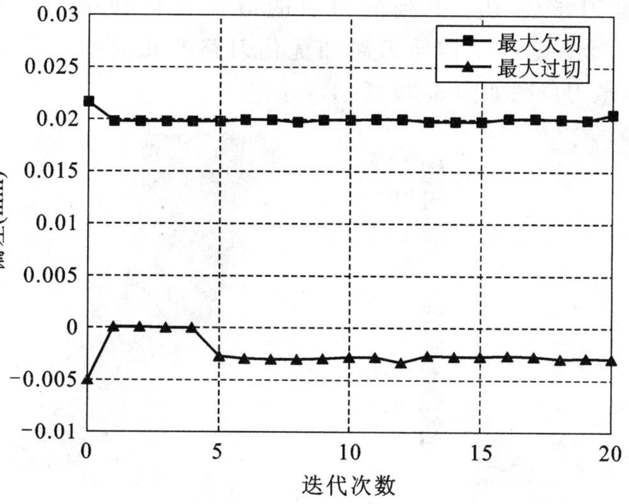

图 3.34 每次迭代的几何偏差

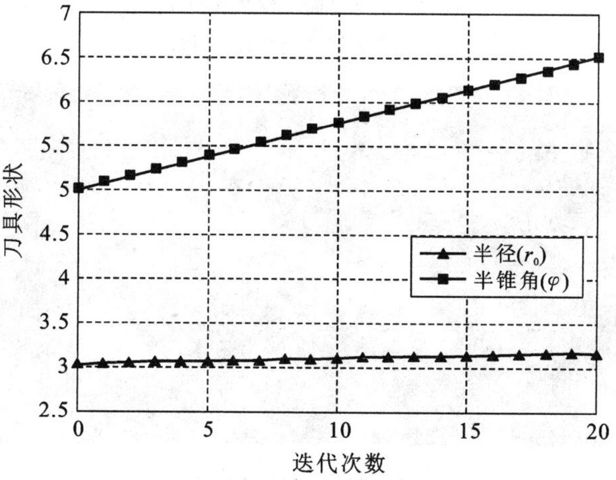

图 3.35 每次迭代的刀具形状参数

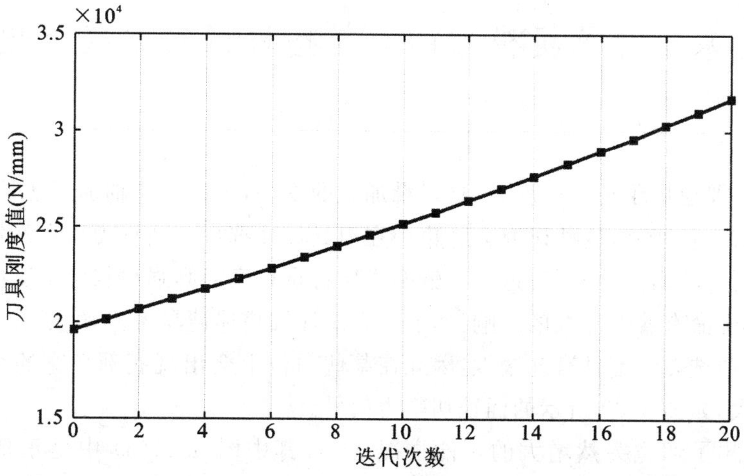

图 3.36 每次迭代的刀具刚度值

使用最优的锥刀求解 P_3，得到的刀路的最大欠切和过切分别为 0.01631mm 和 0.01512mm。图 3.37(a) 显示了初始刀路和优化刀路的几何偏差分布，优化后的刀路如图 3.37(b) 所示。离散刀位图如图 3.38 所示。

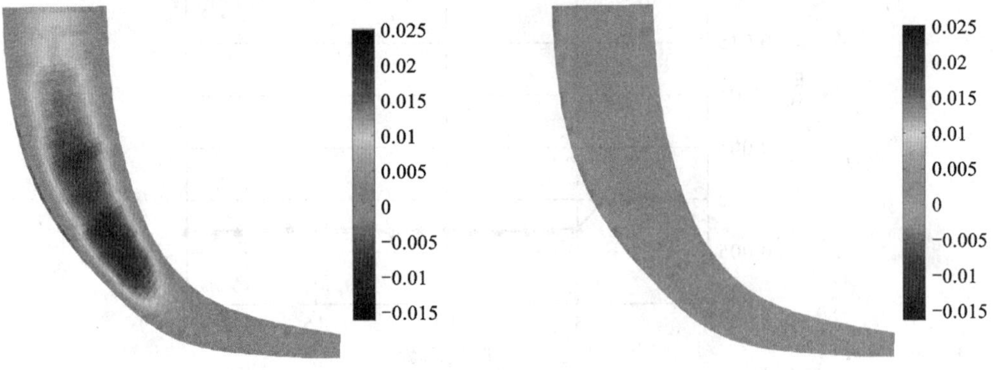

(a)　　(b)

图 3.37　曲面几何偏差分布

(a) 初始刀路；(b) 优化后刀路

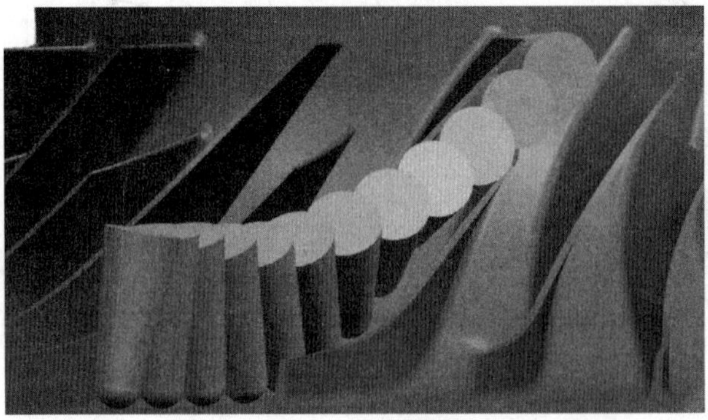

图 3.38　离散刀位图

3.3　基于计算机模拟的五轴插铣刀具路径优化方法

3.3.1　引言

插铣加工主要应用于轴向深度大、材料难加工的零件，不论是三轴加工还是五轴加工的插铣刀路规划都有大量研究，这些研究大都集中在刀具尺寸选择和插铣刀位在区域上的分布，忽略了插铣刀路的一些本质性特点。这些插铣的本质特点在高温高强材料的加工中，对零件的加工效率、刀具的寿命有着关键性的影响。本节内容的详细描述请参考文献[33]。

首先，由于插铣刀路不具有连续性，因此在某些刀位上会出现底部切宽的突然增大，导致切削力突然增大，如图 3.39 所示的插铣切削力信号。

图 3.40 给出了切宽突然增大的可能情况之一，其中图 3.40(a) 中是正常的切宽，在图 3.40(b) 中，由于该刀位插铣深度过深，导致在插铣过程进行到底部时，切宽急剧增大。

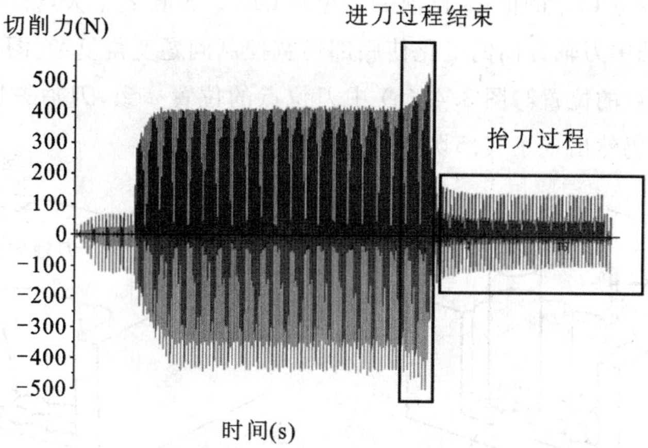

图 3.39　典型插铣过程切削力

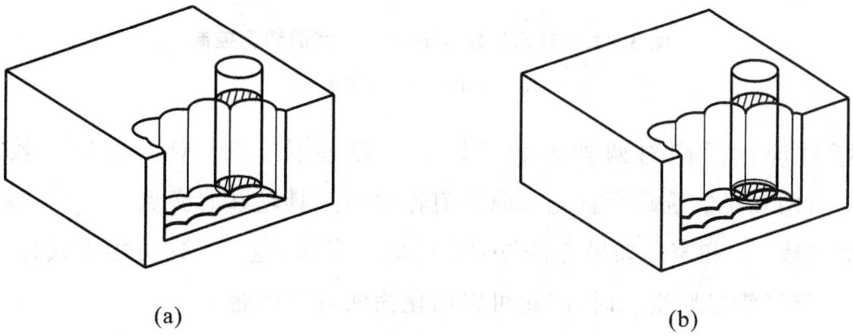

图 3.40　插铣过程底部切宽对比

(a) 正常切宽；(b) 底部切宽增大

此外，在每个插铣循环的进刀过程中，径向切削力会导致刀具或工件变形，如图 3.41 所示，因此在插铣退刀过程中刀具会与侧壁发生摩擦，如图 3.39 的插铣切削力信号所示。这一过程带来的后果有两个：第一，在每个插铣循环中，退刀过程本不属于材料去除过程，应该快速完成，但由于该摩擦的存在，只能降低退刀速度。第二，在该过程中，摩擦带来侧刃的不必要磨损，降低了刀具的寿命。

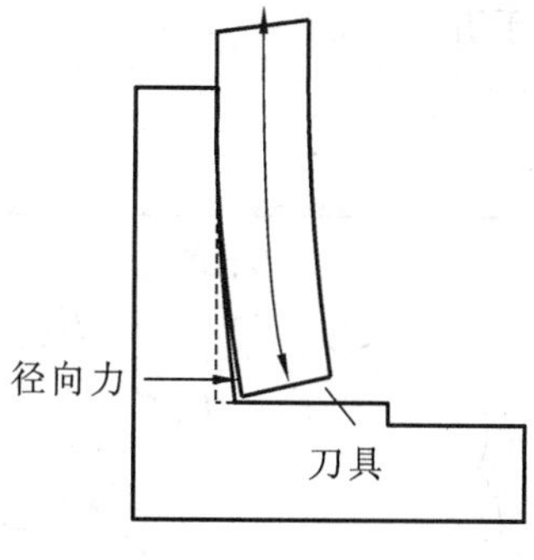

图 3.41　插铣进刀与退刀过程中的径向力

基于上述原因，国际著名刀具厂商 Sandvik 提出了插铣刀具应用的两个原则：第一，在插铣刀路规划过程中，插铣刀位安排应当由深到浅；第二，在插铣过程中增加移刀过程，让刀具先远离工件，再进行退刀。这两个原则在三轴加工中比较容易实现，然而在五轴加工中由于刀具姿态变化，很难保证这一条件。

首先，在三轴加工中，只要规划插铣刀位点的顺序由深至浅，就可以避免底部切宽的突然增大，但在五轴中却无法保证。如图 3.42 所示，其中图 3.42(a) 是三轴插铣过程。在该过程中，只需要保证当前刀位点 CL_i 的值 Z_i 比前一刀位点 CL_{i-1} 的值 Z_{i-1} 大，就可以保证底部切宽的控制。但是，五轴插铣中刀轴方向的变化使底部切宽控制问题变得复杂。图 3.42 (b) 中是五轴插铣过程，其中刀位点的位置与图 3.42(a) 中刀位点的位置一致，刀轴矢量为五轴刀轴矢量，于是，在当前刀位点仍然出现了底部切宽的突然增大。

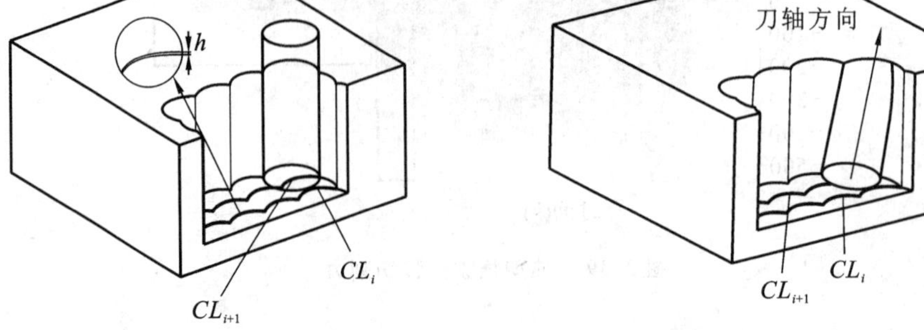

图 3.42　对比三轴与五轴插铣底部切宽控制

(a) 三轴插铣；(b) 五轴插铣

第二个插铣应用原则对两轴半和三轴加工较容易实现，对五轴加工较为困难。如图 3.42 所示，对两轴半插铣路径首先求取当前轮廓与刀具轮廓的交点 $\boldsymbol{P}_{i1}$、$\boldsymbol{P}_{i2}$，以及两点上沿刀具圆轮廓的切线 $\boldsymbol{V}_{i1}$ 和 $\boldsymbol{V}_{i2}$，如果刀具与相交轮廓为劣弧，退刀方向可由下式计算。对三轴插铣路径而言，当路径满足原则一时，问题可以简化为两轴半问题。

$$\boldsymbol{V}_{i\text{move}} = \frac{\boldsymbol{V}_{i1} + \boldsymbol{V}_{i2}}{|\boldsymbol{V}_{i1} + \boldsymbol{V}_{i2}|}$$

然而，如图 3.44 所示，由于五轴插铣加工中刀具-工件相交体的复杂性，导致上述方法无法直接应用于五轴插铣。

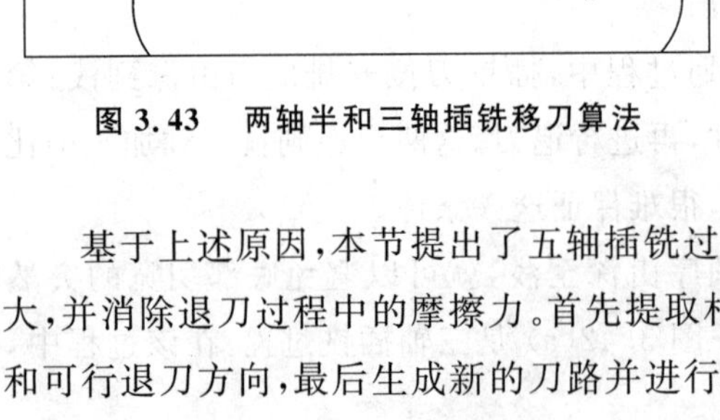

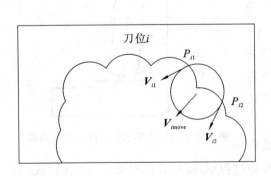

图 3.43　两轴半和三轴插铣移刀算法

图 3.44　五轴插铣过程中的刀具-工件相交体

基于上述原因，本节提出了五轴插铣过程的优化算法，防止插铣过程中底部切削力突然增大，并消除退刀过程中的摩擦力。首先提取相交体中的几何信息，再根据该信息分析插铣切宽和可行退刀方向，最后生成新的刀路并进行速度规划。该算法的流程如图 3.45 所示。

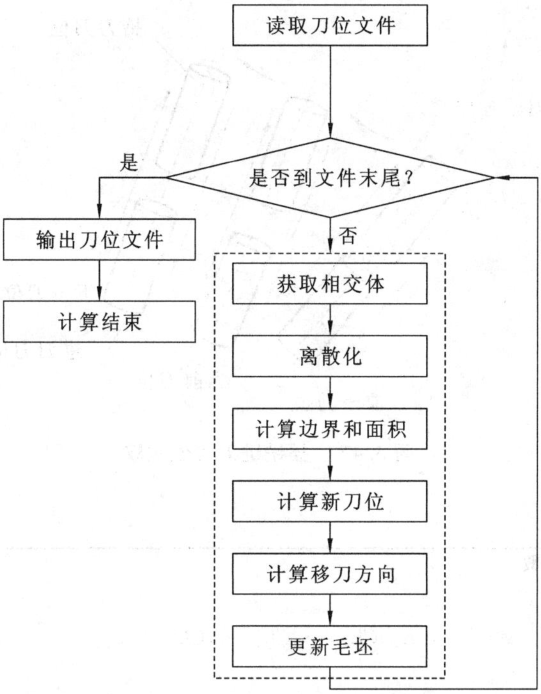

图 3.45 五轴插铣优化算法流程图

3.3.2 插铣过程几何识别与特征提取

五轴插铣过程中，刀具-工件相交体形状复杂，通常无法用解析表达式进行表示。本节中将应用三维几何操作与几何信息提取来完成插铣退刀关键特征的识别。

相交体的几何特征提取首先需要对初始的插铣刀路进行识别与分析。一段典型的五轴插铣刀位文件如图 3.46 所示。首先根据刀位点和刀轴矢量，将位于同一直线上的刀位点分为一组，将刀位文件分为不同的插铣循环。在每一组循环中，插铣进刀(Plunging Phase) 刀位沿刀轴矢量的深度最深，如图 3.47 所示，可以根据该原则提取进刀刀位。

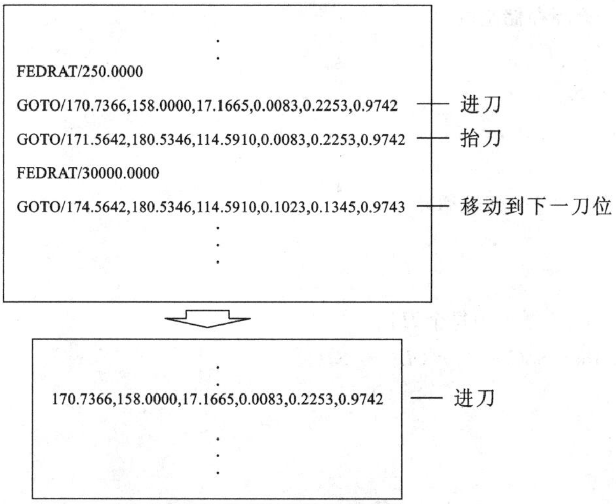

图 3.46 典型五轴插铣刀位文件

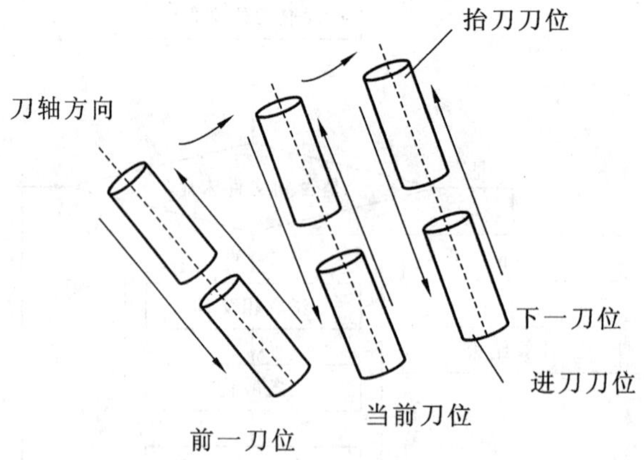

图 3.47 插铣进刀刀位提取

算法的伪代码如下：

算法 3.3：插铣关键刀位提取

输入：

刀位文件中所有刀位点 CL_j，即[$CL_1, CL_2, CL_3, \cdots, CL_j, \cdots, CL_{l-1}, CL_l$]

输出：

　　刀位文件中所有进刀刀位点 CL_i^p，即[$CL_1^p, CL_2^p, CL_3^p, \cdots, CL_i^p, \cdots, CL_{m-1}^p, CL_m^p$]

算法：

1. 刀路分组

set $k = 1$

FOR($j = 1$ to $1, j++$){

IF(**IsEmpty**(S_k){

　PUSHBACK(S_k, CL_j) // 插铣循环的第一个刀位

　}

ELSE IF(**IsSameLine**($CL_j, CL_{j-1},$)){

　PUSHBACK(S_k, CL_j)// 插铣循环其余刀位

　}

ELSE{k ++}// 进入下一循环存储空间

　　}

OUTPUT $S[S_i, \cdots, S_k, \cdots, S_n]$

2. 提取每组进刀刀位点

set $i = 1$

FOR($a = 1$ to $n, a++$){ // 每个插铣循环

　$h = \text{Size}(S_a)$

　$CL_i^p = S_k(1)$

　FOR($b = 2$ to $h, b++$){// 循环中每个刀位

　　IF ($S_k(b)$ is deeper than $S_k(b-1)$){$CL_i^p = S_k(b)$}

　　$i++$

　　}//End of For-loop

} //End of For-loop

OUTPUT[$CL_1^p, CL_2^p, CL_3^p, \cdots, CL_k^p, \cdots, CL_{m-1}^p, CL_m^p$]

在获取进刀刀位后，利用三维造型软件ACIS对几何实体进行求交运算与几何信息提取，为后续的算法计算提供基础。

首先按照每个进刀刀位的顺序，利用刀位点及刀轴矢量，在几何环境中生成代表刀具的圆柱体，再利用布尔操作，可以求取相交体。为获取几何信息，需要对相交体进行离散，于是沿刀轴方向生成圆盘与相交体求交，获得相交曲线和相交区域，如图3.48所示。

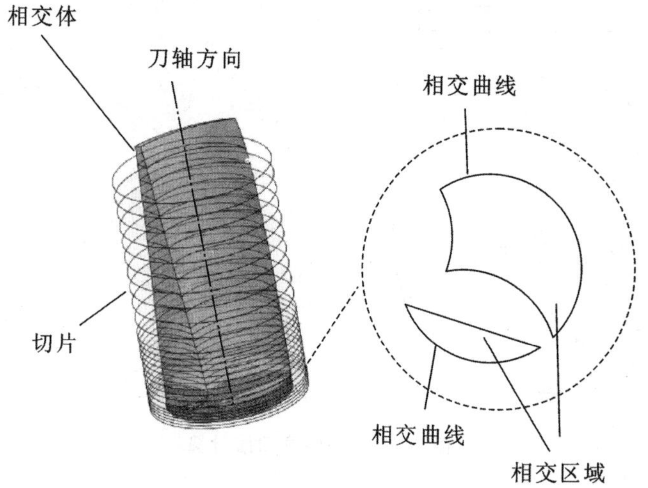

图3.48　提取相交曲线

切宽计算利用相交区域的面积代替，相交区域的面积通过直线相交与积分法获得，如图3.49所示。在相交2D平面上，沿任意方向生成平行直线，并计算直线与曲线的交点，其中从奇数交点到偶数交点的直线段为相交区域内段，再对相交区域内段进行积分，可近似获得该平面上的相交区域面积。

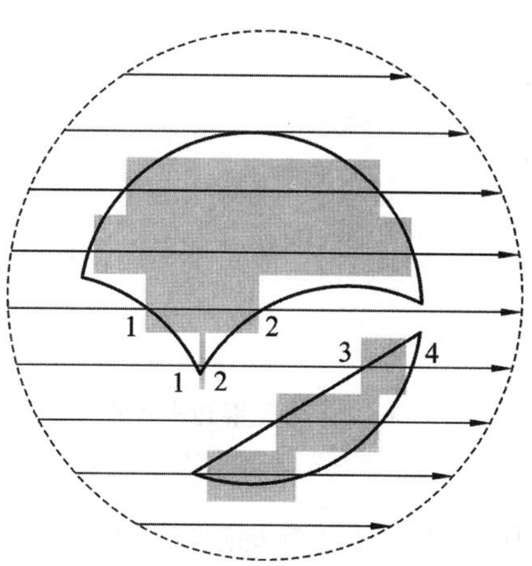

图3.49　相交区域计算

寻找移刀方向的关键是获取相交体的外轮廓曲线，因此需要对每一段曲线进行筛选和处理。如图3.50所示，对每一段曲线而言，比较容易获得的是每段曲线的起点、终点和中点，通过计算这三点到切片圆盘中心的距离，可以判断其是否是刀具外轮廓曲线：如果这三点圆盘到中心的距离均等于刀具半径 R，则该曲线为外轮廓曲线。

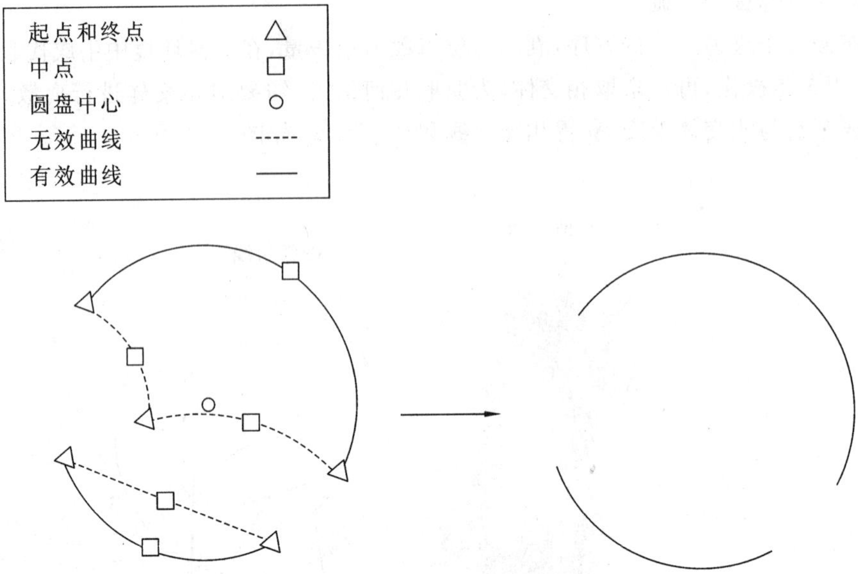

图 3.50　外轮廓曲线计算

获得外轮廓曲线后，如果边界上有多条外轮廓线，需要将多条外轮廓线合并。如图 3.51 所示，合并过程中，将外圆中最大空缺(Gap) 填补后，可得一条完整的外轮廓曲线。

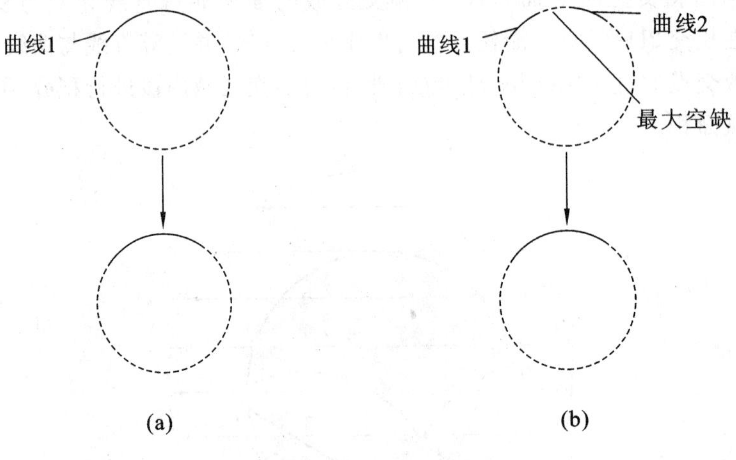

图 3.51　外轮廓边界计算

(a) 单边界曲线；(b) 多边界曲线

至此，对每一相交体上的切片，获得了外轮廓边界与相交区域面积。

本节算法的伪代码如下：

算法 3.4：插铣关键几何信息提取
输入：
某刀位上刀具与工件中相交体 IT
输出：

```
离散各圆盘上相交体面积[A_1,A_2,A_3,…,A_i,…,A_{l-1},A_l]
离散各圆盘上边界曲线[B_1,B_2,B_3,…,B_i,…,B_{l-1},B_l]
算法:
[C_1,C_2,C_3,…,C_i,…,C_{l-1},C_l] = GetInterCurve(IT,l)
FOR(i = 1 to l,i++){ // 每个圆盘
  IF(IsNotEmpty(C_j)){
    A_i = CalArea(C_i)
    D_i = GetOuterCurve(C_i)
    n = Size(D_i)
    IF(n == 1){B_i = D_i}
    ELSE{B_i = MergeCurve(D_i)}
  }
} //End of For-loop
OUTPUT[A_1,A_2,A_3,…,A_i,…,A_{l-1},A_l]
OUTPUT[B_1,B_2,B_3,…,B_i,…,B_{l-1},B_l]
```

3.3.3 五轴插铣刀路优化

利用 3.3.2 节获取的必要几何参数,本节给出了五轴插铣底部切宽控制和快速退刀的算法。首先,根据所获得的相交区域面积抬高刀位,再根据边界曲线信息生成移刀方向,最终生成优化后的插铣刀路。

插铣刀位抬高的依据是相交区域的面积,通过设置面积阈值 S,面积大于 S 的相交区域会被程序删除,而刀位点将会提高到剩余相交区域的底部位置,底部边界被删除,刀位被提高至新刀位。

移刀方向的计算依据于外边界的计算。首先将所有该刀位上的圆盘边界投影到新刀位平面上,获得该刀位的外边界圆弧。当边界为劣弧时,计算该外边界圆弧在该平面上的切线,下式提供了一个可行的退刀方向。

$$\boldsymbol{V}_{i\text{move}} = \frac{\boldsymbol{V}_{i1} + \boldsymbol{V}_{i2}}{|\boldsymbol{V}_{i1} + \boldsymbol{V}_{i2}|} \tag{3.26}$$

为了防止移刀过程中的底部摩擦,可以用下式计算斜向退刀,其中 $\boldsymbol{V}_{\text{axis}}$ 为刀轴方向。如果边界为优弧,则退刀方向不存在。

$$\boldsymbol{V}_{\text{slant}} = \frac{\boldsymbol{V}_{\text{move}} + \boldsymbol{V}_{\text{axis}}}{|\boldsymbol{V}_{\text{move}} + \boldsymbol{V}_{\text{axis}}|} \tag{3.27}$$

在设置面积阈值 S 时,需要根据实际需求,平衡材料去除量和刀具寿命之间的矛盾。如图 3.52、图 3.53 所示,图中阈值设置为整个圆盘面积,因此,只有满刀切削的情况被消除。这一设置带来了更高的材料去除量,但也因此导致该刀位上不存在可行的退刀方向。

插铣优化的最后一步是新刀路生成,这一步中需要完成新刀位点生成、移刀干涉检查和速度规划。

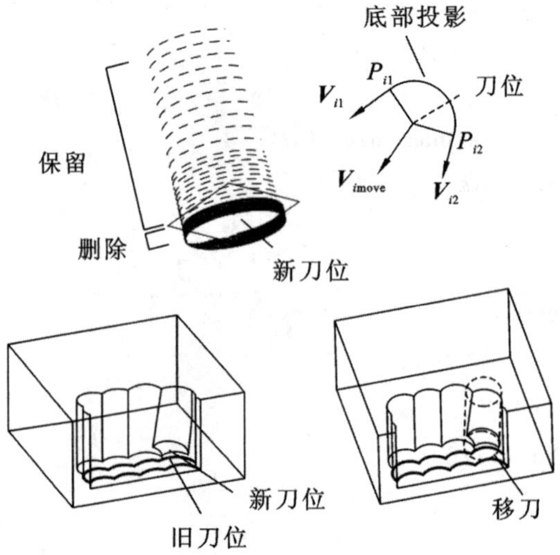

图 3.52　插铣刀路优化:抬刀并存在退刀方向

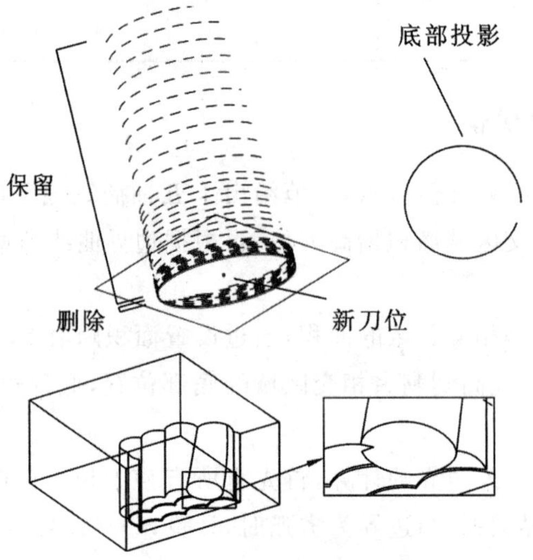

图 3.53　插铣刀路优化:抬刀但不存在退刀方向

每个新插铣循环由四个过程组成,分别是进刀过程、移刀过程、退刀过程和移动过程,如图 3.54 所示。其中,进刀过程的刀位为新刀位点 $\boldsymbol{C}_{Li}$,刀轴方向不变。移刀刀位 $\boldsymbol{P}_m$ 可用式(3.28)计算,其中 d 为移刀距离。

$$\boldsymbol{P}_m = \boldsymbol{C}_{Li} + \boldsymbol{V}_{\text{slant}} \cdot d \tag{3.28}$$

抬刀过程刀位 $\boldsymbol{P}_R$ 可用下式计算,其中 SD 为安全距离,$\boldsymbol{V}_{i\text{-axis}}$ 为当前刀位点的刀轴方向。

$$\boldsymbol{P}_R = \boldsymbol{P}_m + \boldsymbol{V}_{i\text{-axis}} \cdot SD \tag{3.29}$$

移动过程刀位 $\boldsymbol{P}_O$ 可由下式计算,其中 CL_{i+1} 为下一刀位点,$\boldsymbol{V}_{i+1\text{-axis}}$ 为下一刀位点的刀轴方向。

$$\boldsymbol{P}_O = \boldsymbol{CL}_{i+1} + \boldsymbol{V}_{i+1\text{-axis}} \cdot SD \tag{3.30}$$

因为移刀距离 d 的存在,因此尽管上述计算和移刀过程与当前刀位产生的表面无干涉,但

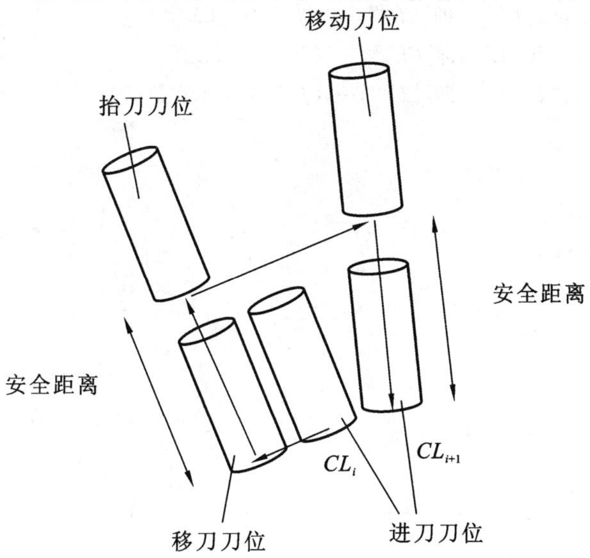

图 3.54　新刀位计算

仍可能与现存毛坯发生干涉，因此在移刀刀位上需要生成圆柱刀位实体，利用布尔运算，检查有无干涉，如图 3.55 所示。如果有干涉发生，则去除移刀过程，保留原抬刀过程。最后在新的插铣进刀刀位上，对刀具与毛坯进行布尔运算，并更新毛坯三维文件。

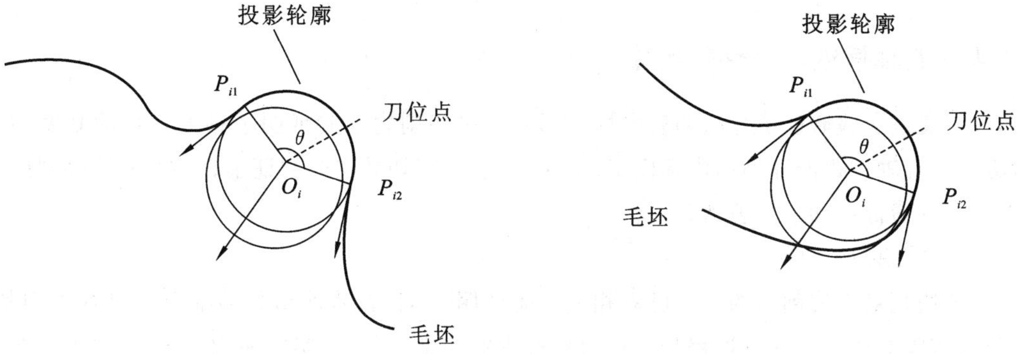

图 3.55　干涉检查

由于过大的底部切宽被消除，因此进刀过程的进给速度可以提高。对于可以移刀的刀位，移刀过程和抬刀过程中刀具没有参与材料去除，可以采用机床最高速度以提高加工效率。对于不能移刀的刀位，抬刀过程仍然需要采用较慢的抬刀速度。

本节算法的伪代码如下所示：

算法 3.5：输出插铣新刀位文件

输入：

刀位文件中所有进刀刀位点 CL_i^P，即$[CL_1^P,\cdots,CL_i^P,\cdots,CL_m^P]$

输出：

新刀位文件中所有进刀刀位点 CL_i^{NP}，即$[CL_1^{NP},\cdots,CL_i^{NP},\cdots,CL_m^{NP}]$

新刀位文件中所有移刀刀位点 CL_i^{NM}，即[CL_1^{NM}，…，CL_i^{NM}，…，CL_m^{NM}]
新刀位文件中所有退刀刀位点 CL_i^{NR}，即[CL_1^{NR}，…，CL_i^{NR}，…，CL_m^{NR}]
新刀位文件中所有移动刀位点 CL_i^{NO}，即[CL_1^{NO}，…，CL_i^{NO}，…，CL_m^{NO}]
算法：

```
FOR{i = 1 to m,i ++){// 每个刀位
    CL_i^NP = CalNewPos(CL_i^P)
    V_i^NP = CalMoveDirection(CL_i^P)
 IF(NotFeasibleMove(CL_i^P)){
    CL_i^NR = CL_i^NP + V_i-axis · SD
    Risefeed = Slow
  }
  ELSE{
    CL_i^NM = CL_i^NP + V_slant · d
    CL_i^NR = CL_i^NM + V_i-axis · SD
    MoveFeed = High
    RiseFeed = High
  }
  CL_i^NO = CL_i+1^NP + V_(i+1)-axis · SD
} //End of For-loop
```

3.3.4 五轴插铣加工优化实验

本节通过实验验证了算法的有效性。首先，通过切削力实验证明了移刀过程的必要性。然后，给出了五轴插铣的算例和仿真模拟。最后，通过实际切削实验验证了算法的有效性，加工效率和刀具寿命都得到了显著提升。

（1）插铣退刀实验

插铣切宽对于切削力的影响已有相关实验证明[24]，因此本小节仅验证退刀过程中切削力的存在。实验对比了有移刀过程和无移刀过程中的切削力信号。实验采用 KISTLER(9272) 测力仪，采用两刃插铣刀，刀具直径 20mm，切削线速度 100m/s，每齿进给量 0.06mm/z，切宽 2mm。工件材料为 1Cr18Ni9Ti。

图 3.56 对比了两过程的径向切削力信号。当没有移刀过程时，抬刀过程有 80N 左右的径向切削力存在。该过程发生在不需要材料去除的抬刀过程，使刀具副切削刃与工件摩擦，造成刀具磨损，因此有必要进行移刀操作，使得退刀时不发生切削。

（2）五轴插铣刀路优化计算

本节中将插铣算法应用于诱导轮算例，诱导轮模型如图 3.57 所示，具体参数如表 3.1 所示。算法在 ACIS 平台上利用 C++ 开发。初始刀路在商业软件 Cimatron 中生成，采用两刃插铣刀，刀具直径 20mm，初始刀路切宽设置为 3mm，侧向步距 4mm，最终生成 1206 个插铣循环。

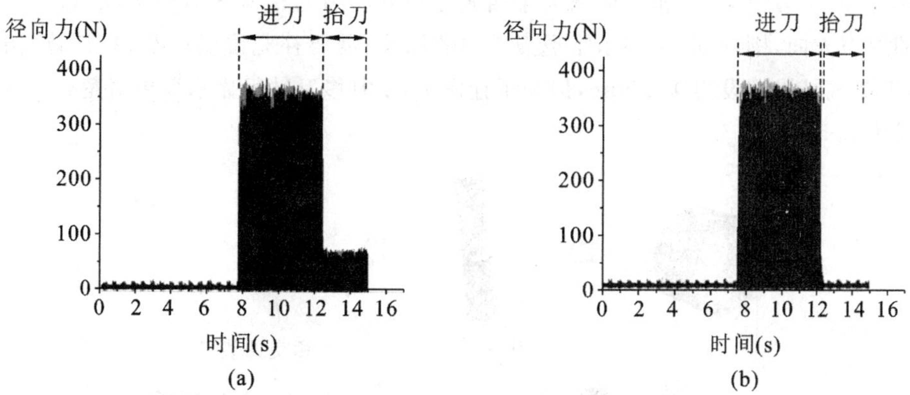

图 3.56 有无移刀过程插铣径向切削力对比

(a) 无移刀过程；(b) 有移刀过程

表 3.1 诱导轮主要参数(mm)

参数	数值
外径	250
最大叶展(深度)	90
最小叶片间距	25

图 3.57 诱导轮 CAD 模型

为保证更长的刀具寿命，新刀位点计算时区域面积的阈值被设置为四分之一刀具圆面积。最终，126 个刀位上的刀位调整到了新刀位点上，1105 个刀位点上存在可行退刀方向。整个计算过程在普通 PC 机上耗时 60min。

为说明具体优化过程，以第 45 个刀位和第 100 个刀位为例单独展示，如图 3.58 和图 3.59 所示。首先，通过布尔运算获得相交体。再通过圆盘与相交体运算获得边界。对第 45 个刀位而言，所有相交区域小于四分之一刀具圆，因此刀位没有被

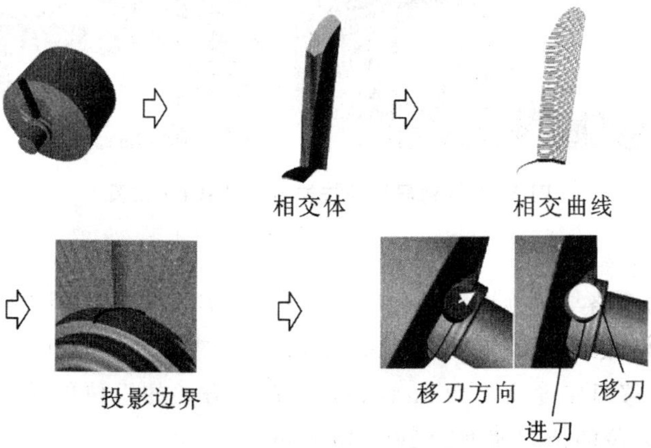

图 3.58 第 45 个刀位点优化

抬高。对第 100 个刀位而言，相交区域大于四分之一刀具圆的相交区域被删除。最终两者都存在可行的退刀方向，图 3.59 中展示了退刀方向的计算。需要补充说明的是，在计算、仿真及实验中，移刀距离 d 均被设为 0.25mm，但为了让图 3.59 中移刀过程显示得更清楚，显示时，移刀距离被设为 2.5mm。

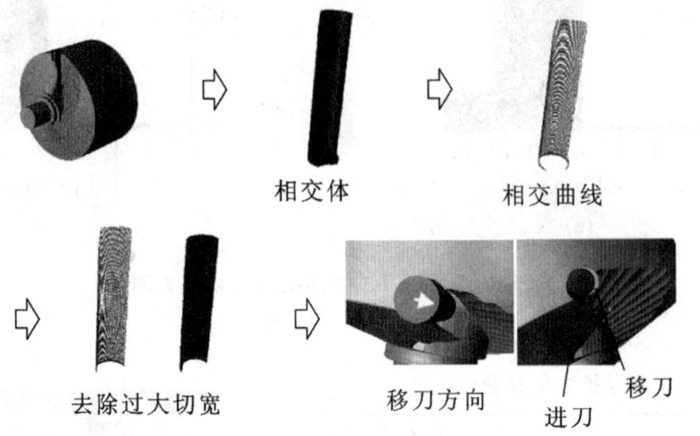

图 3.59 第 100 个刀位点优化

最终生成的新刀路在商业加工仿真软件 VERICUT 中进行了仿真，如图 3.60 所示。仿真表明，优化后刀路的移刀过程不存在干涉，进一步证明了优化过程的有效性。

图 3.60 诱导轮插铣加工 VERICUT 仿真

(3) 五轴插铣加工实验

上述优化前后的刀路与实际诱导轮加工进行对比，实验在 SMG-B30 机床上进行，结果如图 3.61 所示。原始刀路的进刀速度为 150mm/min，抬刀速度为 200mm/min。优化后进刀速度调整为 200mm/min，移刀速度为 1000mm/min，有移刀方向的刀位的抬刀速度为机床最高速度，没有移刀方向的刀位的抬刀速度为 200mm/min。

在加工 200 个刀位后，对优化刀路和原始刀路所使用的刀片进行了对比，如图 3.62 所示。在这 200 个刀位中，20 个刀位被优化至新刀位点，190 个刀位具有可行移刀方向。尽管原

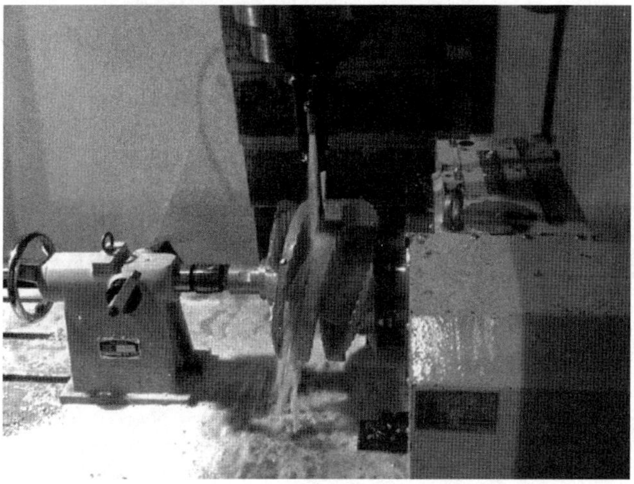

图 3.61 诱导轮实际加工

始刀路的进刀速度小于优化后刀路，但是原始刀路中刀具出现了严重崩刃，而优化后刀具仅存在微崩刃，这主要是因为原始刀路中存在底部切宽的急剧增大。同时，原始刀路中的副切削刃也发生了较为明显的磨损，而在优化后的刀路中，由于加入了移刀过程，刀具副切削刃并无严重磨损。

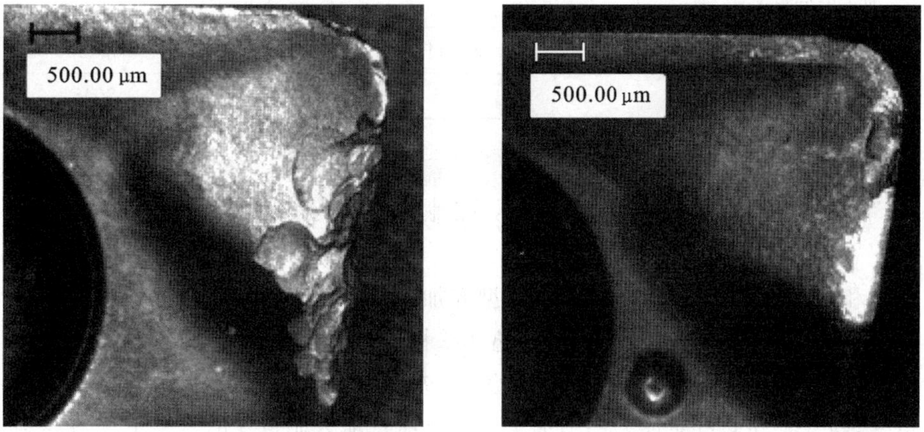

(a) (b)

图 3.62 加工 200 个刀位后插铣刀片对比

(a) 优化前；(b) 优化后

最终用原始刀路和优化后的刀路分别完成了一个诱导轮流道的加工，实验结果如图 3.63 所示，结果对比如表 3.2 所示。可以看出，优化后的刀路中刀具寿命和加工效率都得到了明显提升。在原始刀路中，当刀片发生较大的崩刃时，对刀片进行更换；在优化后刀路中，当刀具侧刃磨损(VB) 达到 0.25mm 时对刀片进行更换。尽管如此，优化后刀路仍然使用了较少的刀片。原始刀路加工一个流道的时间约为 10h，优化后刀路的加工时间减少到 4.5h。

由于部分刀位被抬高，在材料去除方面，优化后的刀路比原始刀路少去除材料 9817mm^3，

图 3.63　实际加工结果

但由于这部分材料集中于零件底部，在下一工艺步骤——铣削流道底部时，用层铣法仅用 40min 即可去除。所以总体来说，耗时仍然少于原始刀路，并且刀具的寿命得到了大幅提高。

表 3.2　诱导轮加工结果对比

参数	原始刀路	优化后的刀路
消耗的插铣刀片(对数)	6	4
加工时间(h)	10	4.5
材料去除量(mm^3)	1313416	1304599
材料去除率(%)	36.5	80.5

3.4　型腔高速螺旋铣削加工

在模具和航空航天的机械加工中，二维型腔加工是材料去除率最多的，也是最耗费时间的加工工序。以航空航天整体壁板加工为例，整体壁板具有大量的三角形、四边形型腔，材料去除率高达 90%，整体壁板体积大，切削加工余量大，加工周期长，因此实现此类航空航天整体结构件高精度、高效率和高可靠性的切削加工一直是航空航天制造业的一个重要目标。高速切削是解决上述问题实现高效加工工艺的关键，对于此类型腔一般采用环切(Contour-parallel Tool Paths)或 Zigzag 的方法，在拐角处采用直接过渡或圆弧过渡的方法，这就使得在加工过程中机床频繁加减速，加工效率难以提高。机床加减速的过程中造成机床震动，也会导致加工精度的下降。目前现有的 CAD/CAM 软件都无法提供成熟的高速切削刀路规划算法，高速机床的性能常常受限于不合理的刀具轨迹。螺旋刀具轨迹是解决这类问题的一个有效的方法。本节内容的详细描述可参考文献[28]。

3.4.1　算法介绍

平面螺旋刀具轨迹规划的流程如图 3.64 所示，在这里引入一个二维稳态下的温度场，在型腔加工区域上应用二维稳态条件，利用有限元方法求解稳态条件下的温度分布，可以得到一个在型腔加工区域内的温度场，通过这个温度场可以提取一系列封闭的环形等温线，插值这些等温线最终得到螺旋刀具轨迹。由于二维稳态下的温度场求解的等温线具有二阶连续的特性，因此十分适合作为高速进给的刀路加工轨迹。

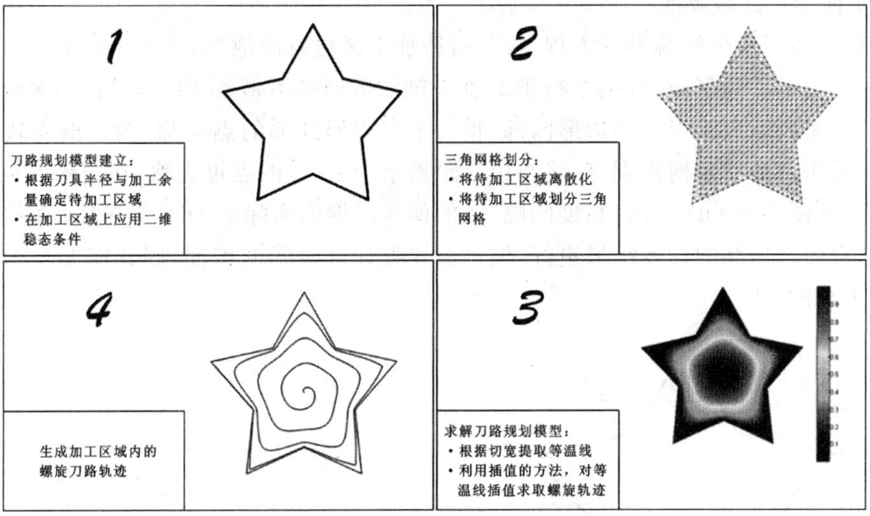

图 3.64　螺旋刀具轨迹规划的流程

首先，根据刀具半径与加工余量，确定待加工区域，在这个加工区域内应用二维稳态条件；然后，将加工区域离散，利用 Delaunay 算法构建三角网格，得到利用有限元方法求解的有限单元划分；随后，利用有限元方法求解二维稳态的温度场，得到加工区域内的温度场，根据加工区域内的温度场，按给定切宽，提取一系列等温线，再利用插值的方法最终生成螺旋刀具轨迹。

3.4.2 热传导偏微分方程求解

在二维直角坐标系下，热传导遵循傅里叶定律，在稳态的二维热传导情况下，对系统应用能量守恒定律，可得到如下热扩散方程：

$$\left.\begin{aligned} &k_x \frac{\partial^2 T}{\partial x^2} + k_y \frac{\partial^2 T}{\partial y^2} + q = 0 \quad (x,y) \in \Omega \\ &T|_\Gamma = T_0 \end{aligned}\right\} \tag{3.31}$$

其中，T 为温度；k_x、k_y 分别为 x 和 y 方向介质的热传导率；q 为单位面积产生的热量；Ω 为待加工区域；Γ 为加工区域的边界，边界条件为 Dirichlet 边界条件，并且加工区域的边界温度为 T_0。

为了得到在加工面上均匀分布的刀具轨迹，在此可以令 x 方向与 y 方向的介质热传导率相同。本节只是利用二维稳态下的条件求解温度场，再利用温度场的信息求解刀具轨迹，因此，可以对式(3.31)进行如下简化：

令 $k_y/k_x = 1, q/k_x = 1, T_0 = 0$，则式(3.31)变为

$$\left.\begin{aligned} &-\left(\frac{\partial^2 T}{\partial x^2} + \frac{\partial^2 T}{\partial y^2}\right) = 1 \quad (x,y) \in \Omega \\ &T|_\Gamma = 0 \end{aligned}\right\} \tag{3.32}$$

通过求解方程(3.32)可以得到在 $O\text{-}xyt$ 坐标系下二阶连续的曲面 $T(x,y)$，利用平面

$T=T_i$ 截取曲面 $T(x,y)$，并将其投影至 xy 平面，可得到一系列的等温线，等温线均匀覆盖所有区域。这些等温线继承了曲面二阶曲率连续的特性，将这些曲线用插值的方式最终可得到一条连续的曲线，即为所求的刀路。

(1) 平面加工区域离散

为了用有限元法求解偏微分方程，首先将待加工区域 Ω 离散化，可以将待加工表面看成一个在 xy 平面上的多边形。在分别平行于 x 轴、y 轴的方向按增量 Δl 取点，可得到多边形区域上的点集。接下来判断点是否在多边形内部，将位于多边形外部的点去除。为了避免较大的钝角和边长、获得更好的三角网格划分，将与边界距离小于 $\Delta l/2$ 的点也去除，在边界上也按长度间隔 Δl 取点，如图 3.65(b) 所示。长度间隔 Δl 的值应当根据实际加工区域的大小确定，当 Δl 较小时，虽然会使得最终的计算结果更好，但也会导致计算时间的增加，因此需要根据实际情况选择合适大小的 Δl。

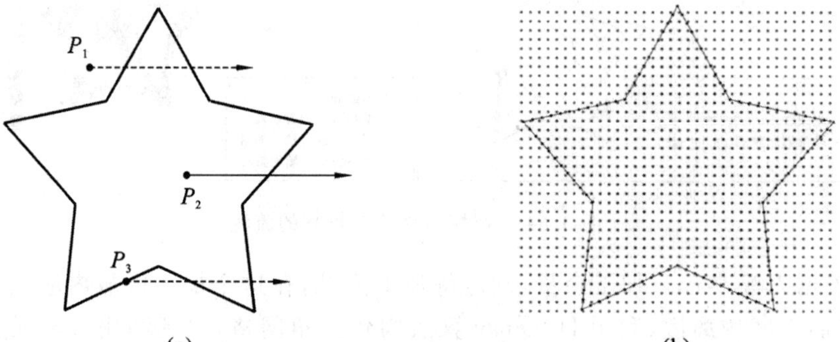

图 3.65　加工区域离散

(a) 判断点的位置；(b) 离散结果

判断一个点是否在多边形内，可利用过点作一条平行于 x 轴的射线。如图 3.65(a) 所示，通过判断该射线与边界的交点数量的奇偶来判断是否位于多边形内，点 P_1 出发的射线与多边形的边界交点为偶数个(2 个)，因此位于多边形外部；点 P_2 出发的射线与多边形的交点为奇数个(1 个)，因此位于多边形内部；点 P_3 出发的射线为一种特殊情况，应该认为 P_3 位于多边形外部。当射线的交点为 0 个时，也认为该点位于多边形外部。对于边界点离散，可以按等距取点，最终离散结果如图 3.65(b) 所示。

(2) Delaunay 三角剖分算法

在有限元计算领域，由于 Delaunay 三角网格生成算法具有成熟的数学理论基础，是高效率的算法，因而得到广泛的应用[26]。因此本节采用 Delaunay 算法构建三角网格实现对偏微分方程的有限元求解。

设平面上的一个点集 $P=\{P_1,P_2,\cdots,P_n\}$，任取 P 的一个三角剖分 g，假设其中含有 m 个三角形，则 τ 中共有 $3m$ 个角度，将它们按照升序排序，可得到一个排序的结果为 $(\alpha_1,\alpha_2,\cdots,\alpha_{3m})$，可以令 $\boldsymbol{A}(\tau)=(\alpha_1,\alpha_2,\cdots,\alpha_{3m})$，$\boldsymbol{A}(g)$ 称为角度向量，同样对于 P 的另一个三角剖分 g，可以得到与之对应的角度向量 $\boldsymbol{A}(\tau')=(\alpha'_1,\alpha'_2,\cdots,\alpha'_{3m})$。设 $\boldsymbol{A}(\tau)$ 为满足 Delaunay 算法的三角网格，则对于 P 的其他任一三角网格剖分 τ' 满足：

$$\boldsymbol{A}(\tau)>\boldsymbol{A}(\tau'),\quad 即\ \min\alpha_1>\min\alpha'_1 \tag{3.33}$$

即对于平面上的一个点集，存在一个唯一的 Delaunay 三角剖分，使得最小角达到最大的三角剖分，对于其他三角剖分，可以通过边翻转转化为 Delaunay 三角剖分。

边翻转的过程如图 3.66 所示，由于边翻转后，三角剖分的最小角增大，则可以称这条边为非法边，如图 3.66 中的 p_ip_j 为非法边，因而将其删去，取代之以 p_lp_k，在这过程中三角剖分的最小角增大，这个变换过程称为边翻转。

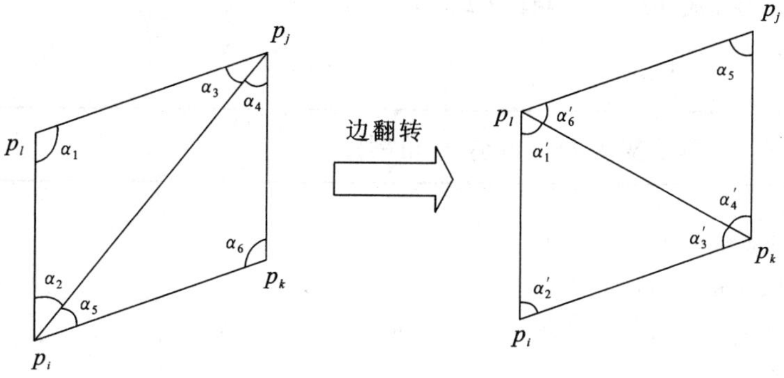

图 3.66 最小角最大与边翻转操作

构建 Delaunay 三角剖分的过程可以看作是一个随机增量式算法。首先用一个足够大的三角形 $p_{-1}p_{-2}p_{-3}$ 将整个点集 P 包围起来，$p_{-1}p_{-2}p_{-3}$ 必须相隔足够远，不能落在 P 中任意三点的外接圆内，这样保证所选的 $p_{-1}p_{-2}p_{-3}$ 不会被 P 中的 Delaunay 三角剖分影响。随后按随机的次序从点集中逐一引入各点，在这个过程中不断维护并更新一个与当前已引入的点集的 Delaunay 三角剖分，引入点的过程如图 3.67 所示，首先确定 p_r 落在哪个三角形内，然后将 p_r 与三角形的三个顶点分别连接起来，生成三条边；当点 p_r 恰好位于边上时，情况相似，连接受到影响的三角形各个顶点。由于引入点 p_r 后生成了新的边，因此要通过翻转操作使非法边变为合法边。判断该三角形的三条边是否为非法边，进行翻转操作，由于翻转操作会对相邻的三角形产生影响，因此再对受影响的边进行翻转操作，直至所有的边都为合法边。在引入所有点后，只要将与三角形 $p_{-1}p_{-2}p_{-3}$ 相关的边删除即可完成 Delaunay 三角剖分。

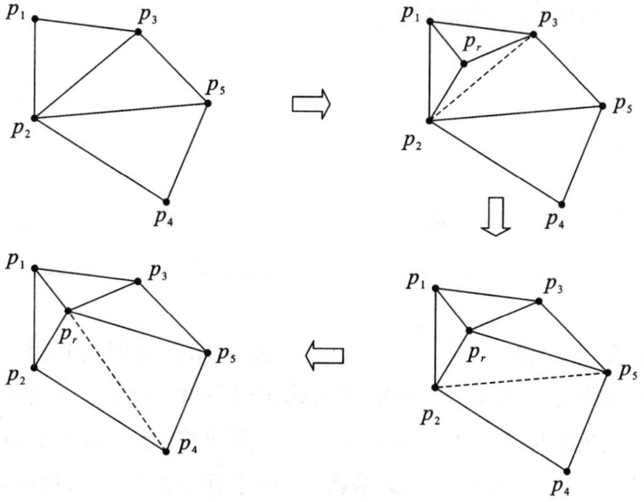

图 3.67 Delaunay 算法

根据以上分析，翻转操作的算法如下：

LegalizeEdge(p_r, p_ip_j, τ)

1. （* p_r 为插入的点，p_ip_j 为 τ 中可能需要翻转的一条边 *）
2. if（p_ip_j 是非法边）
3. then 令 $p_ip_jp_k$ 为沿着边 p_ip_j 与 $p_rp_ip_j$ 相邻的三角形
4. 将原来的边 p_ip_j 替换成边 p_rp_k（* 翻转 p_ip_j *）
5. LegalizeEdge(p_r, p_ip_j, τ)
6. LegalizeEdge(p_r, p_rp_k, τ)

综上，可以按以下算法实现 Delaunay 三角剖分：

Algorithm Delaunay Triangulation (P)

Input 由平面上 n 个点组成的一个集合 P

Output P 的一个 Delaunay 三角剖分

1. 适当地选取三个点 $p_{-1}p_{-2}p_{-3}$ 将 P 完全包含于三角形内
2. 将初始化为单独的一个三角形 $p_{-1}p_{-2}p_{-3}$
3. 随机地选取 P 中各点的一个次序：$p_1, \cdots, p_n$
4. for $r = 1$ to n
5. do（* 将 p_r 插入到 τ 中 *）
6. 找到 p_r 所在的三角形 $p_ip_jp_k$
7. if（* p_r 落在三角形 $p_ip_jp_k$ 的内部 *）
8. then 分别将 p_r 与三角形 $p_ip_jp_k$ 的三个顶点连接起来
   （* 生成三条边，从而将三角形 $p_ip_jp_k$ 一分为三 *）
9. LegalizeEdge(p_r, p_ip_j, p_r)
10. LegalizeEdge(p_r, p_jp_k, τ)
11. LegalizeEdge(p_r, p_kp_i, τ)
12. else（* p_r 正好落在三角形 $p_ip_jp_k$ 的某一条边（不妨设为 p_ip_j）上
13. 将 p_r 分别与 p_k 以及与 p_ip_j 关联的另一个三角形的第三个顶点连接起来
    （* 从而将与 p_ip_j 相关联的那两个三角形划分为四个三角形 *）
14. LegalizeEdge(p_r, p_ip_l, τ)
15. LegalizeEdge(p_r, p_lp_j, τ)
16. LegalizeEdge(p_r, p_jp_k, τ)
17. LegalizeEdge(p_r, p_kp_i, τ)
18. 将点 $p_{-1}p_{-2}p_{-3}$ 以及与之相关的边都从 τ 中剔除掉
19. return τ

（3）半边数据结构

数据结构是算法的核心。对于三角网格剖分，一般的储存结构是利用一个共享的顶点线性表指针和一个共享的线性表三角面。这种数据结构虽然简单，但是对表进行遍历、查找操作时就会变得十分费时。半边数据结构对于三角网格的各种操作，是一种十分有效的数据结构[34]。

半边数据结构之所以被称为半边数据结构，是由于在半边数据结构中，边是作为最核心的数据结构，且三角网格的一条边是被分为两半存储的。如图 3.68 所示，半边数据结构所保存的边是有方向的，一个半边只保存该边的终止点，同时也保存指向另一个半边的指针，一个三角网格内的半边一般是逆时针方向，三条边构成一个回路，也就是说可以通过半边中指向其另一半的指针访问到相邻的三角形，这在刀路规划中具有十分重要的意义。在刀路规划中，常常用平面与三角网格曲面进行求交，将交线作为刀具轨迹。平面与三角网格求交是通过与三角网格中的每条边进行求交的，如果按照一个共享的顶点线性表指针和一个共享的线性表三角面作为三角网格的数据结构，则每次求交都要进行一次遍历，求交得到的交点还需要进行排序，才能得到交线，效率十分低下。半边数据结构在求交过程中，则是利用与平面相交的那条边的半边访问到另外半边，这样不仅可以在常数时间复杂度内实现平面与三角网格的求交，而且求交得到的交点自然就是有次序的，无须再次进行排序。

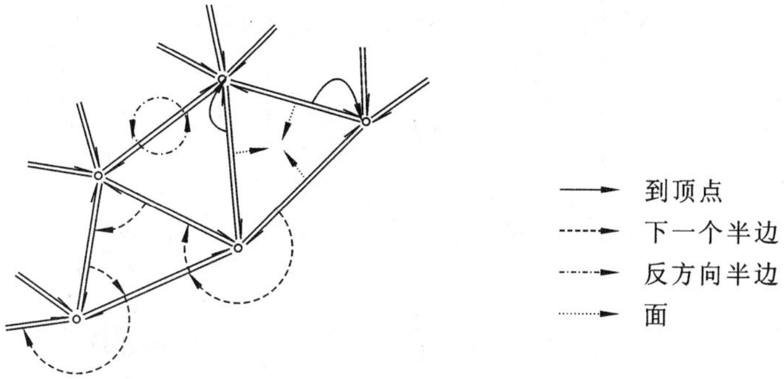

图 3.68　半边数据结构

(4) 有限元法求解

以上已经通过 Delaunay 算法得到了关于点集 $\{p_i\}_{i=1}^n$ 的三角网格单元划分，令三角剖分 T_h 的分片线性有限元空间 S_h：

$$S_h = \{v \in C(\overline{\Omega}) : v|_K \in P_1(K) \quad K \in T_h, v|_\Gamma = 0\} \tag{3.34}$$

其中，$P_1(K)$ 表示定义在 K 上的次数不超过 1 的多项式的全体函数构成的多项式函数空间，即 S_h 为连续的分片的线性函数构成的有限维空间。可以看出，$S_h \in H_0^1(\Omega)$ 且 S_h 中任何函数 v 可由 v 在内节点处的函数值唯一确定，构造一组基函数 $\{\lambda_i\}_{i=1}^n \in S_h$。

$$\lambda_i(p_j) = \begin{cases} 1, & j = i \\ 0, & j \neq i \end{cases} \quad i,j = 1,2,\cdots,n \tag{3.35}$$

对于三角网格单元，如图 3.68 所示，设其三个顶点的坐标分别为 $p_l(x_l, y_l)$，$p_m(x_m, y_m)$，$p_n(x_n, y_n)$，同时三个点满足逆时针分布，则基函数可定义为：

$$\lambda_1(x,y) = \frac{1}{D}\begin{vmatrix} x & y & 1 \\ x_m & y_m & 1 \\ x_n & y_n & 1 \end{vmatrix}, \quad \lambda_m(x,y) = \frac{1}{D}\begin{vmatrix} x_l & y_l & 1 \\ x & y & 1 \\ x_n & y_n & 1 \end{vmatrix},$$

$$\lambda_n(x,y) = \frac{1}{D}\begin{vmatrix} x_l & y_l & 1 \\ x_m & y_m & 1 \\ x & y & 1 \end{vmatrix}$$

其中，$D = \begin{vmatrix} x_l & y_l & 1 \\ x_m & y_m & 1 \\ x_n & y_n & 1 \end{vmatrix}$，它等于三角形面积的两倍。

则对于任意一个函数 $v(x,y)\in S_h$，有

$$v(x,y)=\sum_{i=0}^{n}V_i\lambda_i(x,y) \tag{3.36}$$

其中，$V_i=v(P_i)$。根据 Galerkin 方法[13]，可建立如下逼近问题：求 $T_h\in S_h$，使

$$a(T_h,v)=(1,v)\quad \forall v\in S_h \tag{3.37}$$

令

$$T_h(x,y)=\sum_{j=1}^{n}T_j\lambda_j(x,y) \tag{3.38}$$

则式(3.37)等价于

$$\sum_{j=1}^{n}a(\lambda_j,\lambda_i)T_j=(1,\lambda_i)\quad i=1,2,\cdots,n \tag{3.39}$$

该线性方程可以写成矩阵的形式：

$$AT=b \tag{3.40}$$

其中

$$T=(T_i)\in R^n, A=[a_{ij}=a(\lambda_j,\lambda_i)]\in R^{n\times n}$$

$$b=[b_i=(1,\lambda_i)]\in R^n$$

$$a_{ij}=a(\lambda_j,\lambda_i)=\iint_{\Omega}\left(\frac{\partial\lambda_j}{\partial x}\frac{\partial\lambda_i}{\partial x}+\frac{\partial\lambda_j}{\partial y}\frac{\partial\lambda_i}{\partial y}\right)\mathrm{d}x\mathrm{d}y$$

$$b_i=(1,\lambda_i)=\iint_{\Omega}\lambda_i\mathrm{d}x\mathrm{d}y$$

对于边界点 $T_i\in\partial\Omega$，令边界点 $T_i=0$，求解方程(3.40)即可得到各个节点的温度值。

由式(3.40)求解得到各个节点的值后，将最后的解归一化，令

$$T_i'=T_i(x,y)/\max_{(x,y)}T(x,y) \tag{3.41}$$

经过式(3.41)归一化处理后，可以得到偏微分方程的解如图3.70所示，图3.70的云图显示了 T 值的分布。从中可以看到从边界到中心，T 的值逐渐增大，可以明显看出 T 的等值线从最中心的圆形逐步变化，直到与最终的形状一致，这正是需要的效果。

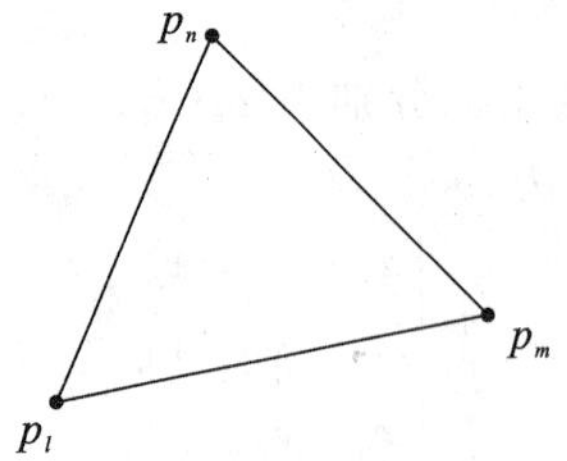

图3.69　三角网格单元

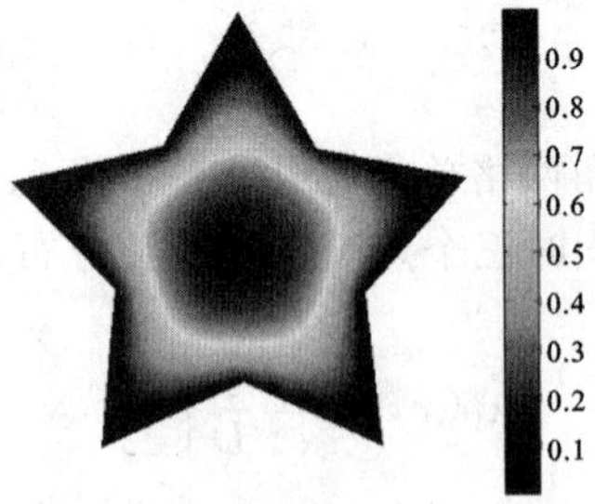

图3.70　偏微分方程的解

3.4.3　螺旋刀具轨迹规划

若以 T 的值代替坐标系 $O\text{-}xyz$ 的 Z 值，即在 $O\text{-}xyt$ 坐标系下，可以得到如图3.71所示的三角网格曲面 $T(x,y)$，这样就可以通过在 $O\text{-}xyt$ 坐标系下的平面 $T=T_i$ 与三角网格 $T(x,y)$

求交，获得在加工区域上的一族关于T的等值线，利用半边数据结构可以在常数时间复杂度内实现平面与三角网格曲面的求交。求交后的等值线 T_i 如图 3.72 中虚线所示。

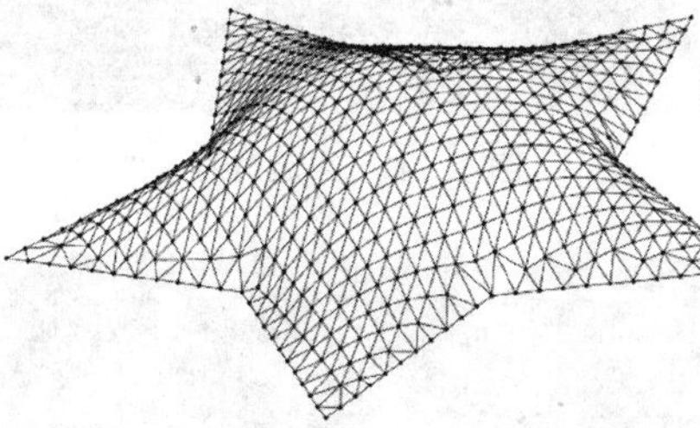

图 3.71　在 *O-xyt* 坐标系下的三角网格曲面 $T(x,y)$

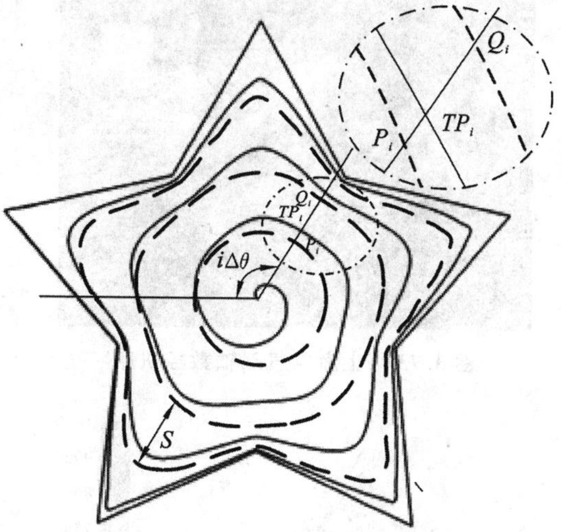

图 3.72　螺旋刀具轨迹规划

上述分析可以知道当 $T=1$ 时（也就是 T 值最大时）的点，为螺旋刀具轨迹的起点，生成螺旋刀具轨迹的过程如图 3.72 所示，首先根据给定切宽 S，从螺旋刀具轨迹的起点（也就是中心点）到边界最远点，按给定切宽取点，分别计算所取点的 t 值，在 $O\text{-}xyt$ 坐标系下用平面 $T=t$ 与三角网格曲面求交，获取得到一族关于T的等值线。则螺旋刀具轨迹的刀位点计算可按如下方法：

① 过中心点作一条射线与各条等值线相交，如图 3.72 所示，P_i、Q_i、射线的方向为由中心点指向边长最大的中点。

② 此时的刀位点 $TP_i = P_i + \dfrac{i\Delta\theta}{2\pi}(Q_i - P_i)$。

③ 射线绕中心点按一定方向（逆时针或顺时针）旋转角度 $\Delta\theta$，$i=i+1$，$i\Delta\theta < 2\pi \rightarrow$ ②，$i\Delta\theta > 2\pi \rightarrow$ ④。

④ 将所得到的刀位点，按顺序连起来（最后一圈的刀位点为其边界点），即可得到螺旋铣刀路。

3.4.4　实验与分析

为了验证本算法的有效性，本节利用如图 3.73 所示的数控机床进行加工实验，实验材料为铝合金，加工刀具采用 Widia 镶片式刀具，直径为 25 mm，带两片刀片。实验加工边长为190mm、深度为10mm的正三角形型腔，离散时取 $\Delta l = 0.5\text{mm}$，将加工区域离散成4254个点，三角网格后共 8285 个三角形，求解得到的螺旋刀具轨迹如图 3.74 所示。按切深 2mm，切宽 14mm，转速 8000r/min，给定最大进给率 10000mm/min，虽然给定最大进给率为 10000mm/min，但机床的实际进给速度不可能一直保持在 10000mm/min，其实际加工的进给速度如图 3.75 所示，可以看到在拐角处，进给速度实现了较为平缓的过渡。在实际加工中，在这种高速进给的情况下，进给速度的平缓变化，减少了机床在加工过程中发生震动的情况，同时也提高了总体的加工效率。实验的实际加工结果如图 3.76 所示，实验验证了该算法的有效性。相对于传统刀路规划算法，该算法对于高进给加工表现出了较好的适应性。

图 3.73　上海电气五轴数控机床

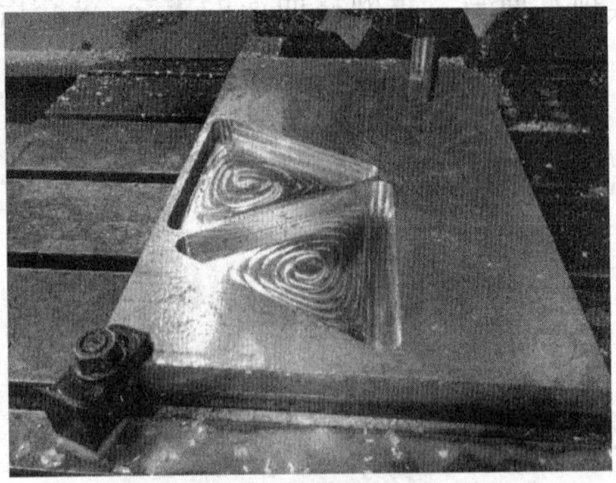
图 3.74　实验过程

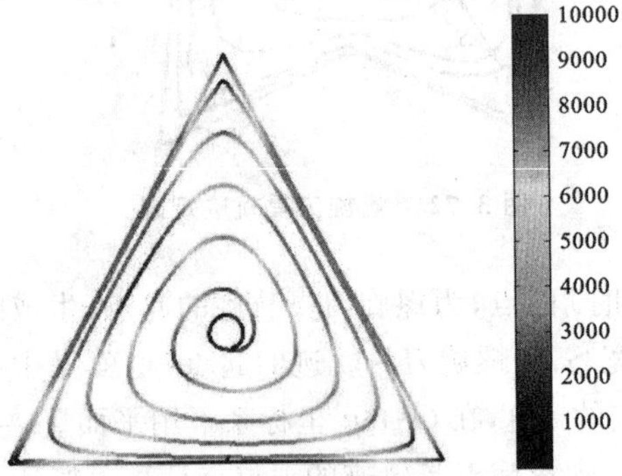

图 3.75　螺旋刀具轨迹及进给速度

图 3.76　实验加工结果

3.5　曲率光顺刀具路径优化

使用上一节的方法生成的螺旋铣削刀路，在轨迹拐角处会出现曲率波动，影响进给速度，导致机床在加工过程中频繁地加减速，产生振动，影响零件的表面质量，因此需要对该刀具轨迹进行光顺优化。

在光顺刀具路径的方法中，曲线应变能法是普遍被应用的一种方法。它是一种整体优化方法，即在给定的容差条件下，使曲线的应变能法函数达到最小，通过求解优化问题实现对刀具路径的光顺。但是采用曲线应变能作为光顺准则所得到的曲线往往趋近于直线，虽然保证了刀具轨迹曲线的绝对曲率较小，却不能保证曲线的曲率变化均匀。无论是整体优化光顺法还是局部光顺法，都是以平滑曲线的曲率或者使曲线的应变能达到最小来实现曲线光顺的目的。本节着重在传统应变能法的基础上，深入分析了曲线的光顺性准则，针对应变能法光顺后曲线曲率变化不均的现象，提出一种新的基于五次B样条曲线的光顺方法，使曲线应变能减少的同时，曲线的曲率变化也趋于均匀，更好地实现了曲线光顺性要求。本节内容的详细描述可参见文献[35]。

3.5.1　点到曲线距离计算

刀路轨迹采用B样条曲线表示，表示形式为

$$C(u)=\sum_{i=0}^{n} w_i N_{i,5}(u) \tag{3.42}$$

式(3.42)中，w_i 为曲线控制点；$N_{i,5}(u)$是由节点矢量所确定的5次B样条基函数。

文献[20]定义了点-曲面距离函数，并且在分析其微分特性的基础上，利用距离函数的泰勒展开来近似计算点与曲面之间的距离，由此进行目标曲面的拟合。本节将拓展该方法，定义点-曲线距离函数并给出其一阶近似表达式，然后将距离函数应用于螺旋刀路光顺优化中。

定义3.3　点-曲线距离函数： 如图3.77所示，给定 $\mathbf{R}^3$ 空间中的一条正则曲线 $C(w)$ 和曲线外一点 $\boldsymbol{q}$，其中 $\boldsymbol{w}=[w_1,w_2,\cdots,w_m]^{\mathrm{T}}\in\mathbf{R}^m$ 为曲线的控制点，则 $C(\boldsymbol{w})$ 上至少存在一点 $\boldsymbol{p}$ 满足

$$\|\boldsymbol{q}-\boldsymbol{p}\| = \min_{x\in C(w)} \|\boldsymbol{q}-\boldsymbol{x}\|$$

其中，$\|\cdot\|$ 表示 $\mathbf{R}^3$ 中的欧式范数。点 q 与曲线 $C(w)$ 之间的距离定义为

$$d_{q,C(w)} = \|\boldsymbol{q}-\boldsymbol{p}\| \tag{3.43}$$

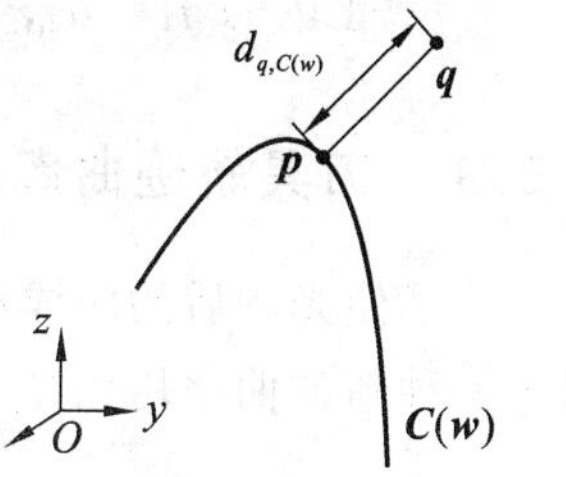

图3.77　点到曲线距离示意图

其中，点 $\boldsymbol{p}$ 为点 $\boldsymbol{q}$ 在曲线 $C(\boldsymbol{w})$ 上的最近点或者足点。

由式(3.43)可见，$d_{\boldsymbol{q},C(\boldsymbol{w})}$ 是 $\boldsymbol{q}$ 和 $\boldsymbol{w}$ 的函数，即曲线外任意一点的位置和曲线的几何形状均影响距离函数的取值。若曲线本身固定，即曲线的控制点为定常量，通过调整点 q 的位置，可以减小该点与曲线 $C(\boldsymbol{w})$ 的垂直距离。若点 $\boldsymbol{q}$ 固定，此时可以通过调整曲线的控制点 $\boldsymbol{w}$ 改变曲线形状，从而减少点 $\boldsymbol{q}$ 与曲线的距离。$d_{\boldsymbol{q},C(\boldsymbol{w})}$ 的一阶线性泰勒展开式为

$$d_{\boldsymbol{q},C(\boldsymbol{w}+\Delta\boldsymbol{w})} \approx d_{\boldsymbol{q},C(\boldsymbol{w})} - \sum_{i=1}^{m}\left[\frac{\boldsymbol{q}-\boldsymbol{p}}{\|\boldsymbol{q}-\boldsymbol{p}\|}\cdot \boldsymbol{C}_{w_i}\right]\cdot \Delta w_i$$

其中，偏导数 $\boldsymbol{C}_{w_i}$ 是曲线 $C(\boldsymbol{w})$ 在各控制点处的导数。

3.5.2　刀具轨迹应变能光顺优化方法

目前文献中普遍采用曲线的应变能来度量路径的光顺性。曲线的应变能(Blending Energy,BE)的计算方式如下：

$$BE(\boldsymbol{w}) = \int_0^s \kappa(s)^2 \mathrm{d}s$$

其中，κ 表示曲线的曲率；s 表示曲线的弧长。一般很难得到弧长参数化的曲线，为了方便计算和优化，常采用近似弧长参数化的曲线代替。在本节中采用累积弦长法来参数化插值的刀位点，得到近似弧长参数化的曲线 $C(u)$。

将刀具路径的光顺性度量指标引入到路径整体优化模型的目标函数中，得到同时考虑加工误差和刀具路径光顺性的多目标优化问题：

$$\mathrm{P}_1 \quad \begin{aligned} &\min_{w\in\mathbf{R}^m} \quad \boldsymbol{w}^{\mathrm{T}}\boldsymbol{K}\boldsymbol{w} \\ &s.t. \quad d_{\boldsymbol{q}_i,C(\boldsymbol{w})} \leqslant \delta \quad 1\leqslant i\leqslant n \end{aligned}$$

其中，$\boldsymbol{K}=\int_0^u\left(\left[\dfrac{\partial^2\boldsymbol{B}}{\partial u^2}\right]^{\mathrm{T}}\left[\dfrac{\partial^2\boldsymbol{B}}{\partial u^2}\right]\right)\mathrm{d}u$，　$\boldsymbol{B}=[N_{0,5}(u),\cdots,N_{n,5}(u)]$。

边界目标函数方法是一种求解多目标优化问题的有效方法。其基本思路是将原目标函数

中的某一个作为新的目标函数，而将其他的目标函数包含在约束中。在实际加工中，我们希望在满足几何精度要求的前提下获得尽可能光顺的刀具路径。因此上述多目标优化问题可以转换为如下约束非线性规划问题，并可以采用线性规划的算法求解，具体的求解步骤可以参见3.2.3节中的算法。

$$\text{LP}\quad \begin{aligned} &\min_{\Delta w\in \mathbf{R}^m}\ [\boldsymbol{K}\boldsymbol{w}^k]^{\mathrm{T}}\Delta \boldsymbol{w} \\ &s.t.\quad d_{\boldsymbol{q}_i,C(w^k)}-\sum_{j=1}^{m}\left[\frac{\boldsymbol{q}_i-\boldsymbol{p}_i}{\|\boldsymbol{q}_i-\boldsymbol{p}_i\|}\cdot C_{w_j}\right]\cdot \Delta w_j\leqslant \delta \quad i=1,2,\cdots,n \end{aligned}$$

3.5.3 刀具轨迹曲率均化光顺方法

为了使光顺后的曲线不仅满足应变能最小，同时曲率变化也较小，在能量法的基础上，提出了一种新的曲率均化光顺方法，其计算方法如下：

$$CVE(\boldsymbol{w})=\int_0^s\left(\frac{\mathrm{d}\kappa}{\mathrm{d}s}\right)^2\mathrm{d}s$$

采用近似弧长参数化的曲线后，其计算方式变为：

$$CVE(\boldsymbol{w})=\int_0^u(\boldsymbol{C}_{uuu})^2\mathrm{d}u=\boldsymbol{w}^{\mathrm{T}}\boldsymbol{K}\boldsymbol{w}$$

其中，$\boldsymbol{K}=\int_0^u\left(\left[\frac{\partial^3\boldsymbol{B}}{\partial u^3}\right]^{\mathrm{T}}\left[\frac{\partial^3\boldsymbol{B}}{\partial u^3}\right]\right)\mathrm{d}u$。

因此刀具轨迹的优化模型如下：

$$\mathrm{P}_1\quad \begin{aligned} &\min_{w\in \mathbf{R}^m}\ \boldsymbol{w}^{\mathrm{T}}\boldsymbol{K}\boldsymbol{w} \\ &s.t.\quad d_{\boldsymbol{q}_i,C(w)}\leqslant \delta \quad 1\leqslant i\leqslant n \end{aligned}$$

P_1 也可采用序列线性规划方法求解模型。

3.5.4 仿真计算与实验

图3.74所示的三角网格的边长为190mm，采用半径为8mm的圆柱立铣刀加工。采用前一节的方法生成初始螺旋刀路。初始螺旋刀路的曲率分布如图3.78所示。从图3.78可以看到刀路在拐角处的曲率出现跳动，这会引起机床在加工过程中进给速度的波动，导致机床频繁的加减速，产生振动。根据参考文献[22]的进给速度规划方法，初始刀路的离线进给速度规划如图3.79所示。进给速度规划算法中的参数如下：最大进给速度6000mm/min，x和y轴的最大加速度720mm/s^2，最大跃度1440mm/s^3。

采用提出的刀路光顺准则对初始刀路进行优化，优化后得到的刀路的曲率分布如图3.80所示，可以发现刀路在拐角处的曲率跳动减少。离线进给速度规划如图3.81所示，可以看出刀路的平均进给速度提升了，离线仿真加工时间降为29s。

采用图3.82所示的机床在平板零件上进行实际加工实验，机床配的是Fagor数控系统。数控系统上的参数设置如下：最大进给速度6000mm/min，x和y轴的最大加速度720mm/s^2，最大跃度1440mm/s^3。由于靠近型腔边界的刀路比较光滑，为了使对比效果明显，实验中截断了刀路，去掉了靠近型腔边界的刀路。实验结果如图3.83所示。原始刀路与优化后刀路的加工时间对比如表3.3所示。

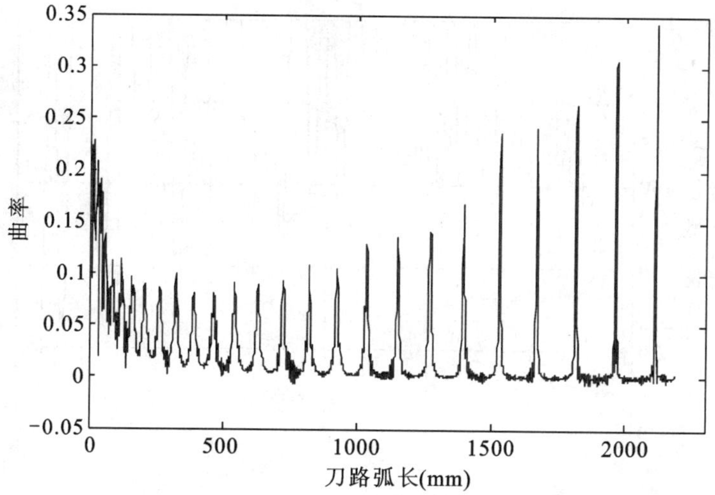

图 3.78 初始刀路的曲率分布

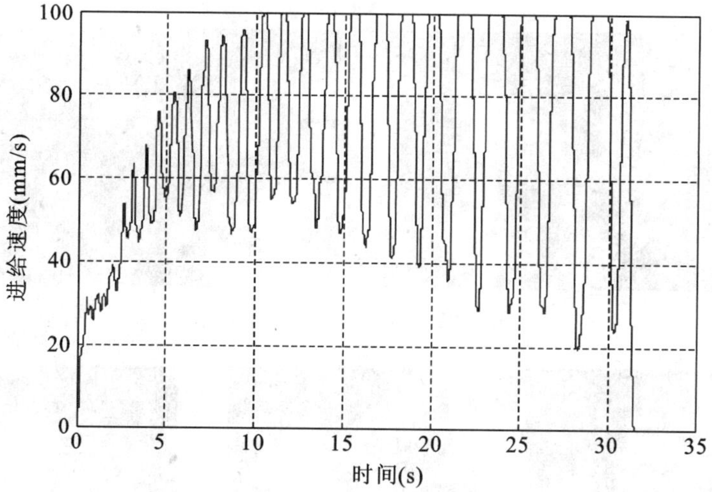

图 3.79 初始刀路的离线进给速度规划

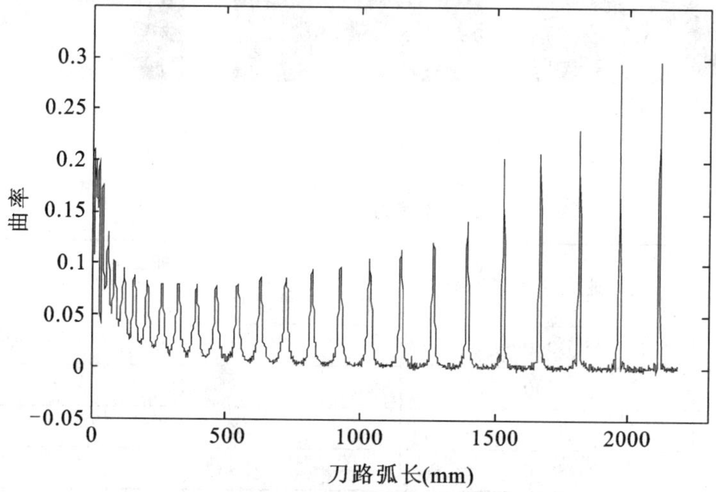

图 3.80 CVE 优化刀路的曲率分布

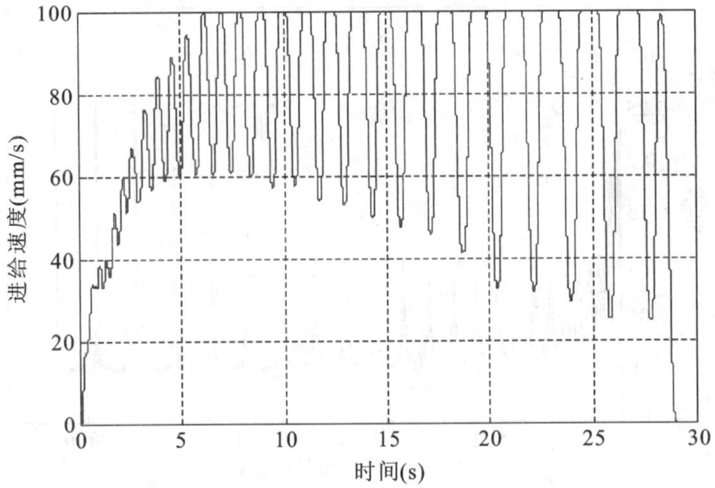

图 3.81 CVE 优化刀路的离线进给速度规划

图 3.82 实验机床与工件装夹

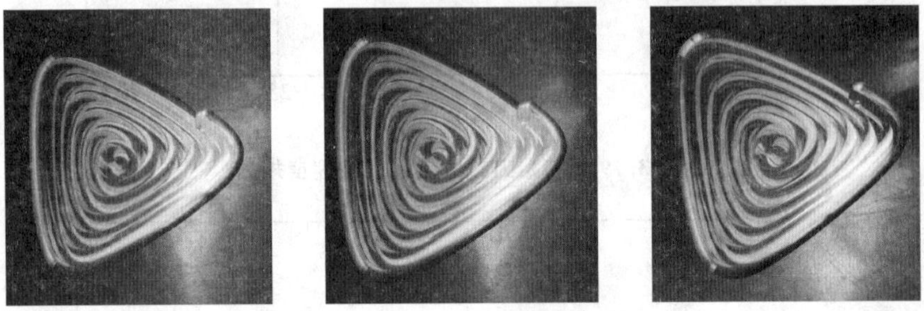

(a) (b) (c)

图 3.83 实验结果

表 3.3 不同刀路的加工时间对比

No.	进给速度（mm/min）	加工时间（s）	
		初始刀路	优化刀路
1	3000	62.0	61.0
2	4000	57.8	54.4
3	6000	55.2	49.1
4	8000	54.8	47.8

从表 3.3 可以看出，光顺优化后的刀路的加工时间要比初始刀路的短，减少的幅度在 1.6%～12.7%之间。速度对比如图 3.84 所示，优化后的螺旋铣刀路与传统螺旋铣刀路相比，进给速度更加光滑一些。

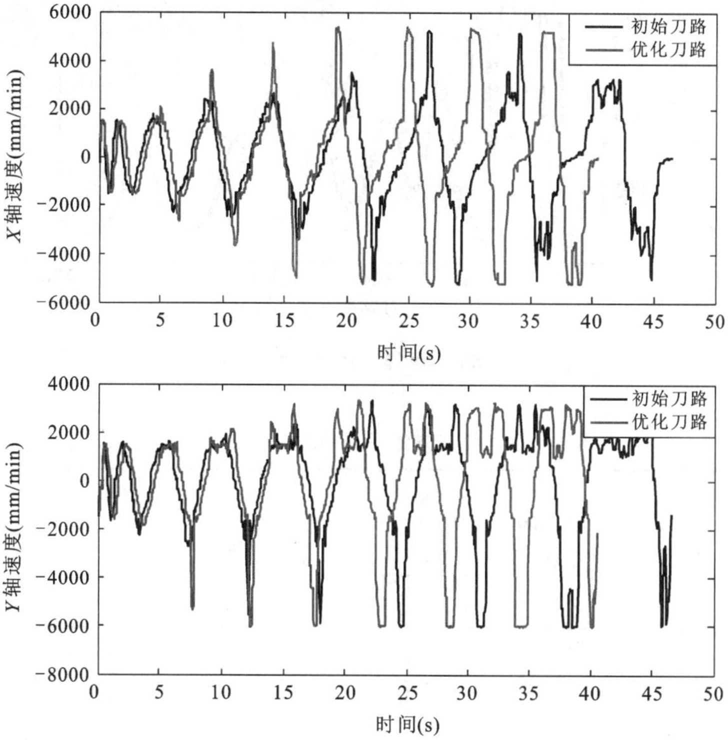

图 3.84　螺旋铣平面加工速度对比图

为了与常用的 BE 光顺准则做对比，我们也计算了用 BE 光顺准则得到的刀路，该刀路的曲率分布如图 3.85 所示。两种不同光顺准则得到的刀路的曲率分布如图 3.86 所示。可以发现用 CVE 光顺准则得到的刀路在路径开始时的曲率变化要比用 BE 光顺准则得到的刀路平滑。两种刀路的实际加工时间对比如表 3.4 所示，可以发现用 CVE 光顺准则得到的刀路的加工时间要短。

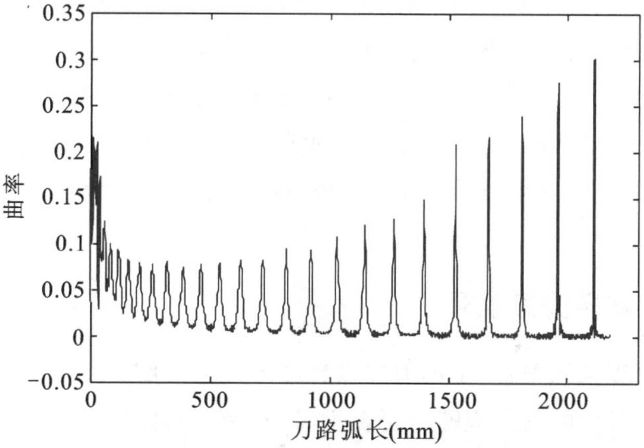

图 3.85　BE 优化刀路的曲率分布图

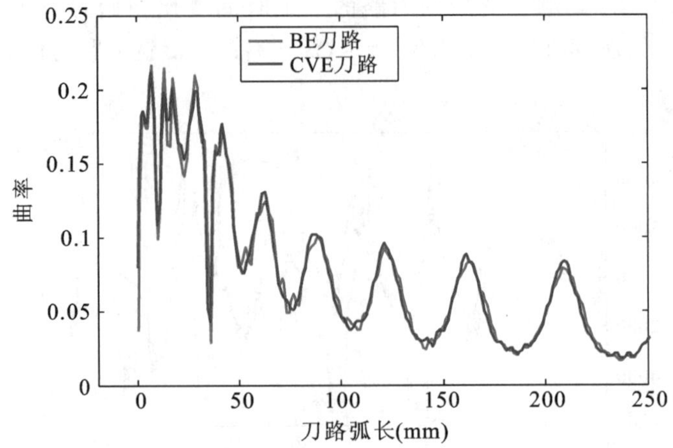

图 3.86　两种刀路曲率分布对比

表 3.4　不同优化方法得到的刀路的加工时间对比

No.	进给速度（mm/min）	加工时间（s）	
		BE 刀路	CVE 刀路
1	3000	61.4	61.0
2	4000	54.9	54.4
3	6000	50.0	49.1
4	8000	48.7	47.8

3.6　机床旋转角光滑的侧铣加工路径优化

复杂曲面零件的加工是在机床上进行的。因此，在规划刀具路径的时候，需要考虑机床的动态性能，避免机床的旋转角发生很大的变化。以往的侧铣路径规划是在工件坐标系（WCS）下进行的通过使刀轴之间在 WCS 光顺从而希望机床的运动也光顺由于五轴机床的后置处理是非线性模型，在 WCS 下的刀轴光顺不代表刀路在机床坐标系（MCS）下的运动就光滑，尤其是当刀具经过机床的奇异区域时，即使刀具的轴线发生很小的变化，机床的旋转轴也会产生很大的剧烈运动。因此需要在规划刀具路径时考虑机床各轴的运动特性。本节内容的详细描述可参见文献[29]。

3.6.1　侧铣加工路径光顺优化

侧铣刀具路径可以采用 WCS 下的刀尖点轨迹与刀轴矢量曲线表示，如图 3.87 所示。刀具的刀轴方向可以采用机床的两个旋转角度表示，针对 AC 双摆头结构五轴数控机床刀轴方向可以表示为

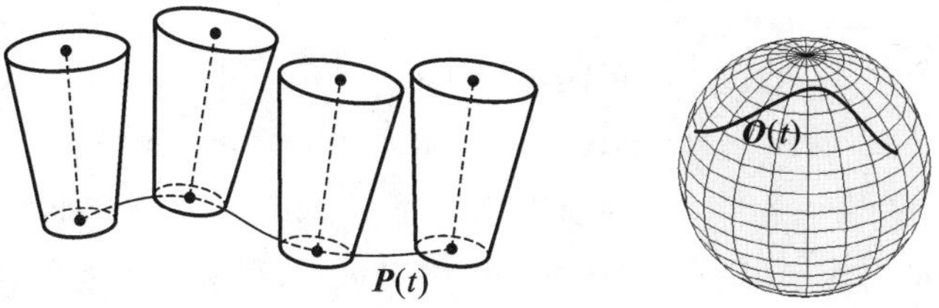

图 3.87 以样条曲线表示刀路

(a) 刀尖点位置样条曲线;(b) 刀轴样条曲线

$$\boldsymbol{O}(t)=\begin{bmatrix}O_i(t)\\O_j(t)\\O_k(t)\end{bmatrix}=\begin{bmatrix}\sin(C_C(t))\sin(C_A(t))\\-\cos(C_C(t))\sin(C_A(t))\\\cos(C_A(t))\end{bmatrix} \tag{3.44}$$

因此,刀具路径可以表示为

$$\boldsymbol{S}_{\text{axis}}(\boldsymbol{w};a,t)=\boldsymbol{P}(t)+a\cdot H\cdot\boldsymbol{O}(t) \tag{3.45}$$

其中,$\boldsymbol{S}_{\text{axis}}$ 表示刀路轴迹面;$\boldsymbol{w}=[w_1,\cdots,w_{\text{m}}]^{\text{T}}\in\mathbf{R}^m$表示刀路的控制点集合;$H$ 表示刀具长度,$a\in[0,1]$。机床旋转角度的曲线。令刀尖点曲线的控制点个数为 l,则 $m=3l+l+l$。利用公式(3.45) 可以直接优化机床的两个旋转角度。

在加工过程中,机床旋转轴的平滑运动能保证零件曲面的表面质量,可仿照曲线光顺定义,采用旋转轴运动轨迹的一阶和二阶导数定义刀具路径的光顺性。令机床旋转角度的曲线的控制点分别为 $\boldsymbol{D}_{\text{A}}\in\mathbf{R}^l$,$\boldsymbol{D}_{\text{C}}\in\mathbf{R}^l$,利用公式(3.46) 度量刀具路径的光顺性。

$$F_{\text{smooth}}=\int_0^1\left[\left(\frac{\mathrm{d}^2C_{\text{A}}(t)}{\mathrm{d}t^2}\right)^2+\left(\frac{\mathrm{d}^2C_{\text{C}}(t)}{\mathrm{d}t^2}\right)^2+\left(\frac{\mathrm{d}C_{\text{A}}(t)}{\mathrm{d}t}\right)^2+\left(\frac{\mathrm{d}C_{\text{C}}(t)}{\mathrm{d}t}\right)^2\right]\mathrm{d}t \tag{3.46}$$

其矩阵形式为:

$$F_{\text{smooth}}=\boldsymbol{D}_{\text{A}}^{\text{T}}\boldsymbol{K}\boldsymbol{D}_{\text{A}}+\boldsymbol{D}_{\text{C}}^{\text{T}}\boldsymbol{K}\boldsymbol{D}_{\text{C}}$$

其中,$\boldsymbol{K}$ 表示刚度矩阵,$\boldsymbol{K}_{ij}=\int_0^1(B'_i(t)B'_j(t)+B''_i(t)B''_j(t))\mathrm{d}t,1\leqslant i\leqslant l,1\leqslant j\leqslant l$。对刀具路径进行光顺优化,需要调整控制点,这样可能会增大刀具的包络面与设计面之间的几何偏差。因此,光顺刀具路径时需要同时考虑几何偏差。采用前面章节中的点-包络面距离函数度量刀路几何偏差,可以微分演化算法(Differential Evolution,DE) 计算几何偏差,具体算法步骤如下所示:

算法:基于 DE 算法的几何偏差计算方法

输入:DE 算法参数,包括迭代次数(T)、种群个数(M)、交叉概率(CR)、惩罚权重(μ);刀具几何参数;设计面上点 $\boldsymbol{p}_i$。

输出:点 $\boldsymbol{p}_i$ 在刀路上满足距离函数的对应点参数(a,t);点 $\boldsymbol{p}_i$ 的几何偏差。

步骤 1:初始化

① 设 $k=0$

② 产生 $M\times2$ 规模的矩阵 $\boldsymbol{A}$。矩阵 $\boldsymbol{A}$ 每行元素代表(a,t),$A_{i,j}(i=1,2,\cdots,M;j=1,2)$的计

算方法为

$$A_{i,1} = \text{rand}(0,1) \cdot (u_{\max} - u_{\min}) + u_{\min}$$
$$A_{i,2} = \text{rand}(0,1) \cdot (v_{\max} - v_{\min}) + v_{\min}$$

其中，rand(0,1)为均匀分布在[0,1]的随机数；$u_{\min}$、$v_{\min}$、$u_{\max}$、$v_{\max}$ 分别表示刀路的参数边界。

③ 为了使得到的参数结果处于距离函数的定义域中，算法目标函数修改为几何偏差值与惩罚项的加权和。令 $f_{\text{penalty}}(a,t) = \begin{cases} \exp(a_0 - a) & \text{if} \quad a_0 > a \\ 0 & \text{if} \quad (a_0 < a > a_1) \\ \exp(a - a_1) & \text{if} \quad a > a_1 \end{cases}$，则算法目标函数为 $f(a,t) = \| \boldsymbol{p}_i - \boldsymbol{S}(a,t) \| - r(a,t) + \mu \cdot f_{\text{penalty}}(a,t)$。计算矩阵 $\mathbf{A}$ 中每行元素对应的目标值，并找出最小值 $f(a^*,t^*)$，并记为 $A_{\text{best}} = (a^*,t^*)$。

步骤 2：迭代

while $k \leqslant T$ do

for all $i \leqslant M$

随机选择 $p_1, p_2 \in \{1,2,\cdots,M\}$，且 $i \neq p_1 \neq p_2$

for all $j \leqslant 2$

① 计算 $h_{i,j} = A_{\text{best},j} + F(A_{p_1,j} - A_{p_2,j})$，其中 F 是均匀分布在[−1,0.4]∪[0.4,1]的随机数，其计算公式为 $F = \begin{cases} \text{rand}(-1,-0.4) & \text{if} \quad r_m > 0.5 \\ \text{rand}(0.4,1) & \text{if} \quad r_m < 0.5 \end{cases}$，$r_m \in (0,1)$是随机数。

② 计算 $v_j = \begin{cases} h_{i,j} & \text{if} \quad \text{rand}(0,1) < CR \\ A_{i,j} & \text{else} \end{cases}$

end for all j

if $u_{\min} < v_{i,1} < u_{\max}$

计算 $f(v_1, v_2)$

if $f(v_1,v_2) < f(A_{i,1},A_{i,2})$

$(A_{i,1},A_{i,2}) = (v_1,v_2)$

if $f(A_{i,1},A_{i,2}) < f(a^*,t^*)$

记$(a^*,t^*) = (A_{i,1},A_{i,2})$，$A_{\text{best}} = (a^*,t^*)$

end if

end if

end if

end for all i

$k = k + 1$

end while

通过加权最小平方和方法可以建立光顺机床旋转角度的侧铣刀具路径规划模型：

$$\min_{w \in \mathbf{R}^m} F = \sum_{i=1}^{n} [d_{\boldsymbol{p}_i, \boldsymbol{X}(w)}]^2 + \lambda(\boldsymbol{D}_{\mathrm{A}}^{\mathrm{T}} \boldsymbol{K} \boldsymbol{D}_{\mathrm{A}} + \boldsymbol{D}_{\mathrm{C}}^{\mathrm{T}} \boldsymbol{K} \boldsymbol{D}_{\mathrm{C}}) \tag{3.47}$$

其中，λ 是光顺权重。如果取得比较大，则生成的刀具路径光滑，但几何偏差会比较大，如果取得小，则生成的刀具路径几何偏差减少，但光顺性变差。模型是非线性最小二乘问题，可以采用高斯-牛顿法求解，求解过程如下：

令 $\boldsymbol{Y}=\begin{bmatrix}[\mathbf{0}]_{3l\times 3l} & [\mathbf{0}]_{3l\times 3l} & [\mathbf{0}]_{3l\times 3l}\\ [\mathbf{0}]_{l\times l} & \boldsymbol{K} & [\mathbf{0}]_{l\times l}\\ [\mathbf{0}]_{l\times l} & [\mathbf{0}]_{l\times l} & \boldsymbol{K}\end{bmatrix}$，则公式(3.47)可以表示为：

$$\min_{\boldsymbol{w}\in\mathbf{R}^m} F=\sum_{i=1}^{n}\left[d_{\boldsymbol{p}_i,\boldsymbol{X}(\boldsymbol{w})}\right]^2+\lambda\boldsymbol{w}^{\mathrm{T}}\boldsymbol{Y}\boldsymbol{w} \tag{3.48}$$

设 $\boldsymbol{w}^k$ 为当前解，将目标函数在 $\boldsymbol{w}^k$ 处作一阶线性泰勒展开，得到相应的线性最小二乘问题，

$$F=\sum_{i=1}^{n}\left[d_{\boldsymbol{p}_i,\boldsymbol{X}}(\boldsymbol{w}^k)+(\Delta\boldsymbol{w}^k)^{\mathrm{T}}\Delta d_{\boldsymbol{p}_i,\boldsymbol{X}}(\boldsymbol{w}^k)\right]^2+\lambda\left[(\boldsymbol{w}^k)^{\mathrm{T}}Y(\boldsymbol{w}^k)+2(\boldsymbol{w}^k)^{\mathrm{T}}\boldsymbol{Y}\Delta\boldsymbol{w}^k+(\Delta\boldsymbol{w}^k)^{\mathrm{T}}\boldsymbol{Y}(\Delta\boldsymbol{w}^k)\right]$$

则最优解为：

$$\Delta\boldsymbol{w}^k=\left[(\boldsymbol{A}^k)^{\mathrm{T}}(\boldsymbol{A}^k)+\lambda\boldsymbol{Y}\right]^{-1}\left[(\boldsymbol{A}^k)^{\mathrm{T}}\boldsymbol{b}^k+(\boldsymbol{w}^k)^{\mathrm{T}}\boldsymbol{Y}\right]$$

求得 $\Delta\boldsymbol{w}^k$ 后，令 $\boldsymbol{w}^{k+1}=\boldsymbol{w}^k+\Delta\boldsymbol{w}^k$，并进行下一次的迭代。当迭代次数超过最大迭代次数或者 $\Delta\boldsymbol{w}^k$ 的变化小于设定值时，则算法结束。

3.6.2 S试件的侧铣刀路规划

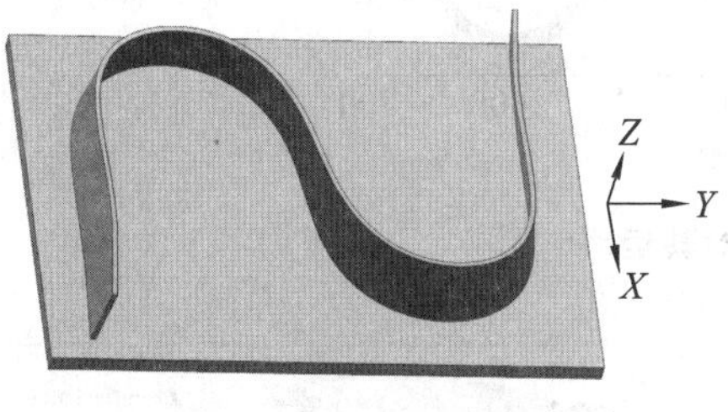

图 3.88 S形曲面

S试件的曲面如图3.88所示。加工刀具采用半径10 mm的圆柱刀。利用两点偏置法生成初始的刀位。加工机床采用图3.89所示的双摆头机床，初始刀路的机床旋转角度曲线如图3.90和3.91所示。由于刀具在加工曲面的时候要经过机床的奇异区域，机床的旋转角度在该位置处发生很大的变化(从 $-160°$ 变为 $-10°$)。当采用机床旋转角度曲线表示刀轴方向，初始刀路的最大过切是0.427 mm，最大欠切是0.327 mm，如图3.92(a)所示。

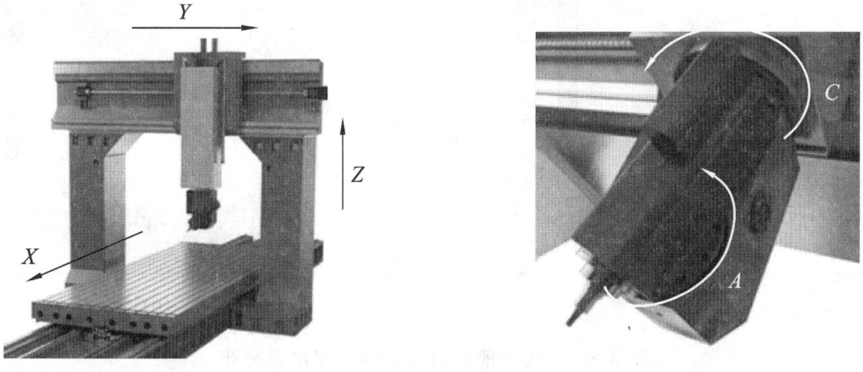

(a) (b)

图 3.89 双摆头机床

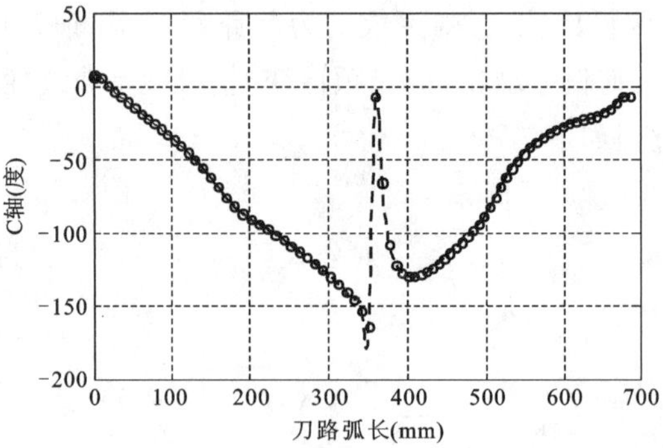

图 3.90　初始刀路 C 轴旋转运动

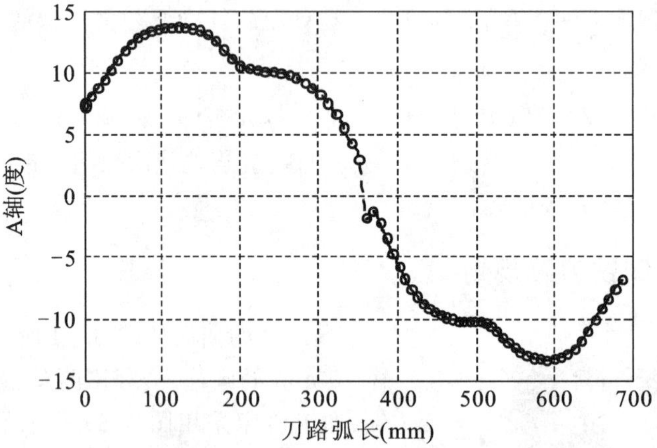

图 3.91　初始刀路 A 轴旋转运动

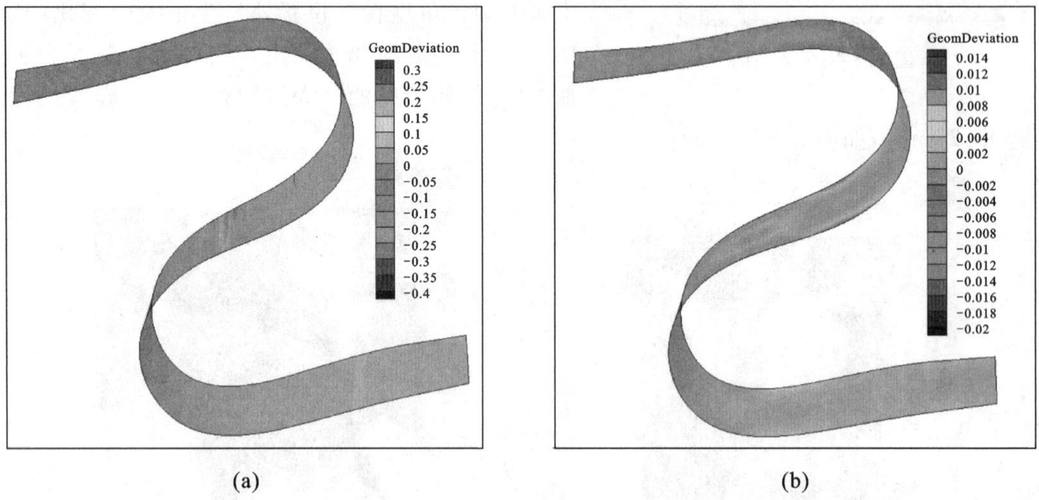

图 3.92　优化前后刀具路径几何误差分布

(a) 初始刀路；(b) 优化后刀路

求解模型可以得到光顺的刀路，光顺权重设为 $2e-4$。优化后的刀具路径的机床旋转角度曲线如图 3.93 和图 3.94 所示，可以发现 C 轴的突变消失了，曲线变得平滑。优化后的刀具路径的最大欠切是 0.0162mm，最大过切是 0.0215mm。优化后的刀路如图 3.95 所示。从仿真结果来看，所提的光顺路径生成算法可以生成机床旋转角运动平滑的刀路，同时几何误差满足精度要求。

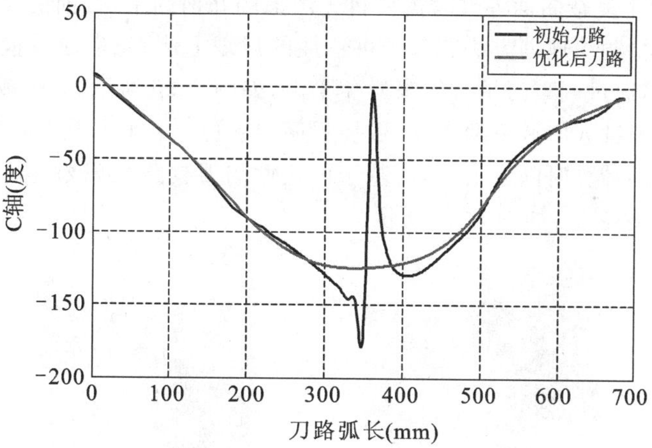

图 3.93　初始刀路 C 轴旋转运动

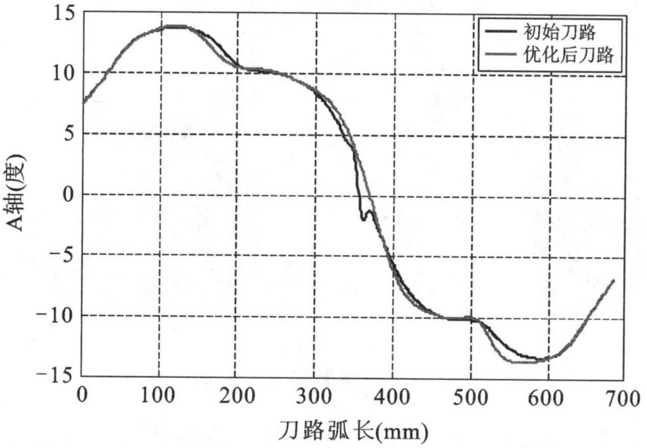

图 3.94　初始刀路 A 轴旋转运动

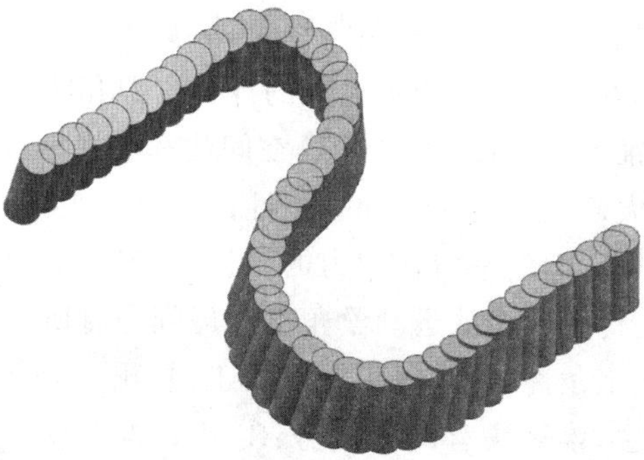

图 3.95　优化后的刀路

3.7 复杂零件点铣加工的避障与刀轴方向优化

干涉避免是加工复杂曲面零件时需要首先考虑的几何约束，目前的无干涉刀位规划方法可以分为先生成后检测的规划方法和基于可达性的规划方法。先生成后检测是指先生成刀具路径然后检测干涉，通过调整刀轴方向来避免干涉，如图 3.96 所示。先生成后检测方法的工作集中在干涉检查和刀轴方向调整两方面。数控程序中刀位点一般有几万行甚至十几万行，干涉检查往往花费大量的计算时间和资源，而基于可达性的刀具路径规划方法是直接在可达空间中生成无干涉刀具路径[24]，如图 3.97 所示。

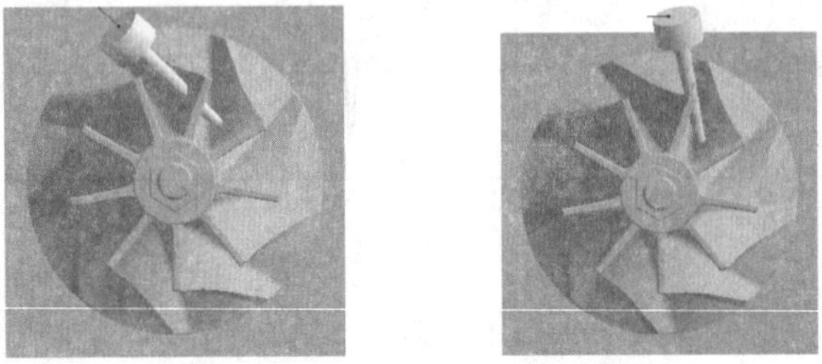

图 3.96 一般刀具路径规划方法

图 3.97 优化五轴数控加工中的刀具方向

可行空间中规划刀轴方向的思路是首先在离散刀位处计算出刀具无干涉方向，称为可达方向锥。然后在可达方向锥中选择出可行方向锥，再从中规划出刀轴方向。这种思路的优点是在满足几何约束的前提下，可以考虑加工过程中的动态特性和切削力等因素，来优化选择刀轴方向，但也带来了计算效率的问题。加工复杂零件时，障碍物模型往往由十几万甚至几十万的多边形网格组成，计算可达方向锥需要花费庞大的计算资源和时间，所以研究的重点集中在如何快速计算刀具可达方向锥方面，目前主要有 C 空间法和可视锥法[23,24]。

现有的刀轴方向优化大多是从机床运动平稳性的角度出发来光顺刀轴方向，实际上在进给坐标系下光顺刀轴方向可以起到平滑切削力的作用，尤其是相邻行之间刀轴方向的光顺性会影响加工表面质量，这是传统方法从运动学角度考虑问题时所忽略的。本节将通过光顺刀具方向来平滑切削力，改善加工条件，针对球头铣刀加工，提出一种基于刀触点网格的五轴数控加工刀轴方向整体光顺算法，该算法有两个优势：① 可以同时保证进给和相邻行两个方向上刀轴方向的整体光顺性；② 只需计算网格点处的刀具可达方向锥，可以提高计算效率。最后验证该算法，并分析光顺刀轴方向对加工效率、进给运动平稳性和切削力的影响。

3.7.1　刀轴方向变化的度量指标

五轴数控加工中刀轴方向光顺性的度量主要有三种：工件坐标系下的度量、机床坐标系下的度量和进给坐标系下的度量。不同的度量方法反映了不同的意义。

工件坐标系下的度量是表征刀轴方向相对于工件的变化情况。如果第 i 个刀触点处的刀具方向为$\boldsymbol{v}_{c_i}$，第 $i+1$ 个刀触点处的刀具方向为$\boldsymbol{v}_{c_{i+1}}$，那么在工件坐标系下从第 i 个刀触点到第 $i+1$ 个刀触点刀具方向变化的度量为

$$DTW_{i,i+1} = DTW(\boldsymbol{v}_{c_i},\boldsymbol{v}_{c_{i+1}}) = \arccos(\boldsymbol{v}_{c_i} \cdot \boldsymbol{v}_{c_{i+1}}) \tag{3.49}$$

机床坐标系下的度量是根据机床旋转轴的变化来定义的，与机床的结构和工件安装方式有关。假设刀具方向$\boldsymbol{v}_{c_i}$在机床坐标系下的坐标为(α_i,β_i)，那么在机床坐标系下从第 i 个刀触点到第 $i+1$ 个刀触点刀具方向变化的度量为

$$DTM_{i,i+1} = DTM(\boldsymbol{v}_{c_i},\boldsymbol{v}_{c_{i+1}}) = \sqrt{(\alpha_{i+1}-\alpha_i)^2+(\beta_{i+1}-\beta_i)^2} \tag{3.50}$$

进给坐标系的度量是根据进给方向、法线方向和与这两个方向垂直的相邻行方向定义的，通过减少进给坐标系下刀具方向的变化可以降低切削条件的变化，平滑切削力。假设刀轴方向为$\boldsymbol{v}_i$，其对应的前倾角和侧倾角分别为 φ_i 和 γ_i，那么第 i 个刀位到第 $i+1$ 个刀位之间刀轴方向变化的度量为

$$DTF_{i,i+1} = DTF(\boldsymbol{v}_i,\boldsymbol{v}_{i+1}) = \sqrt{(\varphi_{i+1}-\varphi_i)^2+(\gamma_{i+1}-\gamma_i)^2} \tag{3.51}$$

综合考虑这三个方面，可以把刀轴方向变化的度量指标定义为三个度量的加权之和，如下：

$$\begin{gathered} D(\boldsymbol{v}_i,\boldsymbol{v}_{i+1}) = \mu \cdot DTW_{i,i+1} + \nu \cdot DTM_{i,i+1} + \omega \cdot DTF_{i,i+1} \\ \mu+\nu+\omega = 1 \\ \mu \geqslant 0, \nu \geqslant 0, \omega \geqslant 0 \end{gathered} \tag{3.52}$$

上式中的权因子 μ、ν 和 ω 分别是刀轴方向在工件坐标系、机床坐标系和进给坐标系中的度量在优化目标中的权重，分别对应刀具轴向相对于工件的运动、机床旋转轴的运动和切削条件的变化。在具体加工中，可以根据加工工件和机床的具体特点来设定这三个权因子，综合优化刀轴方向。

3.7.2　可行空间中整体光顺刀具方向

根据刀轴方向光顺性的度量和刀触点处刀轴方向的可行空间，可以在刀触点网格上优化刀轴方向，实现刀轴方向沿加工曲面的整体光顺(图 3.98)。

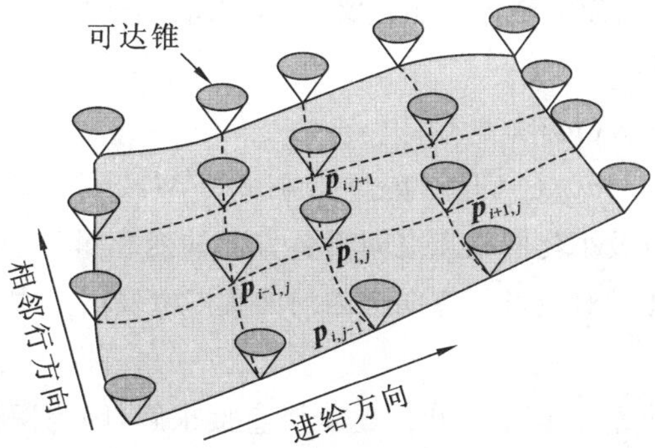

图 3.98　刀触点网格上的可行方向锥

(1) 刀轴方向可行空间

刀轴方向可行空间是根据无干涉约束在刀轴方向可达空间中确定的刀轴方向集合，因为离散刀触点的可达性仅仅是连续刀具路径无干涉的必要条件，而不是充分条件，所以需要从可达空间中选择出可行空间。理论上，相邻两个刀位处的所有可达刀轴方向的连接都应该逐一进行干涉检查，如果有干涉发生，这个连接不能出现在刀具路径中，但是这种检测需要消耗大量的计算时间。为了减少计算量，本节提出一个启发式方法避免线性插补后连续刀具路径的干涉检验，该方法基于如下假设：

【假设】 刀具可达方向锥沿刀触点网格方向有连续性，如果相邻刀位设置为同一个可达方向，则连续的刀具路径无干涉。

如果用$AC(\boldsymbol{p}_{i,j})$表示图3.98中刀触点$\boldsymbol{p}_{i,j}$处的可达方向锥，那么刀触点$\boldsymbol{p}_{i,j}$处的刀具可行方向锥为相邻刀触点可行方向锥的交集：

$$FC(\boldsymbol{p}_{i,j})=\bigcap_{a=i-1}^{i+1}\bigcap_{b=j-1}^{j+1}\left[AC(\boldsymbol{p}_{a,j})\cap AC(\boldsymbol{p}_{i,b})\right] \tag{3.53}$$

式(3.53)获得的可行方向锥对于当前刀位与相邻刀位都是可达的，当刀具连续运动方向位于可行方向锥中时，没有干涉发生。在实际加工中，刀具的倾角有一定的经验取值范围，需要将超出范围的刀具倾角从可行方向锥中去除。为了简化后续处理，可以用高斯球面上简单的凸集$CFC(\boldsymbol{p}_{i,j})\subseteq FC(\boldsymbol{p}_{i,j})$来保守地表示每一个刀触点处的可行方向锥$FC(\boldsymbol{p}_{i,j})$，使刀轴方向在$CFC(\boldsymbol{p}_{i,j})$内插值时可以避免干涉。如何由$FC(\boldsymbol{p}_{i,j})$得到$CFC(\boldsymbol{p}_{i,j})$，将在后续章节中详细讨论。

(2) 刀轴方向整体优化模型

在刀触点网格上，刀轴方向沿加工曲面的整体光顺性是指刀轴方向沿进给和相邻行两个方向上的光顺性，即考虑图3.98中刀触点$\boldsymbol{p}_{i,j}$与相邻四个刀触点之间刀轴方向的变化。因此刀轴方向沿加工曲面的整体光顺性度量定义为

$$m(\boldsymbol{p},\boldsymbol{v})=\sum_{i=1}^{M}\sum_{j=1}^{N}\left\{\begin{matrix}D(\boldsymbol{v}_{c_{i,j}},\boldsymbol{v}_{c_{i-1,j}})^2+D(\boldsymbol{v}_{c_{i,j}},\boldsymbol{v}_{c_{i+1,j}})^2\\+D(\boldsymbol{v}_{c_{i,j}},\boldsymbol{v}_{c_{i,j-1}})^2+D(\boldsymbol{v}_{c_{i,j}},\boldsymbol{v}_{c_{i,j+1}})^2\end{matrix}\right\} \tag{3.54}$$

其中，M、N分别表示网格点中沿刀具进给方向的刀位点个数和刀具路径行方向的刀位点个数，而且只有$1\leqslant a\leqslant M$且$1\leqslant b\leqslant N$时$D(\boldsymbol{v}_{c_{i,j}},\boldsymbol{v}_{c_{a,b}})$的定义才有意义，当$a$、$b$超出这个范围时，$D(\boldsymbol{v}_{c_{i,j}},\boldsymbol{v}_{c_{a,b}})=0$。

根据刀具方向沿工件曲面的整体光顺定义，基于刀具可行方向锥的刀具方向规划方法可以转化为如下最小化问题：

$$\begin{aligned}&\min.\ m(\boldsymbol{p},\boldsymbol{v})\\&s.t.\quad v_{i,j}\in CFC(\boldsymbol{p}_{i,j})\ (1\leqslant i\leqslant M,1\leqslant j\leqslant N)\end{aligned} \tag{3.55}$$

其中，优化目标$m(\boldsymbol{p},\boldsymbol{v})$为最小化网格点之间刀具方向的变化量，变量为刀触点处的刀轴方向$\boldsymbol{v}_{i,j}$，约束为刀轴方向$\boldsymbol{v}_{i,j}$处于对应可行方向锥内的凸集$CFC(\boldsymbol{p}_{i,j})$中。

(3) 优化模型的求解

上式中目标函数比较复杂，该最小化问题难以直接求解，因为网格点处刀具可行方向锥是在高斯球面上的一片区域，而刀轴方向变化度量可以在高斯球面上定义，也可能在机床坐标系

下和进给坐标系下定义。本节将通过高斯球面上的弹簧网格来类比刀轴方向网格，获得此优化模型的求解方法。

把网格点处的刀轴方向映射到高斯球面上，保持网格的连接关系，可以得到如图 3.99 所示的弹簧网格模型。刀触点处的刀轴方向为高斯球面上的网格点，相邻网格点之间刀轴方向的变化类比为弹簧的伸缩，为了计算方便，设置弹簧的平衡长度为零，那么弹簧长度可以根据 3.7.1 定义的刀轴方向变化度量公式来确定。因为网格内的每一个弹簧与两个节点连接，每一个弹簧对应的度量在优化目标 $m(\boldsymbol{p},\boldsymbol{v})$ 中出现了 2 次，因此高斯球面上弹簧网格内的势能为

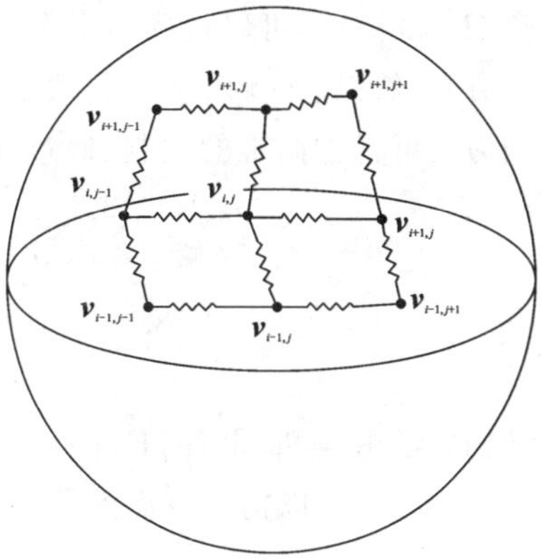

图 3.99　高斯球面上的弹簧网格

$$
\begin{aligned}
w &= \frac{1}{2}k\sum_{i=1}^{M}\sum_{j=1}^{N}\left(x_{ij,i(j+1)}^{2}+x_{ij,(i+1)j}^{2}\right)\\
&= \frac{1}{4}k\sum_{i=1}^{M}\sum_{j=1}^{N}\begin{bmatrix}D\left(\boldsymbol{v}_{i,j},\boldsymbol{v}_{i-1,j}\right)^{2}+D\left(\boldsymbol{v}_{i,j},\boldsymbol{v}_{i+1,j}\right)^{2}\\+D\left(\boldsymbol{v}_{i,j},\boldsymbol{v}_{i,j-1}\right)^{2}+D\left(\boldsymbol{v}_{i,j},\boldsymbol{v}_{i,j+1}\right)^{2}\end{bmatrix}\\
&= \frac{1}{4}km(\boldsymbol{p},\boldsymbol{v})
\end{aligned}
\tag{3.56}
$$

其中，$x_{ij,pq}$ 是球面网格中连接方向 $\boldsymbol{v}_{i,j}$ 和 $\boldsymbol{v}_{p,q}$ 的弹簧长度，当 $p\notin[1,M]$ 或 $q\notin[1,N]$ 时弹簧不存在，这时 $x_{ij,pq}=0$。设弹簧比例系数 $k=1$，那么在这个球面网格上，$m(\boldsymbol{p},\boldsymbol{v})$ 的意义是所有弹簧中势能的 4 倍。

根据最小势能原理，当弹簧结构达到力平衡时，弹簧网格内的势能达到最小。因此可以把刀轴方向整体优化模型求解问题转化为球面上弹簧网格的力平衡问题，弹簧网格力平衡对应的是在每一个球面网格点上的合力为零，即

$$
\begin{gathered}
|\boldsymbol{F}(\boldsymbol{v})|=\sum_{i=1}^{M}\sum_{j=1}^{N}|\boldsymbol{f}_{i,j}|=0\\
\boldsymbol{f}_{i,j}=\boldsymbol{f}_{ij,(i-1)j}+\boldsymbol{f}_{ij,(i+1)j}+\boldsymbol{f}_{ij,i(j-1)}+\boldsymbol{f}_{ij,i(j+1)}
\end{gathered}
\tag{3.57}
$$

其中，$\boldsymbol{f}_{i,j}$ 是在网格点 $\boldsymbol{v}_{i,j}$ 处的合力；$\boldsymbol{f}_{ij,pq}$ 是连接网格点 $\boldsymbol{v}_{i,j}$ 和 $\boldsymbol{v}_{p,q}$ 弹簧内的拉力。因为 $k=1$ 且弹簧平衡长度为零，所以拉力由刀轴方向变化在不同坐标系下的度量来决定，即

$$
\boldsymbol{f}_{ij,pq}=\mu\cdot\boldsymbol{FW}_{ij,pq}+\nu\cdot\boldsymbol{FM}_{ij,pq}+\omega\cdot\boldsymbol{FF}_{ij,pq}
\tag{3.58}
$$

其中，不同坐标系下的拉力 $\boldsymbol{FW}_{ij,pq}$、$\boldsymbol{FM}_{ij,pq}$ 和 $\boldsymbol{FF}_{ij,pq}$ 需要分别根据刀轴方向 $\boldsymbol{v}_{i,j}$ 和 $\boldsymbol{v}_{p,q}$ 的差异的度量 $DTW_{ij,pq}$、$DTM_{ij,pq}$ 和 $DTF_{ij,pq}$ 来定义。力 $\boldsymbol{FD}_{ij,pq}$ 的方向为高斯球面上从 $\boldsymbol{v}_{i,j}$ 指向 $\boldsymbol{v}_{p,q}$ 的大圆弧的单位切方向，即

$$
\boldsymbol{FD}_{ij,pq}=\frac{(\boldsymbol{v}_{i,j}\times\boldsymbol{v}_{p,q})\times\boldsymbol{v}_{i,j}}{\|(\boldsymbol{v}_{i,j}\times\boldsymbol{v}_{p,q})\times\boldsymbol{v}_{i,j}\|}
\tag{3.59}
$$

拉力 $\boldsymbol{FW}_{ij,pq}$、$\boldsymbol{FM}_{ij,pq}$ 和 $\boldsymbol{FF}_{ij,pq}$ 分别定义为

$$
\begin{aligned}
\boldsymbol{FW}_{ij,pq}&=DTW(\boldsymbol{v}_{i,j},\boldsymbol{v}_{p,q})\cdot\boldsymbol{FD}_{ij,pq}\\
\boldsymbol{FM}_{ij,pq}&=DTM(\boldsymbol{v}_{ij},\boldsymbol{v}_{pq})\cdot\boldsymbol{FD}_{ij,pq}\\
\boldsymbol{FF}_{ij,pq}&=DTF(\boldsymbol{v}_{ij},\boldsymbol{v}_{pq})\cdot\boldsymbol{FD}_{ij,pq}
\end{aligned}
\tag{3.60}
$$

求解 $|\boldsymbol{F}(\boldsymbol{v})|=0$ 可以得到力平衡时弹簧网格点的平衡位置，也就得到了工件曲面网格点处的刀具方向，然而 $|\boldsymbol{F}(\boldsymbol{v})|=0$ 仍然不易求解，因为刀具方向不能够取高斯球面上的任意值，必须受到刀具可行方向锥的限制。通过与弹簧网格的对比，优化模型式可以转化为

$$\min. |\boldsymbol{F}(\boldsymbol{v})| = \sum_{i=1}^{M}\sum_{j=1}^{N}(|f_{ij,(i-1)j}+f_{ij,(i+1)j}+f_{ij,i(j-1)}+f_{ij,i(j+1)}|)$$
$$s.t.\quad \boldsymbol{v}_{c_{i,j}} \in CFC(\boldsymbol{p}_{i,j},\boldsymbol{wc}_{i,j},\alpha_{i,j},S)$$
$$f_{ij,ab}=0 \quad \forall a \notin [1,M], \forall b \notin [1,N] \tag{3.61}$$

从结构力学中可知，求解 $|\boldsymbol{F}(\boldsymbol{v})|=0$ 的方法之一是引入一个与时间相关的函数，对于点初始值 $\boldsymbol{v}(0)=\boldsymbol{v}_0$，可以构造下面的微分方程：

$$\frac{\mathrm{d}\boldsymbol{v}}{\mathrm{d}t}=\boldsymbol{F}(\boldsymbol{v}),\quad t\geqslant 0 \tag{3.62}$$

当 $\boldsymbol{v}$ 达到一个稳定点时 $|\boldsymbol{F}(\boldsymbol{v})|=0$，式(3.62)可以用前向欧拉差分来近似求解，设离散的时间步骤 $t_n=n\Delta t$，近似解 $\boldsymbol{v}_n=\boldsymbol{v}(t_n)$ 可以按照如下的迭代方式获得：

$$\boldsymbol{v}_{n+1}=\boldsymbol{v}_n+\Delta t\boldsymbol{F}(\boldsymbol{v}_n) \tag{3.63}$$

在迭代过程中限制 $\boldsymbol{v}_{n+1}$ 不能超出可行方向锥的范围。

基于刀位点网格的刀具方向规划算法步骤归纳如下：

算法 3.6：刀具方向规划算法

① 初始化步骤 $\mathrm{n}=0$，迭代的最大步骤为 $\mathrm{n}_{\max}$，网格内合力下降速度的阈值为 e_t，在工件曲面网格上刀触点处的刀具方向 $\boldsymbol{v}_{c_{i,j},0}=\boldsymbol{wc}_{i,j}$，即把可行方向锥的中心设置为初始方向。

② 计算每一个球面网格点的合力 $\boldsymbol{f}_{i,j}$，计算球面网格中总的合力 $|\boldsymbol{F}(\boldsymbol{v}_0)|$，如果 $|\boldsymbol{F}(\boldsymbol{v}_0)|=0$，算法结束。

③ 根据 $\boldsymbol{v}_{c_{i,j},n}$ 迭代，$\boldsymbol{v}_{c_{i,j},n+1}=\boldsymbol{v}_{c_{i,j},n}+\Delta t\boldsymbol{f}_{i,j}$，验证 $\boldsymbol{v}_{c_{i,j},n+1}\in CFC(\boldsymbol{p}_{i,j},\boldsymbol{wc}_{i,j},\alpha_{i,j},S)$ 是否成立，如果成立，转向步骤④；如果不成立，沿 $\boldsymbol{f}_{i,j}$ 的方向把 $\boldsymbol{v}_{c_{i,j},n+1}$ 拉回可行方向锥 $CFC(\boldsymbol{p}_{i,j},\boldsymbol{wc}_{i,j},\alpha_{i,j},S)$ 中。

④ 计算每一个球面网格点处合力 $\boldsymbol{f}_{i,j}$ 和球面网格中总的合力 $|\boldsymbol{F}(\boldsymbol{v}_{n+1})|$。如果 $|\boldsymbol{F}(\boldsymbol{v}_{n+1})|=0$ 或 $|\boldsymbol{F}(\boldsymbol{v}_{n+1})|>|\boldsymbol{F}(\boldsymbol{v}_n)|$，则网格中的力不再下降，算法结束；如果 $\left||\boldsymbol{F}(\boldsymbol{v}_{n+1})|-|\boldsymbol{F}(\boldsymbol{v}_n)|\right|/|\boldsymbol{F}(\boldsymbol{v}_n)|<e_t$，$|\boldsymbol{F}(\boldsymbol{v}_{n+1})|$ 的下降速度小于指定的阈值，算法结束。

⑤ 如果 $n>n_{\max}$，算法结束，否则 $n=n+1$，转到步骤③。

3.7.3 算例和分析

以图 3.100 所示叶片的精加工为例，分析五轴数控加工刀轴方向的整体光顺算法。首先根据刀触点网格上的可达方向锥获得可行方向锥，用圆锥保守近似刀具可行方向锥，然后优化网格点上的刀轴方向，通过四元数插值得到刀具路径中所有刀触点处的刀轴方向。考虑到该叶片在具有转台-摆头结构的五轴数控机床上加工，且沿叶片方向扭曲较小，在本算例中主要根据刀轴方向在工件坐标系下的度量和机床坐标系下的度量来整体优化刀轴方向，式(3.52)中的三个加权系数分别设为 0.4、0.4 和 0.2，然后比较刀轴方向整体优化前后进给运动和切削条件的变化。

工件用 792 个三角形来描述，用半径为 3mm、长度为 50mm 的球头铣刀进行精加工，刀柄半径为 18mm。刀位点网格包含 1688 个刀位点，分为 8 行，每行 211 个。该工件比较简单，用比较

稀疏的三角网格近似高斯球面，获得 258 个刀具参考方向，用 13.437s 计算出了刀具可达方向锥。根据 3.7.1 节中的方法，获得刀位点上的刀具可行方向锥，并用圆锥近似。用圆锥近似后，刀具可行方向锥由离散域转换为高斯球面上连续区域，其中第 1688 个刀位点和第 945 个刀位点处的刀具可行方向锥极其近似圆锥（图 3.101）。

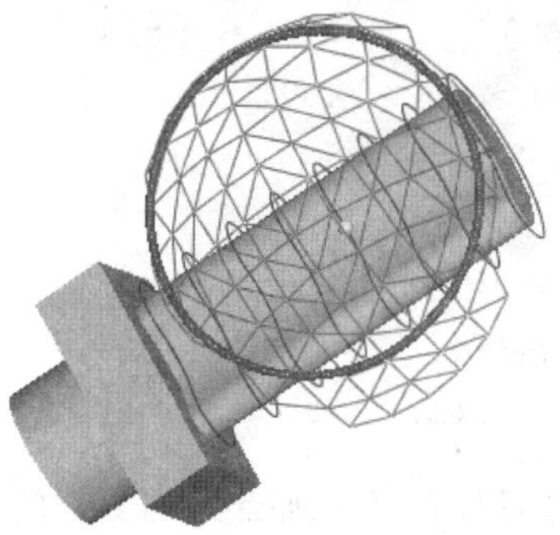

图 3.100 算例的输入模型

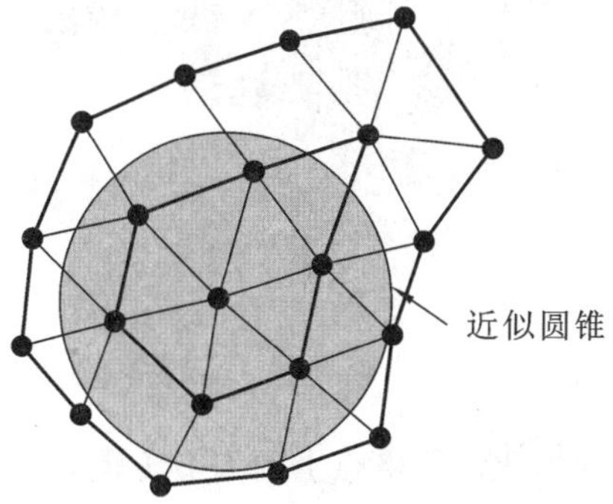

图 3.101 用圆锥近似刀具可行方向锥

在圆锥形刀具可行方向锥基础上，根据算法 3.6 优化刀位点处刀具方向，其中最大的迭代步数设置为 60，Δt 设置为 0.5，相对误差 e_t 设置为10^{-4}。文献[30] 描述了一种独立于相邻姿态的刀轴方向选择方法，把可达方向锥的中心方向设置为刀具方向，本算例中把刀具可行方向锥的中心方向设置为初始方向。在优化过程中，网格点上合力 $|\boldsymbol{F}(\boldsymbol{v})|$ 和刀具方向的光滑度量 $m(\boldsymbol{p},\boldsymbol{v})$ 的下降趋势如图 3.102 所示，从图中可以看出，在前 10 步迭代中，刀具方向光滑性度量下降很快；在迭代 10 步以后，$|\boldsymbol{F}(\boldsymbol{v})|$ 和 $m(\boldsymbol{p},\boldsymbol{v})$ 的下降趋势不明显。

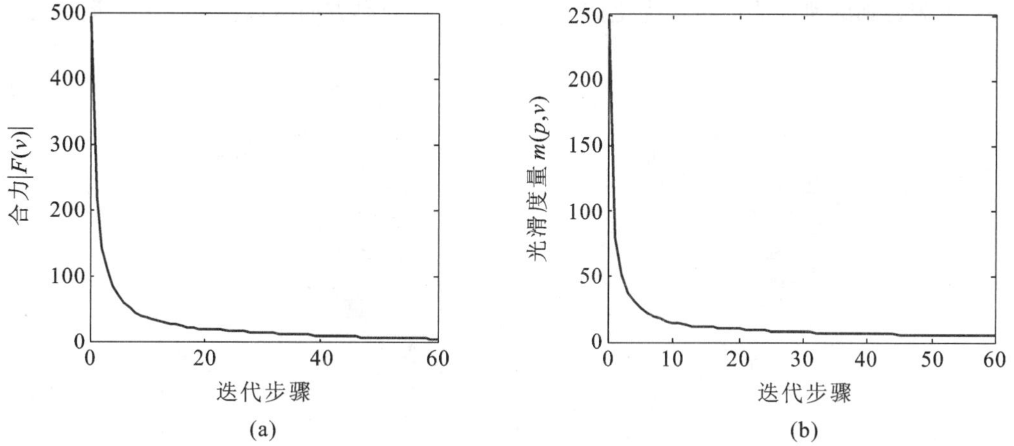

图 3.102 优化过程中网格点上合力和光滑度量的变化

(a) 网格点上的合力；(b) 整体光滑度量

图 3.103(a) 和(b) 比较了优化前和迭代 10 次后的刀具方向，在每一行上画出了 52 个刀位点的刀具方向；图 3.104(a) 和(b) 是其中相邻两行的刀位点和刀具方向。通过比较可以发现，优化后的刀具方向明显比原来的刀具方向光顺，不仅在每一行中刀具方向是光顺的，而且在行

与行之间，相邻刀位点处的刀具方向几乎一致。

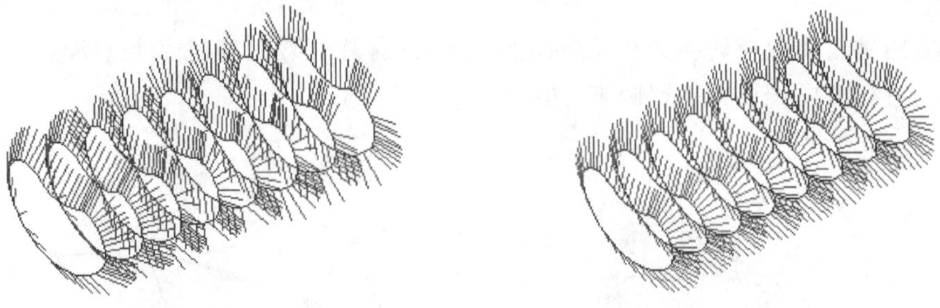

(a)　　　　(b)

图 3.103　优化前后的刀具方向对比

(a) 优化前的刀具方向；(b) 优化后的刀具方向

根据优化后网格点上的刀具方向，通过插值可以获得刀具路径上所有刀位点处的刀具方向。该工件精加工时，设置曲面的加工精度为 0.01mm，行距为 0.5mm，使用螺旋形走刀策略，需要 42022 个刀位点，如图 3.104(a) 所示，可以插值网格点上的刀具方向，获得每一个刀位点处的方向，进而获得精加工刀具路径，图 3.104(b) 所示为其中的一段刀具路径，可以看出刀轴方向沿进给和相邻行两个方向都是光顺的。如果直接计算这 42022 个刀触点处的可达方向锥，将花费 386.20s。

为了研究光顺刀具方向对加工速度的影响，针对图 3.102 中右侧的一行刀具路径，比较了优化前后的各轴速度，如图3.105 所示，其中 A 轴和 B 轴转度的单位为 deg/min。五轴数控系统中，进给率是根据三个平动轴的速度来定义的，没有考虑转动轴，考虑到转台工作性能的限制，使 A 轴的最大转速不超过 4000deg/min。结果表明光顺刀具方向使加工时间从 64.16s 减少到 51.58s，机床各轴的速度曲线也比优化前平滑，说明光顺刀具方向可以使机床进给运动有更好的平稳性。

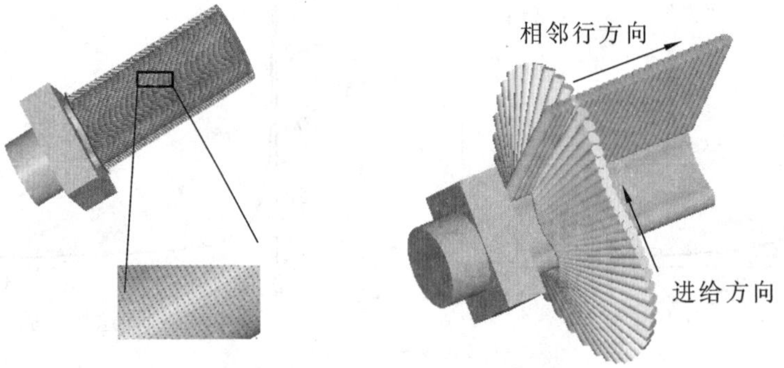

(a)　　　　(b)

图 3.104　插值刀具方向获得刀具路径

(a) 刀心点；(b) 插值的刀轴方向

假设切削深度、切削宽度、主轴转速和进给率一致，通过分析刀轴方向在进给坐标系中的切削条件可以来预测加工过程中切削力的变化趋势。取图 3.103(b) 中最右侧一行刀具路径，分析进给方向上刀轴方向优化前后的切削条件，对比结果如图 3.106 所示，可以看出，优化刀

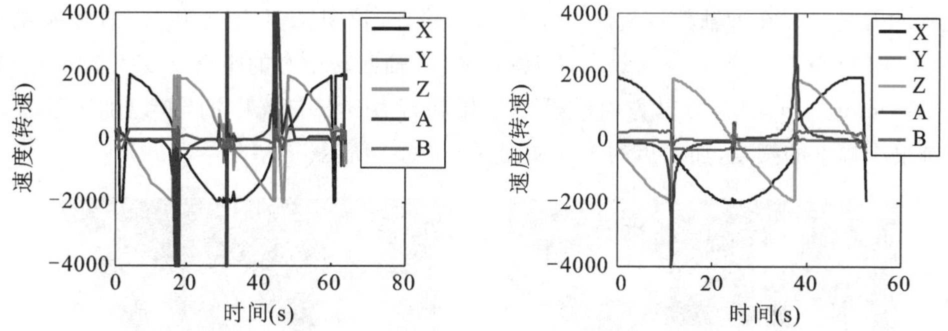

(a)　(b)

图 3.105　刀具方向优化前后各轴速度的对比

(a) 优化前的速度曲线；(b) 优化后的速度曲线

轴方向后前倾角和侧倾角的变化范围明显减少，而且变化趋势更加缓和。刀轴方向在进给坐标系下的变化影响切削力的大小，因此整体光顺刀轴方向有利于实现切削力的平滑，使切削过程更加平稳。以图 3.104(b) 所示相邻行方向上刀轴方向为例，分析优化前后切削条件的变化，对比结果如图 3.107 所示。在优化前，刀具前倾角和侧倾角的变化范围分别大于 89° 和 40.88°，而整体光顺刀轴方向后，变化范围缩小为 0.53° 和 2.58°，且变化平缓，有利于在相邻行方向上实现切削力的平滑，提高加工质量。

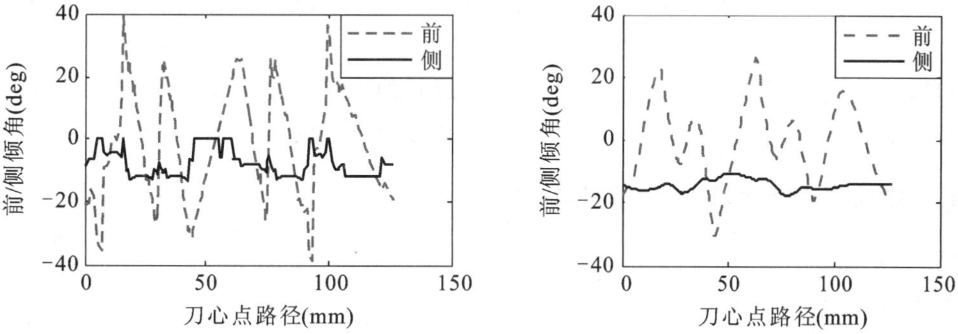

(a)　(b)

图 3.106　进给方向上刀轴方向优化前后切削条件的对比

(a) 优化前的切削条件；(b) 优化后的切削条件

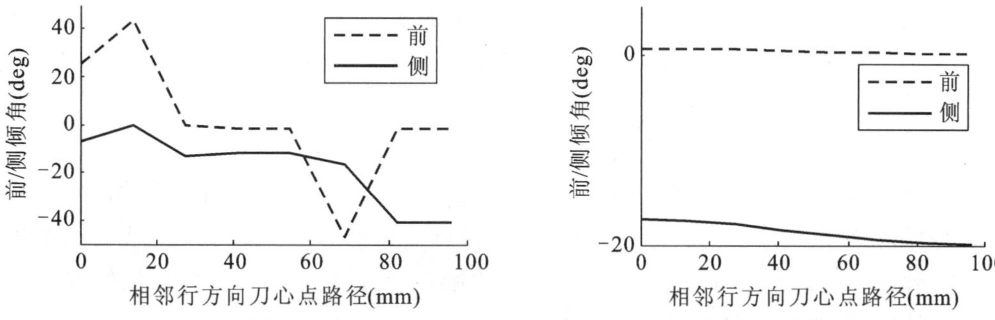

(a)　(b)

图 3.107　相邻行方向上刀轴方向优化前后切削条件的对比

(a) 优化前的切削条件；(b) 优化后的切削条件

规划的刀具路径在五轴数控机床上了得到了验证，该机床具有A转台-B摆头结构，如图3.108(a)所示，在实验中，球头铣刀的刀心点到B轴回转中心的距离是384.20mm，进给率设置为2000mm/min。因为刀具方向沿进给和相邻行方向都是光顺的，所以加工过程平稳，B轴只有很小幅度的摆动，加工后的工件如图3.108(b)所示。

(a)

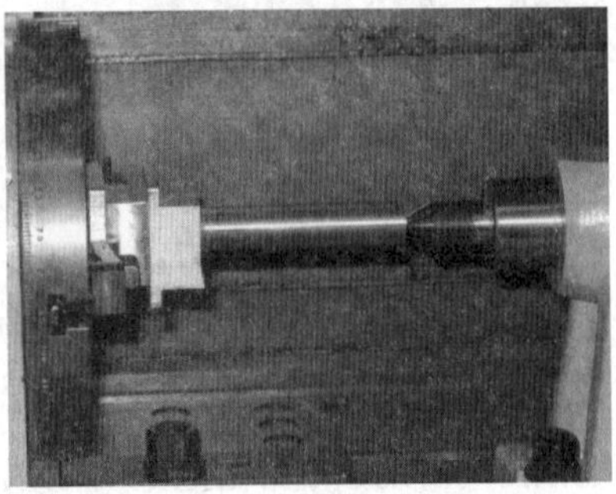

(b)

图3.108 刀具路径的加工实验

(a) 加工过程；(b) 加工的工件

3.8 整体壁板五轴数控加工螺旋铣规划编程软件

目前，整体壁板五轴数控螺旋铣加工尚欠缺成熟的刀路规划编程软件。本书针对以上问题，开发了基于C++平台的整体壁板五轴数控加工螺旋铣规划编程软件。

3.8.1 螺旋铣规划编程软件主要优势

为满足整体壁板五轴数控实际加工需求，该软件具有如下优点：

(1) 方便选取加工网格

加工整体壁板时，由于壁板尺寸大，需要铣削的网格多，一般单块壁板有时需要铣削200多个网格，如果一个一个单独选取，会浪费大量时间。除此之外，在壁板测量补偿加工时，单独数个不相邻网格超出设计精度进行补偿加工时，则需要单独连续点选。针对上述问题，螺旋铣规划编程软件可以一次性选择多个连续的加工网格，方便整体壁板网格一起加工，节约了单独点选的时间，也可以单独选择多个不相邻的加工网格，满足只针对部分网格的加工需求。

(2) 螺旋铣加工

传统的开槽加工刀路仅考虑模型的几何模型因素，利用边界轮廓偏置的算法产生刀路，这样产生的刀路在转角或曲率剧烈变化的地方进给速度需要频繁地加减速，无法提高加工效率，频繁地加减速也加剧了刀具的磨损，减少机床的使用寿命。虽然曾采取一些优化的方法，比如在转角处利用圆角进行过渡，但还是无法做到曲率连续，还是无法彻底消除影响。螺旋线法由于其加工刀路的连续性，更符合机床动态特性，加工过程中避免出现频繁的“走-停”，使得加工效率更高，同时有利于延长机床和刀具的使用寿命。

(3) 仿真防错

壁板尺寸大，铣削网格多，且加工精度要求高，一旦程序出错，轻则影响加工效率，重则使得加工壁板报废，大大增加了生产成本，直接影响生产任务。为了尽量避免加工程序出错，软件设有刀路仿真模块。

3.8.2 螺旋铣规划编程软件的基本模块架构及使用

螺旋铣规划编程软件主要包括模型导入选取模块、编程模块以及仿真模块。模型导入选取模块是为了导入壁板模型并选取加工网格。编程模块的主要功能是根据导入的壁板模型生成壁板的螺旋铣刀路。仿真模块的功能是仿真生成的APT刀路加工过程，方便判断生成刀路的正确性。

3.8.2.1 模型导入选取模块

该功能主要是为了满足加工网格选取便捷性的需求。主要有两种选取加工网格的方式，一种是“单选”，即选择多个不相邻的加工网格，这种选取方式可以满足单个网格加工，以及在后来补偿加工时，不相邻网格超出精度标准，需要生成补偿加工文件时使用。另一种是“框选”，即一次性选择多个连续的加工网格，此类选取方式可以方便整体壁板网格一起加工，避免遗漏。

导入测量模型文件后，切换到视图操作模块，对加工面进行选择。加工面选取方式如下：

① 单击工具栏中的“单选”按钮，然后按着Ctrl键，单击要加工的网格就可以选择多个不相邻的加工网格，如图3.109所示。

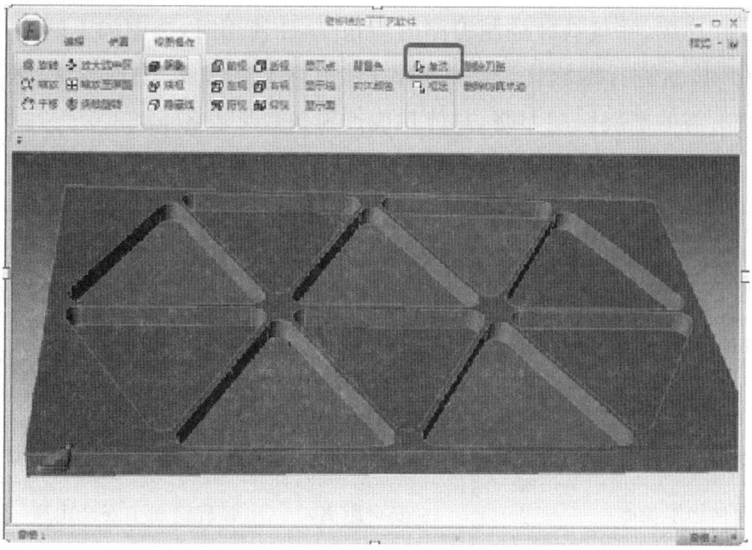

图3.109 “单选”多个不相邻的加工网格

② 单击工具栏上的“框选”按钮可以一次性选择多个不相邻的加工网格，如图3.110所示。

3.8.2.2 螺旋铣刀轨规划模块

由于二阶偏微分方程（椭圆型偏微分方程）的解具有二阶连续的特性，因此由偏微分方程

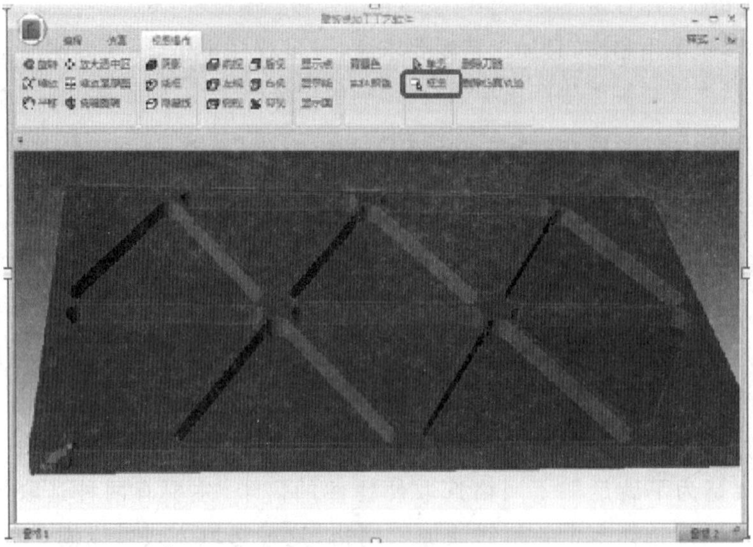

图 3.110 “框选”多个不相邻的加工网格

解得到的刀路具有曲率连续的特性，平滑变化的曲率使进给速度不用频繁地加减速，提高了加工效率。同时，偏微分方程刀路规划方法具有很好的适应性，只要改变边界条件就可以加工岛式的槽形。

壁板铣削软件采用稳态下的热传导方程，求解得到等温线，利用等温线最终得到优化后的螺旋线刀路。与传统的螺旋铣刀路相比，优化后的刀路可以用尽量短的刀路覆盖所有加工区域，使得刀路光顺、连续，并且有效控制刀路的切宽。软件使用时，选中加工网格，切换到编程模块，点击“螺旋铣”按钮进行螺旋铣刀路规划，软件提供了点密度、主轴速度、底部余量等选项来帮助生成用户所需的螺旋铣削刀路，具体功能选项参数见表 3.5。

表 3.5 功能选项参数

功能选项	描述	功能选项	描述
刀具半径	螺旋铣加工刀具半径	点密度	螺旋铣加工点密度，影响螺旋轨迹形状
切宽比	切削宽度相对于刀具的直径的百分比	主轴速度	螺旋铣加工过程中主轴转速
底部余量	网格加工底部余量	进刀圈数	螺旋铣加工进刀过程进刀圈数
深度	网格加工深度	安全距离	螺旋铣加工安全距离
边界余量	网格加工侧壁余量	铣削方式	顺铣、逆铣可选
点距	螺旋铣加工点间距	精加工、粗加工可选	选择精加工时路径最后一圈（零件轮廓）减速，减速比率根据界面设置

续表 3.5

功能选项	描述	功能选项	描述
进给速度	螺旋铣加工过程中进给速度	网格类型	包含三角形、其他形状二个选项，该参数是在所选中的面中选取与所选形状一致的面作为加工面
层高	螺旋铣加工单层高度	最后一圈反向使能	在最后一圈走刀方向与内部螺旋方向不同时，可使用该选项
进刀进给	螺旋铣加工进刀过程进给速度	拐角减速设置（设置值为 60°）	当加工路径中相邻路径上存在大于60°的路径段，该段路径减速，减速比例根据界面设置

选中好加工网格后，切换到编程模块，点击“螺旋铣”按钮进行螺旋铣刀路规划。单击后会弹出螺旋铣界面，设置界面上的参数值，螺旋铣加工参数设置如图 3.111 所示。

图 3.111　加工参数设置

参数设置完后，单击“编程”按钮弹出参数确认对话框，点击“是”生成螺旋铣 APT 文件，生成完成后会弹出相应的提示框。如果成功生成，在视图界面中会显示螺旋铣刀路，如图 3.112 所示，图中刀路为螺旋进刀路径。

成功生成螺旋铣 APT 文件后，单击“查看 APT”按钮，可以查看生成的 APT 文件，如图 3.113 所示。

3.8.2.3　仿真模块

此模块的功能是仿真生成的 APT 刀路加工过程。将软件面板操作切换到仿真模块，然后

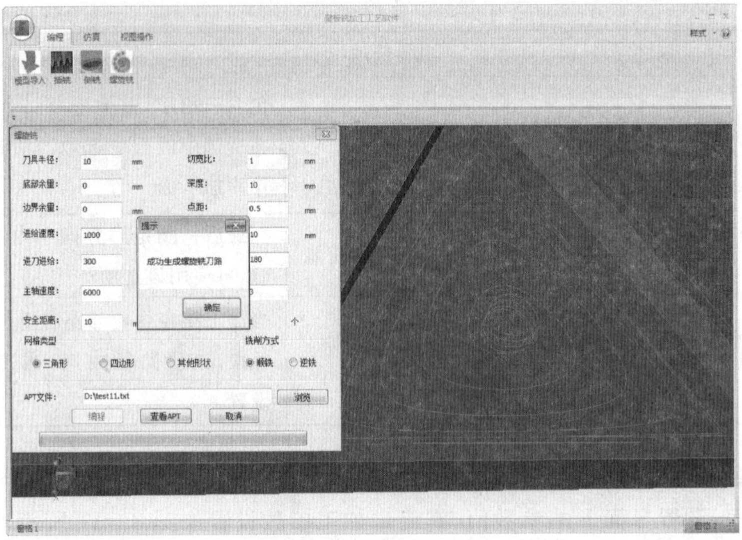

图 3.112　螺旋铣刀路

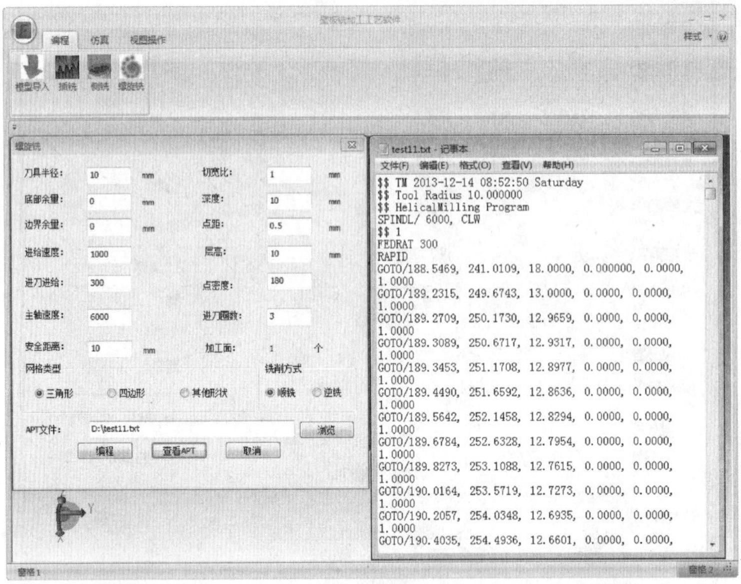

图 3.113　查看 APT 文件

单击“仿真模型”按钮，导入要仿真的 APT，设置正确的刀具参数，然后单击确定按钮，如图 3.114 所示。

仿真过程中有多个操作，包括开始、上一步、下一步、自动等。在仿真过程中可以调整仿真的速率。每次仿真都要最先点击“开始”按钮。仿真加工路径如图 3.115 所示。

单击“查看 APT”按钮，在仿真中可以查看当前仿真的 APT 刀位点，如图 3.116 所示。

导入 APT 文件后，然后单击“仿真全路径”按钮，可以看到所有的仿真路径，如图 3.117 所示。

图 3.114　仿真生成的 APT 刀路加工过程

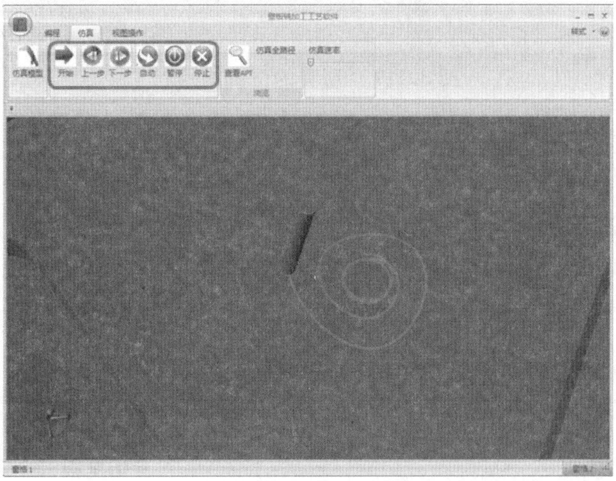

图 3.115　仿真加工路径

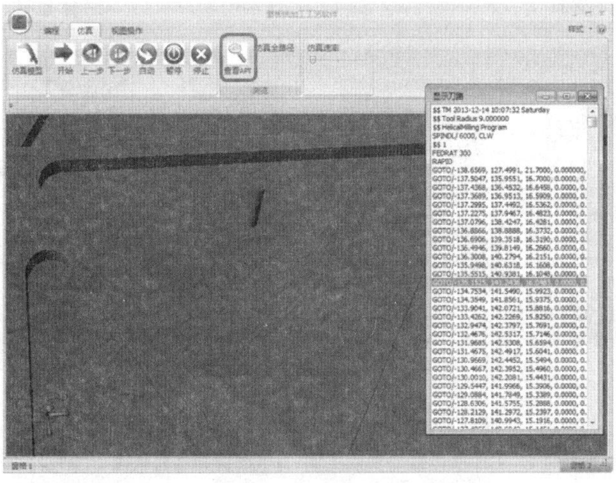

图 3.116　查看当前仿真的 APT 刀位点

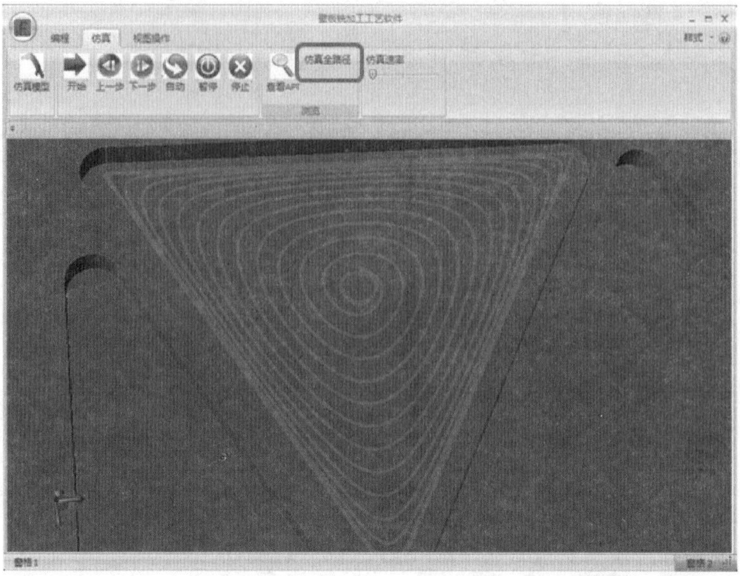

图 3.117　所有的仿真路径

3.8.3　实验验证

本书采用上述螺旋铣规划编程软件生成的螺旋铣刀路加工壁板，加工准备参数如表 3.6 所列，加工效果如图 3.118 所示。经多次实验验证及实际加工，该软件可以可靠有效地完成整体壁板五轴数控加工螺旋铣的规划。

表 3.6　加工准备参数

刀具	20mm 刀具
机床	专用壁板铣削机床
数控系统	Fagor8065
工件材料	铝合金材料

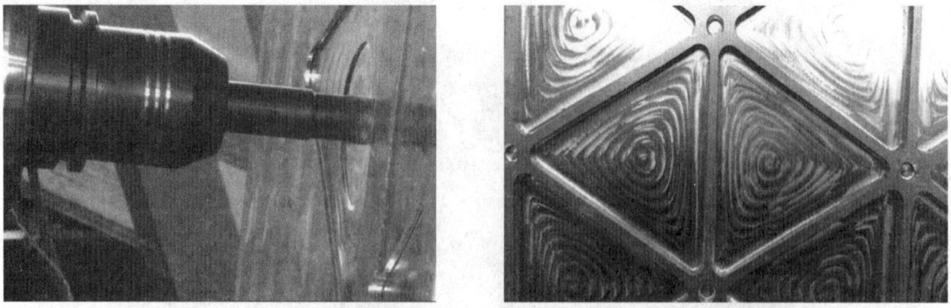

(a)　　(b)

图 3.118　加工效果

(a) 壁板螺旋铣加工图；(b) 壁板局部网格图

3.9 曲面传动件的五轴联动加工应用

机械传动件中存在大量的复杂曲面传动件，如滚动凸轮、包络蜗杆、螺旋锥齿轮等，这类传动件采用传统的齿轮加工方法往往难以加工或需要繁琐复杂的设备改造和参数调整。近年来，随着五轴联动加工技术的成熟，采用通用五轴联动加工中心加工这类复杂曲面传动件成为克服传统齿轮加工难点的有效手段。本节以图 3.119 所示的平面包络环面蜗杆副为例，对五轴联动加工技术在复杂曲面传动件的高效加工领域的应用进行介绍。

平面包络环面蜗杆传动是我国首创的一种精密机械传动形式，具有承载力大、传动效率高和接触应力小的优势，可以应用于数控机床、分度机构和工程机械等领域。但平面包络环面蜗杆齿面具有变齿厚、变齿形的复杂特性，缺乏高精度、高效率的加工工艺成为阻碍其广泛应用的瓶颈。现有研究往往采用传统的对偶范成法或数控铣削加工方法，对偶范成法需要昂贵的专用机床，且加工余量不均匀、加工范围窄。数控铣削方法在 CAD/CAM 模型转换过程中会损失精度和曲面特征，只能采用点铣加工方法，加工精度差、效率低、刀具磨损严重。

本节基于空间齿轮啮合理论，提出了一种用通用数控机床高效加工蜗杆的新方法，根据设计中的瞬时啮合线直接规划出数控加工程序，避免了蜗杆模型在 CAD/CAM 软件转换中的精度损失，并且用线接触加工取代了点接触加工，提高了加工效率。

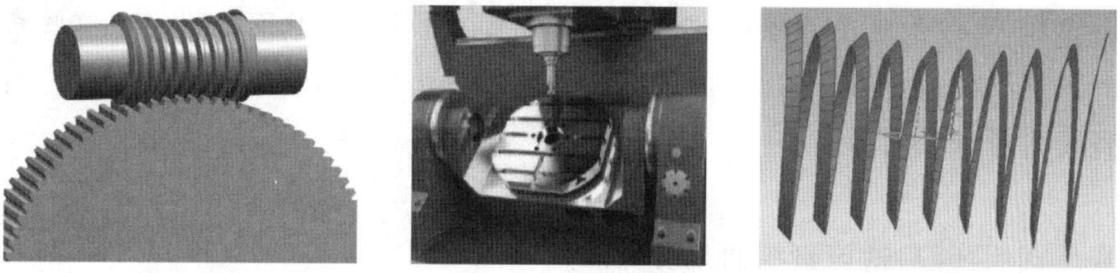

图 3.119 平面包络环面蜗杆副

3.9.1 平面包络环面蜗杆的五轴侧铣加工

3.9.1.1 啮合接触线计算与分析

如图 3.120 所示，通过齿轮空间啮合理论和平面包络环面蜗杆的包络成形原理，可以获得蜗杆齿面上的接触线方程为：

$$\begin{cases} x_2 = x_1\cos\varphi_1\cos\varphi_2 - y_1\sin\varphi_1\cos\varphi_2 - z_1\sin\varphi_2 + a\cos\varphi_2 \\ y_2 = -x_1\cos\varphi_1\sin\varphi_2 + y_1\sin\varphi_1\sin\varphi_2 - z_1\cos\varphi_2 - a\sin\varphi_2 \\ z_2 = x_1\sin\varphi_1 + y_1\cos\varphi_1 \\ x_1 = r_0 + t\cdot\sin\beta \\ y_1 = u \\ z_1 = t\cdot\cos\beta \\ t = \dfrac{u\left(\sin\beta\sin\varphi_1 - \dfrac{\cos\beta}{i_{21}}\right) - \sin\beta(a + r_0\cos\varphi_1)}{\cos\varphi_1} \end{cases}$$

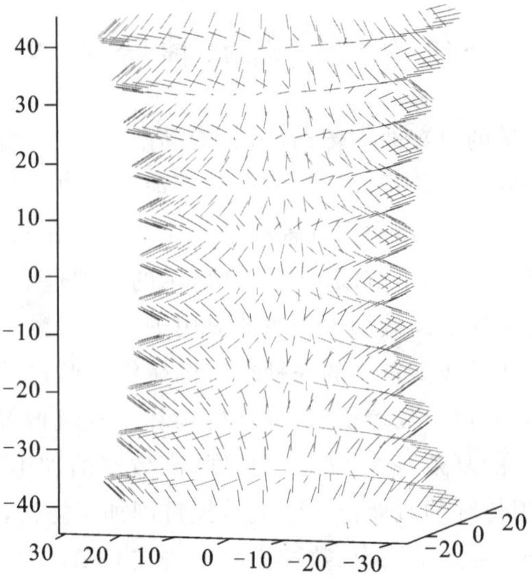

图 3.120　平面包络环面蜗杆齿面啮合接触线

蜗杆齿面是蜗轮齿面经过啮合运动包络而成的包络面，蜗轮平面在绕蜗杆轴线旋转并同时按照传动比绕蜗杆轴线旋转过程中产生的平面族是单参数平面族，即每一个蜗轮转角 φ_1 都对应单参数平面族中的一个平面。因此根据微分几何相关定理可知，平面包络环面蜗杆的齿面具有可展直纹面。直纹面是由直线的轨迹形成的曲面。而可展直纹面是指沿着这些直母线有同一个切平面的直纹面。也可以通过下面的方式证明蜗杆齿面具有可展直纹面的性质：

一个直纹面可以表示为

$$\boldsymbol{r} = \boldsymbol{a}(u) + v\boldsymbol{b}(u) \tag{3.64}$$

如果满足式(3.65)，则该直纹面是可展的：

$$(\boldsymbol{a}_u \times \boldsymbol{b}) \times (\boldsymbol{b}_u \times \boldsymbol{b}) = 0 \tag{3.65}$$

从蜗杆齿面方程可以得到：

$$\boldsymbol{r}(u,\varphi_1) = \boldsymbol{a}(\varphi_1) + u\boldsymbol{b}(\varphi_1) \tag{3.66}$$

同时可以很方便地验证下述关系式的成立

$$[\boldsymbol{a}(\varphi_1) \times \boldsymbol{b}] \times [\boldsymbol{b}(\varphi_1) \times \boldsymbol{b}] = 0 \tag{3.67}$$

因此得到蜗杆齿面具有可展直纹面的性质，蜗杆齿面由啮合接触线的轨迹形成，并且在啮合接触线上各点的单位法向量是相同的。

侧铣加工是利用刀具侧刃进行加工，侧铣加工可以很大程度程度地提高切削带宽，增大材料去除率，减少刀具磨损，同时提高加工零件的表面质量。五轴侧铣加工特别适合于加工直纹面类的复杂曲面，尤其对于加工可展直纹面，不存在原理性误差。因此利用五轴联动侧铣加工的方式加工平面包络环面蜗杆齿面是可行的。

3.9.1.2　五轴侧铣刀具路径的计算

图 3.121 所示为锥形铣刀的几何关系，R 是锥刀的小径，θ 是锥角，H 是锥刀切削刃高度，L 是假设的侧铣切宽，C_t 和 C_b 是侧铣切宽的两端点，$\boldsymbol{n}$ 是侧铣切削刃的单位法向量，$\boldsymbol{T}$ 是刀轴方向，$\boldsymbol{P}_t$ 和 $\boldsymbol{P}_b$ 是 $\boldsymbol{C}_t$ 和 $\boldsymbol{C}_b$ 沿侧刃法向偏置一定距离与刀轴的交点，$\boldsymbol{P}_{cl}$ 是刀具轴线与刀具底面的交点。

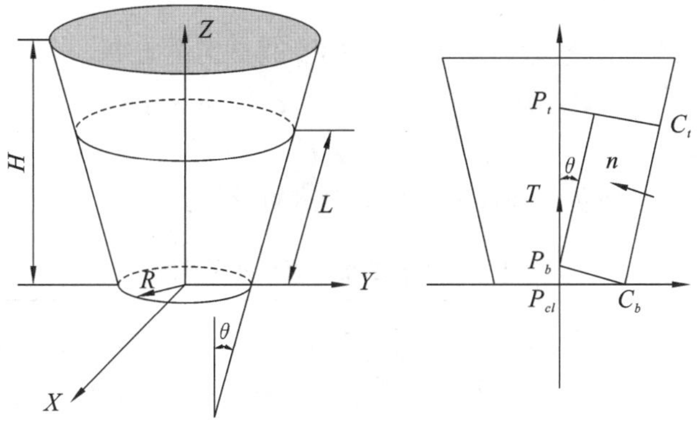

图 3.121　刀具几何关系

由图 3.121 可知，存在下面的几何关系：

$$P_b = C_b + \frac{R}{\cos\theta} \cdot n \tag{3.68}$$

$$P_t = C_t + \frac{R}{\cos\theta} \cdot n + L \cdot \tan\theta \cdot n \tag{3.69}$$

$$T = \frac{P_t - P_b}{|P_t - P_b|} = \frac{C_t - C_b + L \cdot \tan\theta \cdot n}{L}\cos\theta \tag{3.70}$$

$$P_{cl} = P_b - T \cdot R \cdot \tan\theta \tag{3.71}$$

将锥刀安置在锥刀回转面与蜗杆齿面相切的位置，切线就是啮合接触线，且这个位置是唯一的，如图 3.122 所示。侧铣法向截面示意图如图 3.123 所示。

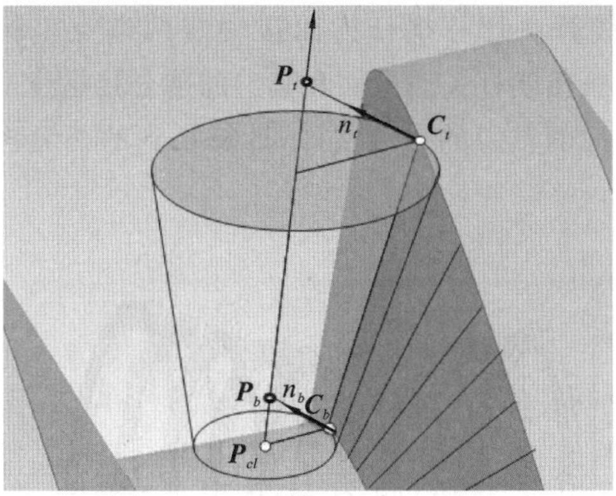

图 3.122　五轴侧铣刀位计算示意图

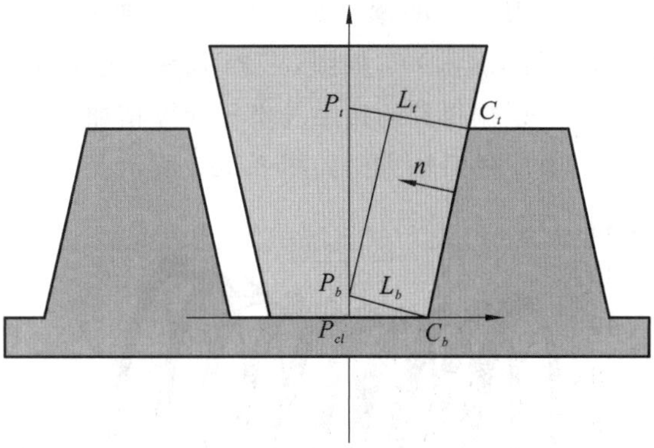

图 3.123　侧铣法向截面示意图

由于蜗杆齿面是可展的，因此有下列关系式：

$$n(\varphi_1) = n_t(\varphi_1) = n_b(\varphi_1) \tag{3.72}$$

刀轴矢量 T 的求取可以通过啮合接触线上的齿顶齿根两点 C_t 和 C_b 沿着齿面法向量 n 偏置一定的距离 L_t 和 L_b 得到刀具轴线方向上两点 P_t 和 P_b，两点可以确定刀轴矢量。

$$T(\varphi_1) = \frac{C_t(\varphi_1) - C_b(\varphi_1) + L(\varphi_1) \cdot \tan\beta \cdot n(\varphi_1)}{L(\varphi_1)}\cos\beta \tag{3.73}$$

其中，$L(\varphi_1)=|\boldsymbol{C}_t(\varphi_1)-\boldsymbol{C}_b(\varphi_1)|$。

通过将 $\boldsymbol{P}_b$ 沿刀轴矢量的反方向偏置距离 $\boldsymbol{P}_b\boldsymbol{P}_{cl}$ 得到刀尖点 $\boldsymbol{P}_{cl}$。

$$\boldsymbol{P}_{cl}(\varphi_1)=\boldsymbol{P}_b(\varphi_1)-\boldsymbol{T}(\varphi_1)\cdot R\cdot\tan\beta \tag{3.74}$$

3.9.1.3 加工实例

以表 3.7 中参数的平面包络环面蜗杆副为例进行计算。

表 3.7 平面包络环面蜗杆副参数

参数	符号	值
中心距	a	135mm
蜗杆齿数	Z1	1
蜗轮齿数	Z2	90
母平面倾角	β	6.68°
主基圆半径	r0	42mm
端面模数	mt	2.5mm

根据其齿槽大小，选择如表 3.8 所示锥刀参数。

表 3.8 锥刀参数

参数	符号	值
小径	R	1.2mm
锥角	θ	21°
刃长	H	15mm

根据表 3.8 的蜗杆副参数，首先要根据接触线算法计算蜗杆齿面接触线两端点坐标（$\boldsymbol{C}_t(\varphi_1)$ 和 $\boldsymbol{C}_b(\varphi_1)$），如图 3.124 所示，在 Matlab 中画出蜗杆一侧齿面和其上的啮合接触线。

然后根据得到的接触线坐标计算精加工一侧齿面的锥刀的刀位文件，计算得到的刀尖轨迹及其对应的刀轴方向如图 3.125 所示。

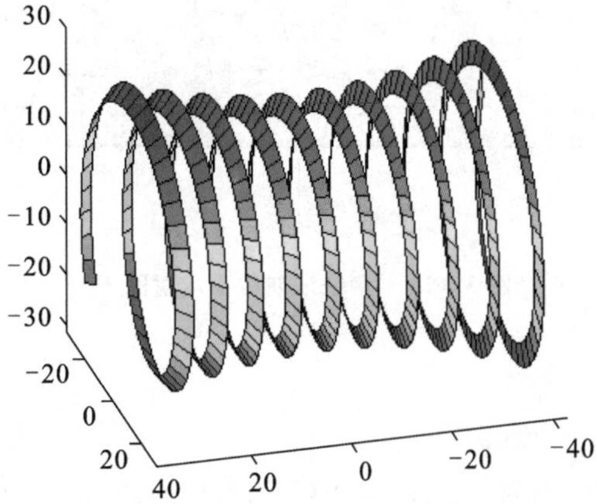

图 3.124 蜗杆一侧齿面

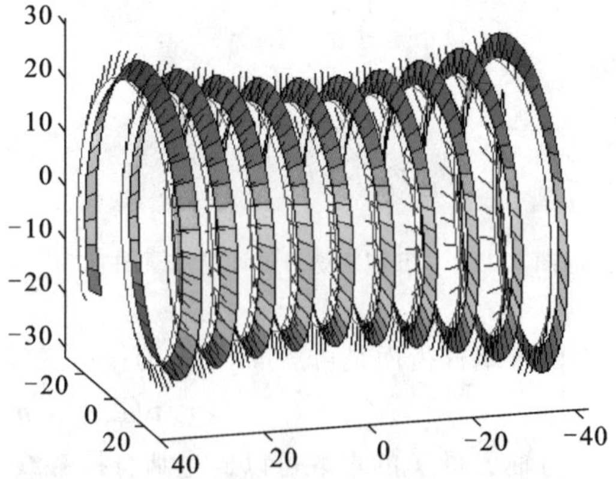

图 3.125 蜗杆一侧齿面侧铣刀路

实际加工实验是在摆头转台机床上进行的，毛坯采用 40Cr 钢材质，毛坯的形状是已经完成了蜗杆齿顶圆环面的加工回转体，夹具采用的结构如图 3.126 所示，刀具选用硬质合金刀具。

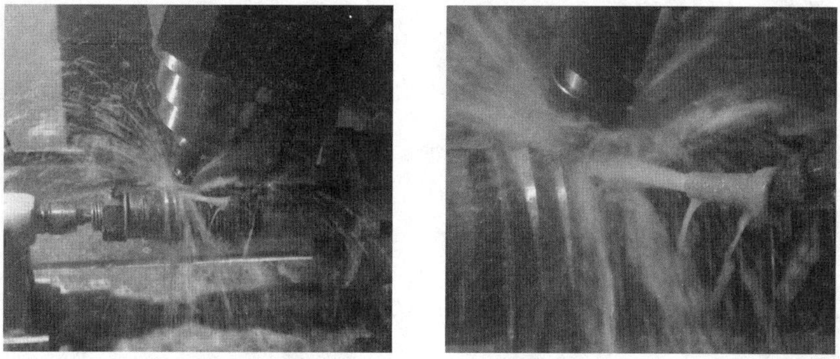

(a)　　(b)

图 3.126　40Cr 材料加工实验

加工工艺步骤是先用 ϕ4mm 立铣刀粗加工，切除齿槽中上部材料，再用 3mm 立铣刀粗加工，切除齿槽中下部材料，之后用底端半径 R 2.4mm 锥刀半精加工，切除齿槽两侧材料，两侧各留 0.2mm 加工余量，然后进行高频淬火，如图 3.127 所示。淬火后重新装好并校准工件，尤其在圆周方向的校准，最后用 2.4mm 锥刀分别精加工两侧齿面，切除剩余的 0.2mm 材料。

图 3.127　热处理后的工件

加工结果如图 3.128 所示，可以看出蜗杆齿面的加工质量也比较光滑，表面质量较好，通过此次 40Cr 材料的加工实验验证了通过平面包络环面蜗杆五轴侧铣刀路规划方法在实际工程应用中的可行性。

图 3.128　加工完成的蜗杆

该零部件已经开始小批量生产，并已配置到多台高端五轴数控机床上，作为数控转台核心传动部件发挥重要作用，如图 3.129 和 3.130 所示。图 3.129 是五轴搅拌摩擦焊接机床大扭矩摆头，该摆头实现了大扭矩传动。

图 3.129　B30 五轴搅拌摩擦焊接机床大扭矩摆头

图 3.130　小批量蜗杆加工

3.9.2　平面包络环面蜗杆的五轴磨削加工

对于有着更高精度和耐磨性要求的数控机床旋转轴传动件，需要采用更高硬度的蜗杆材质，精加工需要采用磨削加工。传统的平面二次包络环面蜗杆的磨削精加工通常在改造的普通车床上加工，在车床上添加一个旋转台，并在机床上安装环面蜗杆专用磨削头，调整专用磨削头调整斜齿轮倾角和中心距，通过旋转台和车床主轴的两轴联动实现平面包络环面蜗杆的对偶范成法磨削加工，这种传统方式的中心距调整范围有限，会导致加工范围有限、专用磨头调整繁琐且精度难保证、普通改造车床刚性差等问题。

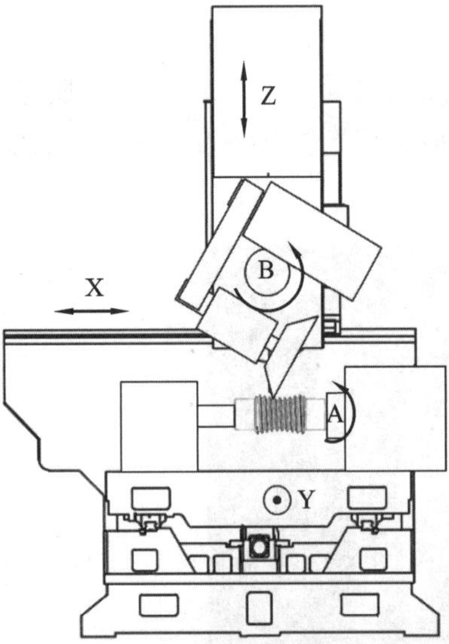

图 3.131　平面包络环面蜗杆五轴磨削加工机床结构

本节利用五轴联动加工技术，提出一套用于平面包络环面蜗杆的五轴联动砂轮磨削加工方法，实现平面包络环面蜗杆齿面的精确磨削加工，提高加工范围和加工精度。

如图 3.131 所示，采用的加工机床是五轴联动数控机床，其结构是单摆头单转台结构，包括 X、Y、Z、A、B 五个轴，磨削主轴装在 B 轴上。砂轮采用单斜边砂轮，砂轮磨削工作面是底部平面，砂轮跟随 B 轴摆动。工件蜗杆轴线与旋转轴 A 轴轴线重合，随 A 轴旋转。

按照平面包络环面蜗杆的成型原理，通过机床五轴联动，使得砂轮磨削平面与虚拟齿轮的齿面重合，并绕虚拟齿轮旋转轴线旋转，同时工件蜗杆绕自身轴线旋转，两者的旋转速度和方向通过蜗杆副的旋向和传动比确定，虚拟齿轮轴线与工件蜗杆轴线距离等于蜗杆副传动比。

根据上述加工原理，五轴加工程序的生成过程是：

1）如图 3.132 所示，建立坐标系，包括砂轮坐标系 Σ示，虚拟齿轮坐标系 Σ拟，蜗杆坐标系 Σ蜗，砂轮坐标下砂轮底部中心点坐标为 $[0\quad 0\quad 0\quad 1]^T$，砂轮轴矢量为 $[0\quad 0\quad 1\quad 0]^T$。

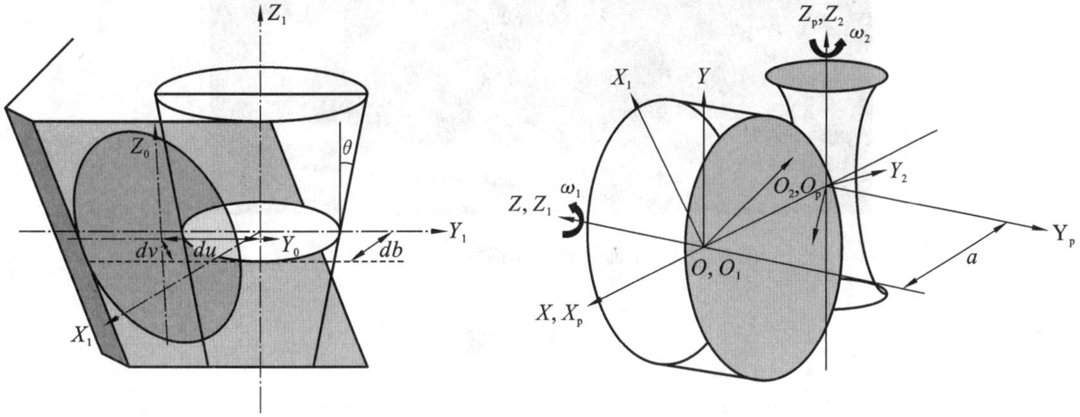

图 3.132　平面包络环面蜗杆五轴磨削刀具位置计算坐标系

2）进行坐标变换，砂轮坐标系通过先沿 Y 方向平移距离 dv，沿 Z 方向平移距离 du，再绕 Y 轴旋转倾斜角 β，再沿 X 轴平移距离 rb 变换到虚拟齿轮坐标系，rb 即为齿轮主基圆半径，变换矩阵分别为 $\boldsymbol{T}_1$，$\boldsymbol{R}_1$，$\boldsymbol{T}_2$；然后，砂轮绕虚拟齿轮坐标系 Z 轴旋转角度 ω_1，变换矩阵为 $\boldsymbol{R}_2$；然后砂轮沿 X 轴平移到蜗杆坐标系，变换矩阵为 $\boldsymbol{T}_3$；然后砂轮绕蜗杆坐标系 Y 轴旋转角度 ω_2，变换矩阵为 $\boldsymbol{R}_3$。最后得到变换公式：

$$\boldsymbol{CL} = \boldsymbol{R}_3(\omega_2)\times \boldsymbol{T}_3(a)\times \boldsymbol{R}_2(\omega_1)\times \boldsymbol{T}_2(rb)\times \boldsymbol{R}_1(\beta)\times \boldsymbol{T}_1(dv,du)\times[0,0,0,1]^T$$

$$\boldsymbol{TA} = \boldsymbol{R}_3(\omega_2)\times \boldsymbol{T}_3(a)\times \boldsymbol{R}_2(\omega_1)\times \boldsymbol{T}_2(rb)\times \boldsymbol{R}_1(\beta)\times \boldsymbol{T}_1(dv,du)\times[0,0,1,0]^T$$

其中，$\boldsymbol{CL}$ 指对应于一个蜗杆副啮合位置的砂轮底部中心点坐标矢量；$\boldsymbol{TA}$ 指对应于一个蜗杆副啮合位置的砂轮轴位置坐标矢量；dv 可通过公式 $dv = \sqrt[2]{ra^2 - rb^2} - d_0$ 求出，其中 ra 是蜗轮齿顶圆半径，rb 是蜗轮主基圆半径，d_0 是砂轮直径；du 是指砂轮圆周与虚拟齿轮齿顶圆重合时，根据蜗杆副理论接触线分布，调整砂轮在虚拟齿轮轴向上的位置而产生的砂轮中心与虚拟齿轮中心 Y 方向的偏置值。

3）刀位计算，根据蜗杆副工作起始角和工作角度，通过上述坐标变换公式，从起始角开始，每隔一定角度，计算一个刀位值，直到完成工作角度，通过一个循环计算，获得加工的刀位文件，其中具体的密集程度视蜗杆大小和要求而定。

4）后置处理，结合具体机床结构参数，通过后置处理过程，将刀位文件转换为机床加工 NC 代码。

如图 3.133 所示，与传统的平面包络环面蜗杆磨削技术相比，利用五轴加工机床的柔性和精密性，可大幅度提高平面包络环面蜗杆的磨削范围和磨削精度。

图 3.133 平面包络环面蜗杆五轴磨削加工

参 考 文 献

[1] Wu C. Arbitrary surface flank milling of fan,compressor,and impeller blades[J]. Journal of engineering for gas turbines and power,1995,117(3):534-540.

[2] Wu C. Arbitrary surface flank milling & flank SAM in the design & manufacturing of jet engine fan and compressor airfoils. Proceedings of the ASME IGTI turbo expo conference in Copenhagen,2012.

[3] 赵罡,穆国旺,王拉柱.非均匀有理B样条[M].2版.北京:清华大学出版社,2010.

[4] Smith L I. A Tutorial on Principal Components Analysis[J]. Information fusion,2002,51(3):219-226.

[5] Chen H Y,Pottmann H. Approximation by ruled surfaces[J]. Journal of computational and applied mathematics 202(1): 143.156.

[6] 丁汉,朱利民.复杂曲面数字化制造的几何学理论和方法.北京:科学出版社,2011.

[7] Liu X W. Five-axis NC cylindrical milling of sculptured surfaces[J]. Computer-aided design,2007(12): 887-894.

[8] Lee Y S,Koc B. Ellipse-offset approach and inclined zig-zag method for multi-axis roughing of ruled surface pockets[J]. Computer-aided design,1998,30(12): 957-971.

[9] Rubio W,Lagarrigue P,Dessein G,et al. Calculation of tool paths for a torus mill on free-form surfaces on five-axis machines with detection and elimination of interference [J]. The international journal of advanced manufacturing technology,1998,14(1): 13.20.

[10] Redonnet J M,Rubio W,Dessein G. Side milling of ruled surfaces: Optimum positioning of the milling cutter and calculation of interference[J]. The international journal of advanced manufacturing technology,1998,14(7): 459-465.

[11] Monies F,Redonnet J M,Rubio W,et al. Improved positioning of a conical mill for ma-

chining ruled surfaces: application to turbine blades[J]. Proceedings of the institution of mechanical engineers, part B: journal of engineering manufacture, 2000, 214(7): 625-634.

[12] Monies F, Rubio W, Redonnet J M, et al. Comparative study of interference caused by different position settings of a conical milling cutter on a ruled surface[J]. Proceedings of the institution of mechanical engineers, part B: journal of engineering manufacture, 2001, 215(9): 1305-1317.

[13] Monies F, Felices J N, Rubio W, et al. Five-axis NC milling of ruled surfaces: optimal geometry of a conical tool[J]. International journal of production research, 2002, 40(12): 2901-2922.

[14] Tsay D M, Her M J. Accurate 5-axis machining of twisted ruled surfaces[J]. Journal of manufacturing science and engineering, 2001, 123(4): 731-738.

[15] Menzel C, Bedi S, Mann S. Triple tangent flank milling of ruled surfaces[J]. Computer-aided design, 2004, 36(3): 289-296.

[16] Bedi S, Mann S, Menzel C. Flank milling with flat end milling cutters[J]. Computer-aided design, 2003, 35(3): 293. 300.

[17] Li C, Mann S, Bedi S. Error measurements for flank milling[J]. Computer-aided design, 2005, 37(14): 1459-1468.

[18] Li C, Bedi S, Mann S. Flank milling of a ruled surface with conical tools—an optimization approach[J]. The international journal of advanced manufacturing technology, 2006, 29(11-12): 1115-1124.

[19] Zhu L M, Zhang X M, Zheng G, et al. Analytical expression of the swept surface of a rotary cutter using the envelope theory of sphere congruence[J]. Journal of manufacturing science and engineering, 2009, 131(4): 041017.

[20] Zhu L M, Zhang X M, Ding H, et al. Geometry of signed point-to-surface distance function and its application to surface approximation[J]. Journal of computing and information science in engineering, 2010, 10(4): 041003.

[21] Zhu L M, Zheng G, Ding H, et al. Global optimization of tool path for five-axis flank milling with a conical cutter[J]. Computer-aided design, 2010, 42(10): 903. 910.

[22] Lee A C, Lin M T, Pan Y R, Lin W Y. The feedrate scheduling of NURBS interpolator for CNC machine tools[J]. Computer-aided design, 2100, 43: 612-628.

[23] 毕庆贞，王宇晗，朱利民，等. 刀触点网格上整体光顺五轴数控加工刀轴方向的模型与算法[J]. 中国科学：技术科学，2010，40(10)：1159-1168.

[24] 毕庆贞. 面向五轴高效铣削加工的刀具可行空间 GPU 计算与刀具方向整体优化[D]. 上海：上海交通大学，2009.

[25] Ren J X, Yao C F, Zhang D H, et al. Research on tool path planning method of four-axis high-efficiency slot plunge milling for open blisk[J]. The International Journal of

Advanced Manufacturing Technology, 2009, 45(1-2): 101-109.

[26] 周培德. 计算几何 算法设计与分析 [M]. 北京:清华大学出版社,2005.

[27] Lu YA, Bi QZ, Zhu LM. Five-axis flank milling of impellers: optimal geometry of a conical tool considering stiffness and geometric constraints. Proceedings of the IMechE, Part B: Journal of Engineering Manufacture, 2016, 230(1): 38-52.

[28] 林金涛. 高速铣削螺旋刀具轨迹规划算法研究[D]. 上海交通大学,2015.

[29] Lu YA, Bi QZ, Zhu LM. Five-axis flank milling tool path generation with smooth rotary motions. Procedia CIRP, 2016, 56: 161-166.

[30] Bedi S, Mann S, Menzel C. Flank milling with flat end milling cutters. Computer-Aided Design, 2003, 35(3):293-300.

[31] Tang M, Zhang D H, Luo M, et al. Tool path generation for clean-up machining of impeller by point-searching based method. Chinese Journal of Aeronautics, 2012, 25(1):131-136.

[32] Balasubramaniam M, Sarma S E, Marciniak K, et al. Collision-free finishing toolpaths from visibility data. Computer-Aided Design, 2003, 35(4): 359-374

[33] Sun, C., Bi, Q. Z., Wang, Y. H., and Huang, N. D., Improving cutter life and cutting efficiency of five-axis plunge milling by simulation and tool path regeneration, The International Journal of Advanced Manufacturing Technology, 2015, 77(5): 965-972.

[34] De Berg M, Cheong O, Van Kreveld M. 计算几何——算法与应用. 北京:清华大学出版社, 2005.

[35] Smooth Spiral Tool Path Generation for Pocket Machining, submit, 2016.

4 五轴数控系统中的局部光顺及速度规划

4.1 五轴数控系统的关键问题及技术

在自由曲线、曲面加工场合，商业的 CAD/CAM 软件通常只能生成机床坐标系下小线段形式的加工路径。此外，伴随着 3D 扫描反求工程日益普遍应用于制造业，由其产生的数控指令代码也主要是小线段格式。可见，这些具有毫米级尺度的小线段仍然是目前加工场合的主要路径形式[1]。然而，小线段格式的加工路径各刀位处曲率不连续，实际加工过程中往往会发生频繁加减速，严重影响加工效率和表面质量。若利用曲率连续的样条曲线取代小线段作为刀具路径，可以减小加工文件体积，避免刀具轨迹切向不连续引起的速度波动和法向不连续引起的加速度波动，减少机床振动，提高加工效率与精度。当前，国内外主流商业 CNC 系统如华中数控的华中 8 型、FANUC 32i、Siemens 840D、Mazak matrix 2 等均加入了对样条插补功能的支持。但是，目前只有 UG、CATIA 等少数 CAD/CAM 软件能够直接生成样条曲线格式的刀具路径，大部分商业软件仅能生成小线段形式的刀具路径。因此，研究样条曲线刀具路径规划理论与方法，是实现多轴加工高速、高精度要求的关键。

如图 4.1 所示，目前针对五轴轨迹光顺的研究主要围绕着全局光顺和局部光顺两种方法展开，而对离散轨迹的逼近与插值依然是全局光顺的主要手段。虽然逼近与插值方法对五轴连续线段轨迹表现出了良好的应用前景，但是该方法大多在离线状态下进行，最终的优化结果仍然需要离散成刀位点送到数控系统中进行处理[2]，数控系统中基于线性插补的控制策略并不能充分利用轨迹光顺的成果。

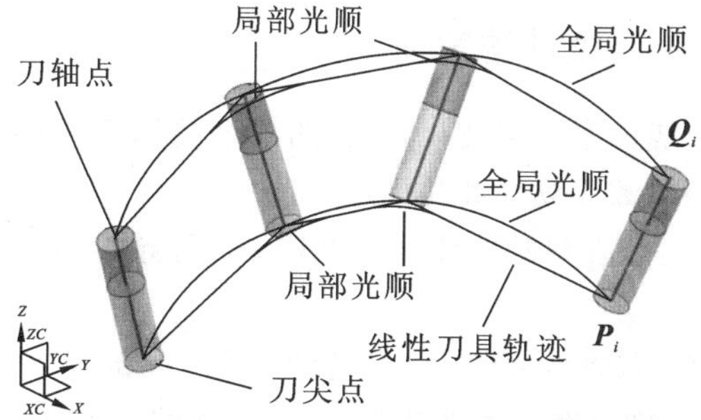

图 4.1 五轴小线段的全局光顺与局部光顺

转接光顺方法是指利用线段、圆弧或者自由曲线等来拼接两条连续的线性小线段。国外的商业 CNC 系统中已有提供转接光顺功能的范例。例如，Siemens 840D 提供了可编程光顺功能(Programmable Smoothing Function)[3]，如图 4.2 所示。为了保证曲率连续、方便插补，目前多采用 Bézier 曲线、B 样条、PH 曲线进行小线段刀具路径的转接光顺。由于五轴加工中旋转轴的存在，转接光顺可以在工件坐标系和机床坐标系下分别进行。

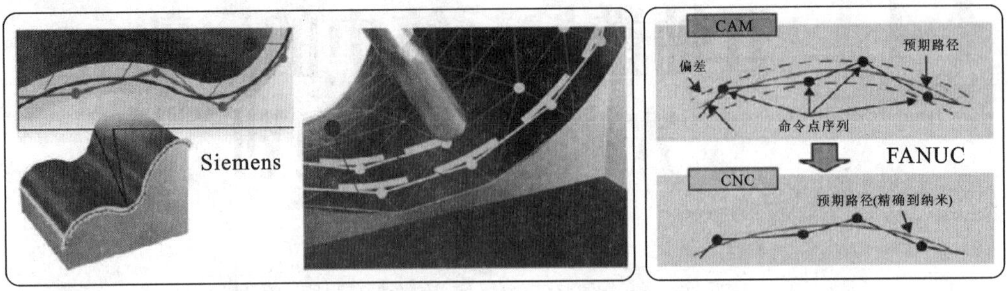

图 4.2 Siemens 和 FANUC 的 CNC 系统样条平滑功能

另一方面，光顺的刀具路径并不意味着平滑的运动。在五轴联动实时插补中，实现综合约束（如插补精度、材料切除率、机床各轴伺服能力约束等）下的自适应速度规划也至关重要。

4.2 三轴小线段刀具路径的转接光顺

平动轴线性刀具路径（代码：G01）仍然是工业中应用最广泛的刀具路径形式，但线性刀具路径并不适应高速高精度的加工要求。为了适应高速高精度加工的要求，理想的平动轴刀具路径应该同时具有以下特点[4]：

① 最大近似误差约束；

② 切向和曲率连续；

③ 减少刀具路径的振荡；

④ 控制曲率形状。

标准的样条插补或近似方法无法同时满足以上四个条件，三轴小线段刀具路径的转接光顺也多采用 Bézier 曲线、B 样条或 PH 曲线。不管采用何种曲线进行转接光顺，考虑到数控系统的实时环境，需要考虑 G^2 连续、光顺误差控制、曲率极值的快速计算等三个因素。下面以 Bézier 样条的转接光顺为例说明三轴转接光顺的方法与步骤。

4.2.1 平动轴刀具路径连续性的定义

所谓光顺，通常是指曲线曲率均匀变化，并且曲线上的拐点尽可能少。参数曲线的光顺性有两种不同的度量方式，即参数连续性和几何连续性[5]。

定义 4-1（参数连续性）：若在参数曲线某一点处 n 阶可导，且其 n 阶导函数连续，则称该曲线在该点处 C^n 连续。

定义 4-2（几何连续性）：若将两曲线之一经参数变换，重新参数化后能够实现两曲线在公共连接点处正则地 C^n 连续，则称两曲线在公共点处 G^n 连续。

由以上定义可以看出，几何连续性反映了曲线本身的连续信息，是与参数化无关的光顺性描述。一条曲线如果满足几何连续性，则必然满足参数连续性。几何连续性相对于参数连续性有更为明确的几何意义，因此它通常被用于衡量曲线路径的光顺性。根据阶次不同，两段刀具路径在公共连接点处的三种常见几何连续性，解释如下：G^0，刀具路径连接点处位置连续；G^1，刀具路径连接点处两路径段具有相同的切向矢量；G^2，刀具路径连接点处两路径段具有相同的曲率。三种几何连续光顺性的对比见图 4.3。

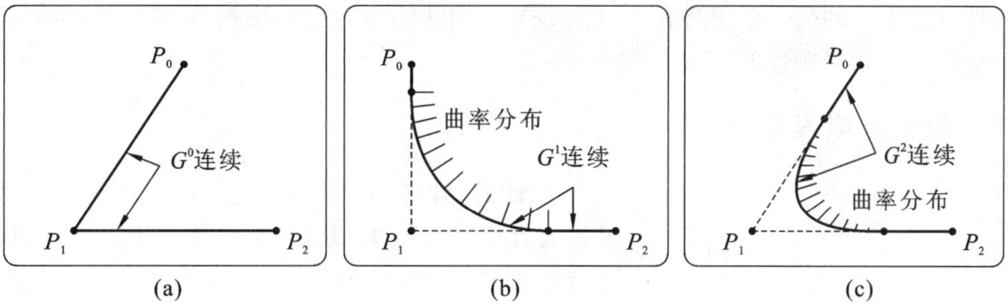

图 4.3 三种几何连续性的对比

(a) 两小线段 G^0 连续；(b) 小线段与圆弧 G^1 连续；(c) 小线段与曲线 G^2 连续

4.2.2 平动轴 G^2 连续刀具路径光顺

三次 Bézier 曲线是能够产生连续曲率轨迹的最低阶次曲线，因此，采用 G^2 连续的三次 Bézier 曲线实现相邻两条线段之间的光滑过渡。三次 Bézier 曲线的定义如下[6]：

$$\boldsymbol{B}(t)=\sum_{i=0}^{3}\binom{3}{i}\boldsymbol{B}_i t^i(1-t)^{3-i},\quad 0\leqslant t\leqslant 1 \tag{4.1}$$

其中，$\boldsymbol{B}_i$ 为控制点，t 为曲线参数。

接下来介绍相邻两条线段的 G^2 连续光顺方法。如图 4.4 所示，用三个顶点$\boldsymbol{P}_1$、$\boldsymbol{P}_2$ 和$\boldsymbol{P}_3$ 来定义两条线性刀路，其方向分别是$\boldsymbol{T}_1$ 和$\boldsymbol{T}_2$。过渡曲线中包含两条三次 Bézier 曲线，$\boldsymbol{B}_1(t)$和$\boldsymbol{B}_2(t)$，它们的控制点分别是$\boldsymbol{B}_{10},\cdots,\boldsymbol{B}_{13}$ 和$\boldsymbol{B}_{20},\cdots,\boldsymbol{B}_{23}$。线段上的过渡长度为 $d_1=\|\boldsymbol{B}_{10}\boldsymbol{P}_2\|$ 和$d_2=\|\boldsymbol{P}_2\boldsymbol{B}_{20}\|$。根据$G^2$ 连续性的定义，在点$\boldsymbol{B}_1(0)$和$\boldsymbol{B}_2(1)$处，过渡曲线的两个单位切向量分别为$\boldsymbol{T}_1$ 和$\boldsymbol{T}_2$，并且曲率均为零。同时，在点$\boldsymbol{B}_1(1)$和$\boldsymbol{B}_2(0)$处，曲线具有共同的切向方向和曲率。

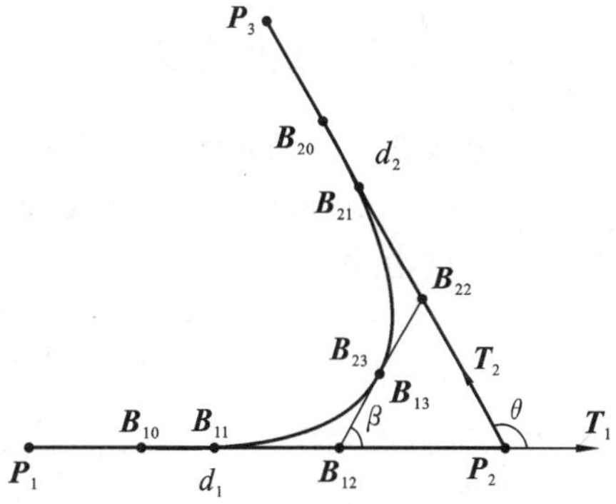

图 4.4 Bézier 过渡曲线对控制点的定义

假设 $d_1=d_2$，$\beta=\theta/2$，曲率连续的三次 Bézier 曲线对八个控制点的定义如下[7]：

$$\left.\begin{aligned}\boldsymbol{B}_{10}&=\boldsymbol{P}_2-d\boldsymbol{T}_1\\ \boldsymbol{B}_{11}&=\boldsymbol{P}_2-(1-c_2c_3)d\boldsymbol{T}_1\\ \boldsymbol{B}_{12}&=\boldsymbol{P}_2-(1-c_2c_3-c_3)d\boldsymbol{T}_1\\ \boldsymbol{B}_{13}&=\boldsymbol{B}_{12}+\eta d\boldsymbol{u}_d\end{aligned}\right\} \tag{4.2}$$

及

$$\left.\begin{aligned}\boldsymbol{B}_{20}&=\boldsymbol{P}_2+d\boldsymbol{T}_2\\ \boldsymbol{B}_{21}&=\boldsymbol{P}_2+(1-c_2c_3)d\boldsymbol{T}_2\\ \boldsymbol{B}_{22}&=\boldsymbol{P}_2+(1-c_2c_3-c_3)d\boldsymbol{T}_2\\ \boldsymbol{B}_{23}&=\boldsymbol{B}_{22}-\eta d\boldsymbol{u}_d\end{aligned}\right\} \tag{4.3}$$

其中，$\boldsymbol{u}_d$ 是线段 $\boldsymbol{B}_{12}\boldsymbol{B}_{13}$ 的单位向量，并且 $c_1 = 7.2364, c_2 = 2(\sqrt{6}-1)/5, c_3 = (c_2+4)/(c_1+6), \eta = 6c_3\cos\beta/(c_2+4)$。

这种过渡方法的另一个优势在于过渡 Bézier 曲线内不存在曲率振荡，避免了曲率振荡对数控系统进给运动光顺性的影响[8]。

4.2.3　最大近似误差约束

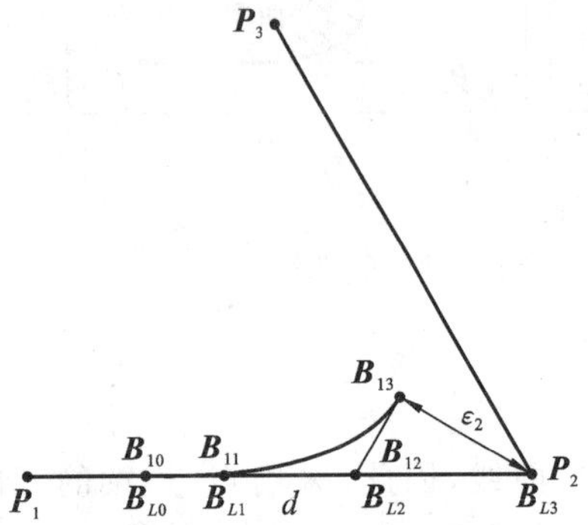

图 4.5　过渡 Bézier 的最大近似误差

线性刀具路径的 G^2 连续路径光顺算法必须考虑满足最大近似误差约束，从式(4.2)和式(4.3)可以看出，过渡三次 Bézier 曲线的定义中，只有过渡长度 d 是变量，因此需要通过控制这唯一的变量来满足指定的最大近似误差约束 ε。

图 4.5 中所示最大的近似误差 ε_2 与过渡长度 d 之间的关系为

$$\begin{aligned}\varepsilon_2 &\leqslant \|\boldsymbol{B}_{13}-\boldsymbol{P}_2\| = \|\boldsymbol{B}_{12}\boldsymbol{P}_2\|\sin\beta \\ &= (1-c_2c_3-c_3)d\sin\beta\end{aligned} \tag{4.4}$$

因此当给定近似误差为 ε 时，过渡长度 d 可以选择为

$$d \leqslant \frac{\varepsilon}{(1-c_2c_3-c_3)\sin\beta} = c_4\varepsilon\csc\beta \tag{4.5}$$

其中 $c_4 = 1/(1-c_2c_3-c_3)$。

4.2.4　过渡曲线的最大曲率

在过渡曲线中最大曲率是评价刀具路径质量的关键指标，从数控加工效率的角度考虑，曲率应尽可能小。已有的加减速速度规划算法中，在考虑弓高误差和机床运动学特性时，平动轴的最大速度由式 4.6 决定。

$$v = \min\left[\frac{2\sqrt{r^2-(r-\delta)^2}}{T}, \sqrt{rA_{\max}}\right] \tag{4.6}$$

其中，T 为插补周期，$r = 1/\kappa_{\max}$ 是刀具路径在给定点的曲率半径，δ 是允许的弓高误差，$A_{\max}$ 是机床允许的最大加速度。从式(4.6)可以看出，过渡曲线的最大曲率是决定最大进给速度的关键因素，因此在选择过渡长度 d 时，需要同时考虑最大近似误差约束和最大曲率的优化。

如图 4.6 所示，在三次 Bézier 曲线 $\boldsymbol{B}_1(t)$ 内，曲率单调递增；而在三次 Bézier 曲线 $\boldsymbol{B}_2(t)$ 内，曲率单调递减。整个过渡曲线 G^2 连续，过渡曲线的最大曲率出现在点 $\boldsymbol{B}_{13}$ 和 $\boldsymbol{B}_{23}$ 处，且最大曲率 $\kappa_{\max}$ 可表示为

$$\kappa_{\max} = \frac{c_5\sin\beta}{d\cos^2\beta} \tag{4.7}$$

式中，$c_5 = (c_2+4)^2/(54c_3)$。

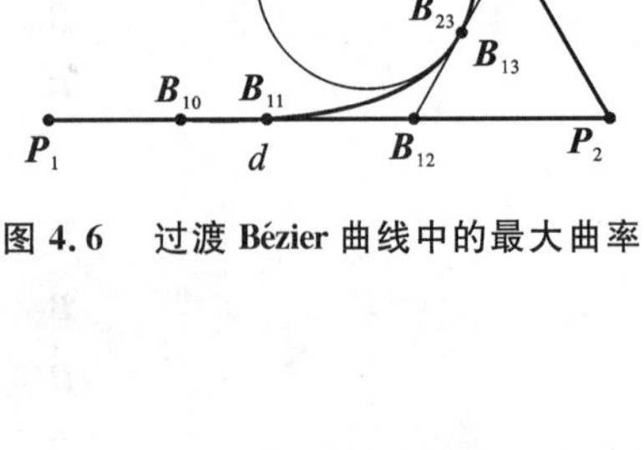

图 4.6　过渡 Bézier 曲线中的最大曲率

4.2.5 过渡曲线曲率的在线优化

过渡曲线的在线构建方法是通过局部优化过渡长度实现的，优化目标是最大化过渡三次Bézier曲线对中的最小曲率半径值。假设 d_i 是第 i 个节点处的过渡长度，并且 $l_i = \| \boldsymbol{P}_{i+1} - \boldsymbol{P}_i \|$，如图 4.7 所示。优化模型还需要考虑相邻两条曲线 $\boldsymbol{P}_{i-1}\boldsymbol{P}_i$ 和 $\boldsymbol{P}_i\boldsymbol{P}_{i+1}$ 的长度限制，保证过渡长度不大于这两条线段的原有长度。于是关于第 i 个节点处曲率半径值的优化模型可以表示为：

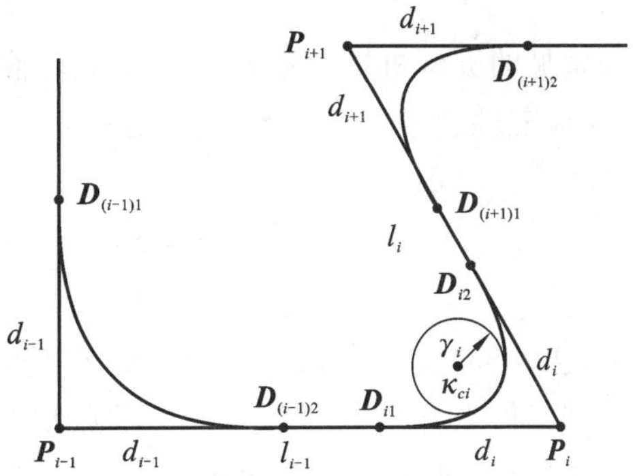

图 4.7 光顺第 i 个节点的过渡曲线

$$\max\ d_i$$
$$s.t.\begin{cases} d_i \leqslant c_4 \varepsilon \csc\beta_i \\ d_i \leqslant 0.5 l_{i-1} \\ d_i \leqslant 0.5 l_i \\ 3 \leqslant i \leqslant n-2 \end{cases} \tag{4.8}$$

显然过渡长度 d_i 可以按照式(4.9) 得出。

$$d_i = \min[c_4 \varepsilon \csc\beta_i, \min(0.5 l_{i-1}, 0.5 l_i)], \quad 3 \leqslant i \leqslant n-2 \tag{4.9}$$

因为刀具路径在第一段和最后一段没有过渡曲线，因此过渡长度 d_2 和 d_{n-1} 需按式(4.10)得出。

$$\left.\begin{aligned} d_2 &= \min[c_4 \varepsilon \csc\beta_2, \min(l_1, 0.5 l_2)] \\ d_{n-1} &= \min[c_4 \varepsilon \csc\beta_{n-1}, \min(0.5 l_{n-1}, l_n)] \end{aligned}\right\} \tag{4.10}$$

4.3 机床坐标系下五轴刀具路径转接光顺

对于机床坐标系下的刀具路径，将五轴轨迹视为位置子轨迹与方向子轨迹的组合，分别对轨迹进行光顺，是五轴轨迹光顺常使用的策略。其优点在于单条子轨迹的维度均小于3，这样可以直接利用三轴轨迹光顺方法中的既有成果，对五轴轨迹中的子轨迹进行光顺处理。本小节利用双 Bézier 曲线在机床坐标系下实现位置子轨迹与方向子轨迹的局部光顺过渡。由于在机床坐标系下对五轴轨迹中的子轨迹进行的局部光顺，会引起驱动轴位置的改变，从而造成末端刀具位置与姿态的变化。因此需要建立五轴运动执行机构的误差映射模型，在满足刀具位置与方向精度的前提下，为局部光顺算法中的近似误差的限定提供依据。针对光顺后两条子轨迹的同步插补，同样影响着最终的轮廓精度，其同步机制同样需要进行考虑。本节内容的详细描述可参考文献[9]。

4.3.1 五轴刀具路径 G^2 连续的定义

采用 4.2 节中提出的方法对位置子轨迹与方向子轨迹分别进行光顺后，可以得到由两条包含直线和曲线的混合线段定义而成的刀具路径。因此，五轴刀具路径的连续性是由具有较低连续程度的曲线决定的，其定义如下：

定义 4-3(五轴轨迹连续性定义)：设基于工件坐标系描述的五轴轨迹由两条曲线表示，其中表示刀尖点轨迹的曲线具有 G^{n_1} 连续性，表示刀轴点轨迹的曲线具有 G^{n_2} 连续性，则该五轴轨迹的连续性定义为 G^n，其中 $n = \min(n_1, n_2)$。

4.3.2 五轴运动执行机构的误差映射模型

常见的五轴机床一般包含三个平动轴 X_M、Y_M 和 Z_M，以及两个旋转运动轴 $\theta_{\alpha M}$ 和 $\theta_{\beta M}$。因此，相应五轴轨迹上的参考点可描述为：

$$\begin{cases} \boldsymbol{Q}_M = [X_M, Y_M, Z_M, \theta_{\alpha M}, \theta_{\beta M}]^{\mathrm{T}} = [\boldsymbol{Q}_{MT}, \boldsymbol{Q}_{MR}]^{\mathrm{T}} \\ \boldsymbol{Q}_{MT} = [X_M, Y_M, Z_M]^{\mathrm{T}} \\ \boldsymbol{Q}_{MR} = [\theta_{\alpha M}, \theta_{\beta M}]^{\mathrm{T}} \end{cases} \tag{4.11}$$

其中，$\boldsymbol{Q}_{MT}$ 与 $\boldsymbol{Q}_{MR}$ 分别表示对应位置子轨迹和方向子轨迹中的参考点。

在工件坐标系下与每一个参考点相对应的有一对矢量：刀尖点矢量 $\boldsymbol{P}_W$ 和刀轴单位矢量 $\boldsymbol{O}_W$，分别用来描述刀具位置和刀轴方向。该组矢量也可以称为工件坐标系下的刀位点坐标：

$$\begin{bmatrix} \boldsymbol{P}_W \\ \boldsymbol{O}_W \end{bmatrix} = \begin{bmatrix} [P_{Wx} \quad P_{Wy} \quad P_{Wz}]^{\mathrm{T}} \\ [O_{Wi} \quad O_{Wj} \quad O_{Wk}]^{\mathrm{T}} \end{bmatrix} \tag{4.12}$$

通过前向运动学变换 $\boldsymbol{G}$，可以将机床坐标系中的参考点转换为工件坐标系下的刀位点：

$$\begin{bmatrix} \boldsymbol{P}_W \\ \boldsymbol{O}_W \end{bmatrix} = \boldsymbol{J}(\boldsymbol{Q}_M) \tag{4.13}$$

对式(4.13)两侧求微分可得：

$$\begin{bmatrix} \mathrm{d}\boldsymbol{P}_W \\ \mathrm{d}\boldsymbol{O}_W \end{bmatrix} = \boldsymbol{J}\mathrm{d}\boldsymbol{Q}_M = \begin{bmatrix} \boldsymbol{J}_{TT} & \boldsymbol{J}_{TR} \\ \boldsymbol{J}_{RT} & \boldsymbol{J}_{RR} \end{bmatrix} \mathrm{d}\boldsymbol{Q}_M \tag{4.14}$$

其中 $\boldsymbol{J}$ 就是相应五轴运动执行机构的雅可比矩阵，它描述了工件坐标系和机床坐标系之间瞬时运动的对应关系。由于驱动量 $\mathrm{d}\boldsymbol{Q}_M$ 中包含平移运动和转动运动，而末端刀位点中也存在位置与方向具有完全不同量纲的两类矢量，据此，可以将雅可比矩阵 $\boldsymbol{J}$ 分解为四个子矩阵：$\boldsymbol{J}_{TT}$、$\boldsymbol{J}_{TR}$、$\boldsymbol{J}_{RT}$ 和 $\boldsymbol{J}_{RR}$。当利用微小的移动量 Δ 来近似表示微分量 d 时，可以近似得到工件坐标系下的误差与机床坐标系下的误差的映射关系：

$$\begin{aligned} \Delta\boldsymbol{P}_W &= \boldsymbol{J}_{TT} \cdot \Delta\boldsymbol{Q}_{MT} + \boldsymbol{J}_{TR} \cdot \Delta\boldsymbol{Q}_{MR} \\ \Delta\boldsymbol{O}_W &= \boldsymbol{J}_{RT} \cdot \Delta\boldsymbol{Q}_{MT} + \boldsymbol{J}_{RR} \cdot \Delta\boldsymbol{Q}_{MR} \end{aligned} \tag{4.15}$$

通过对式(4.15)进行分析可知，工件坐标系下刀具位置和方向的最大误差可以通过下式求得：

$$\left.\begin{aligned} \| \Delta\boldsymbol{P}_W \| &= \| \boldsymbol{J}_{TT} \cdot \Delta\boldsymbol{Q}_{MT} + \boldsymbol{J}_{TR} \cdot \Delta\boldsymbol{Q}_{MR} \| \leqslant \| \boldsymbol{J}_{TT} \| \| \Delta\boldsymbol{Q}_{MT} \| + \| \boldsymbol{J}_{TR} \| \| \Delta\boldsymbol{Q}_{MR} \| \\ \| \Delta\boldsymbol{O}_W \| &= \| \boldsymbol{J}_{TR} \cdot \Delta\boldsymbol{Q}_{MR} + \boldsymbol{J}_{RR} \cdot \Delta\boldsymbol{Q}_{MR} \| \leqslant \| \boldsymbol{J}_{TR} \| \| \Delta\boldsymbol{Q}_{MR} \| + \| \boldsymbol{J}_{RR} \| \| \Delta\boldsymbol{Q}_{MR} \| \end{aligned}\right\} \tag{4.16}$$

符号 $\| \cdot \|$ 表示求取对象的范数，由线性代数的知识可知，当采用 2 范数时，相当于对其中的向量求模，因此，本章后续内容中符号 $\| \cdot \|$ 均指代 2 范数。那么，$\| \Delta\boldsymbol{P}_W \|$ 则可以表示实际刀尖点到理论刀尖点之间的最大距离。

如图 4.8(a) 所示，当机床驱动轴发生位置偏移时，会引起刀尖点偏离其原始位置，其可能的位置分布在一个以理论刀尖点 $\boldsymbol{P}_i$ 为圆心，以 $\| \Delta\boldsymbol{P}_W \|$ 为半径的球内。因此，通过限定球的半径 $\| \Delta\boldsymbol{P}_W \|$ 的大小，可以达到限定刀尖点位置误差的目的。

对于刀轴方向而言，其本身通过方向余弦来描述。但是，由于余弦矢量没有量纲，$\| \Delta\boldsymbol{O}_W \|$

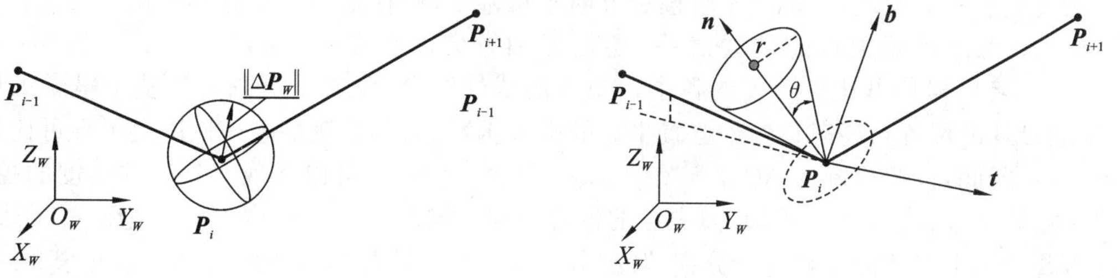

(a)　　　　　　　　　　　　(b)

图 4.8　工件坐标系下的误差描述

(a) 刀尖点误差；(b) 刀轴方向误差

作为刀轴方向的变化量大小，很难和 $\|\Delta \boldsymbol{P}_W\|$ 一样被赋予相关的几何意义，因此，难以直观地描述方向误差的大小。

在此，我们通过方向锥来描述刀轴的方向偏差情况。如图 4.8(b) 所示，为方便描述角度偏差，首先引入一个局部坐标系 $\{\boldsymbol{P}_i - \boldsymbol{ntb}\}$，其坐标原点就是指令刀位点 $\boldsymbol{P}_i$，设指令刀轴方向 $\boldsymbol{O}_W$，作为局部坐标系的 $\boldsymbol{n}$ 轴，将刀具轨迹 $\boldsymbol{P}_{i-1}\boldsymbol{P}_i$ 在与 $\boldsymbol{n}$ 轴垂直的平面上投影的单位矢量作为 $\boldsymbol{t}$ 轴，同时，利用右手法则，可以获得 $\boldsymbol{b} = \boldsymbol{n} \times \boldsymbol{t}$。设实际刀轴方向与指令刀轴方向最大的偏差值为 θ，则所有满足方向误差限制要求的方向集合可以构成一个以 $\boldsymbol{P}_i$ 为顶点，以 2θ 角为锥顶角的圆锥，此圆锥称为刀轴方向的误差方向锥，是所有满足最大方向误差约束的方向集合。当设定此圆锥的母线长度为 1 时，则圆锥底面是一个半径为 $\sin\theta$ 的圆，只要控制这个圆的半径，就可以达到约束锥顶角的目的。

对于任意基于工件坐标系描述的单位矢量 $[i,j,k]^{\mathrm{T}}$，可以通过下列映射来实现从工件坐标系到局部坐标系 $\{\boldsymbol{P}_i - \boldsymbol{ntb}\}$ 的变换：

$$\begin{bmatrix} t \\ b \\ n \end{bmatrix} = \begin{bmatrix} t_i & t_j & t_k \\ b_i & b_j & b_k \\ n_i & n_j & n_k \end{bmatrix} \begin{bmatrix} i \\ j \\ k \end{bmatrix} \tag{4.17}$$

向量 $[t,b,n]^{\mathrm{T}}$ 在平面 $\{\boldsymbol{b} - \boldsymbol{P}_i - \boldsymbol{t}\}$ 上的投影可以表示为：

$$\begin{bmatrix} t \\ b \end{bmatrix} = \begin{bmatrix} t_i & t_j & t_k \\ b_i & b_j & b_k \end{bmatrix} \begin{bmatrix} i \\ j \\ k \end{bmatrix} \tag{4.18}$$

如图 4.8(b) 所示，$[t,b]^{\mathrm{T}}$ 实际上是一个以 $\boldsymbol{P}_i$ 为圆心，以 $\|[t,b]^{\mathrm{T}}\|$ 为半径的圆，结合上述方向锥的概念，很容易联想到，只要能将 $\Delta \boldsymbol{O}_W$ 与圆的半径建立联系，就能实现对锥顶角的约束，从而达到控制刀轴方向偏离程度的目的。将向量 $\Delta \boldsymbol{O}_W$ 投影到平面 $\{\boldsymbol{b} - \boldsymbol{P}_i - \boldsymbol{t}\}$ 所形成的圆可表示为：

$$\begin{bmatrix} \Delta t \\ \Delta b \end{bmatrix} = \begin{bmatrix} t_i & t_j & t_k \\ b_i & b_j & b_k \end{bmatrix} \Delta \boldsymbol{O}_{\mathrm{W}} \tag{4.19}$$

对于基于串联机构的五轴机床而言，刀具方向仅受旋转轴运动的影响，而平动轴仅仅起到改变刀具位置的作用，并不会影响刀轴方向，因此有 $\boldsymbol{J}_{RT} \equiv 0$。结合式(4.16)、式(4.17)，对式(4.19) 两边求范数，当满足下列约束条件时，就可以实现圆半径的约束：

$$\left\| \begin{bmatrix} \Delta t \\ \Delta b \end{bmatrix} \right\| = \left\| \begin{bmatrix} t_i & t_j & t_k \\ b_i & b_j & b_k \end{bmatrix} \Delta \boldsymbol{O}_{\mathrm{W}} \right\| \leqslant \left\| \begin{bmatrix} t_i & t_j & t_k \\ b_i & b_j & b_k \end{bmatrix} \boldsymbol{J}_{\mathrm{RR}} \right\| \|\Delta \boldsymbol{Q}_{\mathrm{MR}}\| \tag{4.20}$$

通过上述分析发现，在位置子轨迹和方向子轨迹中，偏移量的大小分别对应 $\|\Delta \boldsymbol{Q}_{MT}\|$ 和 $\|\Delta \boldsymbol{Q}_{MR}\|$。无论是刀尖点的位置误差，还是刀轴方向的误差，都可以转化成 $\|\Delta \boldsymbol{Q}_{MT}\|$ 和 $\|\Delta \boldsymbol{Q}_{MR}\|$ 与机构雅可比矩阵中的各个子矩阵的线性组合。常规的五轴机床基于串联机构描述，末端刀具的位置与姿态是各轴位置坐标的唯一函数。刀具轨迹的唯一性决定了雅可比矩阵的唯一性，因此，只要控制 $\|\Delta \boldsymbol{Q}_{MT}\|$ 和 $\|\Delta \boldsymbol{Q}_{MR}\|$ 的大小，就可以实现刀具末端精度的控制。需要注意的是，由式(4.16)可知，刀尖点的位置偏移量同时受 $\|\Delta \boldsymbol{Q}_{MT}\|$ 和 $\|\Delta \boldsymbol{Q}_{MR}\|$ 的影响，因此需要对两个误差的影响进行分配，其细节将在后续的应用实例中结合具体情况来介绍。

4.3.3 机床坐标系下基于 Bézier 曲线的刀具路径转接光顺

五轴轨迹中的位置子轨迹与方向子轨迹各自分布在两个独立的空间当中。其中位置子轨迹位于一个由三个平动轴的坐标向量所张成一个三维向量空间，称之为位置子空间 $\{X\text{-}Y\text{-}Z\}$；位置子轨迹上的每一个参考点对应着机床坐标系中三个平动轴的坐标。同理，方向子轨迹位于由两个旋转驱动轴的坐标向量张成的平面内，称之为方向子平面 $\{\theta_{\alpha M},\theta_{\beta M}\}$。两个子空间的维度均小于或等于3，则针对五轴轨迹的光顺问题就可以转化为针对两条子轨迹的光顺问题。利用4.2节介绍的三轴 G^2 连续转接光顺方法，可以使用 Bézier 曲线分别对两条子轨迹上转角的光顺过渡。对于过渡过程中所需的近似误差限定，可以依据4.3.2节中介绍的运动执行机构的误差映射模型来确定。

4.3.4 双样条轨迹的同步与插补

如图4.9所示，转接后的轨迹中位于 $(\boldsymbol{P}_{i-1},\boldsymbol{O}_{i-1})$ 和 $(\boldsymbol{B}_{P_{i0}},\boldsymbol{B}_{O_{i0}})$ 部分的路径仍然是线性的，因此有必要对光顺后的刀路进行同步参数化。可以证明[9]，如果转接长度满足式(4.21)，则光顺后的刀路是同步参数化的。

$$\left.\begin{aligned}\frac{d_{O_{i1}}}{\|\boldsymbol{O}_i-\boldsymbol{O}_{i-1}\|}&=\frac{d_{P_{i1}}}{\|\boldsymbol{P}_i-\boldsymbol{P}_{i-1}\|}=t_{li}\\ \frac{d_{O_{i2}}}{\|\boldsymbol{O}_{i+1}-\boldsymbol{O}_i\|}&=\frac{d_{P_{i2}}}{\|\boldsymbol{P}_{i+1}-\boldsymbol{P}_i\|}=t_{ri}\end{aligned}\right\} \tag{4.21}$$

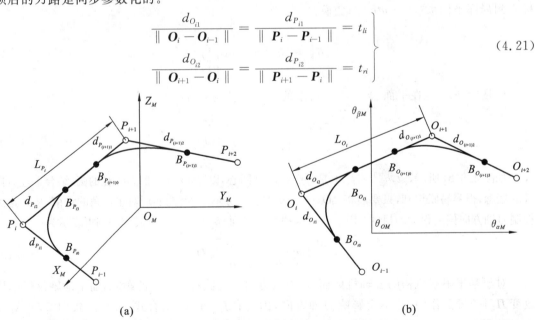

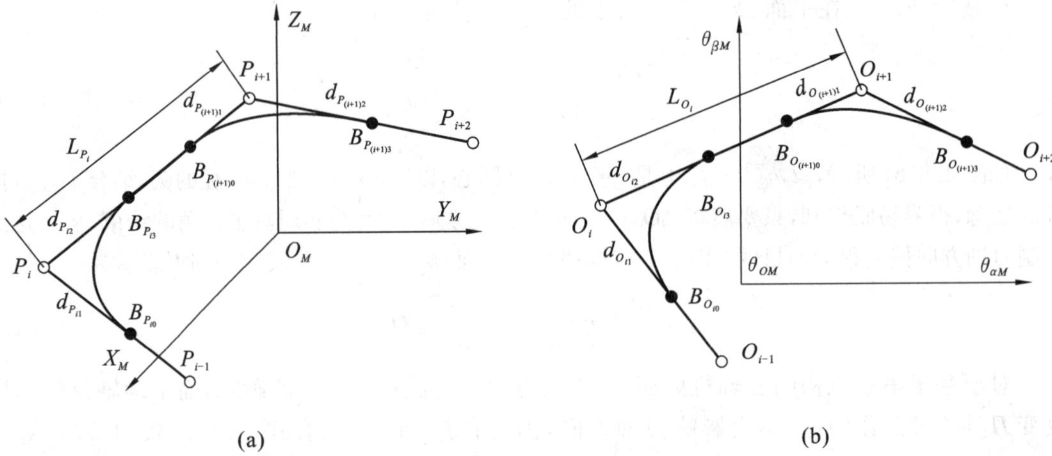

图4.9 基于双 Bézier 曲线的五轴轨迹光顺

(a) 位置子轨迹的光顺；(b) 方向子轨迹的光顺

4.3.5 仿真与实验

以图 4.10 中双转台五轴机床为例，对前述双 Bézier 曲线光顺方法进行仿真及实验验证。图中机床前向运动学的雅可比矩阵 $\boldsymbol{J}$ 可表示为

$$\begin{bmatrix} \boldsymbol{J}_{TT} & \boldsymbol{J}_{TR} \\ \boldsymbol{J}_{RT} & \boldsymbol{J}_{RR} \end{bmatrix} \tag{4.22}$$

其中

$$\boldsymbol{J}_{TT} = \begin{bmatrix} \cos C & \cos A\sin C & \sin A\sin C \\ -\sin C & \cos A\cos C & \sin A\cos C \\ 0 & -\sin A & \cos A \end{bmatrix} \tag{4.23}$$

$$\boldsymbol{J}_{TR} = \begin{bmatrix} z_w \sin C & Y_w \\ z_w \cos C & -X_w \\ -(Y-m_y)\cos A-(Z-m_z)\sin A & 0 \end{bmatrix} \tag{4.24}$$

$$\boldsymbol{J}_{RT} = \boldsymbol{0}_{3\times 3} \tag{4.25}$$

$$\boldsymbol{J}_{RR} = \begin{bmatrix} \cos A\sin C & \sin A\cos C \\ \cos A\cos C & -\sin A\sin C \\ -\sin A & 0 \end{bmatrix} \tag{4.26}$$

图 4.10 AC 双转台五轴机床

给定机床坐标系下四个点的信息，如表 4.1 所示。假设在工件坐标系下允许的刀尖点误差 ε_{wp} 和刀轴方向误差 ε_{wo} 分别为 3.0mm 和1.0°，于是可计算出机床坐标系下位置子轨迹和方向子轨迹允许的误差，见表 4.2。接着，根据同步参数化方法可以得到平动轴和转动轴的转接长度，见表 4.3。在允许的误差下，采用 4.2 节中的方法直接光顺转角和包含同步参数化光顺的结果见图 4.11。

表 4.1 机床坐标系下的刀具路径

序号	$\boldsymbol{P}_{w_i}$ (mm)	$\boldsymbol{O}_{w_i}$ (deg)
1	(10.000,10.000,8.563)	(31.472,24.378)
2	(25.742,18.425,13.762)	(42.872,28.932)
3	(38.475,13.872,9.475)	(52.452,38.453)
4	(52.756,21.515,15.484)	(62.781,36.662)

表 4.2 机床坐标下允许的第 2、3 点的转接误差及转接长度

序号	ε_{mpi} (mm)	ε_{moi} (°)	$d_{\varepsilon pi}$ (mm)	$d_{\varepsilon oi}$ (°)
2	1.239	1.000	7.093	6.138
3	1.156	1.156	7.093	5.242

表 4.3 计算得到的第 2、3 点的转接长度

序号	t_{li}	t_{ri}	$d_{P_{i-1}}$ (mm)	d_{P_i} (mm)	$d_{O_{i-1}}$ (°)	d_{O_i} (°)
2	0.381	0.454	7.093	6.447	4.682	6.138
3	0.388	0.410	5.505	7.093	5.242	4.304

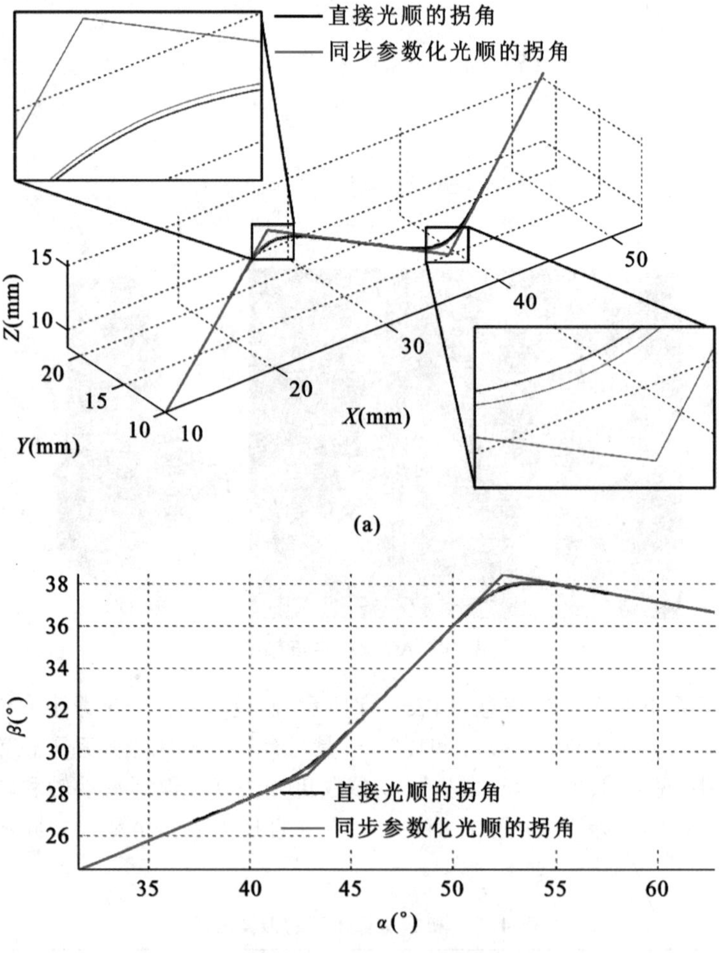

图 4.11 轨迹光顺结果

(a) 位置子轨迹；(b) 方向子轨迹

轨迹光顺完毕后，按 1500mm/min 的进给速度进行梯形加减速速度规划，规划后的速度曲线如图 4.12 所示，直接光顺和包含同步参数化光顺后各轴的加速度曲线见图 4.13。可以看

出，包含同步参数化的转接光顺方法明显提高了刀具路径的光顺性，提高了进给速度，缩短了加工时间，减小了各轴的加速度。

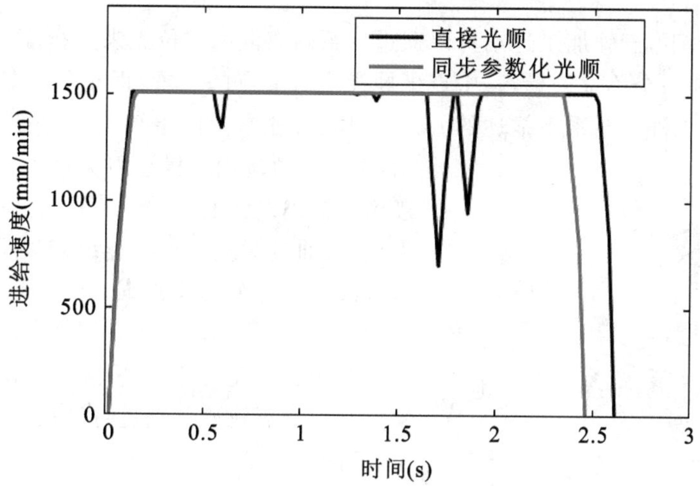

图 4.12 加减速速度规划曲线

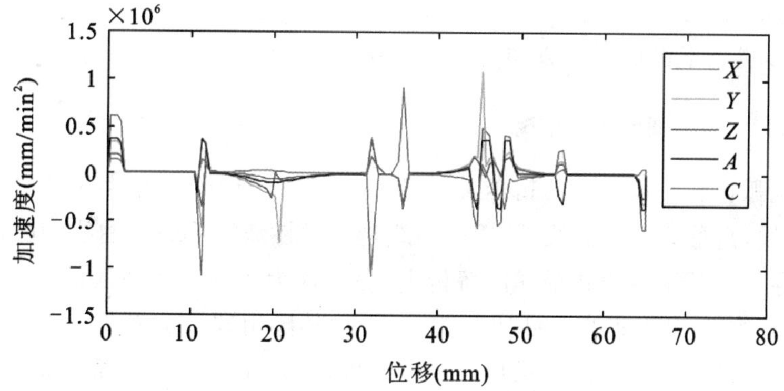

(a)

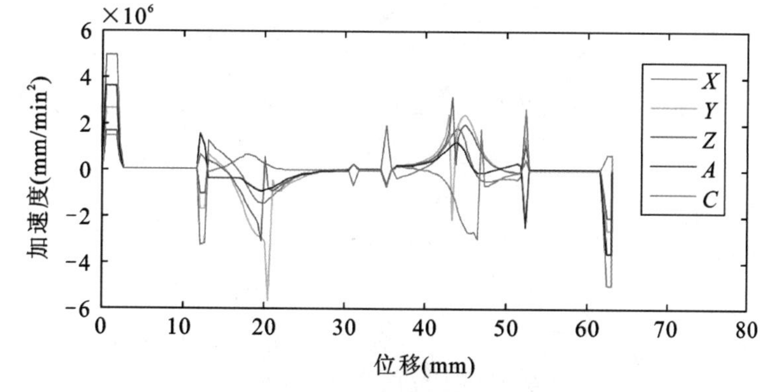

(b)

图 4.13 各轴加速度曲线

(a) 直接光顺；(b) 包含同步参数化的光顺

4.4 工件坐标系下五轴刀具路径转接光顺

在工件坐标系下，五轴加工运动可以通过一系列离散的刀位点来进行描述，每一个刀位点包含一个点坐标和一个单位矢量，其中点坐标指代刀尖点的位置，而单位矢量指代刀轴方向。基于这一思想，在工件坐标系下描述的五轴刀具轨迹通常由两条轨迹进行描述，如图 4.14 所示，第一条轨迹用于描述刀尖点$\boldsymbol{P}_i$ 的位置，第二条轨迹用于描述刀轴上另外一点$\boldsymbol{Q}_i$ 的位置，在每一个刀尖点处，通过对应两点的连线来表示刀轴方向。当刀具依次穿过各个刀位点时，可形成连续的五轴加工运动。

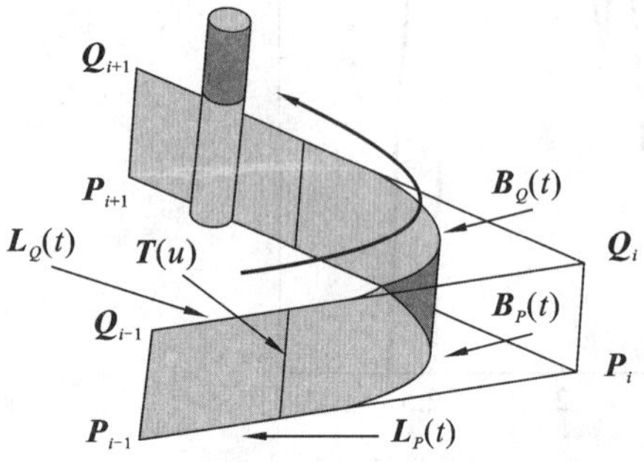

图 4.14 由刀具轴线运动形成的直纹面

对于工件坐标系下五轴刀具路径，可以针对刀尖点和刀轴点轨迹分别进行转接光顺，如图 4.14 所示。不同于三轴加工，五轴加工的转接光顺还需要考虑以下两个的问题[12]：

① 近似误差的严格控制，包括刀尖点轮廓误差和刀轴方向误差；

② 线性同步机制下保证刀轴方向的连续变化。

4.4.1 PH 曲线及五轴转接曲线

为建立曲线弧长和参数之间的精确关系，Farouki 等人于 1990 年率先提出了 Pythagorean Hodographs 曲线，简称为 PH 曲线[10]。PH 曲线是一类特殊的 Bézier 曲线，其最大的特点是弧长和参数之间存在着基于多项式描述的解析表达式。这为实现 PH 曲线的弧长参数化带来了巨大的便利条件，因此，PH 曲线有可插补曲线之称。其应用领域遍布刀具轨迹偏置设计与半径补偿、机器人运动轨迹规划、计算机形位公差分析、交通线路设计等诸多领域。

设 $\boldsymbol{Q}(t)$ 表示平面上一条 n 次的 Bézier 曲线，其定义如下[11]：

$$\boldsymbol{Q}(t) = [x(t), y(t)] = \sum_{i=0}^{n} \binom{n}{i} \boldsymbol{B}_i t^i (1-t)^{n-i} \tag{4.27}$$

其中$\boldsymbol{B}_i$ 为 Bézier 曲线的控制点。当 $\boldsymbol{Q}(t)$ 满足下列关系时，则称 $\boldsymbol{Q}(t)$ 是一条 PH 曲线：

$$\left.\begin{aligned} x'(t) &= u^2(t) - v^2(t) \\ y'(t) &= 2u(t)v(t) \\ u(t) &= u_0(1-t)2 + 2u_1(1-t)t + u_2t^2 \\ v(t) &= v_0(1-t)2 + 2v_1(1-t)t + v_2t^2 \\ \sigma(t) &= u^2(t) + v^2(t) \end{aligned}\right\} \tag{4.28}$$

其中，$\sigma(t) = \sqrt{x'^2(t) + y'^2(t)}$ 是$\boldsymbol{Q}(t)$ 关于 t 的变化率，$r(t) = (x'(t), y'(t))$ 则称为该曲线的“速端”。为实现过渡曲线与直线衔接处的 G^2 连续性，需要曲线在端点处具备曲率为 0 的特性，即曲线的拐点分布在曲线的两端。对 PH 曲线而言，五次是 PH 曲线具备拐点的最低阶次，也是 PH 曲线实现 G^2 光顺所需的最低阶次。为了方便 PH 曲线的描述，设$\boldsymbol{Q}(t) = x(t)\boldsymbol{T} + y(t)\boldsymbol{N}$，其中，$\boldsymbol{T}$ 和 $\boldsymbol{N}$ 是一对相互垂直的单位矢量，其构成一个局部坐标系｛$\boldsymbol{T}$-$\boldsymbol{N}$｝正交坐标系，于是五次PH 曲线的控制点满足下列关系：

$$\left.\begin{aligned}
\boldsymbol{B}_1 &= \boldsymbol{B}_0 + \frac{1}{5}(u_0^2 - v_0^2)\boldsymbol{T} + \frac{2}{5}u_0 v_0 \boldsymbol{N} \\
\boldsymbol{B}_2 &= \boldsymbol{B}_1 + \frac{1}{5}(u_0 u_1 - v_0 v_1)\boldsymbol{T} + \frac{1}{5}(u_0 v_1 + u_1 v_0)\boldsymbol{N} \\
\boldsymbol{B}_3 &= \boldsymbol{B}_2 + \frac{1}{15}(2u_1^2 - 2v_1^2 + u_0 u_2 - v_0 v_2)\boldsymbol{T} + \frac{1}{15}(4u_1 v_1 + u_0 v_2 + u_2 v_0)\boldsymbol{N} \\
\boldsymbol{B}_4 &= \boldsymbol{B}_3 + \frac{1}{5}(u_1 u_2 - v_1 v_2)\boldsymbol{T} + \frac{1}{5}(u_1 v_2 + u_2 v_1)\boldsymbol{N} \\
\boldsymbol{B}_5 &= \boldsymbol{B}_4 + \frac{1}{5}(u_2^2 - v_2^2)\boldsymbol{T} + \frac{2}{5}u_2 v_2 \boldsymbol{N}
\end{aligned}\right\} \tag{4.29}$$

构造 PH 曲线的过程，实际上是求解式(4.29)中的各个系数。

对于五轴轨迹中由参考点$[\boldsymbol{P}_{i-1},\boldsymbol{Q}_{i-1}]^{\mathrm{T}}-[\boldsymbol{P}_i,\boldsymbol{Q}_i]^{\mathrm{T}}-[\boldsymbol{P}_{i+1},\boldsymbol{Q}_{i+1}]^{\mathrm{T}}$定义的转角，采用一对具有 G^2 连续性的五次 PH 曲线行光顺过渡，五次 PH 曲线基于 Bézier 格式的描述形式定义如下：

$$\left.\begin{aligned}
\boldsymbol{B}_P(t) &= \sum_{j=0}^{5}\binom{5}{j}\boldsymbol{B}_{Pj}\,(1-t)^{5-j}t^j, \quad t\in[0,1] \\
\boldsymbol{B}_Q(t) &= \sum_{j=0}^{5}\binom{5}{j}\boldsymbol{B}_{Qj}\,(1-t)^{5-j}t^j, \quad t\in[0,1]
\end{aligned}\right\} \tag{4.30}$$

其中，$\boldsymbol{B}_{Pj}$ 和$\boldsymbol{B}_{Qj}$ 是曲线的控制点，下角标 P 和 Q 分别指代刀尖点轨迹和刀轴点轨迹。

4.4.2　基于 PH 曲线进行转角过渡的误差上界

如图 4.15 所示，不共线的三点$\boldsymbol{P}_1$，$\boldsymbol{P}_2$ 和$\boldsymbol{P}_3$ 构成一个转角，$\boldsymbol{T}_1$ 为由$\boldsymbol{P}_1$ 指向$\boldsymbol{P}_2$ 的单位向量，$\boldsymbol{T}_2$ 为由$\boldsymbol{P}_2$ 指向$\boldsymbol{P}_3$ 的单位向量，$\boldsymbol{T}_1$ 与$\boldsymbol{T}_2$ 的夹角为 θ。设 $\boldsymbol{B}(t)$ 为$\angle \boldsymbol{P}_1\boldsymbol{P}_2\boldsymbol{P}_3$ 之间的一段 PH 过渡曲线，其控制点为$\boldsymbol{B}_i(i=0,\cdots,5)$，其中$\boldsymbol{B}_1=\boldsymbol{B}_2$，$\boldsymbol{B}_3=\boldsymbol{B}_4$。该曲线的过渡长度分别为 $h=$

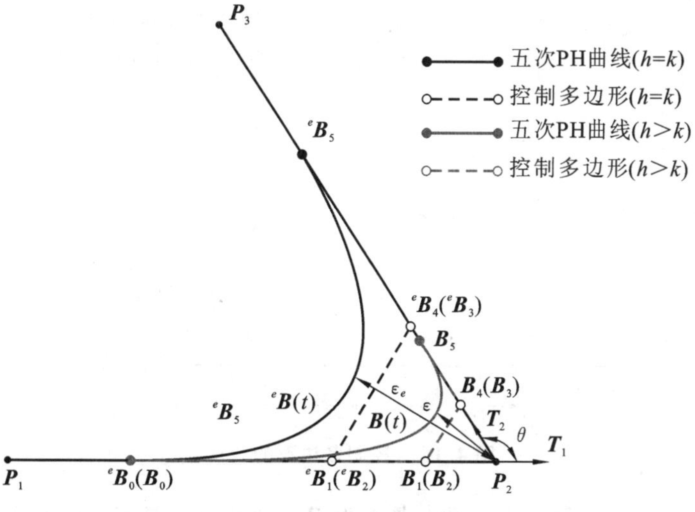

图 4.15　PH 过渡曲线的近似误差上界

$\| \boldsymbol{B}_0 \boldsymbol{P}_2 \|$ 和 $k = \| \boldsymbol{P}_2 \boldsymbol{B}_5 \|$，设 $h > k$，则其形状如图 4.15 所示。取 $d = \max(h,k)$，则 ${}^e\boldsymbol{B}(t)$ 表示以 d 作为等过渡长度的 PH 过渡曲线，其控制点为 ${}^e\boldsymbol{B}_j (j = 0,\cdots,5)$，且有 ${}^e\boldsymbol{B}_1 = {}^e\boldsymbol{B}_2$，${}^e\boldsymbol{B}_3 = {}^e\boldsymbol{B}_4$。${}^e\boldsymbol{B}(t)$ 是具有等过渡长度的转角过渡曲线。实际上，${}^e\boldsymbol{B}(t)$ 可以视为一条误差边界，其定义可以通过下面的定理加以说明：

定理 4-1：设 $\boldsymbol{B}(t)$ 为 $\angle \boldsymbol{B}_0 \boldsymbol{P}_2 \boldsymbol{B}_5$ 之间的一段 PH 过渡曲线，其与转角 $\angle \boldsymbol{B}_0 \boldsymbol{P}_2 \boldsymbol{B}_5$ 两边之间的最大偏差为 ε，${}^e\boldsymbol{B}(t)$ 是 $\angle {}^e\boldsymbol{B}_0 \boldsymbol{P}_2 {}^e\boldsymbol{B}_5$ 间的等过渡长度 PH 曲线，其过渡长度是 $\boldsymbol{B}(t)$ 的过渡长度中较大值，${}^e\boldsymbol{B}(t)$ 与转角 $\angle {}^e\boldsymbol{B}_0 \boldsymbol{P}_2 {}^e\boldsymbol{B}_5$ 两边之间的最大偏差为 ε_e，则有 $\varepsilon \leqslant \varepsilon_e$。且 ${}^e\varepsilon$ 具有解析表达式：

$$\varepsilon_e = \| {}^e\boldsymbol{B}(0.5) - \boldsymbol{P}_2 \| = \begin{cases} \cos\left(\dfrac{\theta}{2}\right)\left(1 - \dfrac{15}{16}\,\dfrac{18\delta - 3\sqrt{2\delta}}{18\delta - 1}\right)d, & \mu \neq 0 \\ \dfrac{17}{32}\cos\left(\dfrac{\theta}{2}\right)d, & \mu = 0 \end{cases} \tag{4.31}$$

式中，$\delta = 1 + \cos\theta$。定理 4-1 的证明及变量 μ 的含义请参见文献[12]。

由定理 4-1 可知，过渡曲线 $\boldsymbol{B}(t)$ 实际是包括在由曲线 ${}^e\boldsymbol{B}(t)$ 与线段 ${}^e\boldsymbol{B}_5 \boldsymbol{P}_2$ 和线段 $\boldsymbol{P}_2 {}^e\boldsymbol{B}_5$ 包络的封闭区域内。当转角处过渡长度小于曲线 ${}^e\boldsymbol{B}(t)$ 的过渡长度时，就可以获得一系列以过渡曲线 ${}^e\boldsymbol{B}(t)$ 为最大误差上界的过渡曲线。在满足最大误差约束的前提下，过渡曲线的形状可以更加自由灵活。

4.4.3　过渡曲线控制多边形的长度

如图 4.16 所示，其中的点 $\boldsymbol{B}_0$ 与 $\boldsymbol{B}_5$ 之间的曲线是一条五次 PH 曲线，其对转角实现了光顺过渡。曲线控制多边形的长度是相邻控制点之间的距离，在五次 PH 曲线控制多边形的长度当中，设 $l_1 = \| \boldsymbol{B}_0 \boldsymbol{B}_1 \|$，$l_2 = \| \boldsymbol{B}_4 \boldsymbol{B}_5 \|$，则 l_1 和 l_2 与过渡长度之间存在一定的几何关系，该关系可以通过下列定理进行描述。

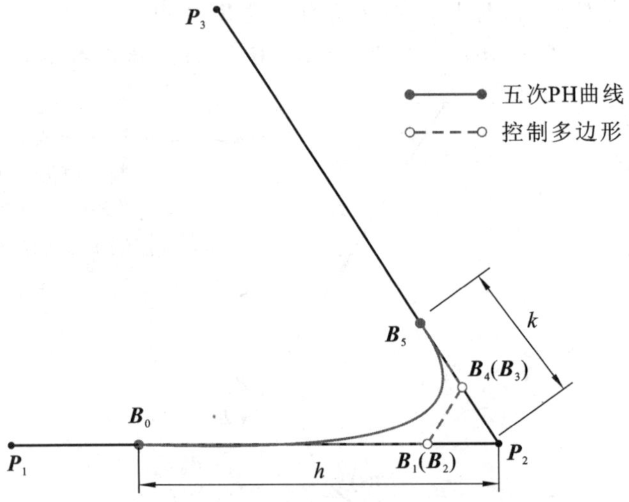

图 4.16　控制多边形的长度

定理 4-2：如图 4.16 所示，设 h 和 k 是五次 PH 曲线的过渡长度，且假设 $h > k$。有 $h = \| \boldsymbol{B}_0 \boldsymbol{P}_2 \|$，$k = \| \boldsymbol{P}_2 \boldsymbol{B}_5 \|$。设 $l_1 = \| \boldsymbol{B}_0 \boldsymbol{B}_1 \|$，$l_2 = \| \boldsymbol{B}_4 \boldsymbol{B}_5 \|$ 为过渡曲线控制多边形的长度。

那么,曲线的过渡长度和控制多边形长度之间有下列关系:

$$\begin{rcases} h = l_1 + \Delta \\ k = l_2 + \Delta \end{rcases} \tag{4.32}$$

其中,Δ 是控制点到曲线转角点处的距离:

$$\Delta = \| \boldsymbol{B}_1\boldsymbol{P}_2 \| = \| \boldsymbol{B}_4\boldsymbol{P}_2 \| \tag{4.33}$$

其具体的定义如下:

$$\begin{rcases} \Delta = \dfrac{\sqrt{2l_2\delta l_1}}{6\delta}, & \mu \neq 0 \\ \Delta = \dfrac{\sqrt{36l_2{}^2\delta^2 + 2l_2\delta l_1} - 2l_2{}^2\delta}{6\delta}, & \mu = 0 \end{rcases} \tag{4.34}$$

同样,$\delta = 1 + \cos\theta$,定理 4-2 证明及 μ 的含义参见文献[12]。

在本章提出的转角光顺过渡算法中,需要对控制多边形的长度进行调整,其详细的调整方法将在 4.4.5 节进行介绍。当控制多边形的长度发生变化时,依据定理 4-2 可快速获得对应的过渡长度。

4.4.4　构造五轴转角过渡曲线

如图 4.17 所示,利用一对 PH 曲线,$\boldsymbol{B}_{Pi}(t)$ 和$\boldsymbol{B}_{Qi}(t)$,分别对五轴轨迹中的两个转角进行光顺处理,可以方便地将 4.2 节中的转角光顺方法应用到五轴转角光顺当中。其中,曲线$\boldsymbol{B}_{Pi}(t)$ 用来光顺表示刀尖点轨迹的转角$\boldsymbol{P}_{i-1}$-$\boldsymbol{P}_i$-$\boldsymbol{P}_{i+1}$,通过刀尖点轮廓误差要求,可以确定$\boldsymbol{B}_{Pi}(t)$ 的转角近似误差 ε_1。曲线$\boldsymbol{B}_{Qi}(t)$ 用来光顺转角$\boldsymbol{Q}_{i-1}$-$\boldsymbol{Q}_i$-$\boldsymbol{Q}_{i+1}$,通过调整其近似误差 ε_2,可以用于控制转角光顺中的刀轴方向误差。在实际应用过程中,如果已知刀具侧刃与工件的接触长度 h,还可以进一步确定最终形面上的误差情况,如图 4.17(b) 所示。当以点 $\boldsymbol{P}$ 表示刀尖点坐标时,则刀轴轨迹上另外一点 $\boldsymbol{Q}$ 与点 $\boldsymbol{P}$ 之间的距离设定为 h。则通过 ε_1 和 ε_2 可严格控制过渡轨迹段的几何精度。特别是在侧铣加工中,这种分别对刀尖点轨迹和刀轴点轨迹进行转角光顺的方法可有效地对加工过程中的欠切和过切情况进行判断与评估。

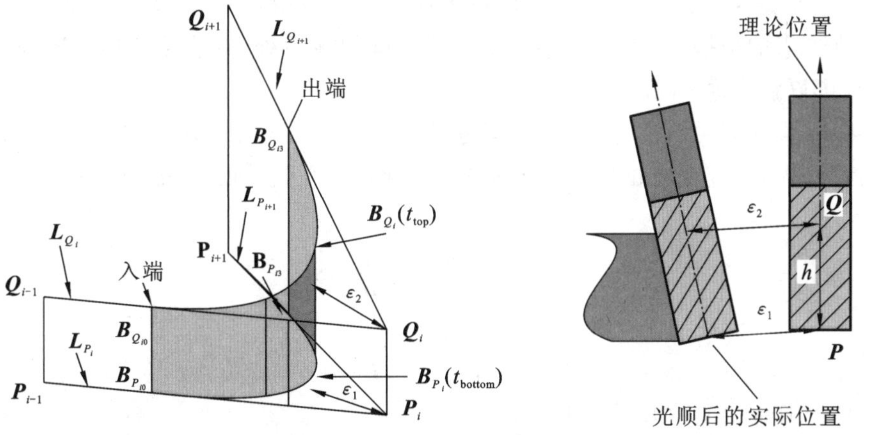

图 4.17　五轴转角过渡与近似误差

(a) 光顺过程;(b) 光顺误差

利用具有 G^2 连续性的PH曲线对转角进行光顺处理后，五轴轨迹中的两条线段成为包含直线与曲线线段的混合轨迹。由定义4-3可知，光顺后的五轴轨迹具有 G^2 连续性。

但是，光顺的轨迹并不意味着光顺的运动，这与轨迹的插补方法有关。对于刀尖点轨迹，通常通过弧长参数化过程来实现插补，并在对应的插补点处获得相应的刀尖轨迹参数 t_{bottom}。为了获得与之对应的刀轴方向，需要知道相应的刀轴点轨迹中的参数 t_{top}，从而获得对应的刀轴点。刀尖点与刀轴点的连线就是刀轴方向。在针对连续线段轨迹的插补过程中，刀尖点轨迹和刀轴方向轨迹之间的参数采用线性同步机制，即 $t = t_{\text{bottom}} = t_{\text{top}}$。如图4.17(a)所示，在相邻的两个刀位点 $[\boldsymbol{P}_{i-1}, \boldsymbol{Q}_{i-1}]^{\mathrm{T}}$ 与 $[\boldsymbol{P}_i, \boldsymbol{Q}_i]^{\mathrm{T}}$ 之间，由线性同步机制可获得对应的刀尖点 $\boldsymbol{P}(t)$ 和刀轴点 $\boldsymbol{Q}(t)$：

$$\left.\begin{aligned} \boldsymbol{P}(t) &= \boldsymbol{L}_P(t) = (1-t)\,\boldsymbol{P}_{i-1} + t\boldsymbol{P}_i, \quad t \in [0,1] \\ \boldsymbol{Q}(t) &= \boldsymbol{L}_Q(t) = (1-t)\,\boldsymbol{Q}_{i-1} + t\boldsymbol{Q}_i, \quad t \in [0,1] \end{aligned}\right\} \tag{4.35}$$

与刀位点 $[\boldsymbol{P}(t), \boldsymbol{Q}(t)]^{\mathrm{T}}$ 所对应的刀轴方向，可通过下列公式进行计算：

$$\boldsymbol{V}(t) = \frac{\boldsymbol{L}_Q(t) - \boldsymbol{L}_P(t)}{\| \boldsymbol{L}_Q(t) - \boldsymbol{L}_P(t) \|} = \frac{\boldsymbol{Q}(t) - \boldsymbol{P}(t)}{\| \boldsymbol{Q}(t) - \boldsymbol{P}(t) \|} \tag{4.36}$$

当在过渡曲线中也采用线性同步机制后，在原有刀具轨迹与过渡曲线的衔接处，即图4.17(a)中显示的"入端"和"出端"，会发生刀轴方向变化的不连续性。虽然利用非线性同步机制可以解决上述问题，但是出于在线光顺的目的，依然希望能够在数控系统中采用线性同步机制，以简化插补过程。

4.4.5 过渡长度的调整

对于刀轴方向的连续性，通过刀轴方向的一阶几何导数来进行衡量，其定义如下：

$$\frac{\mathrm{d}\boldsymbol{V}(t)}{\mathrm{d}s} = \frac{\mathrm{d}V(t)}{\mathrm{d}t}\frac{\mathrm{d}t}{\mathrm{d}s} = \frac{\mathrm{d}\dfrac{\boldsymbol{Q}(t)-\boldsymbol{P}(t)}{\|\boldsymbol{Q}(t)-\boldsymbol{P}(t)\|}}{\mathrm{d}t} \Bigg/ \frac{\mathrm{d}s}{\mathrm{d}t} = \frac{\boldsymbol{Q}'(t)-\boldsymbol{P}'(t)}{\|\boldsymbol{Q}(t)-\boldsymbol{P}(t)\|} \Bigg/ \sigma(t) \tag{4.37}$$

其中，符号"$'$"表示对于参数 t 进行求导，s 是刀尖点轨迹的弧长，且有 $\sigma(t) = s' = \| \boldsymbol{P}'(t) \|$。根据式(4.37)的定义，可以发现在直线段或者曲线过渡段中，均可以保证刀轴方向变化的连续性，但是在二者的衔接处，即过渡曲线的"入端"和"出端"处，其连续性却会遭到破坏，而利用下列定理可以解决这一问题。

定理4-3：设在刀尖点轨迹和刀轴点轨迹中对应的线性与曲线段之间均采用线性同步。为了保证过渡轨迹与衔接轨迹处的刀轴方向连续变化，需要过渡曲线控制多边形的长度满足下列条件：

$$\left.\begin{aligned} \frac{l_{Qi1}}{l_{Pi1}} &= \frac{\| \boldsymbol{B}_{Qi0} - \boldsymbol{Q}_{i-1} \|}{\| \boldsymbol{B}_{Pi0} - \boldsymbol{P}_{i-1} \|} \\ \frac{l_{Qi2}}{l_{Pi2}} &= \frac{\| \boldsymbol{Q}_{i+1} - \boldsymbol{B}_{Qi5} \|}{\| \boldsymbol{P}_{i+1} - \boldsymbol{B}_{Pi5} \|} \end{aligned}\right\} \tag{4.38}$$

如图4.18所示，由式(4.33)可知：

$$\left.\begin{aligned} \Delta_{Pi} &= \| \boldsymbol{B}_{Pi1}\,\boldsymbol{P}_2 \| = \| \boldsymbol{B}_{Pi4}\,\boldsymbol{P}_2 \| \\ \Delta_{Qi} &= \| \boldsymbol{B}_{Qi1}\,\boldsymbol{Q}_2 \| = \| \boldsymbol{B}_{Qi4}\,\boldsymbol{Q}_2 \| \end{aligned}\right\} \tag{4.39}$$

控制多边形 l_{Pi1}、l_{Pi2}、l_{Qi1}、l_{Qi2} 与 Δ_{Pi} 和 Δ_{Qi} 的几何意义如图4.18所示。

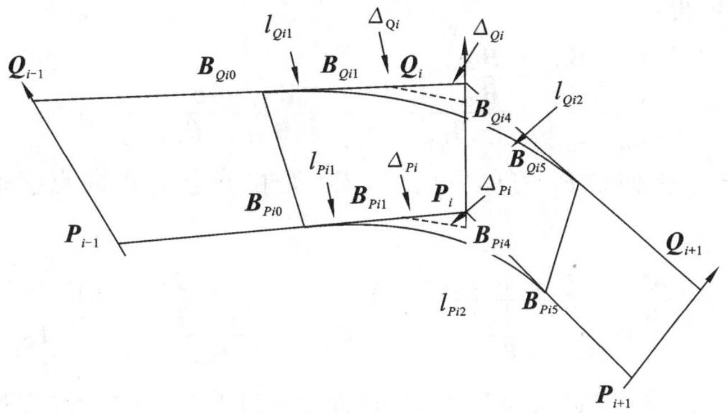

图 4.18　过渡长度调整

定理 4-3 的证明过程如下：

证明：如图 4.15(a) 所示，根据公式(4.37) 可知，在进行光顺处理后，位于刀位点 $[\boldsymbol{P}_{i-1},\boldsymbol{Q}_{i-1}]^{\mathrm{T}}$ 与 $[\boldsymbol{B}_{Pi0},\boldsymbol{B}_{Qi0}]^{\mathrm{T}}$ 之间的线性轨迹可表示为：

$$\left.\begin{aligned}\boldsymbol{P}(t)&=\boldsymbol{L}_P(t)=(1-t)\boldsymbol{P}_{i-1}+t\boldsymbol{B}_{Pi0},\quad t\in[0,1]\\ \boldsymbol{Q}(t)&=\boldsymbol{L}_Q(t)=(1-t)\boldsymbol{Q}_{i-1}+t\boldsymbol{B}_{Qi0},\quad t\in[0,1]\end{aligned}\right\}\tag{4.40}$$

任意点处的刀轴的一阶几何导数可表示为：

$$\left.\begin{aligned}&\frac{\mathrm{d}\boldsymbol{V}(t_L)}{\mathrm{d}s}=\frac{\boldsymbol{L}'_Q(t_L)-\boldsymbol{L}'_P(t_L)}{\|\boldsymbol{L}_Q(t_L)-\boldsymbol{L}_P(t_L)\|}\Big/\|\boldsymbol{B}_{Pi0}-\boldsymbol{P}_{i-1}\|,\quad t_L\in[0,1]\\ &\boldsymbol{L}'_Q(t_L)=\boldsymbol{B}_{Qi0}-\boldsymbol{Q}_{i-1}\\ &\boldsymbol{L}'_P(t_L)=\boldsymbol{B}_{Pi0}-\boldsymbol{P}_{i-1}\end{aligned}\right\}\tag{4.41}$$

直线段与过渡曲线衔接处的参数 $t_L=1$，有 $\boldsymbol{B}_{Qi0}=\boldsymbol{L}_Q(1)$，$\boldsymbol{B}_{Pi0}=\boldsymbol{L}_P(1)$，则式(4.41) 可写为：

$$\frac{\mathrm{d}\boldsymbol{V}(t_j)}{\mathrm{d}s}=\frac{(\boldsymbol{B}_{Qi0}-\boldsymbol{Q}_{i-1})-(\boldsymbol{B}_{Pi0}-\boldsymbol{P}_{i-1})}{\|\boldsymbol{B}_{Qi0}-\boldsymbol{B}_{Pi0}\|}\Big/\|\boldsymbol{B}_{Pi0}-\boldsymbol{P}_{i-1}\|\tag{4.42}$$

对于过渡曲线而言，式(4.37) 可写为：

$$\frac{\mathrm{d}\boldsymbol{V}(t_B)}{\mathrm{d}s}=\frac{\boldsymbol{B}'_{Qi}(t_B)-\boldsymbol{B}'_{Pi}(t_B)}{\|\boldsymbol{B}_{Qi}(t_B)-\boldsymbol{B}_{Pi}(t_B)\|}\Big/\|\boldsymbol{B}'_{Pi}(t_B)\|,\quad t_B\in[0,1]\tag{4.43}$$

此时，衔接点位于过渡曲线的“入端”，则 $t_B=0$。在此处过渡 PH 曲线的导数为：

$$\left.\begin{aligned}\boldsymbol{B}'_{Qi}(0)&=5(\boldsymbol{B}_{Qi1}-\boldsymbol{B}_{Qi0})\\ \boldsymbol{B}'_{Pi}(0)&=5(\boldsymbol{B}_{Pi1}-\boldsymbol{B}_{Pi0})\end{aligned}\right\}\tag{4.44}$$

将公式 $t_B=0$ 与式(4.44) 代入式(4.43) 中，有：

$$\frac{\mathrm{d}\boldsymbol{V}(t_B)}{\mathrm{d}s}=\frac{5[(\boldsymbol{B}_{Qi1}-\boldsymbol{B}_{Qi0})-(\boldsymbol{B}_{Pi1}-\boldsymbol{B}_{Pi0})]}{\|\boldsymbol{B}_{Qi0}-\boldsymbol{B}_{Pi0}\|}\Big/5\|\boldsymbol{B}_{Pi1}-\boldsymbol{B}_{Pi0}\|\tag{4.45}$$

当满足式(4.38) 的条件时，式(4.42) 与式(4.45) 相等。同理，在过渡曲线的“出端”，也可以得到相同的结论，从而证明公式(4.38) 结论有效，定理 4-3 证明完毕。

调整式(4.42) 可得：

$$\frac{\left(\dfrac{\boldsymbol{B}_{Qi0}-\boldsymbol{Q}_{i-1}}{\boldsymbol{B}_{Pi0}-\boldsymbol{P}_{i-1}}-1\right)}{\|\boldsymbol{B}_{Qi0}-\boldsymbol{B}_{Pi0}\|}=\frac{(\boldsymbol{B}_{Pi0}-\boldsymbol{P}_{i-1})}{\|\boldsymbol{B}_{Pi0}-\boldsymbol{P}_{i-1}\|}\tag{4.46}$$

调整式(4.45)可得：

$$\frac{\left(\dfrac{\boldsymbol{B}_{Qi1}-\boldsymbol{B}_{Qi0}}{\boldsymbol{B}_{Pi1}-\boldsymbol{B}_{Pi0}}-1\right)}{\|\boldsymbol{B}_{Qi0}-\boldsymbol{B}_{Pi0}\|}=\frac{(\boldsymbol{B}_{Pi1}-\boldsymbol{B}_{Pi0})}{\|\boldsymbol{B}_{Pi1}-\boldsymbol{B}_{Pi0}\|} \tag{4.47}$$

设$\boldsymbol{T}_{P1}$是由点$\boldsymbol{P}_{i-1}$指向点$\boldsymbol{P}_i$的单位向量，$\boldsymbol{T}_{Q1}$是由点$\boldsymbol{Q}_{i-1}$指向点$\boldsymbol{Q}_i$的单位矢量，结合式(4.38)，可得：

$$\frac{\left(\dfrac{\|\boldsymbol{B}_{Qi0}-\boldsymbol{Q}_{i-1}\|\ T_{Q1}}{\|\boldsymbol{B}_{Pi0}-\boldsymbol{P}_{i-1}\|\ T_{P1}}-1\right)}{\|\boldsymbol{B}_{Qi0}-\boldsymbol{B}_{Pi0}\|}\boldsymbol{T}_{P1}=\frac{\left(\dfrac{l_{Qi1}\ \boldsymbol{T}_{Q1}}{l_{Pi1}\ \boldsymbol{T}_{P1}}-1\right)}{\|\boldsymbol{B}_{Qi0}-\boldsymbol{B}_{Pi0}\|}\boldsymbol{T}_{Q1} \tag{4.48}$$

因此，可得到式(4.46)与式(4.47)相等。则说明在过渡曲线的“入端”处，可以实现刀轴方向连续变化。位于过渡曲线的“出端”处的连续性，也可以通过同样的方法证明。

由4.4节介绍的方法生成的一对PH曲线，其控制多边形长度很难满足式(4.38)的要求，需要对控制多边形的长度做调整。但是，由定理4-1和定理4-2可知，调整控制多边形长度会引起过渡长度的变化，进而影响过渡曲线在转角处的近似误差。因此，如何合理地调整控制多边形长度，同时满足过渡近似误差约束是关键。在此，我们引入一个算法来解决这一问题。

如图4.18所示，由过渡曲线控制多边形之间的几何关系可知，式(4.38)可转换为下列方程：

$$\begin{cases}\dfrac{l_{Qi1}}{l_{Pi1}}=\dfrac{\|\boldsymbol{Q}_i\boldsymbol{Q}_{i-1}\|-l_{Qi1}-\Delta_{Qi}}{\|\boldsymbol{P}_i\boldsymbol{P}_{i-1}\|-l_{Pi1}-\Delta_{Pi}}\\[2ex]\dfrac{l_{Qi2}}{l_{Pi2}}=\dfrac{\|\boldsymbol{Q}_i\boldsymbol{Q}_{i+1}\|-l_{Qi2}-\Delta_{Qi}}{\|\boldsymbol{P}_i\boldsymbol{P}_{i+1}\|-l_{Pi2}-\Delta_{Pi}}\end{cases} \tag{4.49}$$

由式(4.34)可知，Δ_{Pi}和Δ_{Qi}都是控制多边形长度l_{Pi1}、l_{Pi2}、l_{Qi1}、l_{Qi2}的函数，因此式(4.49)仅含有四个未知数，即l_{Pi1}、l_{Pi2}、l_{Qi1}和l_{Qi2}。但目前仅有两个方程，因此很难求解。采用一种算法来确定四个未知数中的任意两个，然后就可以对方程进行求解，该算法描述如下：

依据近似误差要求，确定ε_1和ε_2，并利用一对具有等过渡长度的PH曲线对五轴轨迹中的转角进行光顺处理；

分别获取相应过渡曲线的控制多边形长度${}^e l_{Pi1}$、${}^e l_{Pi2}$、${}^e l_{Qi1}$、${}^e l_{Qi2}$，并且依据式(4.34)获取${}^e\Delta_{Pi}$和${}^e\Delta_{Qi}$；

if $\dfrac{{}^e l_{Qi1}}{{}^e l_{Pi1}}>\dfrac{\|\boldsymbol{Q}_i\boldsymbol{Q}_{i-1}\|-{}^e\Delta_{Qi}}{\|\boldsymbol{P}_i\boldsymbol{P}_{i-1}\|-{}^e\Delta_{Pi}}$ **then**

  if $\dfrac{{}^e l_{Qi2}}{{}^e l_{Pi2}}>\dfrac{\|\boldsymbol{Q}_i\boldsymbol{Q}_{i+1}\|-{}^e\Delta_{Qi}}{\|\boldsymbol{P}_i\boldsymbol{P}_{i+1}\|-{}^e\Delta_{Pi}}$ **then**

    Let $l_{Pi1}={}^e l_{Pi1}$，$l_{Pi2}={}^e l_{Pi2}$；

  else

    Let $l_{Pi1}={}^e l_{Pi1}$，$l_{Qi2}={}^e l_{Qi2}$；

  end if

else

if $\frac{{}^{e}l_{Qi2}}{{}^{e}l_{Pi2}} > \frac{\| \boldsymbol{Q}_i\boldsymbol{Q}_{i+1} \| - {}^{e}\Delta_{Qi}}{\| \boldsymbol{P}_i\boldsymbol{P}_{i+1} \| - {}^{e}\Delta_{Pi}}$ then

Let $l_{Qi1} = {}^{e}l_{Qi1}, l_{Pi2} = {}^{e}l_{Pi2}$;

else

Let $l_{Qi1} = {}^{e}l_{Qi1}, l_{Qi2} = {}^{e}l_{Qi2}$;

end if

end if

从该算法中可以发现,确定任意两个未知变量的过程中包含四种情况,并且在每种情况下,被确定的两个控制多边形长度分别位于转角的两侧。此后,在仅剩余两个未知变量的情况下,式(4.49)变为一对非线性方程组。其求解方法有多种,此处选用牛顿迭代法。最终,可获得满足式(4.39)要求的全部四个控制多边形长度。

值得注意的是,通过求解获得的两个控制多边形长度实际是被缩短了,这一点可以在后续的应用实例中得到验证。依据定理 4-2,缩短的控制多边形长度将导致过渡长度也会缩短。而依据定理 4-1,当过渡长度缩短后,转角处过渡曲线与原始轨迹之间的偏差值也会缩小。因此,上述调整方法不会造成转角近似约束的破坏。

4.4.6 在线五轴转角光顺过渡流程

针对五轴转角的光顺过渡,可以分解为以下两步进行:

第一步:依据刀尖点轮廓精度与刀轴方向精度要求,确定光顺过渡近似误差的最大值 ε_1 和 ε_2,利用具有相同过渡长度的一对 PH 曲线,分别对刀尖点轨迹和刀轴轨迹进行光顺处理,其光顺结果如图 4.19(a) 中粗实线所示。由于该方法仅考虑转角过渡中的近似误差控制,此处称之为**直接光顺**(Direct Smoothing)。

第二步:在直接光顺的基础上,依据式(4.38) 对过渡曲线的控制多边形边长进行调整,以满足方向变化光顺性的要求。期间对过渡长度的调整,使用定理 4-3 中的公式,其调整结果如图 4.19(b) 中粗实线所示。为了区别于直接光顺方法,此处称之为**调整光顺**(Adjusting Smoothing)。

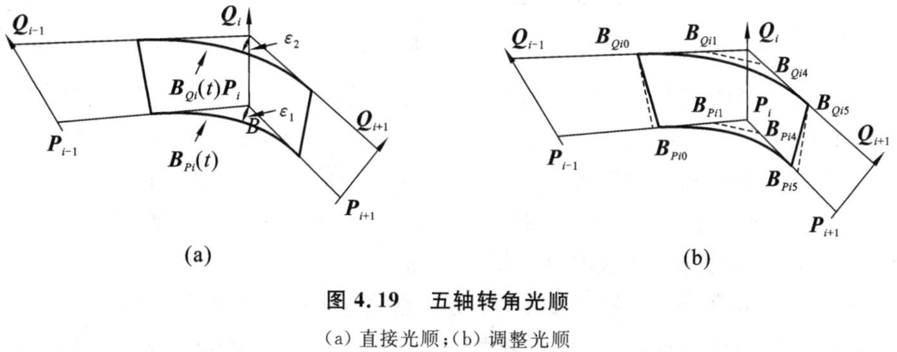

图 4.19 五轴转角光顺

(a) 直接光顺;(b) 调整光顺

上述调整步骤所涉及的曲线构造和过渡长度调整过程中均不涉及复杂的优化算法和耗时的迭代运算,具有很好的计算高效性,为实现在线轨迹光顺奠定了基础。

4.4.7 仿真与应用

本小节分别利用仿真和实际加工实验来证明本章提出的调整光顺算法在转角近似误差控制和消除进给速度波动方面的优势。在仿真实验部分，利用CAM软件中的数据分析功能对调整光顺算法的误差限制能力进行验证；在实际加工实验部分，将调整光顺算法集成于数控系统当中，来实现在线轨迹光顺。通过与直接光顺方法的对比可以发现，调整光顺方法在消除速度波动方面具有明显的优势。

4.4.7.1 仿真实验

在本实验中，以图 4.19(a) 中描述的转角为对象，进行光顺过渡处理。该转角由三个相邻的刀位点$[\boldsymbol{P}_1,\boldsymbol{Q}_1]^{\mathrm{T}}$、$[\boldsymbol{P}_2,\boldsymbol{Q}_2]^{\mathrm{T}}$与$[\boldsymbol{P}_3,\boldsymbol{Q}_3]^{\mathrm{T}}$进行描述。各个点的坐标如表 4.4 所示。

表 4.4 五轴刀具轨迹中转角点的坐标值

	$\boldsymbol{P}_1$	$\boldsymbol{P}_2$	$\boldsymbol{P}_3$	$\boldsymbol{Q}_1$	$\boldsymbol{Q}_2$	$\boldsymbol{Q}_3$
X(mm)	−31.50000	−31.50000	16.50798	−43.39170	−37.40380	22.41162
Y(mm)	−43.50000	12.30323	31.38814	−55.43104	12.91988	41.49707
Z(mm)	0.00000	0.00000	0.00000	20.00000	20.00000	20.00000

从表 4.4 中可知，$\| \boldsymbol{P}_{i-1}\boldsymbol{P}_i \| = 55.8032$mm，$\| \boldsymbol{P}_i\boldsymbol{P}_{i+1} \| = 51.6624$mm，$\| \boldsymbol{Q}_{i-1}\boldsymbol{Q}_i \| = 68.6127$mm，$\| \boldsymbol{Q}_i\boldsymbol{Q}_{i+1} \| = 66.2913$mm。$\varepsilon_1$ 和 ε_2 均设定为 4mm，依据 4.3.6 节介绍的两个步骤，可形成一对用于实现转角过渡的 PH 曲线。在构造过渡曲线的过程中，所有的过渡长度和控制多边形长度均罗列于表 4.5 之中。值得注意的是，在第二步中，位移刀尖点轨迹上转角两侧的控制多边形和过渡长度均缩短了。

表 4.5 光顺过程中的过渡长度与控制多边形长度(单位：mm)

	第一步		第二步	
	入端	出端	入端	出端
刀轴点轨迹	$\| \boldsymbol{B}_{Qi0}\boldsymbol{Q}_i \| = 37.78859$	$\| \boldsymbol{B}_{Qi5}\boldsymbol{Q}_i \| = 37.78859$	$\| \boldsymbol{B}_{Qi0}\boldsymbol{Q}_i \| = 37.78859$	$\| \boldsymbol{B}_{Qi5}\boldsymbol{Q}_i \| = 37.78859$
	$l_{Pi1} = 31.70378$	$l_{Pi2} = 31.70378$	$l_{Pi1} = 31.70378$	$l_{Pi2} = 31.70378$
刀尖点轨迹	$\| \boldsymbol{B}_{Pi0}\boldsymbol{P}_i \| = 32.42874$	$\| \boldsymbol{B}_{Pi5}\boldsymbol{P}_i \| = 32.42874$	$\| \boldsymbol{B}_{Pi0}\boldsymbol{P}_i \| = 30.78902$	$\| \boldsymbol{B}_{Pi5}\boldsymbol{P}_i \| = 29.60050$
	$l_{Pi1} = 26.99208$	$l_{Pi2} = 26.99208$	$l_{Pi1} = 25.72806$	$l_{Pi2} = 24.53955$

基于 NX Open API 函数，在 NX 环境下开发了一套软件来分析光顺后轨迹的误差分布情况。首先，对于光顺后的轨迹，以 0.1mm 为步长值对刀尖点轨迹进行离散，并依据线性同步方法，在刀轴点轨迹上获取相应的参考点。将对应刀位点处的刀轴线离散为 21 个采样点，由此沿整条光顺后的刀具轨迹可以获得 179×21 个采样点。然后利用NX中的分析函数分析光顺刀具轨迹与原值轨迹间的误差值，其误差分布情况如图 4.20(a) 所示，在第一步中，最大的误差值为 4mm。如图 4.20(b) 所示，在第二步中，在刀轴点轨迹上的最大误差值依然为 4mm，而位于刀尖点轨迹上，由于过渡长度被缩短，其最大误差值减小为 3.7236mm，这与定理4-1的结论相符合。但是，无论在第一步中或是在第二步中，所有的误差值均满足最大近似误差要求，说明本章提出的光顺算法在转角光顺过程中的近似误差控制方面可靠有效。

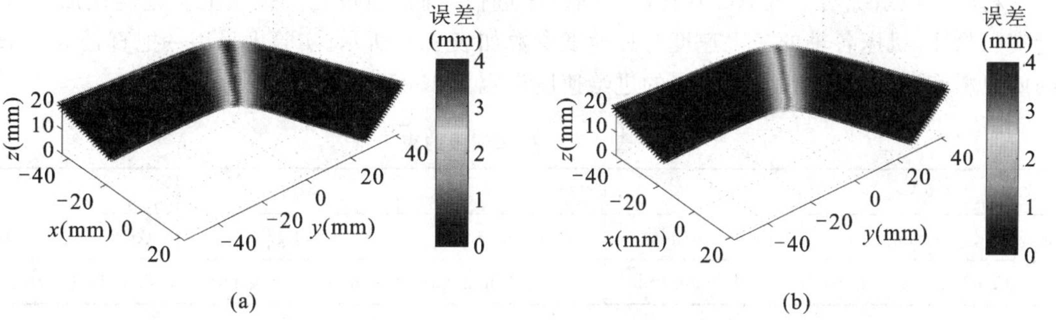

图 4.20　转角光顺中的误差分布情况

(a) 第一步;(b) 第二步

4.4.7.2　加工应用实验

本算法被集成于一台开放式数控系统中,实施在线五轴轨迹光顺。如图 4.21 所示,该数控系统包含上位机和下位机两个部分。下位机是一台 iMAC 运动控制器,它搭载了一块 80MHz 的 DSP,可实现五轴运动控制。上位机基于一台具备 1.6GHz CPU 和 2GB 内存的 PC 开发,其主要工作是完成 NC 代码的译制、加工状态的显示以及与下位机的通信等工作。光顺算法被集成在上位机中,当译码完成后,立即对轨迹进行光顺处理,以实现在线光顺。当获得光顺后的五轴轨迹后,上位机会依据代码中的进给速度,对轨迹做匀速插补处理,其插补时间间隔为 8ms,以实现对刀尖点轨迹的离散,同时依据线性同步机制,可获得对应的刀轴方向。在针对过渡曲线段插补时,弓高误差对进给速度的影响同样纳入了插补的考虑范围。本实验中的最大弓高误差为 0.02mm,其对进给速度的限制参照文献[13] 中介绍的方法。将离散后的点依次传入 iMAC 运动控制器中,并利用其 Kinematic Calculation Function 功能,计算各个驱动轴的控制指令。在运动控制卡中的加减速模式采用直线加减速,由此引起各轴的速度变化情况将更加明显。

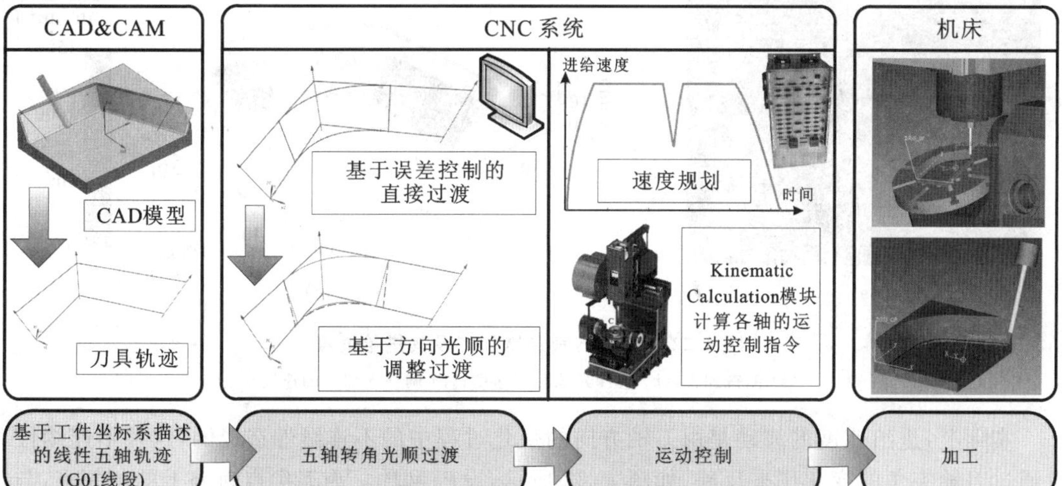

图 4.21　在线五轴转接光顺流程

利用数控系统对一台 AC 双转台五轴机床进行控制，通过在一铝块上实施侧铣加工来进行实际验证。机床各轴的最大速度与加速度参数如表 4.6 所示。实验中采用一把直径为 20mm 的四刃螺旋端铣刀进行，其刀尖点的进给速度设定为 1500mm/min。

表 4.6　机床伺服约束

	X	Y	Z	A	C
v_{max}	4000(mm/min)	4000(mm/min)	4000(mm/min)	1500(deg/min)	2000(deg/min)
a_{max}	1.08×10^6(mm/min^2)	1.08×10^6(mm/min^2)	1.08×10^6(mm/min^2)	3.60×10^5(deg/min^2)	3.60×10^5(deg/min^2)

出于对比的目的，该转角分别利用直接光顺和调整光顺两种方法进行光顺处理。上位机以 8ms 为周期，对各轴的速度和加速度进行采样。在直接光顺实例中，采样获得 520 个参考点。在调整光顺实例中，采样获得 521 个参考点。采样点数的差异是由于在调整光顺实例中光顺后的刀具轨迹总长度大于直接光顺实例中的刀具长度。在两种光顺方法实例中，由各轴的运动速度反算出的刀尖点进给速度分别如图 4.22(b) 和图 4.22(c) 所示。很明显，利用直接光顺方法的五轴转角进给速度存在波动。

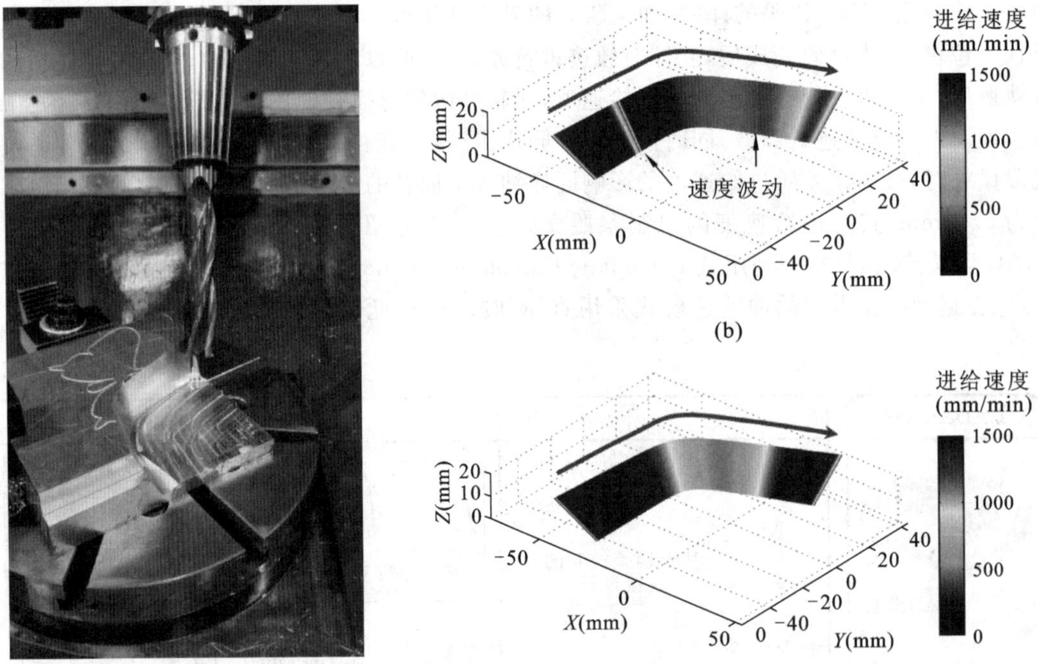

(a)　　(c)

图 4.22　五轴转角侧铣加工及其进给速度

(a) 侧铣加工；(b) 直接光顺后的速度；(c) 调整光顺后的速度

实际上，进给速度的波动是由刀轴方向的变化过程中的不连续性造成的，这种不连续性可以通过刀轴夹角的变化率来反映。如图 4.23 所示，设$\boldsymbol{P}_i$ 和$\boldsymbol{P}_{i+1}$ 为刀尖点轨迹上的相邻点，与之对应的刀轴方向通过单位向量$\boldsymbol{O}_i$ 和$\boldsymbol{O}_{i+1}$ 来表示，相应刀轴方向的角度变化量记为 $\Delta = a\cos(\boldsymbol{O}_i \cdot \boldsymbol{O}_{i+1})$，而对应的刀尖点移动量记为 $L = \|\boldsymbol{P}_i\boldsymbol{P}_{i+1}\|$。则刀轴夹角变化率可定义为：

$$\frac{\Delta}{\| \boldsymbol{P}_i \boldsymbol{P}_{i+1} \|} = \frac{a\cos(\boldsymbol{O}_i \cdot \boldsymbol{O}_{i+1})}{L} \tag{4.50}$$

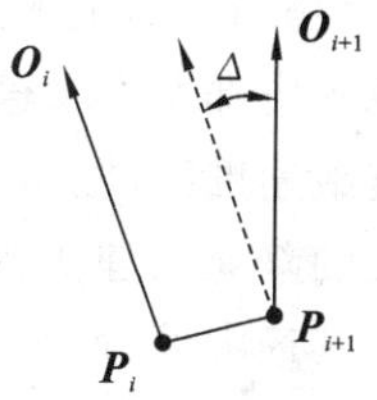

图 4.23 刀轴方向的角度变化量

以直接光顺为例，根据公式(4.50)，其刀轴夹角变化率沿刀具轨迹的分布情况如图 4.24(a) 所示，其沿轨迹长度方向的分布并不连续，并且在两处产生了较为明显的波折。第一处距离起点 23.4mm，第二处距离终点 19.2mm。由 4.3.7 节仿真实验中的数据可知，刀具轨迹起始端与过渡曲线的“入端”之间的精确距离为 23.3744mm，而过渡曲线的“出端”与轨迹结束端之间的精确距离为 19.2345mm，这就意味着这两处刀轴夹角变化率发生突变的地方正是过渡线段的“入端”和“出端”处。如图 4.24(b) 所示，在轨迹上相同的位置处，刀尖点速度出现了较为明显的波动。图 4.24(d) 描述了各轴加速度沿轨迹的分布情况，其在转角过渡曲线的“入端” 和“出端” 处出现了较为明显的波动，特别是在过渡曲线“入端” 处，X 轴的加速度已经达到其极值状态，在过渡曲线的“出端” 处，C 轴的加速度达到了其最大值。而在以上两处位置，其他各轴的加速度也呈现出明显的剧烈变化。当单轴的最大加速度达到了其最大值时，数控系统往往对进给速度进行降速处理。这种单轴加速度的剧烈波动会对驱动电机造成冲击，对实际加工而言是十分有害的，它会引起包括机床振动、刀具崩刃、跟随精度降低等一系列问题，是加工过程中需要极力避免的问题。

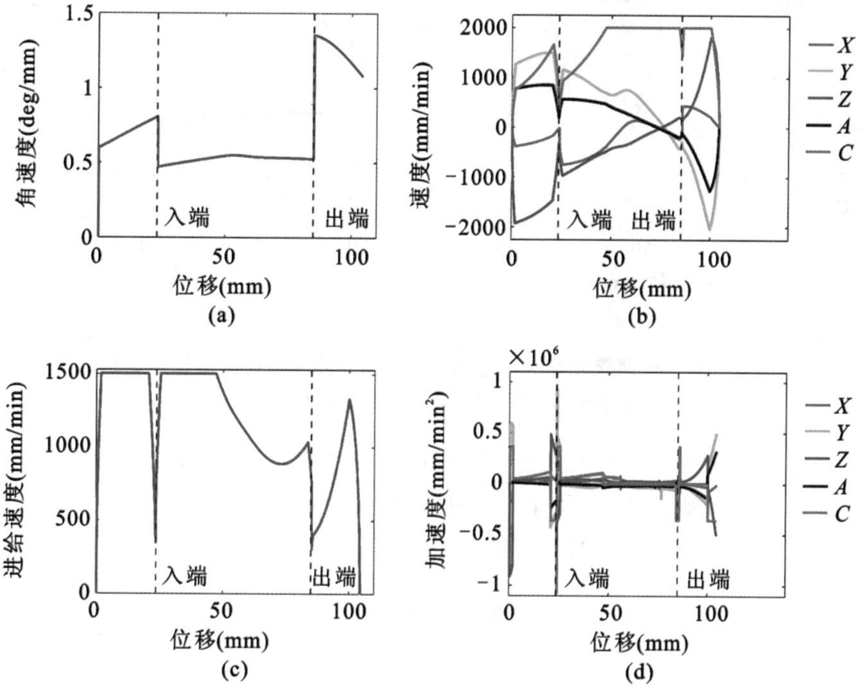

图 4.24 在直接光顺实例中的刀轴夹角变化率与机床运动学信息

(a) 角度变化率；(b) 刀尖点速度；(c) 各轴速度；(d) 各轴加速度

相反，利用调整光顺生产的五轴转角过渡曲线，其刀具角度变化率在整个轨迹范围内是连续变化的，如图 4.25(a) 所示。由于刀尖点轨迹被缩短，所以在过渡段中的刀具角度变化率略显陡峭，但是仍然属于平滑变化。刀尖点进给速度也没有发生明显的波动，如图 4.25(b) 所示。虽然在轨迹中部发生了进给速度的降低，但其变化过程也是平缓进行的，说明提出的调整方法解决了进给速度波动。事实上，这种减速是由于 C 轴的运行速度达到了其最大速度约束，引起数控系统的降速处理所造成，如图 4.25(c) 所示，在进给速度降低区域内，仅有 C 轴的运行速度达到了其最大值，而其他轴的运行速度均小于其最大速度约束。图 4.23(d) 描述了各轴的加速度情况，可以发现，除了位于两端的起始加速与终止减速阶段，各轴的加速度均没有发生较大的波动。总体而言，在整个运动过程中刀具进给速度平稳，没有发生因刀轴方向突变而引起的突然减速或者加速的情况。

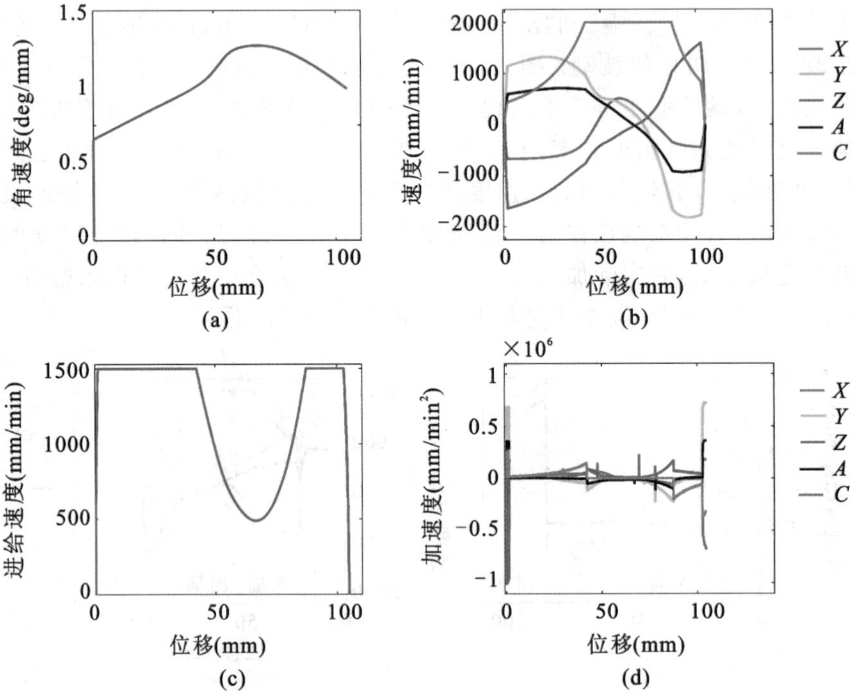

图 4.25　在调整光顺实例中的刀轴夹角变化率与机床运动学信息

(a) 角度变化率；(b) 刀尖点速度；(c) 各轴速度；(d) 各轴加速度

通过上述对直接光顺与调整光顺在机床运行过程中的对比可以发现，调整光顺方法可实现刀轴方向连续变化的要求，从而可有效避免由此造成的进给速度波动，从光顺的几何特性和平滑的运动特征两个方面实现了五轴转角的光滑过渡。

参 考 文 献

[1] Suh, Suk-Hwan, et al. Theory and design of CNC systems[J]. Springer science & business Media, 2008.

[2] 乔志峰. 适用于复杂形面加工的多轴运动控制系统设计理论与方法研究[D]. 天津：天津大学，2012.

[3] Siemens. Milling with SINUMERIK：5-axis machining manual. 2009.

[4] Pateloup V, Duc E, Ray P. Bspline approximation of circle arc and straight line for pock-

et machining[J]. Computer-Aided Design,2010,42(1):817-827.

[5] Derose T D,Barsky B A. Geometric continuity,shape parameters and geometric constructions for Catmull-Rom splines[J]. Acm transactions on graphics,1988,7(1):1-41.

[6] PIEGL L A,TILLER W. The NURBS book[M]. Berlin: Springer Verlag,1997.

[7] Yang K,Sukkarieh S. An analytical continuous-curvature pathsmoothing algorithm[J]. IEEE transactions on robotics,2010,26(3):561-568.

[8] Bi Q Z,et al. A practical continuous-curvature Bézier transition algorithm for high-speed machining of linear tool path[C]. Intelligent robotics and applications-4th international conference, ICIRA 2011, Aachen, Germany, December 6-8, 2011, Proceedings, Part II 2011:465-476.

[9] Bi Q Z,et al. Analytical curvature-continuous dual-Bézier corner transition for five-axis linear tool path[J]. International journal of machine tools and manufacture 91 (2015): 96-108.

[10] Farouki R T,Shah S. Real-time CNC interpolators for Pythagorean-hodograph curves [J]. Computer aided geometric design,1996,13(7): 583.600.

[11] Farin G E. Curves and surfaces for computer-aided geometric design: a practical code [M]. New York:Academic Press,Inc. ,1996.

[12] Shi J,et al. Corner rounding of linear five-axis tool path by dual PH curves blending[J]. International journal of machine tools and manufacture,88 (2015): 223.236.

[13] Tsai M S,Nien H W,Yau H T. Development of a real-time look-ahead interpolation methodology with spline-fitting technique for high-speed machining[J]. The international journal of advanced manufacturing technology,2010,47(5-8): 621-638.

5 五轴数控机床几何精度检验与几何误差补偿

5.1 五轴数控机床几何精度检验与几何误差补偿的基本问题

几何误差作为五轴数控机床的重要误差源之一，其成因是机床设计缺陷、机床零部件制造与装配误差和机床使用过程中的磨损等因素，几何误差使得机床运行过程中各运动轴的实际参考坐标系与理想参考坐标系发生偏差。

机床移动部件在导轨上移动时共有6项误差元素，其中包括3项移动误差（一项定位误差和两项直线度误差）、3项转动误差（倾斜误差、偏摆误差和俯仰误差）。定位误差指机床移动部件在轴线方向的实际位置与其理想位置的偏差。直线度误差指机床移动部件沿坐标轴移动时偏离该轴轴线的程度。直线度误差包括 X 向直线度误差、Y 向直线度误差和 Z 向直线度误差。转动误差是指机床运动部件沿某一坐标轴移动时绕其自身坐标轴或其他坐标轴旋转而产生的误差。绕其自身坐标轴旋转产生的误差被称为倾斜误差；在运动平面内旋转产生的误差被称为偏摆误差；在垂直于运动平面方向旋转产生的误差被称为俯仰误差。

如图5.1所示，机床工作台沿 X 轴移动时会产生定位误差 δ_{XX}、水平和垂直直线度误差 δ_{YX} 和 δ_{ZX}、倾斜误差 ε_{XX}、俯仰误差 ε_{YX}、偏摆误差 ε_{ZX}，即各轴包含6项误差。同时，由于机床三个坐标轴 X、Y、Z 相互垂直，故还存在三个垂直度误差 S_{XY}、S_{XZ} 和 S_{YZ}。综上可知，三轴数控机床共存在21项误差。五轴数控机床比三轴数控机床多出两个旋转轴，各旋转轴会增加6项误差，因此，五轴数控机床共包含33项几何误差。

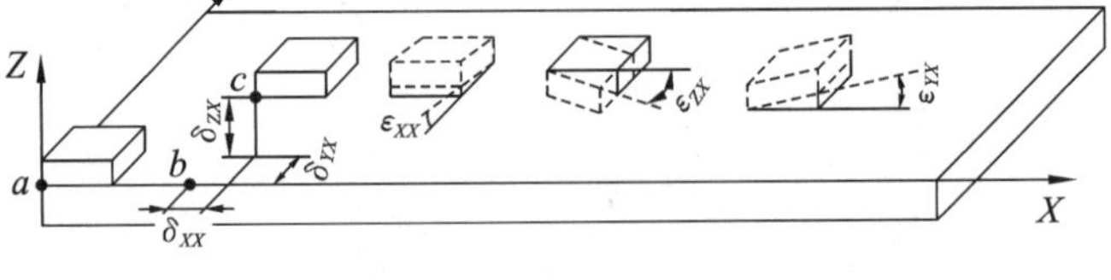

图5.1 工作台沿 X 轴移动时的6项误差元素

机床运动轴的几何误差往往会使得零件加工无法达到质量要求，并且由于几何误差数值与机床使用磨损等时效因素有关，因此，实际生产中需要对几何误差进行周期性的检测与消除来保证机床本身的运行精度。因此，研究高效、自动化的几何误差测量与补偿方法具有非常重要的意义，存在的基本问题包括以下两个：

5.1.1 旋转轴几何误差测量

针对多轴机床几何误差的测量已经有大量的研究成果，应用最为广泛的设备为激光干涉仪。国外学者 Raksiri 和 Parnichkun[1] 利用 BP 神经网络算法对机床平动轴几何误差进行了识别。国内浙江大学傅建中教授团队[2] 通过建立指数乘积模型实现了平动轴几何误差分离。常用的方法包括基于激光干涉仪的九线法[3] 和二十二线法[4] 等。

旋转轴几何误差的测量方法绝大多数都依靠球杆仪(DBB)[5,6] 和 R-test[7,8,9] 仪器，如图 5.2 所示，这两类测量方法主要在机床制造厂用于机床的精度校验。其基本原理是考虑机床存在几何误差时，控制刀尖点在空间中绕某一点做圆弧运动，刀尖点与原点之间的距离变化是刀具相对工作台运动过程中各个误差矢量的综合反映。让刀具做圆弧插补运动，此时测量机床的几何误差，不必分别测出误差矢量的各个分量，只要测出圆周各点处动平台相对原点的距离变化量，然后通过作图分析计算，就可对机床的运动精度作出评价，并可根据误差图像的特征或误差的数学模型，对运动误差源作出定性和定量分析。基于红宝石测头的机床误差检验方法可以实现误差的全自动测量[9-12]，适用于在加工车间校验机床误差。其基本原理是通过安装在主轴上的接触式测头测量指定的特征点位置，通过比较理想的位置与实际位置之间的差值，分离出几何误差，具有测量准备方便、测量过程快、结果准确等特点。一些商业数控系统如西门子[13]，软件供应商如雷尼绍[14]，均提供了利用接触式测头识别部分几何误差的测量软件。

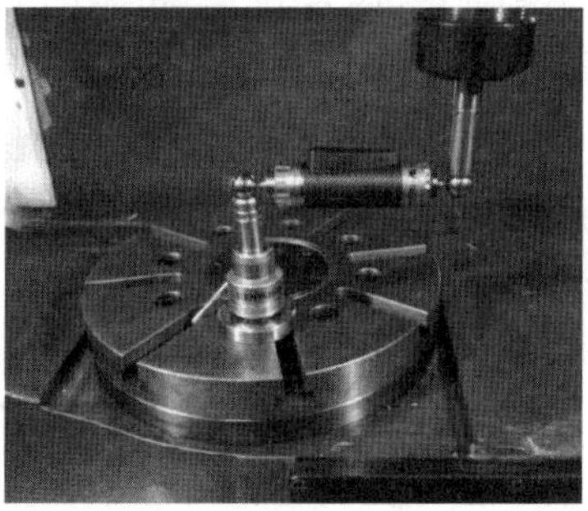

(a)

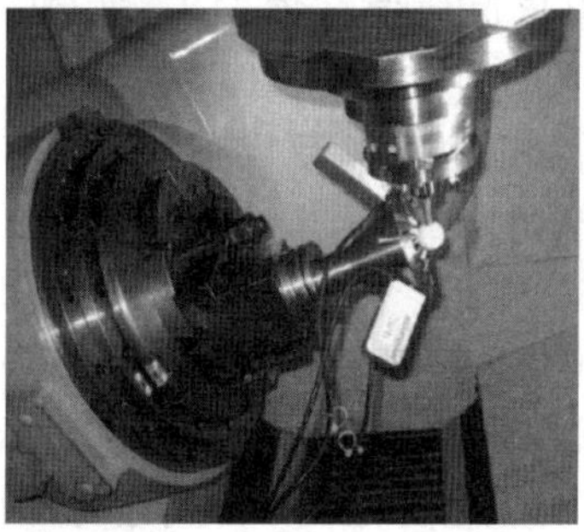

(b)

图 5.2　旋转轴几何误差测量

(a) 球杆仪；(b) R-test

5.1.2　机床几何误差高精度补偿

机床几何误差对机床加工精度的影响显著，消除其影响的策略主要分为两类：误差防止法和误差补偿法[15]。误差防止法是指通过优化机床零部件设计、制造和装配过程来消除或减少几何误差。该方法多被机床制造商采用，在机床设计制造阶段控制误差源，以提高机床本身的精度。但是，该方法受限于当时的技术发展水平，通常具有投入成本高、对经验要求高等缺点。与此同时，由于机床使用过程中的磨损也会导致几何误差的加剧，因此，误差补偿法应运而生。误差补偿法，指通过人为地增加一个误差，抵消或部分抵消机床的几何误差，实现机床加工精度的提升。该方法能够有效提高加工精度，甚至得到比机床本身精度更高的加工精度，是目前机床使用者运用较多的方法。

几何误差补偿根据补偿方式不同，可分为两类：硬件补偿和软件补偿[16]。硬件补偿通过专用的接口增加以微处理器芯片为核心的误差补偿控制器等硬件设施，根据输入的 NC 代码实时计算出空间位置误差补偿量，并将误差补偿量反馈给数控系统，通过调整机床原点偏置或运动轴位置等方式实现几何误差补偿。值得注意的是，通过调整机床原点偏置的方法只能够对部分几何误差项进行修正，例如 X 轴在 X 方向的位置误差。并且，由于几何误差与机床运动轴位置相关，因此需要实时监测机床运动轴的位置并进行误差补偿，所以该方法的成本较高。

软件补偿则通过修改 NC 代码实现几何误差补偿，具有投入成本低、实施方便和灵活性好等特点。由于零件高精度加工和机床使用者降低机床精度维护成本的需求[17]，几何误差的软件补偿方法可以在不对机床机械部分做任何改变的情况下，提高加工精度，成为研究的重点。三轴机床误差补偿方法较为成熟，Habibi 等人[18,19] 研发了一种逆向的运动学建模方法调整 NC 代码来补偿三轴机床的几何误差。误差向量等式法[17,20] 和递归误差补偿技术[21] 也是应用较广泛的误差补偿方法。误差向量等式法通过计算由于几何误差的影响，刀尖点理想位置和实际位置的误差向量，利用误差向量调整刀尖点的位置。递归误差补偿技术考虑几何误差与机床运动轴位置之间的关系，迭代套用误差向量等式法，以实现几何误差补偿。

由于两个旋转轴的引入，几何误差对实际加工的影响相对复杂，且由于多个轴的相互影响，五轴数控机床几何误差的补偿变得复杂。典型的五轴数控机床几何误差补偿流程包括：(1) 根据机床运动学模型，在考虑几何误差的情况下，计算实际刀位与理想刀位之间的偏差。(2) 针对理想刀位反向偏移该偏差，得到新的刀位作为调整后的 NC 代码。例如，Hsu 和 Wang[22] 利用耦合的方法计算机床补偿刀位。该补偿方法首先确定旋转轴的补偿值，再确定平动轴的补偿值。Zhu 等人[23] 研究了一种几何误差建模、识别和补偿的综合方法。这些调整 NC 代码的计算表达式为：

$$M_{\text{modified}} = M_{\text{designed}} - (M_{\text{actual}} - M_{\text{designed}})$$

其中，M_{designed}、M_{actual} 和 M_{modified} 分别表示机床运动轴理想的、实际的和调整后的位置。该式将几何误差造成的综合误差视为线性变换模型。然而，后置处理计算过程中引入了关于旋转轴的三角函数，使得综合误差变化不再为线性的，因此，基于微分变换理论的五轴数控机床几何误差补偿方法具有高效率的优势[24]。对于大型的五轴数控机床，该方法未考虑几何误差相对于对应运动轴的位置相关性。

5.2 五轴数控机床 RTCP 运动精度测试与改进

数控机床的动态误差广义上是指机床运动过程中实际位置与理论位置之间的偏差，是机械结构几何误差、伺服系统控制误差、环境热变形误差、组件受力变形误差、数控系统插补误差等所有误差的综合反映。

与静态误差相比，动态误差由于需要在运动过程中进行测量，难以应用常规的大理石尺、千分表、水平仪、激光干涉仪等工具。对于三轴数控机床，目前国内外制造厂商已开始应用球杆仪、二维光学码盘等对两直线轴的联动精度进行检测，但对于五轴数控机床，还缺少成熟、稳定的联动动态精度检测与分析方法，近年来，国内外学者开始对旋转轴动态精度展开研究，发明了应用球杆仪、R-test、CapBall、激光跟踪仪等检测工具进行测量和误差辨识的新方法。国家标准化组织金属切削机床检测标准分会 ISO/TC39/SC2 于 2014 年发布了 ISO 10791-6 *Test conditions for machining centres-Part 6：Accuracy of speeds and interpolations* 标准，该标准规定了五轴数控机床多轴联动插补运动精度的多种检测方式。

五轴数控机床的运动误差来源主要分为以下三类：

（1）准静态机械几何误差；

（2）伺服跟随误差导致的轮廓误差；

（3）受载后几何变形误差。

本章将首先对五轴数控机床的测试仪器——球杆仪和 R-test 进行介绍，然后分别针对准静态机械几何误差和伺服跟随误差导致的轮廓误差，介绍误差检测与分析方法，最后依据最新国际标准介绍五轴数控机床五轴联动运动精度的评价方法。

5.2.1　测量仪器介绍

5.2.1.1　球杆仪

球杆仪的概念和机构最早由美国的 Jim Bryan 提出，后经多种类型改进，目前市面上应用最广泛的是英国雷尼绍公司的 QC20-W 无线球杆仪，如图 5.3 所示。球杆仪的精度测量主要依靠球杆仪传感器进行，球杆仪传感器是球杆仪系统的主要部件，本质上是一个精密线性传感器，能精确测出在球杆标称（100mm）长度 ±1mm 行程内的伸缩量，此传感器可提供电子信号，这些信号经处理后与计算机进行无线通信，允许 Ballbar 20 软件对传感器名义长度上的微小变化进行测量和分析。

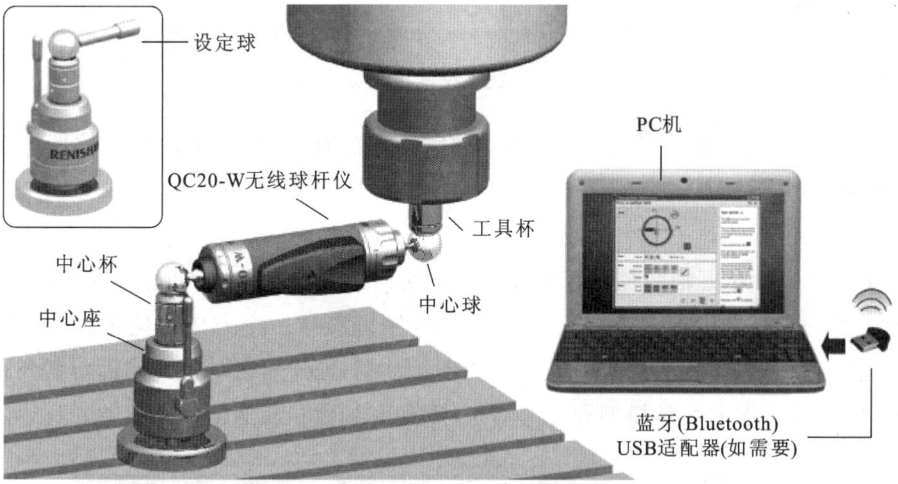

图 5.3　雷尼绍 QC20-W 球杆仪系统组成

在数控机床上应用球杆仪进行精度测量的过程如图 5.4 所示，将球杆仪的两侧小球通过工具杯分别与主轴刀具端和工作台工件端相连接，编写检测路径轨迹程序，球杆仪在机床程序运动过程中记录杆长方向的长度变化量，最后通过分析杆长变化量数据得到机床运动误差。

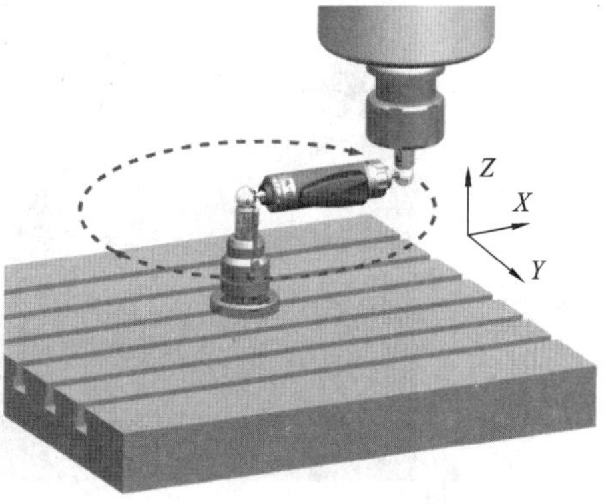

图 5.4　球杆仪圆度测试示意图

对于三直线轴运动精度，可以通过利用球杆仪测量 XY、YZ、ZX 三个平面的圆运动精度来进行检测和优化。目前，球杆仪商业软件已经有三轴检测与分析功能，可以对三轴机床的各项运动精度进行检测和分析，分析结果如图 5.5 所示。

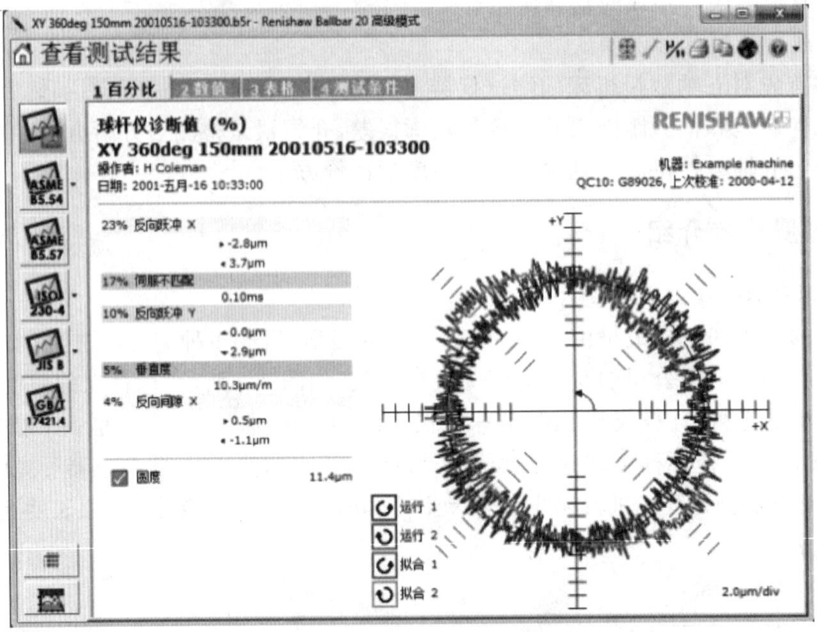

图 5.5　球杆仪圆度测试报告

对于五轴数控机床多轴联动运动精度的检测，还没有配套、完善的商业软件进行轨迹检测、规划和误差分析。

5.2.1.2　R-test

R-test 是专门针对五轴数控机床旋转轴测试所研制的检测仪器，如图 5.6 所示。它由一个三方向测头和一个高精度标准球组成，测头能够检测标准球三个方向的位置偏差。检测时，将标准球装于旋转轴上，将测头装于另一侧直线轴运动端，通过检测标准球实际位置与理论位置的运动偏差，并结合误差数学模型和分离算法，得到五轴数控机床的运动误差。

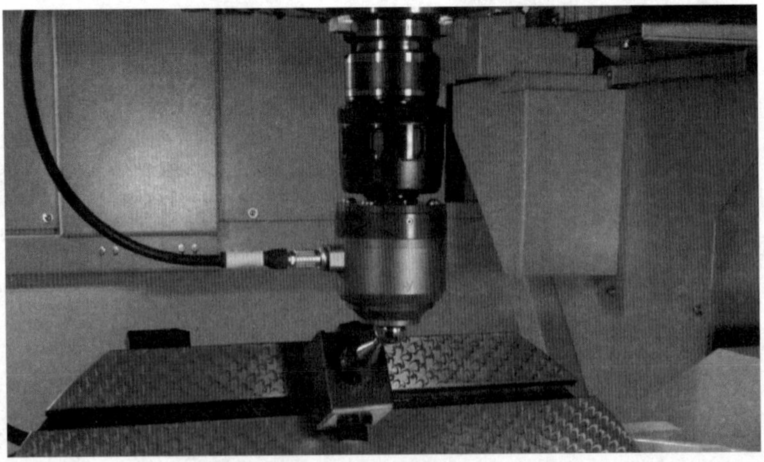

图 5.6　R-test 测量仪器

利用配套的分析软件，可以对五轴数控机床旋转轴的几何偏差和动态运动精度进行分析计算。图 5.7 所示为 R-test 配套的软件分析报告。

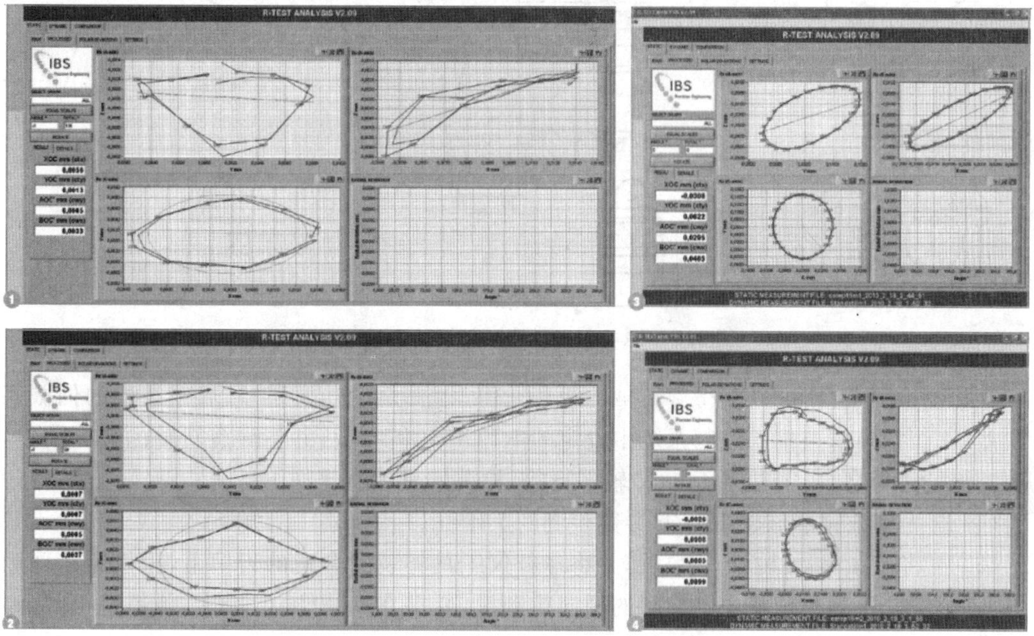

图 5.7　R-test 配套的软件分析报告

5.2.2　三轴插补圆运动轨迹精度测试

《ISO 10791-6 *Test conditions for machining centres-Part 6: Accuracy of speeds and interpolations*》标准中针对双转台、双摆头、摆头转台三种结构的五轴数控机床分别给出了五轴插补运动的检测方法：双摆头机床，AK1、AK2、AK3、AK4；双转台机床，BK1、BK2、BK3、BK4；摆头转台机床，CK1、CK2、CK3、CK4。其中：K1 为摆动轴与两直线轴插补圆运动检测；K2 为旋转轴与两直线轴插补圆运动检测；K3 为斜圆锥轨迹五轴联动插补轨迹检测；K4 为固定刀尖点五轴联动插补轨迹检测。

5.2.2.1　检测方法

本节对 K1 与 K2 三轴插补圆运动轨迹精度的检测方法进行介绍，三种结构机床的测量原理类似，本节以双转台机床的旋转轴检测（BK1）为例进行介绍。该测量方法如图 5.8 所示，采用球杆仪作为测量仪器，球杆仪一侧小球被装于转台台面上随 C 轴旋转，球杆仪另一侧小球被装于主轴刀柄上，调整该小球，使其球心位于主轴轴向上，开启机床的“刀尖点跟随 RTCP”功能，C 轴旋转一周，刀具端小球通过 XY 两直线轴的插补运动与跟随 C 轴转动。若存在误差，则刀具端小球与台面上小球之间的相对距离会发生变化，从而测得误差数据，由于球杆仪只对球杆方向的误差敏感，故要进行三次测量，分别使球杆与 X、Y、Z 轴方向平行，从而全面反映三个运动轴的运动误差。

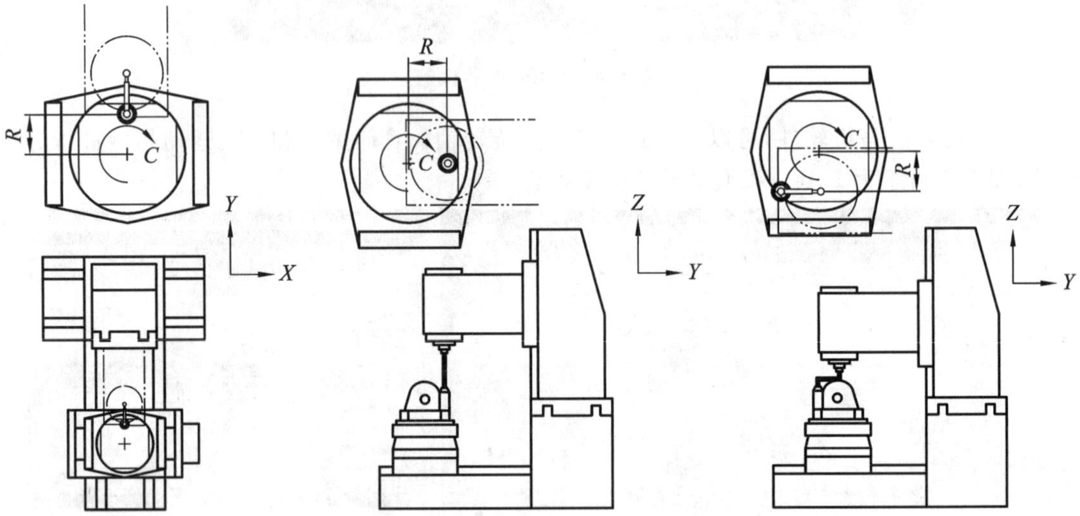

图 5.8　球杆仪三轴联动精度检测轨迹示意

通过该检测项目，可以获得旋转轴的距离几何误差、角度几何误差、启停过程的伺服匹配性误差，从而指导修正机床控制系统中设定的 RTCP 几何参数，并指导旋转轴的装配调整，如摇篮两侧是否等高、摇篮轴是否与 X 轴平行等。检测的具体步骤如下：

(1) 首先确认完成五轴 RTCP 参数检测的正确性。

(2) 再将 A、C 轴旋转到 0° 位置，并将球杆仪工具杯装到合适的刀柄上，将设定小球吸在工具杯上，打表检测小球随主轴旋转的径向跳动量，要求在 0.005mm 以内，若超差，则需通过加装调整工装进行调整。

(3) 测量工具杯端小球球心距离主轴端面的距离，记录该值作为刀长输入到数控系统刀补数据中。

(4) 在距离旋转轴中心一定距离的位置安装中心座，通过设定小球，定好工具杯与中心杯的位置，记录该位置机床坐标。

(5) 根据检测方向（X 向、Y 向、Z 向），使主轴运动到距离中心座一个球杆仪长度的位置，设定该位置机床坐标为工件坐标系原点(G54)。

(6) 安装球杆仪，执行程序（开启 RTCP，C 轴从 0° 旋转 360°，再反向旋转 360°），测量数据。

5.2.2.2　误差分析计算

该检测项目是针对单个旋转轴的检测，适合用来进行五轴数控机床的过程精度测量和调整，以双转台结构机床的 C 轴检测为例：

(1) 球杆仪沿 X 方向检测，根据所测得的圆心在 X 轴方向与理论零点的偏心，可以确定 C 轴旋转中心在机床坐标系中 X 方向的设置偏差；

(2) 球杆仪沿 Y 方向检测，根据所测得的圆心在 Y 轴方向与理论零点的偏心，可以确定 C 轴旋转中心在机床坐标系中 Y 方向的设置偏差；

(3) 通过球杆仪沿 X 和 Y 方向的检测，就可以修正 C 轴中心在数控系统的 RTCP 几何参数值。

(4) 球杆仪沿 Z 方向检测，可以确定 C 轴轴线与 XY 平面的是否垂直；

除了在国际标准 ISO 10791-6 中规定的沿 X、Y、Z 三个方向的检测方式之外，还可以使球杆仪沿旋转轴的径向、切向、轴向来进行分类测量，如图 5.9 所示。如图 5.10 所示，结合双转台结构机床的 C 轴和 A 轴的检测数据，可以确定双转台的 8 项几何误差数据，如图 5.11 所示。

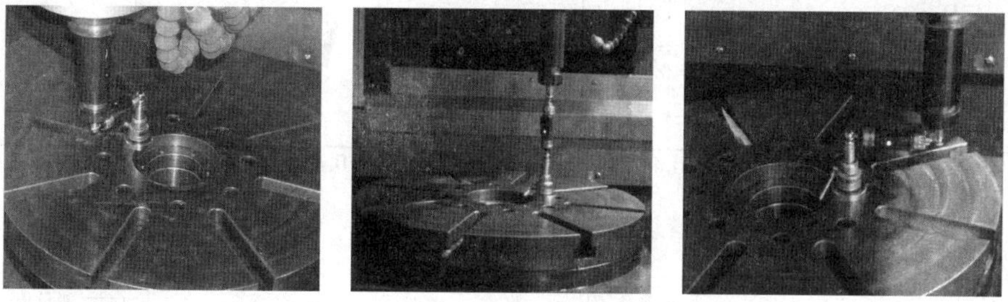

(a)　(b)　(c)

图 5.9　球杆仪转台旋转轴三轴联动检测

(a) 径向测量；(b) 切向测量；(c) 轴向测量

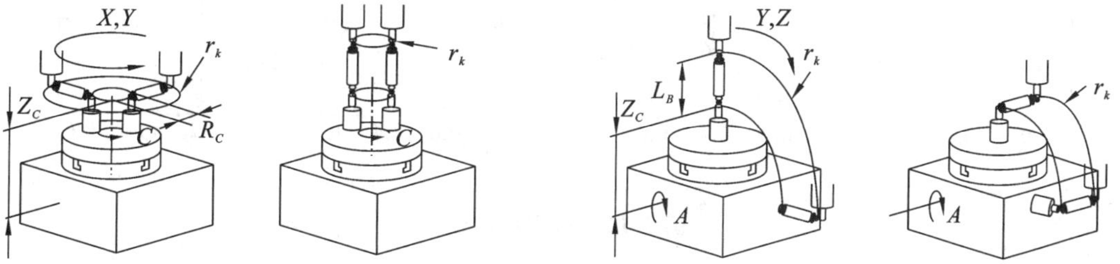

(a)　(b)

图 5.10　双转台几何精度球杆仪检测路径

(a) C 轴检测路径：径向和轴向；(b) A 轴检测路径：径向和轴向

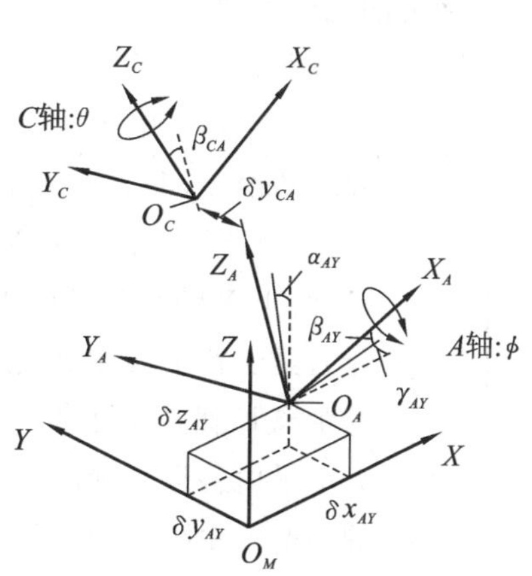

图 5.11　双转台 8 项几何误差数据

将球杆仪检测数据导出后利用最小二乘法拟合成圆，得到圆心的偏置距离，如图 5.12 所示。通过误差与圆心偏置的几何关系便可算出双转台的 8 项几何误差。

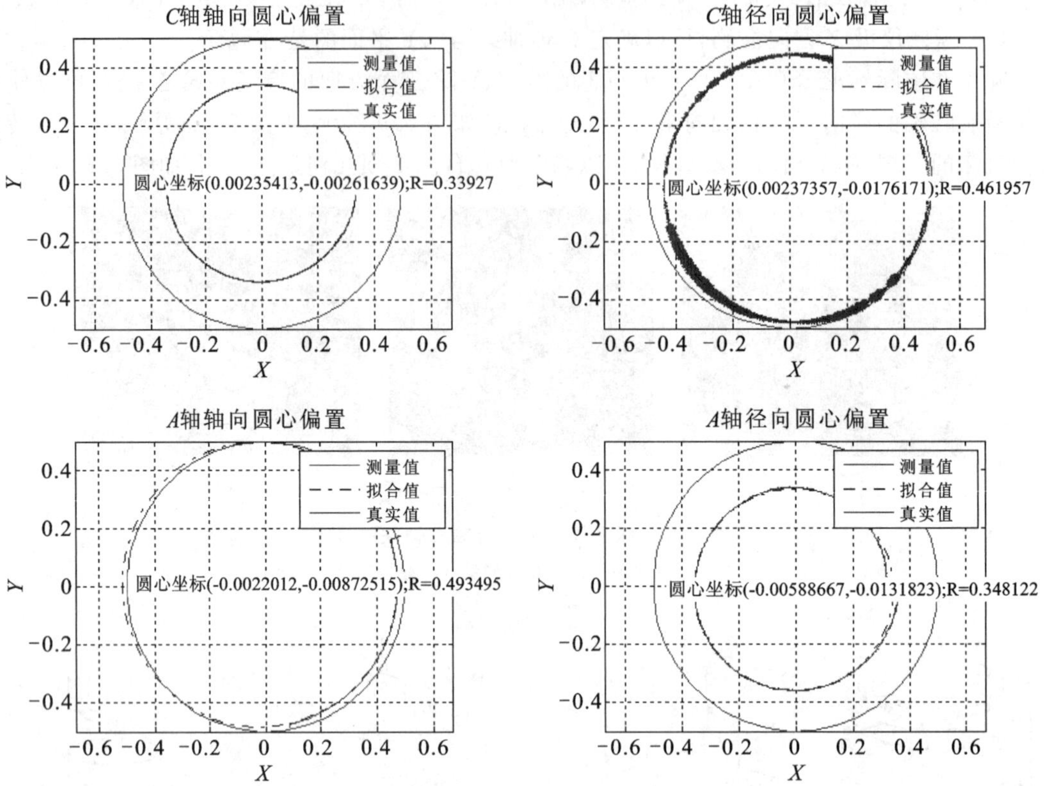

图 5.12　数据拟合分析

5.2.3　旋转轴与直线轴动态伺服匹配性的检测

第 5.2.1 小节介绍的三轴联动插补运动精度测量，主要侧重于对旋转轴与直线轴之间的距离偏差、角度偏差等与机械结构相关的几何误差进行测试和分析。影响五轴数控机床运动精度的另一个重要因素是与数控系统相关的伺服控制误差。

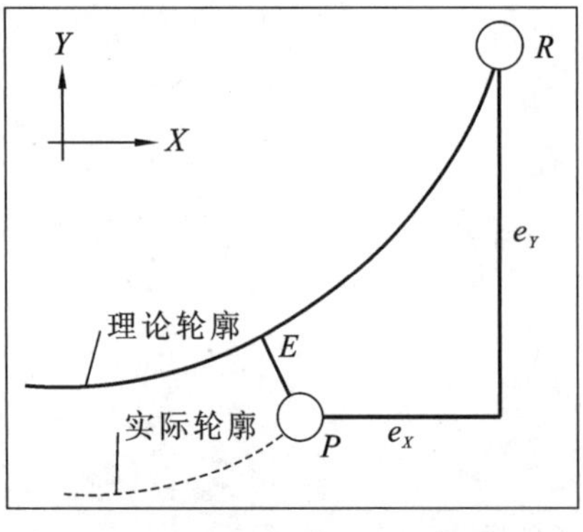

图 5.13　跟随误差与轮廓误差

机床每个轴的运动控制在稳态情况下均会存在伺服跟随误差，具体分析可参见控制理论相关书籍。如图 5.13 所示，假设在 XY 平面内存在一段待加工轮廓，由于 X 轴和 Y 轴的存在，存在跟随误差 e_X 和 e_Y，实际刀具位置 P 偏离理论位置 R，P 点距离待加工轮廓的距离 E 就是实际加工的轮廓误差。可见，轮廓误差的大小是由各运动轴的跟随误差和运动轴之间跟随误差的匹配关系决定的，因此，减小伺服系统引起的轮廓误差可以从下面两个方面来调整：

(1) 尽量减小各轴自身的伺服跟随误差；

(2) 使各轴之间的伺服跟随误差相匹配。

对第一种措施，一般数控系统都自带示波器调试功能，通过调整各轴的位置比例增益和速度前馈百分比可有效调整运动轴的跟随误差。

对第二种措施，部分数控系统自带圆运动示波器调试功能，可以通过分析编码器或光栅的反馈数据来对 X、Y、Z 轴两两之间的圆插补运动的轮廓精度进行评价和调整。目前，两平动轴之间的伺服匹配通过球杆仪测量两轴联动插补圆轨迹精度可有效识别伺服不匹配误差。如图 5.14 所示，若存在伺服不匹配误差，则运动轨迹图形呈椭圆或花生形，并沿 45° 或 135° 对角方向拉伸变形。

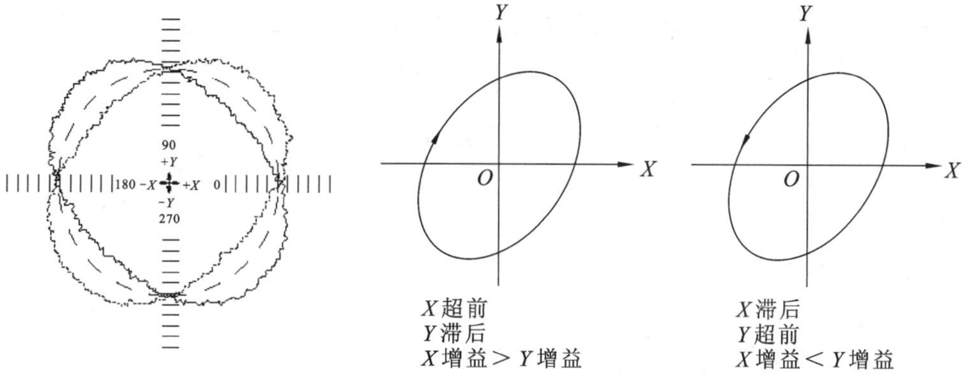

图 5.14　两平动轴圆插补伺服不匹配误差

对于旋转轴与平动轴之间的伺服匹配性检测，需要规划特殊的运动路径进行分析，所设计的检测路径应使得旋转轴与平动轴的运动过程中有速度的不同变化，从而使之产生不同变化的跟随误差，进而利用检测仪器对运动路径的偏差进行检测。为了减少多个轴误差的引入，应设计单个旋转轴与单个平动轴之间进行联动的路径，如图 5.15 所示，借鉴曲柄滑块机构的运动原理，使一个旋转轴和一个平动轴联动，从而使得刀尖点绕距离旋转轴中心一定距离的位置做圆轨迹运动，球杆仪一端球作为刀尖点，另一端球作为旋转中心，做类似曲柄滑块结构的运动。

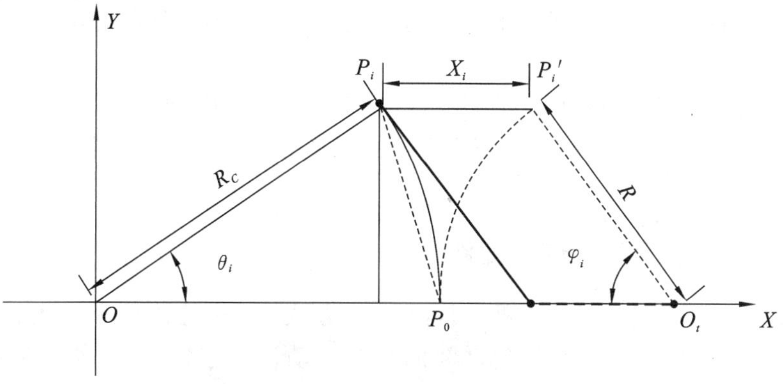

图 5.15　旋转轴与平动轴伺服匹配性检测路径

图 5.15 所示，O 代表旋转轴 C 轴中心，O_t 代表路径圆中心，球杆仪两端球初始位置分别在 P_0 和 O_t 位置，一侧球随旋转轴 C 转动角度 θ_i 到达 P_i 位置，另一侧球则随平动轴 X 移动 X_i 距

离到达 O_{t_i} 位置。设计检测轨迹使 P_0 球绕 O_t 做匀速圆轨迹运动，即已知 φ_i，求取 θ_i 和 X_i。由图 5.15 几何关系可知：

$$Y_{P_i} = R \cdot \sin\varphi_i = R_C \cdot \sin\theta_i$$
$$\theta_i = \arcsin(R \cdot \sin\varphi_i / R_C)$$
$$X_i = 2(R + R_C) - R \cdot \cos\varphi_i - R_C \cdot \cos\theta_i$$

旋转轴和直线轴运动速度：

$$F_C = \dot{\theta}_i$$
$$F_X = \dot{X}_i$$

如图 5.16 所示，假设 C 轴跟随误差为 $\Delta\theta$，X 轴跟随误差为 ΔX，则得到误差轨迹方程：

$$(R + \Delta R)^2 = [(X_i + \Delta X) - R_C \cdot \cos(\theta_i + \Delta\theta)]^2 + [0 - R_C \cdot \sin(\theta_i + \Delta\theta)]^2$$
$$\Delta\theta = \frac{F_C}{K_C p}$$
$$\Delta X = \frac{F_X}{K_X p}$$

结合上述关系式，即可求得误差轨迹。

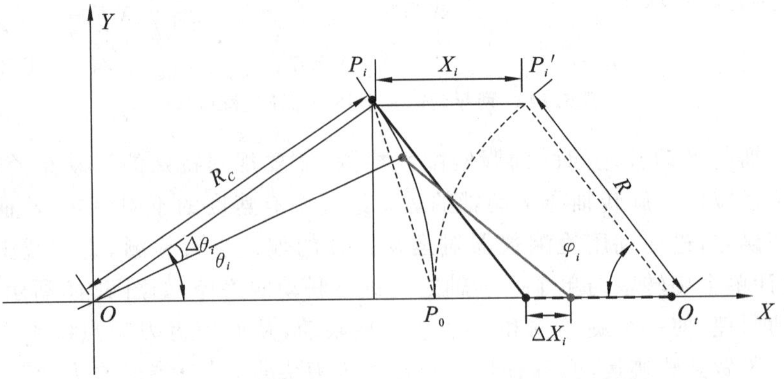

图 5.16　旋转轴与平动轴伺服匹配性检测轨迹误差分析

利用 Matlab 的伺服控制仿真功能，对上述轨迹运动对应不同 PID 伺服增益参数进行的仿真如图 5.17 所示。

可以看出，当 C 轴伺服增益与 X 轴伺服增益相匹配时，数据为理想圆弧，当两者不匹配时，数据为凹凸状曲线。利用这种误差分析方法，通过增加速度前馈，并对伺服增益参数进行匹配可使误差得到修正。

5.2.4　五轴插补圆运动轨迹精度测试

对于五轴联动运动的精度，有两种检测评价方式：一种是让机床做模拟斜圆锥的切削运动，利用球杆仪检测刀具与工件之间的相对运动误差；另一种是使刀尖点固定不动，开启 RTCP 功能后，使两个旋转轴同时运动，利用球杆仪或 R-test 检测刀尖点位置的变化误差。

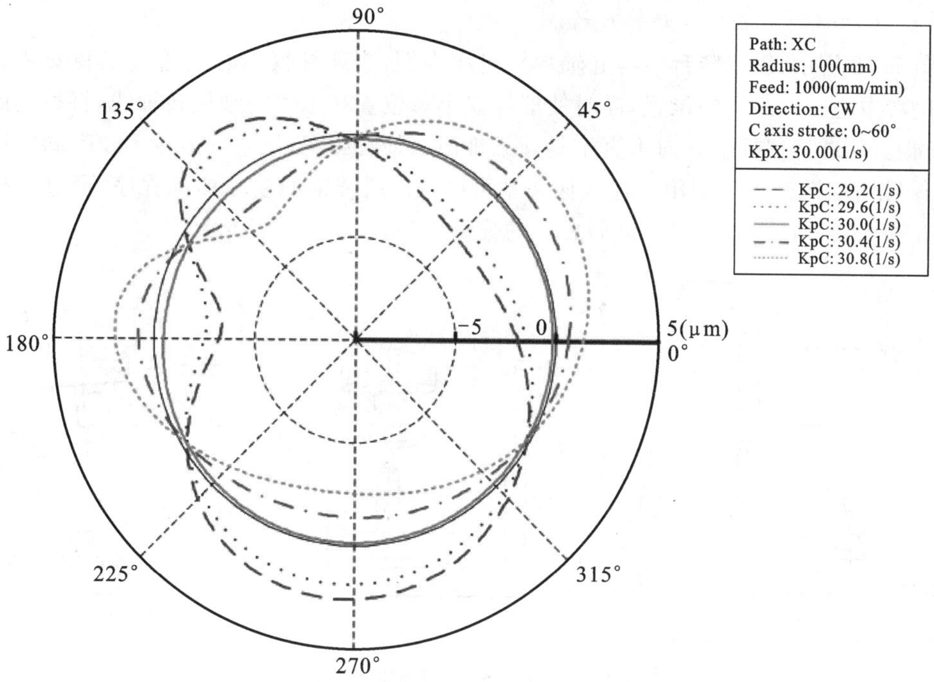

(a)

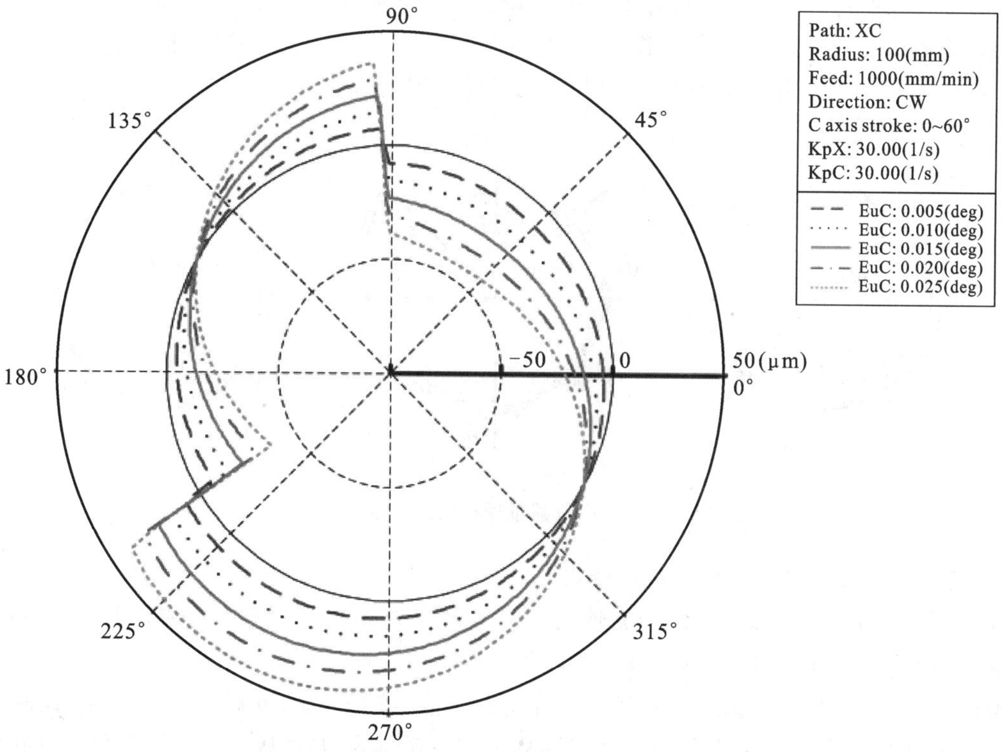

(b)

图 5.17 工作台旋转轴 *C* 轴的伺服不匹配误差仿真

(a) 伺服位置比例增益对检测误差的影响；(b) *C* 轴反向间隙对检测误差的影响

5.2.4.1 模拟斜圆锥五轴联动精度检测

如图 5.18 所示，以双转台结构五轴数控机床为例，将球杆仪中心座通过工装安装到台面上距离旋转中心一定距离的位置，同时使球杆仪小球位置高于摇篮轴旋转轴线，将另一侧小球装到主轴上，使球杆仪杆长方向垂直于斜圆锥锥面，斜圆锥自身锥角一般设为 30°，斜圆锥轴线与 Z 轴偏转角度设为 10°，利用上述几何关系可以得出斜圆锥的模拟加工程序，通过球杆仪测出机床五轴运动过程中刀尖点沿锥面方向的偏离值。

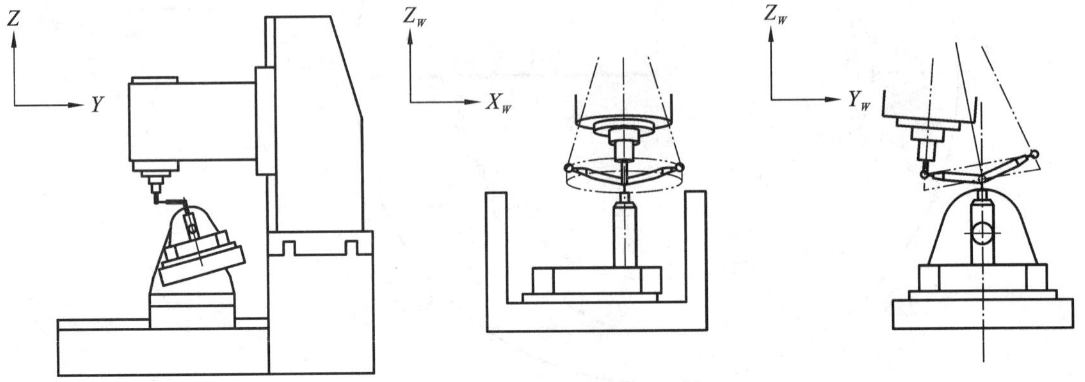

图 5.18 球杆仪模拟斜圆锥运动检测

将球杆仪的检测数据以圆形方式显示，如图 5.19 所示，可以将计算的圆度值作为该项误差的评价指标，同时可以通过检查图形中出现的凹凸、跳点、断层等特征分析五轴联动过程中运动轴出现的周期螺距误差、反向越冲误差、反向间隙误差等。

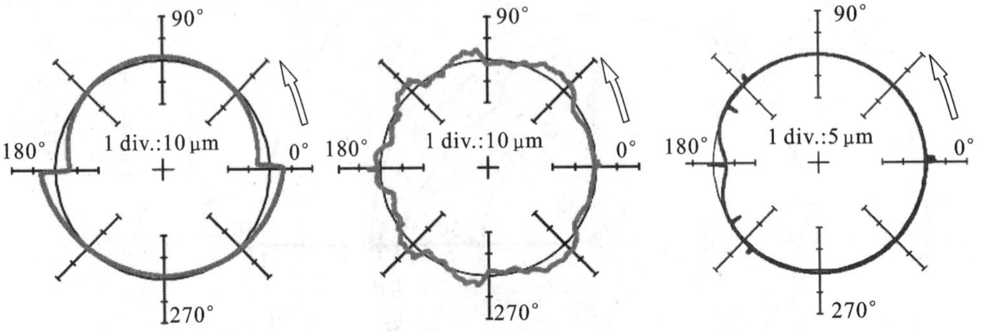

图 5.19 模拟斜圆锥球杆仪检测结果示意图

5.2.4.2 固定刀尖点五轴联动精度检测

如图 5.20 所示，以双摆头结构五轴数控机床为例，将球杆仪一侧小球装到主轴上，测出小球球心到主轴端面的距离，将该距离作为刀长数据输入数控系统刀补数据中，并将球心设为工件坐标系原点，将球杆仪分别沿 X、Y、Z 三个方向放置，编写程序，开启 RTCP 功能，让两个旋转轴在各自的旋转行程中同时旋转，如 C 轴从 0° 到 360° 旋转，B 轴从 −90° 到 90° 旋转，同时 X、Y、Z 三个轴会插补联动，理论上保证刀具侧球心位置不变，但是实际由于机床误差的存在，球心位置会发生微小变化，球杆仪通过从 X、Y、Z 三个方向记录球心的变化量来得到五轴联动的精度评价。

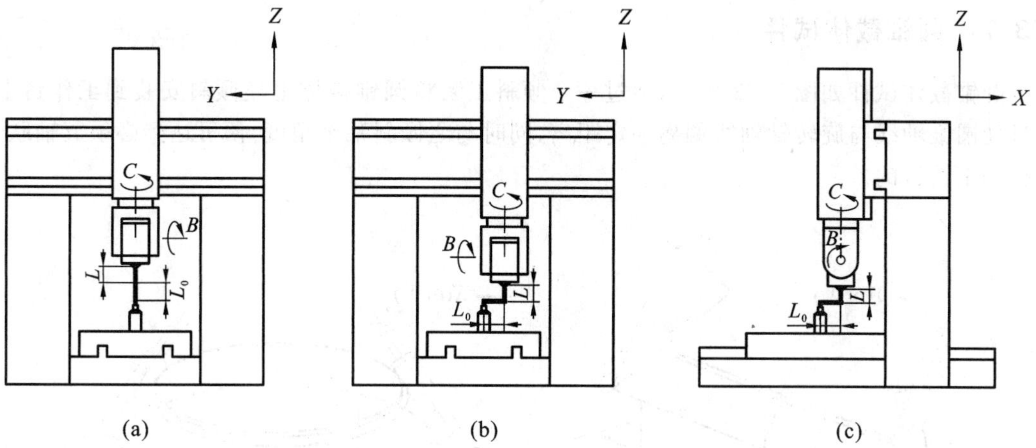

图 5.20　固定刀尖点五轴联动球杆仪检测

将球杆仪的检测数据以曲线形式作图，如图 5.21 所示，理想状态下该曲线应是一条在零点的直线，实测曲面的最大值与最小值之差的绝对值可作为该项检测项目的评价指标。

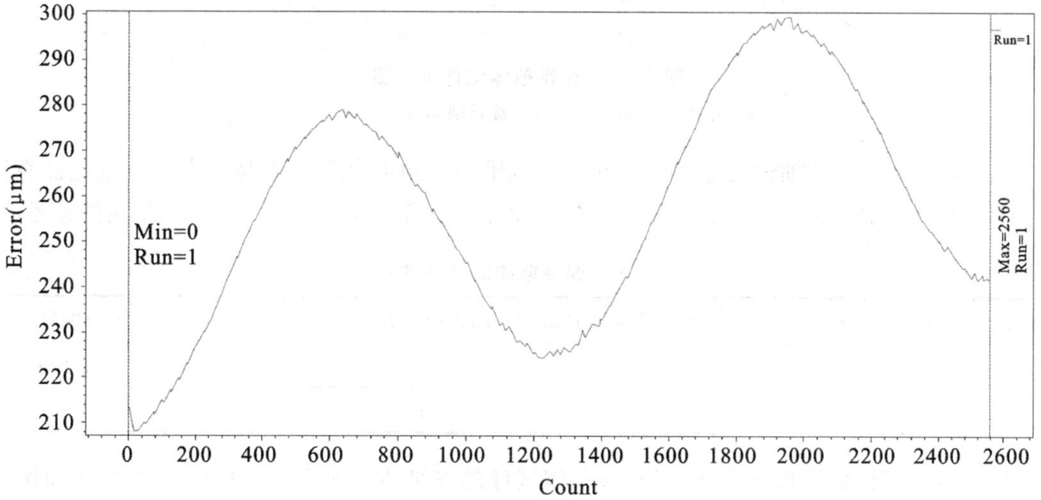

图 5.21　固定刀尖点五轴联动球杆仪检测数据分析

5.3　基于试件加工的五轴数控机床精度检验

数控机床最终的精度是通过加工标准试件来反映的，对于三轴机床，一般采用源于 NAS979 标准的"圆菱方"形试件，对于五轴数控机床，ISO 10791-7-2014 标准给出了斜圆锥截体试件，通过检测斜圆锥的表面圆度来评价机床五轴联动的加工水平。该试件可作为五轴联动加工检测的基础试件，但平滑的圆锥面特征不利于反映五轴联动的加减速动态性能。中航工业成飞公司自主研发的 S 形试件有效弥补了这项标准的缺失，以此 S 形试件为基础提出的五轴联动数控机床加工精度检测标准提案目前已进入了国际标准制定程序的第 3 个阶段(CD 阶段)。

5.3.1 圆锥截体试件

圆锥截体试件如图 5.22 所示，通过一个倾斜工装将圆锥截体毛坯倾斜安装到工作台上，通过使圆锥轴线与旋转轴轴线偏离一定距离，同时与之倾斜某个角度，便可达到必须五轴联动进行加工的目的。

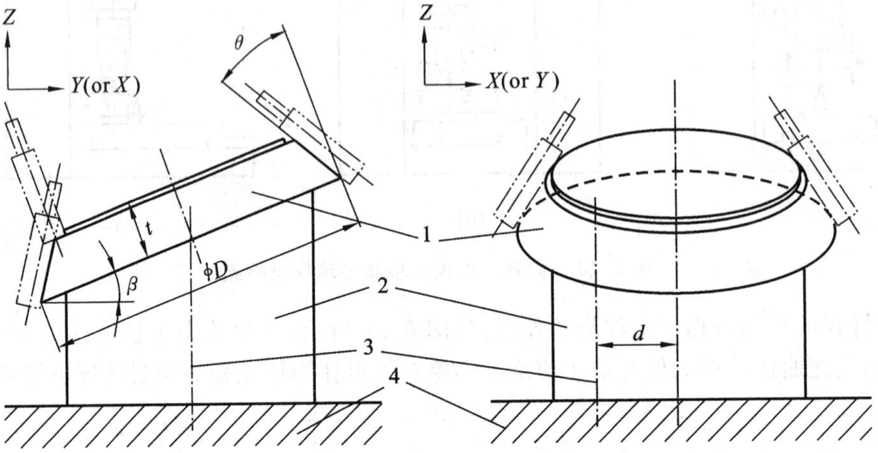

图 5.22 圆锥截体试件示意图

1— 圆锥截体；2— 倾斜工装；3— 旋转轴轴线；4— 旋转轴台面

圆锥轴线需与旋转轴轴线之间存在距离 d、圆锥倾斜角度 β、圆锥截体高度 t、圆锥底面直径 D、圆锥半角 θ，具体参数值可根据待测机床结构和行程来确定，表 5.1 所示为标准给定的参考值。

表 5.1 圆锥截体试件参数表

规格	圆锥底面直径 D(mm)	圆锥截体高度 t(mm)	圆锥倾斜角度 β	圆锥半角 θ	中心偏置 d
规格 1	80	10	10°	15°	25% 台面直径
规格 2	80	15	30°	45°	25% 台面直径

以双转台五轴数控机床为例，斜圆锥截体试件的安装方式如图 5.23 所示，圆锥底面圆心应高于摇篮轴轴线位置。

参考加工工艺参数如下：

① 刀具类型采用圆柱平底铣刀，刃长 40mm，直径 20mm；

② 铸铁材料切削速度 50m/min，铝合金材料切削速度 300m/min；

③ 每齿进给量 0.05mm/ 齿，径向切深 0.1mm。

该检测项目评价指标：

圆锥截体顶部和底部圆的圆度在 0.08mm 以内。

该检测项目与 5.2.4 中利用球杆仪模拟斜圆锥检测的项目类似，两者的机床运动轨迹相同，后者有利于单纯反映机床的运动误差，前者综合反映工艺、刀具、切削参数、部件刚性等。

5.3.2 S 形试件

该检验通过在 S 形试件薄壁轮廓上进行精加工，来检测五轴联动数控铣床的加工精度，对

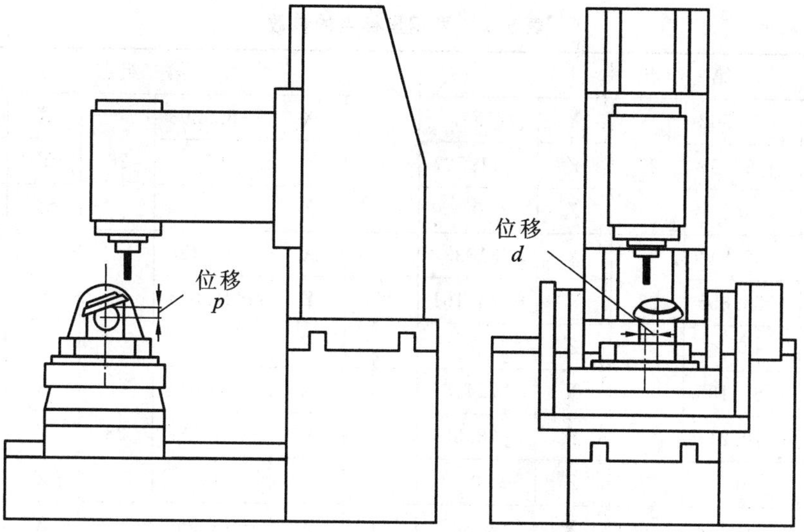

图 5.23 双转台结构五轴数控机床斜圆锥截体试件的安装方式

设备五轴联动加工的动态精度进行评价。该检验通常在 X-Y 平面内进行。但当有特殊需求时，同样可以在其他平面内进行。

S 形试件(图 5.24) 的定义如下：

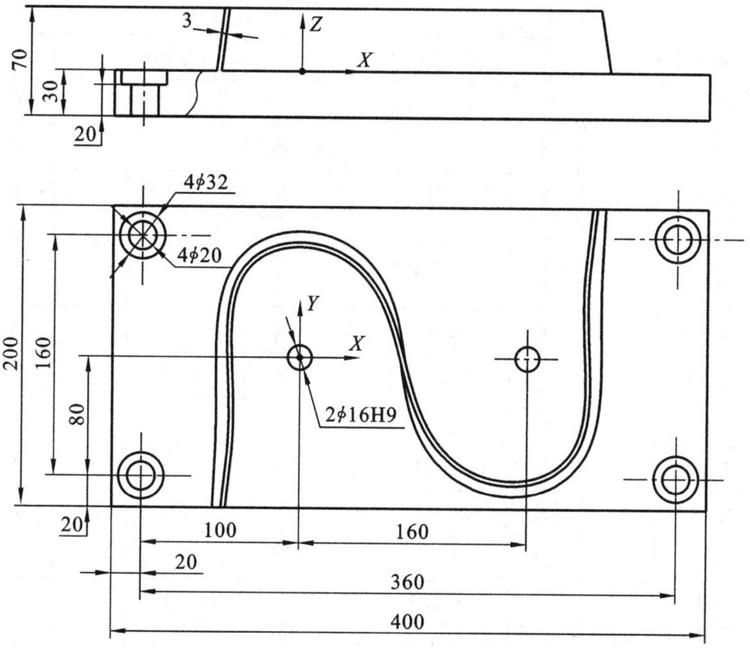

图 5.24 S 形试件的尺寸形状

(1) 以 ϕ16H9 孔中心建立基准坐标系，以左边的孔为基准点，$Z=0$ 平面位于距下表面 30mm 处；

(2) 在上述坐标系下，分别定义表 5.2 所示的两组坐标点，通过两组点分别作两条 3° 的样条曲线，再通过生成的两条 3° 的样条曲线作直纹面；

(3) 通过直纹面向 Y 轴正方向作厚度为 3mm 的实体，此即为 S 形试件的模型。

表 5.2 两组坐标点的参数

第一组点						第二组点					
1	X	−58.502	26	X	71.37	1	X	−52.898	26	X	72.304
	Y	−97.5		Y	−11.727		Y	−97.5		Y	−11.184
	Z	0		Z	0		Z	40		Z	40
2	X	−57.844	27	X	73.833	2	X	−51.456	27	X	75.968
	Y	−83.855		Y	−25.161		Y	−84.644		Y	−23.59
	Z	0		Z	0		Z	40		Z	40
3	X	−57.185	28	X	77.458	3	X	−50.014	28	X	80.508
	Y	−70.211		Y	−38.324		Y	−71.788		Y	−35.699
	Z	0		Z	0		Z	40		Z	40
4	X	−56.598	29	X	82.827	4	X	−48.664	29	X	86.394
	Y	−56.563		Y	−50.87		Y	−58.922		Y	−47.208
	Z	0		Z	0		Z	40		Z	40
5	X	−56.335	30	X	90.289	5	X	−47.975	30	X	93.949
	Y	−42.905		Y	−62.288		Y	−46.005		Y	−57.69
	Z	0		Z	0		Z	40		Z	40
6	X	−56.327	31	X	99.877	6	X	−47.883	31	X	103.318
	Y	−29.245		Y	−71.983		Y	−33.07		Y	−66.58
	Z	0		Z	0		Z	40		Z	40
7	X	−56.454	32	X	111.298	7	X	−48.197	32	X	114.306
	Y	−15.585		Y	−79.429		Y	−20.137		Y	−73.362
	Z	0		Z	0		Z	40		Z	40
8	X	−56.546	33	X	124.043	8	X	−48.711	33	X	126.473
	Y	−1.925		Y	−84.274		Y	−7.211		Y	−77.685
	Z	0		Z	0		Z	40		Z	40
9	X	−56.34	34	X	137.522	9	X	−49.155	34	X	139.275
	Y	11.733		Y	−86.335		Y	5.718		Y	−79.384
	Z	0		Z	0		Z	40		Z	40
10	X	−55.444	35	X	151.131	10	X	−49.174	35	X	152.143
	Y	25.362		Y	−85.519		Y	18.653		Y	−78.347
	Z	0		Z	0		Z	40		Z	40
11	X	−53.286	36	X	164.196	11	X	−48.241	36	X	164.388
	Y	38.842		Y	−81.644		Y	31.551		Y	−74.291
	Z	0		Z	0		Z	40		Z	40

续表 5.2

第一组点						第二组点					
	X	−49.039		X	175.804		X	−45.52		X	174.935
12	Y	51.803	37	Y	−74.528	12	Y	44.18	37	Y	−66.894
	Z	0		Z	0		Z	40		Z	40
	X	−41.914		X	184.888		X	−39.981		X	182.53
13	Y	63.41	38	Y	−64.392	13	Y	55.823	38	Y	−56.493
	Z	0		Z	0		Z	40		Z	40
	X	−31.799		X	190.879		X	−31.132		X	186.84
14	Y	72.517	39	Y	−52.153	14	Y	65.177	39	Y	−44.329
	Z	0		Z	0		Z	40		Z	40
	X	−19.528		X	194.265		X	−19.759		X	188.757
15	Y	78.427	40	Y	−38.935	15	Y	71.242	40	Y	−31.547
	Z	0		Z	0		Z	40		Z	40
	X	−6.174		X	195.875		X	−7.171		X	189.237
16	Y	81.161	41	Y	−25.375	16	Y	74.085	41	Y	−18.622
	Z	0		Z	0		Z	40		Z	40
	X	7.458		X	196.466		X	5.741		X	189.006
17	Y	80.912	42	Y	−11.729	17	Y	74.037	42	Y	−5.688
	Z	0		Z	0		Z	40		Z	40
	X	20.737		X	196.523		X	18.361		X	188.498
18	Y	77.813	43	Y	1.931	18	Y	71.303	43	Y	7.238
	Z	0		Z	0		Z	40		Z	40
	X	33.067		X	196.393		X	30.134		X	188.033
19	Y	71.994	44	Y	15.591	19	Y	66	44	Y	20.167
	Z	0		Z	0		Z	40		Z	40
	X	43.868		X	196.296		X	40.533		X	187.852
20	Y	63.673	45	Y	29.251	20	Y	58.344	45	Y	33.102
	Z	0		Z	0		Z	40		Z	40
	X	52.697		X	196.388		X	49.202		X	188.158
21	Y	53.28	46	Y	42.911	21	Y	48.767	46	Y	46.034
	Z	0		Z	0		Z	40		Z	40
	X	59.377		X	196.778		X	56.082		X	189.136
22	Y	41.386	47	Y	56.566	22	Y	37.828	47	Y	58.931
	Z	0		Z	0		Z	40		Z	40

续表 5.2

第一组点						第二组点					
23	X	64.049	48	X	197.426	23	X	61.388	48	X	190.575
	Y	28.561		Y	70.211		Y	26.038		Y	71.788
	Z	0		Z	0		Z	40		Z	40
24	X	67.174	49	X	198.085	24	X	65.534	49	X	192.017
	Y	15.268		Y	83.855		Y	13.787		Y	84.644
	Z	0		Z	0		Z	40		Z	40
25	X	69.389	50	X	198.744	25	X	69.001	50	X	193.458
	Y	1.789		Y	97.5		Y	1.324		Y	97.5
	Z	0		Z	0		Z	40		Z	40

对 S 形缘条型面精加工，沿刀具轴线方向，从上至下进行分层侧铣，每层切深参考表 5.3。刀具工作长度不小于 50mm，直径 20mm，刀具类型为棒铣刀。推荐选用表 5.3 所示的加工参数。

表 5.3　加工参数

主轴最高转速(rad/min)	加工中主轴转速(rad/min)	每齿进给量(mm)		切削深度(mm)		
		粗加工	精加工	径向		轴向
				半精加工	精加工	
20000	≥最大主轴转速的 80%	≥0.25	≥0.15	≥1	≥0.1	≥3
10000						
6000						
3000						
备注	除每齿进给量与加工中主轴转速必须按照表中数值设定外，其余参数均为参考值					

按本标准精加工的试件的检验和允许误差见表 5.4。

表 5.4　轮廓加工试件的加工精度和允许误差

检验项目	允许误差名义规格	检验工具
缘条型面粗糙度 R_a	3.2	粗糙度仪
缘条厚度(mm)	0.1	壁厚卡尺
型面轮廓误差(mm)	0.05	坐标测量机

注：① 若有个别点位的轮廓误差值超差，超差点位数应小于 12，最大误差值应小于 ±0.08mm；

② 缘条型面光洁度：缘条型面应光顺，无切伤痕迹，亦无接刀痕迹。

其中检测过程中检测点的选取可参考下述要求：

沿 S 形缘条高度方向取三条截线，即图 5.25 中 1#、2#、3# 截线。在缘条高度方向，1# 截线距离缘条顶部 5mm，2# 截线与 1# 截线距离为 17.5mm，3# 截线与 2# 截线距离为 9.5mm。在每条S形截线以等距L_1选择25个点，即图5.25中标记的$a,b,\cdots,x,y$，三条线共计75个点。在每条S形截线的关键区域即a—b点、b—c点、e—f点、f—g点、i—j点、k—l点、l—m点、m—n点、r—s点、w—x点、x—y点之间，以等距L_2再插入3个检测点细化。即图5.25中标记$ab1$，$ab2,\cdots,bc1,\cdots,xy1,xy2,xy3$，即共选取174个点作为检测点。

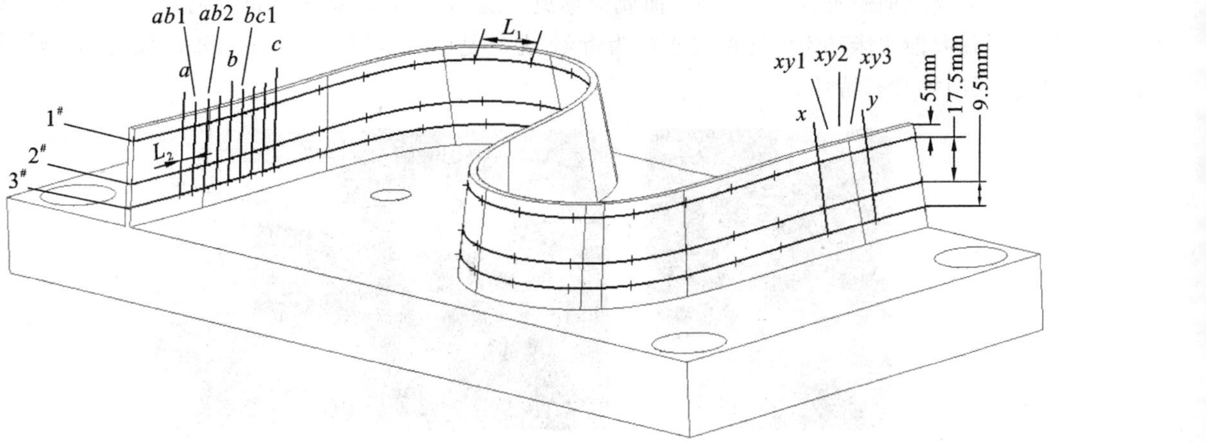

图5.25　S形试件检测点的选取

如图5.26所示，S形试件造型特殊，具有开闭角非线性变化、扭曲角非线性变化、进给率非线性变化、曲率变化丰富、连续性变化剧烈的特点。

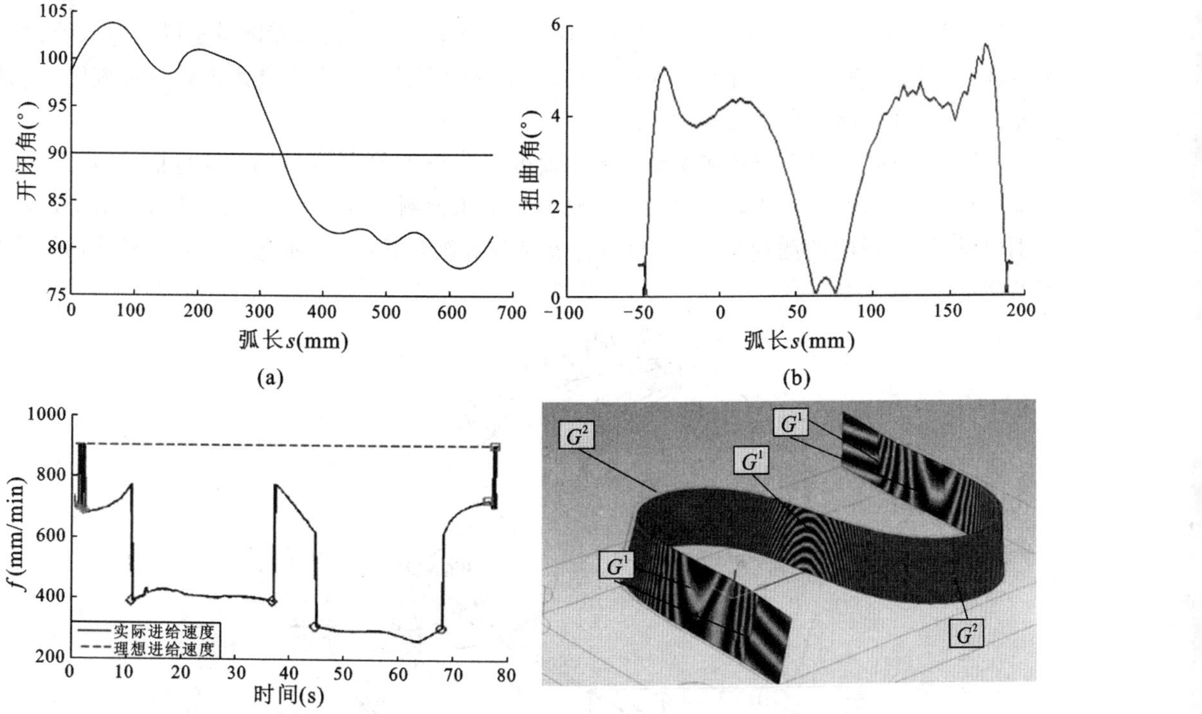

图5.26　S形试件的特点

(a) 开闭角非线性变化；(b) 扭曲角非线性变化；(c) 进给率非线性变化；(d) 多曲率连续剧烈变化

图 5.27 是某龙门五轴数控机床加工 S 形试件的现场图片。S 形试件存在多个方向的扭曲弯转，故在加工过程中机床旋转轴需要在许多地方做大幅度转动，有利于暴露旋转轴动态性能的薄弱点。例如，许多机床在加工 S 形试件中间位置时，由于旋转轴的大幅度转角变化，经常会出现一道明显切痕，在 S 形试件靠近两端部的位置，机床旋转轴需要进行反向，若旋转轴存在反向间隙或反向越冲误差，工件表面就会形成一道切痕。较之斜圆锥试件的加工要求，S 形试件对五轴数控机床动态性能的要求更为苛刻，尤其是能够敏感地检测旋转轴的大范围旋转、加减速、反向等动态特性。

图 5.27　S 形试件实际加工

5.4　五轴数控机床旋转轴几何误差的原位检测

机床平动轴几何误差远小于旋转轴几何误差，且平动轴几何误差测量手段相对成熟。针对旋转轴几何误差测量复杂、难度大这一特点，本节介绍利用在线测量技术高效测量旋转轴几何误差的方法，详细内容参见文献[25]。

通过活动标架，建立带几何误差的旋转轴运动学模型。机床旋转轴形式包括转台旋转轴和摆头旋转轴两类，本节以 A 转台 B 摆头五轴数控机床为例，如图 5.28 所示，通过对两类旋转轴分别建模，设计相应的测量方法，实现适合大多数五轴数控机床(不包括斜轴)旋转轴的几何误差测量。

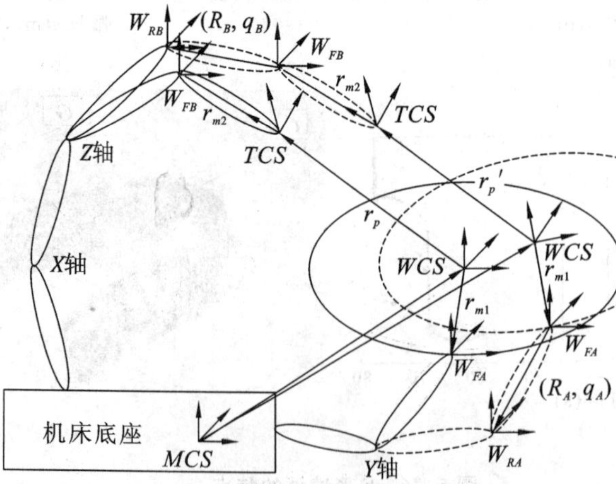

图 5.28　A 转台 B 摆头机床拓扑结构

对于五轴数控机床，各旋转轴分别引入6项几何误差。图5.29所示为A轴包含的6项几何误差。根据ISO 10791[26]，对于五轴数控机床，8项几何误差足以描述几何误差对加工的影响。A转台B摆头机床旋转轴的8项几何误差如表5.5所示。

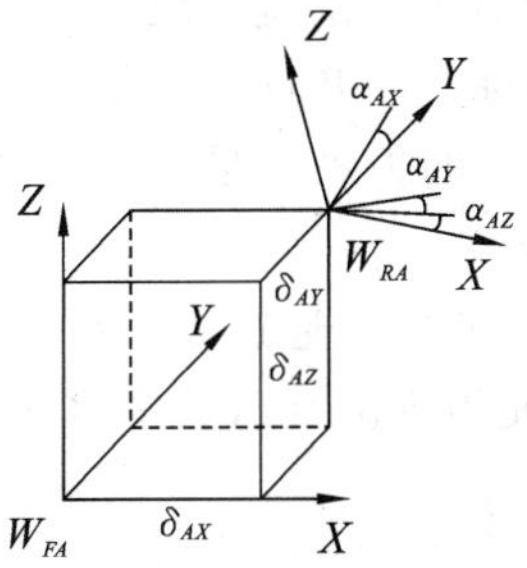

图5.29　A轴包含的几何误差

表5.5　A转台B摆头机床旋转轴几何误差

符号	误差描述
ε_{YA}	A轴相对于Y轴的垂直度误差
ε_{ZA}	A轴相对于Z轴的垂直度误差
δ_{YA}	A轴相对于Y轴的偏移误差
δ_{ZA}	A轴相对于Z轴的偏移误差
ε_{XB}	B轴相对于X轴的垂直度误差
ε_{ZB}	B轴相对于Z轴的垂直度误差
δ_{XB}	B轴相对于X轴的偏移误差
δ_{ZB}	B轴相对于Z轴的偏移误差

5.4.1　活动标架原理

研究一个物体随着时间而运动时，物体从一点到另一点变化的标架即活动标架。活动标架法是研究三维空间中，刀具在各刀位点上运动特性常用的重要方法，例如刀具的位姿及其变化。如图5.30所示，W_F为绝对坐标系，W_R为参考坐标系，W_R相对于W_F的位姿已知，可以表示为$(\boldsymbol{R},\boldsymbol{q})$，即坐标系偏移后的各单位坐标轴、坐标原点在基准坐标系上的坐标。W_R坐标系即为W_R的活动标架，其含义可表示为：已知W_R中点P'的坐标，为了描述该点在W_F中的位置$\boldsymbol{P}$，存在以下关系式：

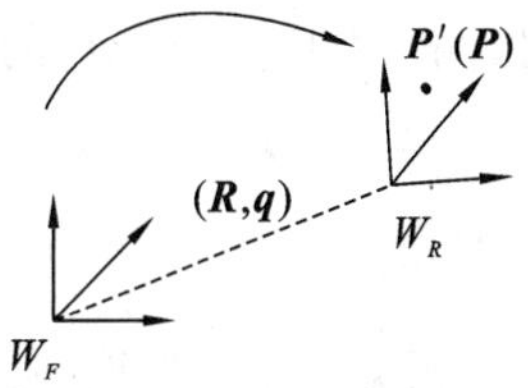

图5.30　活动标架建模原理

$$\boldsymbol{P} = \boldsymbol{R}\boldsymbol{P}' + \boldsymbol{q}$$

其中，W_R相对于W_F各轴偏角分别为α、β、γ，位置偏移为$\mathrm{d}x$、$\mathrm{d}y$、$\mathrm{d}z$，于是有：

$$\boldsymbol{R} = \begin{bmatrix} \cos\beta\cos\gamma & -\cos\beta\sin\gamma & \sin\beta \\ \sin\alpha\sin\beta\cos\gamma + \cos\alpha\sin\gamma & \sin\alpha\sin\beta\sin\gamma + \cos\alpha\cos\gamma & -\sin\alpha\cos\beta \\ -\cos\alpha\sin\beta\cos\gamma + \sin\alpha\sin\gamma & \cos\alpha\sin\beta\sin\gamma + \sin\alpha\cos\gamma & \cos\alpha\cos\beta \end{bmatrix}$$

$$\boldsymbol{q} = [\mathrm{d}x \quad \mathrm{d}y \quad \mathrm{d}z]^{\mathrm{T}}$$

反之，由于$\boldsymbol{R}\boldsymbol{R}^{\mathrm{T}} = \boldsymbol{E}$，当已知$W_F$中点$P$的位置时，该点在$W_R$中的坐标$\boldsymbol{P}'$可表示为：

$$\boldsymbol{P}' = \boldsymbol{R}^{\mathrm{T}}(\boldsymbol{P} - \boldsymbol{q})$$

其中，角度误差中，各偏角以弧度表示，由于偏角角度很小，于是有$\sin\kappa = \kappa$，$\cos\kappa = 1$，$\sin\kappa_1\sin\kappa_2 = 0$，其中$\kappa$、$\kappa_1$、$\kappa_2$可任取$\alpha$、$\beta$、$\gamma$。于是有：

$$\boldsymbol{R} = \begin{bmatrix} 1 & -\gamma & \beta \\ \gamma & 1 & -\alpha \\ -\beta & \alpha & 1 \end{bmatrix}$$

5.4.2 转台几何误差运动学建模

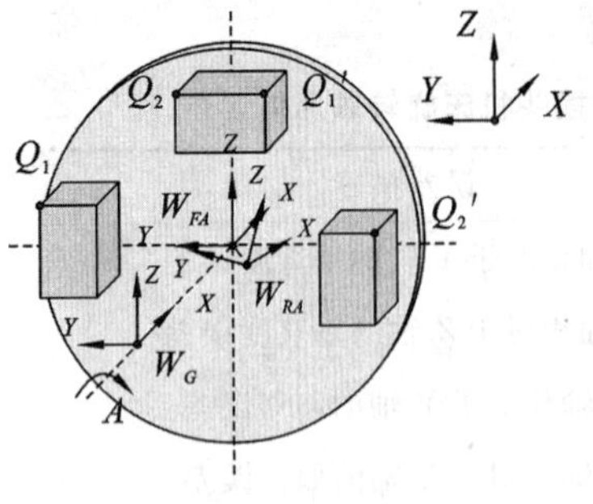

图 5.31 A 轴的空间移动

A 转台上的坐标系如图 5.31 所示，W_G 为机床零点坐标系，W_{RA} 为理想情况下 A 轴参考坐标系，W_{RA} 为考虑几何误差时 A 轴实际坐标系。A 轴参考坐标系和实际坐标系之间存在的微小偏差(R_A, q_A)，由 A 轴几何误差造成。

根据活动标架的原理，W_{RA} 坐标系中 $\boldsymbol{P}$ 点坐标与 W_G 坐标系中 $\boldsymbol{Q}$ 点（即测量得到的点坐标）的关系满足下式：

$$\boldsymbol{Q} = \boldsymbol{R}_{A0}(\boldsymbol{R}_A\boldsymbol{P} + \boldsymbol{q}_A) + \boldsymbol{q}_{A0}$$

由于$(\boldsymbol{R}_{A0}, \boldsymbol{q}_{A0})$已知，并且可以方便地通过更改机床偏置进行修改。不妨设定机床偏置，使得 $\boldsymbol{R}_{A0} = \boldsymbol{I}$，其中，$\boldsymbol{I}$ 为三维单位矩阵。上式可化简为：

$$\boldsymbol{Q} = \boldsymbol{R}_A\boldsymbol{P} + \boldsymbol{q}_A + \boldsymbol{q}_{A0}$$

当 A 轴旋转角度 θ 后，$\boldsymbol{P}$、$\boldsymbol{Q}$ 两点分别移动到对应坐标系的 $\boldsymbol{P}_{A\theta}$ 和 $\boldsymbol{Q}_{A\theta}$ 两点，仍满足上式：

$$\boldsymbol{Q}_{A\theta} = \boldsymbol{R}_A\boldsymbol{P}_{A\theta} + \boldsymbol{q}_A + \boldsymbol{q}_{A0}$$

又 $\boldsymbol{P}_{A\theta}$ 是 $\boldsymbol{P}$ 绕 W_{RA} 的 X 轴旋转角度 θ 后得到，因此满足以下关系式：

$$\boldsymbol{P}_{A\theta} = \boldsymbol{R}_{A\theta}\boldsymbol{P}$$

联立上述三式，并整理得到：

$$\boldsymbol{R}_A^{\mathrm{T}}\boldsymbol{Q}_{A\theta} - \boldsymbol{R}_{A\theta}\boldsymbol{R}_A^{\mathrm{T}}\boldsymbol{Q} = (\boldsymbol{I} - \boldsymbol{R}_{A\theta})\boldsymbol{R}_A^{\mathrm{T}}(\boldsymbol{q}_A + \boldsymbol{q}_{A0})$$

当 $\theta = 0$ 时，在 A 轴台面上取两点 $\boldsymbol{Q}_1$、$\boldsymbol{Q}'_1$ 测量其在工件坐标系下的坐标，并且，当 $\theta = 90°$ 时，测量对应点 $\boldsymbol{Q}_2$、$\boldsymbol{Q}'_2$ 的坐标，于是可以得到方程组，设 $\boldsymbol{q}_0 = [d \quad 0 \quad 0]^{\mathrm{T}}$，此时有：

$$\boldsymbol{R}_{A90} = \begin{bmatrix} 1 & 0 & 0 \\ 0 & 0 & -1 \\ 0 & 1 & 1 \end{bmatrix}$$

根据活动标架得到由几何误差构成的齐次坐标变换矩阵：

$$\boldsymbol{R}_A = \begin{bmatrix} 1 & -\varepsilon_{za} & \varepsilon_{ya} \\ \varepsilon_{za} & 1 & 0 \\ -\varepsilon_{ya} & 0 & 1 \end{bmatrix}$$

$$\boldsymbol{q}_A = [0 \quad \delta_{ya} \quad \delta_{za}]^{\mathrm{T}}$$

联立上述方程组，化简得到：

$$\begin{cases} \varepsilon_{ya} = (\Delta y_1 \Delta x_2 - \Delta x_1 \Delta y_2)/(\Delta y_1 \Delta z_2 - \Delta z_1 \Delta y_2) \\ \varepsilon_{za} = (\Delta z_1 \Delta x_2 - \Delta x_1 \Delta z_2)/(\Delta y_1 \Delta z_2 - \Delta z_1 \Delta y_2) \\ \delta_{ya} = (I_a - I_b)/2 \\ \delta_{za} = (I_a + I_b)/2 \end{cases}$$

其中 $\Delta m_i = m'_i - m_i$，$m = x$、y 或 z

$$I_a = \varepsilon_{ya}x_1 - \varepsilon_{za}x'_1 + y'_1 + z_1 - (\varepsilon_{ya} - \varepsilon_{za})L_A$$

$$I_b = \varepsilon_{ya}x'_1 + \varepsilon_{za}x_1 - y_1 + z'_1 - (\varepsilon_{ya} + \varepsilon_{za})L_A$$

5.4.3 摆头几何误差运动学建模

摆头旋转轴的误差分析比转台旋转轴误差分析要复杂，其主要原因是在转台旋转轴误差分析中，测量得到的两点的相对位置是准确的，而引入摆头后，摆头旋转带来的误差将影响测量得到的两点的相对位置。

如图 5.32 所示，坐标系 W_{FB} 为机床各轴位于零位时摆头的参考位置，Q、P 分别为 W_{FB}、W_{RB} 坐标系中该点的标示。(R_B, q_B) 中分别为偏移后的各单位坐标轴、坐标原点在基准坐标系中的坐标。

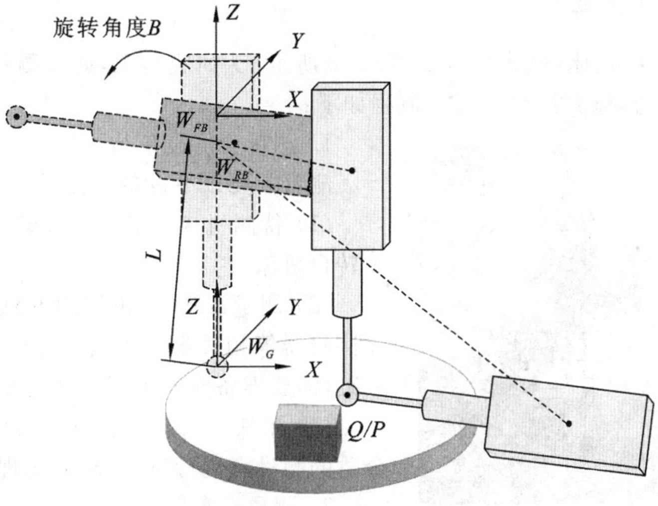

图 5.32　摆头测量示意图

初始状态下，由于几何误差的影响，测头中心在 W_{RB} 的坐标为 $\boldsymbol{R}_B^{\mathrm{T}}\boldsymbol{T}(\boldsymbol{r}_{m2}-\boldsymbol{q}_B)$。当旋转角度 B 后，测头中心位置为 $\boldsymbol{R}_\gamma(B)\boldsymbol{R}_B^{\mathrm{T}}\boldsymbol{T}(-\boldsymbol{q}_B)\boldsymbol{P}_{\mathrm{probe}}$，在参考坐标系 W_{FB} 中其坐标为 $\boldsymbol{T}(q_B)\boldsymbol{R}_B\boldsymbol{R}_\gamma(B)\boldsymbol{R}_B^{\mathrm{T}}\boldsymbol{T}(-\boldsymbol{Q}_R)\boldsymbol{P}_{\mathrm{probe}}$。

针对图 5.30 中的 $\boldsymbol{Q}$ 点，分别在 0° 和旋转角度 B 后进行测量，数控系统显示的测量结果为 M_0 和 M_B。在参考坐标系 W_{FB} 中存在以下关系：

$$\left.\begin{aligned}\boldsymbol{Q}&=\boldsymbol{P}_{\mathrm{probe}}+\boldsymbol{M}_0\\ \boldsymbol{Q}&=\boldsymbol{T}(\boldsymbol{q}_B)\boldsymbol{R}_B\boldsymbol{R}_Y(B)\boldsymbol{R}_B^{\mathrm{T}}\boldsymbol{T}(-\boldsymbol{q}_B)\boldsymbol{P}_{\mathrm{probe}}+\boldsymbol{M}_B\end{aligned}\right\}\tag{5.1}$$

联立消除 $\boldsymbol{Q}$ 后得到：

$$\boldsymbol{P}_{\mathrm{probe}}+\boldsymbol{M}_0-\boldsymbol{T}(\boldsymbol{q}_B)\boldsymbol{R}_B\boldsymbol{R}_Y(B)\boldsymbol{R}_B^{\mathrm{T}}\boldsymbol{T}(-\boldsymbol{q}_B)\boldsymbol{P}_{\mathrm{probe}}-\boldsymbol{M}_B=0\tag{5.2}$$

在 $B0$，$B45$ 测量同一点，根据上式得到：

$$\left.\begin{aligned}(\sqrt{2}-2)\delta_{xb}/2-\sqrt{2}(\delta_{zb}-L)/2&=\Delta x_1\\ \sqrt{2}\alpha_{zb}L/2+(\sqrt{2}-2)\alpha_{xb}L/2&=\Delta y_1\\ \sqrt{2}\delta_{xb}/2+(\sqrt{2}-2)(\delta_{zb}-L)/2&=\Delta z_1\end{aligned}\right\}\tag{5.3}$$

其中，$[\Delta x_1\quad \Delta y_1\quad \Delta z_1\quad 1]^{\mathrm{T}}=M_{B45}-M_{B0}$。同理，在 $B0$，$B90$ 测量同一点，得到如下关系：

$$\left.\begin{aligned}-\delta_{xb}-\delta_{zb}+L&=\Delta x_2\\ \alpha_{zb}L-\alpha_{xb}L&=\Delta y_2\\ \delta_{xb}-\delta_{zb}+L&=\Delta z_2\end{aligned}\right\}\tag{5.4}$$

其中，$[\Delta x_2\quad \Delta y_2\quad \Delta z_2\quad 1]^{\mathrm{T}}=M_{B90}-M_{B0}$。联立式(5.3)和(5.4)，计算得到摆头的几何误差项：

$$\left.\begin{aligned}
\varepsilon_{xb} &\approx (\Delta y_2 - \sqrt{2}\Delta y_1)/[(\sqrt{2}-2)L] \\
\varepsilon_{zb} &\approx [\sqrt{2}\Delta y_1 + (1-\sqrt{2})\Delta y_2]/[(2-\sqrt{2})L] \\
\delta_{xb} &\approx (-\Delta x_2 + \Delta z_2)/2 \\
\delta_{zb} &\approx (2L - \Delta x_2 - \Delta z_2)/2
\end{aligned}\right\} \tag{5.5}$$

5.4.4 测量实验验证

以 B 摆头 A 转台机床(机床结构如图 5.33 所示)为研究对象,通过测量实验,验证机床旋转轴几何误差测量方案的可行性。实验流程如下:

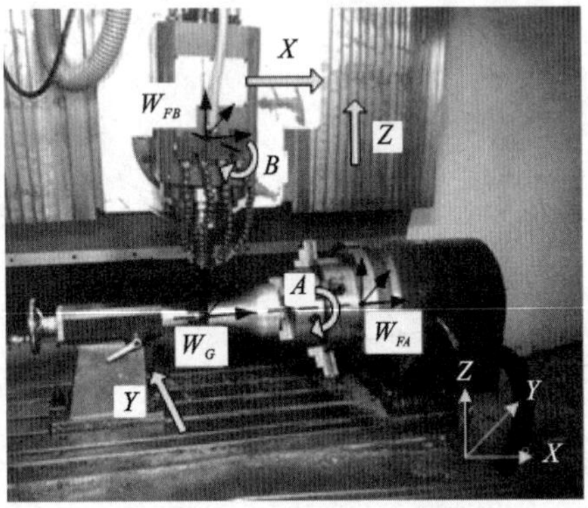

图 5.33 B 摆头 A 转台机床

1. 测量所需设备与器材

测量需要以下设备与器材:

(1) 待测机床　B50C 机床,机床结构为 B 摆头 A 转台机床。

(2) 测量设备　雷尼绍 RMP60 在线测头及蓝牙接收器等相关配套设备。如果采用 5.1.2 节所述方案,需要准备两根不同长度的测头杆。

(3) 量块　作为测量的基准,通过在量块上取合适的测量点进行测量,从而实现机床误差评价。

2. 测量点布局

分别以机床各轴不同位姿处量块的不同表面作为测量参考,三个面求交,得到所需的测量点。为减小随机误差,每个面测六个点,单面的测点布局如图 5.34 所示,最后用最小二乘法拟合平面。参考点定义为三个待测面的交点,当已知参考点时,就能找到与其对应的三个测量面。评价误差时采用拟合的参考点而非各测量点。

这种测量方式的特点是,能够根据同一参考点在旋转轴不同位置处的坐标变化进行误差识别。接触式测头能够精确获得触发其测头的位置点坐标,但是无法直接测量空间中未知坐标的点,因此,利用接触式测头按照指定路径获得的测量点评价几何误差,会引入一定的误差,如图 5.35 所示。O_a 和 $O_a{}'$ 为理想和实际的旋转中心,$\boldsymbol{P}_0$ 和 $\boldsymbol{P}_1$ 的坐标根据测量路径获得。当 A 轴绕实际旋转轴 $O_a{}'$ 旋转 180° 后,$\boldsymbol{P}_0$ 旋转到 $\boldsymbol{P}_2$。然而,几何误差识别原理是比较同一参考点在不同旋转轴位置处的坐标变化,因此,采用 $\boldsymbol{P}_0$ 和 $\boldsymbol{P}_1$ 的坐标变化来计算几何误差,会引入误差,使得识别的几何误差不准确。利用多个拟合参考点位置来识别几何误差,能够得到更加准确的结果。

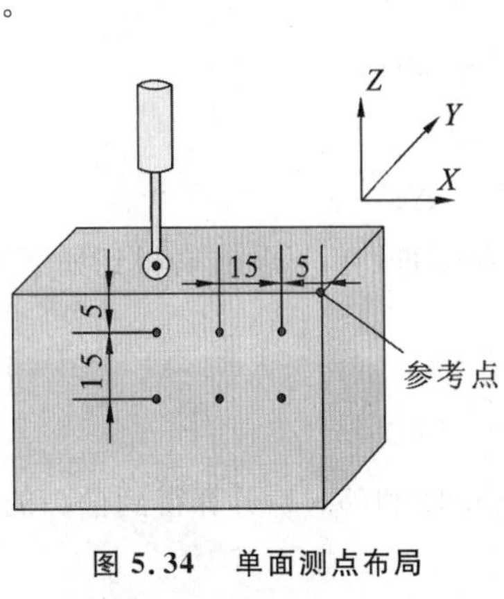

图 5.34 单面测点布局

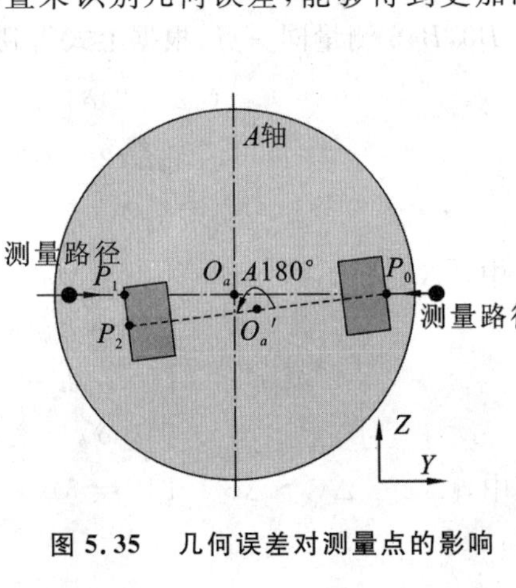

图 5.35 几何误差对测量点的影响

3. 测量过程

调整G54机床偏置，这里设定G54各轴零位时，测头中心到C轴台面的距离为100mm。获得B轴回转中心到测头中心的距离为L。几何误差测量过程如下：

(1) 将长方体形的测试块安装在A转台上，并且尽可能保证测试块各棱与坐标轴重合，如图5.36所示。并且将图5.36中的两点命名为$\boldsymbol{P}_1$和$\boldsymbol{P}_2$。

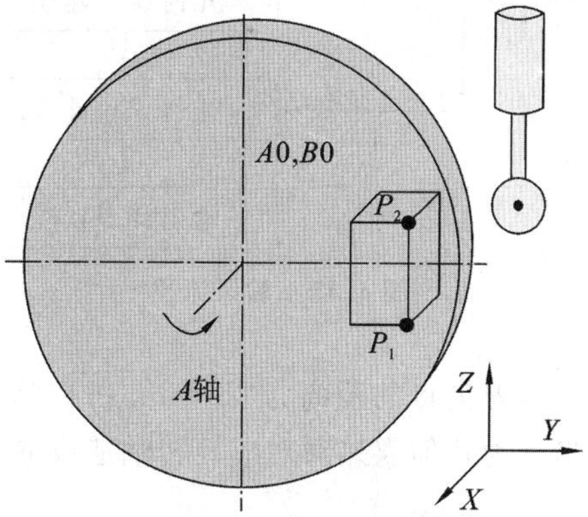

图5.36 机床初始位置处参考点的位置

(2) 在机床旋转轴运动至$A90B0$和$A180B0$时，利用接触式测头测量$\boldsymbol{P}_1$点的坐标，测量结果为($\boldsymbol{Q}_1$，$\boldsymbol{Q}'_1$)。在机床旋转轴运动至$A0B0$和$A90B0$时，测量P_2点的坐标，测量结果为($\boldsymbol{Q}_2$，$\boldsymbol{Q}'_2$)。

(3) 在$A90B45$和$A90B90$位置处测量$\boldsymbol{P}_1$点的坐标分别为$\boldsymbol{M}_{B45}$和$\boldsymbol{M}_{B90}$。值得注意的是，套用前述几何误差计算公式时存在关系$\boldsymbol{M}_{B0}=\boldsymbol{Q}_1$。

根据本节中确定参考点坐标的方法，需要18个测量点来拟合参考点向量的三个平面，最终通过平面求交得到参考点坐标。同时，考虑到参考点测量过程中包含部分公用的平面，例如，图示机床初始位置处，参考点P_1和P_2包含两个相同的平面，只需要测量24个测量点。综上，识别两旋转轴几何误差共需测量96个点。

4. 实验结果及其分析

根据上述几何误差测量方法测量实验机床的误差，实验共重复三次，得到的实验结果如表5.6所示。每次实验测量过程耗时约15min。

表5.6 几何误差实验结果

	第一次	第二次	第三次	平均值	最大偏差
ε_{ya}(mdeg)	−13.0	−14.0	−13.2	−13.5	±0.5
ε_{za}(mdeg)	−0.6	−2.0	−4.1	−2.4	±1.8
δ_{ya}(μm)	20.6	30.7	25.6	25.7	±5.0
δ_{za}(μm)	−13.5	−4.3	−35.7	−20.0	±15.7
ε_{xb}(mdeg)	3.5	4.2	3.8	3.8	±0.4
ε_{zb}(mdeg)	18.4	22.2	24.7	21.8	±3.4
δ_{xb}(μm)	23.1	19.4	25.6	22.7	±3.3
δ_{zb}(μm)	−17.2	−18.6	−20.1	18.6	±1.5

根据三次实验的结果，可以发现部分误差项的测量值存在较大的波动，例如，第一次和第二次实验中，δ_{ya}的测量值相差10.1μm，第二次和第三次实验中，δ_{za}的测量值相差31.4μm。造成该偏差的主要原因是实验过程中无法避免其他误差源，例如机床动态误差、热-机械误差和伺服误差等，以及算法自身存在的误差。几何误差的测量值取三次实验中最大和最小值的平均值。

为了进一步说明算法的稳定性及验证模型的准确性，对转台旋转轴几何误差进行了几何

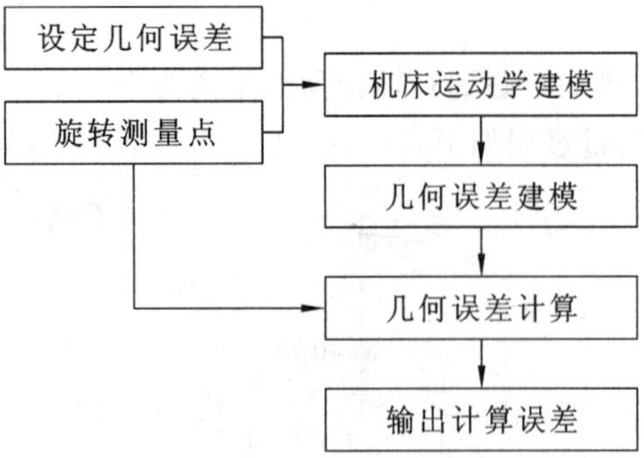

图 5.37　验证流程

误差模拟验证，分析算法自身存在的误差。验证流程如图 5.37 所示。

评价 A 转台几何误差对其位置误差的影响时，选取测量点为 $\boldsymbol{Q}_1$(100,80,30) 和 $\boldsymbol{Q}_2$(120,50,−40)，设定从坐标系 W_G 到坐标系 W_{FA} 的向量为 $\boldsymbol{q}_{A0}=[100\quad 0\quad 0]^{\mathrm{T}}$。设定转台六项几何误差为相同值，即所有几何误差从 0.001mm 开始取至 10mm，比较计算值与设定值之间的偏差，即模型计算误差。评价 B 摆头几何误差对其定位误差的影响时，选取参考点为 $\boldsymbol{Q}_1$(100,80,30)，摆头旋转中心到刀尖点的距离为 350mm。仿真结果如图 5.38 所示，横坐标为预先给定的几何误差值，纵坐标为几何误差对对应旋转轴造成的位置误差。

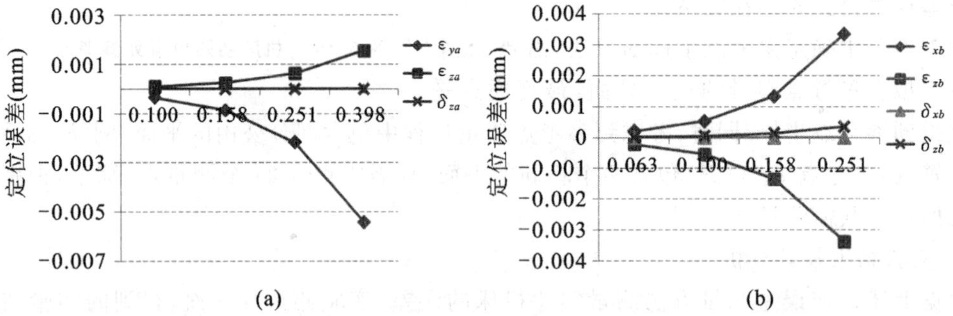

图 5.38　仿真结果

(a)A 转台几何误差；(b)B 摆头几何误差

从图 5.38 中可知，当 A 转台几何误差小于 0.158mm，B 摆头几何误差小于 0.13mm 时，计算偏差非常小。但是，当几何误差大于这个数值时，计算偏差超过 0.001mm。这是由于模型建立过程中，为了简化计算过程，假设几何误差非常小，于是有 $\sin\alpha\approx\alpha$ 和 $\cos\alpha\approx 1$ 成立。实际情况中机床几何误差会远小于这个阈值，因此可以忽略计算误差。

5.5　数控程序中的五轴数控机床几何误差补偿

本节以 AC 双转台机床为例，研究五轴数控机床几何误差的补偿方法，如图 5.39 所示。该类机床适合加工回转类零件，如火箭发动机关键零部件诱导轮等，在实际生产中有广泛的应用。值得注意的是，研究的误差测量与补偿方法适用于其他结构类型的机床。

图 5.39　AC 双转台机床结构

5.5.1　考虑几何误差的运动学建模

为了实现机床几何误差补偿，首先需要建立误差影响下工件坐标系中刀具位置与机床坐标系中各运动轴位置之间的变换模型，即基于几何误差考虑的后置处理模型。

当考虑机床几何误差时，刀具坐标系与工件坐标系之间的变换关系为：

$$ {}^{W}\boldsymbol{T}_F^e = {}^{W}\boldsymbol{T}_C\boldsymbol{R}_Z^e(-C)\,{}^{C}\boldsymbol{T}_A\boldsymbol{R}_X^e(-A)\,{}^{A}\boldsymbol{T}_Y\,{}^{Y}\boldsymbol{T}_F^e\,{}^{F}\boldsymbol{T}_X^e\,{}^{X}\boldsymbol{T}_Z^e\,{}^{Z}\boldsymbol{T}_T \tag{5.6} $$

忽略高阶项，计算得到刀具位姿(x,y,z,i,j,k)由 NC 指令(X,Y,Z,A,C)的表示如下：

$$ \left.\begin{aligned} i &= \varepsilon_{yc}\cos A + \sin A\sin C - \varepsilon_{z/ac}\sin A\cos C - \varepsilon_{x/xyza}\cos A\sin C + \varepsilon_{ya}\cos A\cos C + \varepsilon_{y/xyz}\cos C \\ j &= -\varepsilon_{xc}\cos A + \varepsilon_{z/ac}\sin A\sin C + \sin A\cos C - \varepsilon_{ya}\cos A\sin C - \varepsilon_{x/xyza}\cos A\cos C - \varepsilon_{y/xyz}\sin C \\ k &= \varepsilon_{x/xyza}\sin A + \cos A - \varepsilon_{yc}\sin A\sin C + \varepsilon_{xc}\sin A\cos C \end{aligned}\right\} \tag{5.7} $$

$$ \left.\begin{aligned} x = {} & (-\varepsilon_{yy}\sin A\sin C + \varepsilon_{zy}\cos A\sin C)X + (\varepsilon_{z/ac}\sin C + \cos C)X_m - S_{xy}\cos CY \\ & + (-\varepsilon_{yc}\sin A + \varepsilon_{xa}\sin A\sin C - \varepsilon_{ya}\sin A\cos C + \cos A\sin C - \varepsilon_{z/ac}\cos A\cos C)Y_m \\ & + (-\varepsilon_{x/xy/S}\cos A\sin C + \varepsilon_{y/xy/S}\cos C)Z + (\varepsilon_{yc}\cos A + \sin A\sin C - \varepsilon_{z/ac}\sin A\cos C \\ & - \varepsilon_{xa}\cos A\sin C + \varepsilon_{ya}\cos A\cos C)Z_m + \delta_{z/xyz}\sin A\sin C + \delta_{y/xyz}\cos A\sin C + \delta_{ya}\sin C \\ & + \delta_{x/xyza}\cos C + \delta_{xc} + m_x \\ y = {} & (-\varepsilon_{yy}\sin A\cos C + \varepsilon_{zy}\cos A\cos C)X + (-\sin C + \varepsilon_{z/ac}\cos C)X_m \\ & + S_{xy}\sin CY + (\varepsilon_{xc}\sin A + \varepsilon_{ya}\sin A\sin C + \varepsilon_{xa}\sin A\cos C + \cos A\cos C \\ & + \varepsilon_{z/ac}\cos A\sin C)Y_m + (-\varepsilon_{x/xy/S}\cos A\cos C - \varepsilon_{y/xy/S}\sin C)Z \\ & + (-\varepsilon_{xc}\cos A + \varepsilon_{z/ac}\sin A\sin C + \sin A\cos C - \varepsilon_{ya}\cos A\sin C - \varepsilon_{xa}\cos A\cos C)Z_m \\ & + \delta_{y/xyz}\cos A\cos C + \delta_{z/xyz}\sin A\cos C - \delta_{x/xyza}\sin C + \delta_{ya}\cos C + \delta_{yc} + m_y \\ z = {} & (-\varepsilon_{zy}\sin A - \varepsilon_{yy}\cos A)X + (-\varepsilon_{ya} - \varepsilon_{xc}\sin C - \varepsilon_{yc}\cos C)X_m \\ & + (-\sin A + \varepsilon_{xa}\cos A - \varepsilon_{yc}\cos A\sin C + \varepsilon_{xc}\cos A\cos C)Y_m \\ & + \varepsilon_{x/xy/S}\sin AZ + (\varepsilon_{xa}\sin A + \cos A - \varepsilon_{yc}\sin A\sin C + \varepsilon_{xc}\sin A\cos C)Z_m \\ & - \delta_{y/xyz}\sin A + \delta_{z/xyz}\cos A + \delta_{za} + \delta_{zc} + m_z \end{aligned}\right\} \tag{5.8} $$

其中，$X_m = X - m_x$，$Y_m = Y - m_y$，$Z_m = Z - m_z$，$\varepsilon_{z/ac} = \varepsilon_{za} + \varepsilon_{zc}$，$\varepsilon_{x/xy/S} = \varepsilon_{xx} + \varepsilon_{xy} + S_{yz}$，$\varepsilon_{y/xy/S} = \varepsilon_{yx} + \varepsilon_{yy} + S_{xz}$，$\delta_{y/xyz} = \delta_{yx} + \delta_{yy} + \delta_{yz}$，$\delta_{z/xyz} = \delta_{zx} + \delta_{zy} + \delta_{zz}$，$\delta_{x/xyza} = \delta_{xx} + \delta_{xy} + \delta_{xz} + \delta_{xa}$。

为了方便描述，将式(5.7)和式(5.8)简写为：

$$ \left.\begin{aligned} \psi &= F_\psi(A,C) & \psi &= i,j,k \\ \psi &= F_\psi(X,Y,Z,A,C) & \psi &= x,y,z \end{aligned}\right\} \tag{5.9} $$

其物理意义表示机床按照指令(X,Y,Z,A,C)运行后，考虑机床几何误差，在工件坐标系中实际得到的刀具位姿。该式具有重要的实际应用价值，例如，可用于接触式测头在线测量结果的校正。接触式测头在线测量时，读取的是测头碰撞触发时机床各轴的位置，评价测量结果时通常需要在工件坐标系下进行，并且精度依赖于机床精度，机床精度越高，测量得到的结果越准确。由于机床几何误差不可避免，因此，通过该式可以消除几何误差带来的测量不确定性。

进一步地，若能够将 NC 代码由刀具位姿表示，即能够求出式(5.9)的反函数，便实现了通过调整 NC 代码来补偿机床几何误差带来的加工误差。通过式(5.7)和式(5.8)可知，无法直接求其反函数，因此建立了基于雅可比方法的迭代算法实现几何误差补偿。

5.5.2 几何误差补偿算法

5.5.2.1 几何误差补偿原理

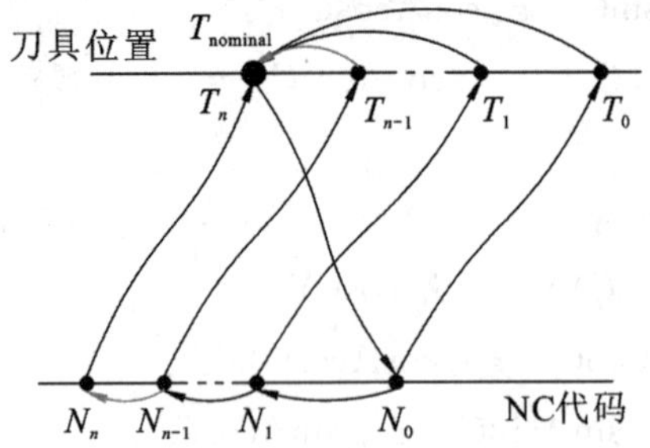

图 5.40 迭代补偿过程

机床几何误差值随相关运动轴位置变化而变化，即具有位置相关性。如图 5.40 所示，$T_{nominal}$ 表示刀具位姿的设计值，通过理想情况下的后置处理得到不考虑几何误差的NC代码 N_0。考虑几何误差的影响，实际得到刀位 T_0，T_0 与 $T_{nominal}$ 之间的偏差造成加工误差。

通过设计基本补偿算法，对机床特定位置 N_0 处的几何误差进行补偿后得到新的刀位 N_1，新位置处的几何误差也发生了变化。因此，为了消除与机床位置相关的几何误差对加工精度的影响，不断迭代基本补偿算法使得刀位偏差满足给定条件，以实现几何误差补偿。

设定刀具位姿偏差由刀尖点位置偏差 $E_{tp}=\sqrt{\Delta x^2+\Delta y^2+\Delta z^2}$ 和刀轴方向偏差 $E_{ta}=\sqrt{\Delta i^2+\Delta j^2+\Delta k^2}$ 构成。假设给定的偏差允许范围为 E_{tp}^{given} 和 E_{ta}^{given}，则终止迭代的判定条件为：

$$\left.\begin{aligned}E_{tp}\leqslant E_{tp}^{given}\\E_{ta}\leqslant E_{ta}^{given}\end{aligned}\right\}\tag{5.10}$$

给定偏差允许范围越小，则几何误差对加工精度的影响越小，但增加了迭代次数，导致计算时间变长。基于实际加工经验，本节中规定 $E_{tp}^{given}=0.001$，$E_{ta}^{given}=0.001$。

5.5.2.2 基本补偿算法

由式(5.9)可知，刀轴方向仅由两旋转轴位置决定，而刀尖点位置与所有运动轴有关。为了提高补偿的效率，先对刀轴方向进行补偿校正，然后补偿调整刀尖点的位置，即先对旋转轴位置进行调整，而后调整平动轴的位置。

由式(5.9)可知，虽然代数式看似冗长，实际上计算复杂度较低。对其求取偏微分，得到关于雅可比矩阵的方程，如下所示：

$$\begin{bmatrix}\mathrm{d}i\\\mathrm{d}j\\\mathrm{d}k\end{bmatrix}=\boldsymbol{J}_1(A,C)\begin{bmatrix}\mathrm{d}A\\\mathrm{d}C\end{bmatrix}\tag{5.11}$$

$$\begin{bmatrix}\mathrm{d}x\\\mathrm{d}y\\\mathrm{d}z\end{bmatrix}=\boldsymbol{J}_2(X,Y,Z,A,C)\begin{bmatrix}\mathrm{d}X\\\mathrm{d}Y\\\mathrm{d}Z\end{bmatrix}\tag{5.12}$$

其中，$\boldsymbol{J}_1(A,C)=\begin{bmatrix}\dfrac{\partial F_i}{\partial A}&\dfrac{\partial F_1}{\partial C}\\\dfrac{\partial F_j}{\partial A}&\dfrac{\partial F_1}{\partial C}\\\dfrac{\partial F_k}{\partial A}&\dfrac{\partial F_k}{\partial C}\end{bmatrix}$，$\boldsymbol{J}_2(X,Y,Z,A,C)=\begin{bmatrix}\dfrac{\partial F_x}{\partial X}&\dfrac{\partial F_x}{\partial Y}&\dfrac{\partial F_x}{\partial Z}\\\dfrac{\partial F_y}{\partial X}&\dfrac{\partial F_y}{\partial Y}&\dfrac{\partial F_y}{\partial Z}\\\dfrac{\partial F_z}{\partial X}&\dfrac{\partial F_z}{\partial Y}&\dfrac{\partial F_z}{\partial Z}\end{bmatrix}$

由于$\boldsymbol{J}_1(A,C)$为3×2维矩阵，不存在逆矩阵。式(5.11)属于超静定方程，可用最小二乘法进行求解。式(5.11)两边各乘以转置矩阵$\boldsymbol{J}_1^{\mathrm{T}}(A,C)$，得到：

$$\boldsymbol{J}_1^{\mathrm{T}}(A,C)\boldsymbol{J}_1(A,C)\begin{bmatrix}\mathrm{d}A\\\mathrm{d}C\end{bmatrix}=\boldsymbol{J}_1^{\mathrm{T}}(A,C)\begin{bmatrix}\mathrm{d}i\\\mathrm{d}j\\\mathrm{d}k\end{bmatrix} \tag{5.13}$$

进而可求得A轴和C轴的增量：

$$\begin{bmatrix}\mathrm{d}A\\\mathrm{d}C\end{bmatrix}=[\boldsymbol{J}_1^{\mathrm{T}}(A,C)\boldsymbol{J}_1(A,C)]^{-1}\boldsymbol{J}_1^{\mathrm{T}}(A,C)\begin{bmatrix}\mathrm{d}i\\\mathrm{d}j\\\mathrm{d}k\end{bmatrix} \tag{5.14}$$

变换式(5.12)，得到：

$$\begin{bmatrix}\mathrm{d}X\\\mathrm{d}Y\\\mathrm{d}Z\end{bmatrix}=\boldsymbol{J}_2^{-1}(X,Y,Z,A,C)\begin{bmatrix}\mathrm{d}x\\\mathrm{d}y\\\mathrm{d}z\end{bmatrix} \tag{5.15}$$

假设(x,y,z,i,j,k)为理想刀位，(X,Y,Z,A,C)为根据理想情况下的后置处理得到的NC代码，(x',y',z',i',j',k')为考虑几何误差时对应的实际刀位，(X^*,Y^*,Z^*,A^*,C^*)为补偿后的NC代码。根据式(5.14)可得补偿后旋转轴的位置为：

$$\begin{bmatrix}A^*\\C^*\end{bmatrix}=\begin{bmatrix}A\\C\end{bmatrix}-[\boldsymbol{J}_1^{\mathrm{T}}(A,C)\boldsymbol{J}_1(A,C)]^{-1}\boldsymbol{J}_1^{\mathrm{T}}(A,C)\begin{bmatrix}i'-i\\j'-j\\k'-k\end{bmatrix} \tag{5.16}$$

由于补偿后旋转轴位置发生了变化，(X,Y,Z,A^*,C^*)位置处的几何误差也发生了变化，为了提高补偿效率，需要计算此时的实际刀位，并且以此时的机床位置进行平动轴位置补偿，即可得到：

$$\begin{bmatrix}X^*\\Y^*\\Z^*\end{bmatrix}=\begin{bmatrix}X\\Y\\Z\end{bmatrix}-\boldsymbol{J}_2^{-1}(X,Y,Z,A^*,C^*)\begin{bmatrix}x'-i\\y'-y\\z'-z\end{bmatrix} \tag{5.17}$$

5.5.2.3 迭代补偿算法

为了降低甚至消除几何误差对加工精度的影响，需要多次迭代基本补偿算法，消除不同机床位置处几何误差值变化的影响，迭代补偿算法流程如图5.41所示。其中，需要预先测量与识别机床各运动轴的几何误差，并将其代入迭代算法中。根据本书中误差补偿模型可知，该模型可以直接作为考虑机床几何误差影响的后置处理模型。

5.5.2.4 补偿实验

1. 实验准备

通过在一台双转台结构五轴数控机床上加工试件验证几何误差补偿方法的有效性和实用性。机床基本参数如表5.7所示。实验过程包括三部分：根据现有方法测量识别机床运动轴几何误差；分别在考虑与不考虑几何误差的情况下根据上述算法进行加工实验；在三坐标机(CMM)上进行加工精度测量。

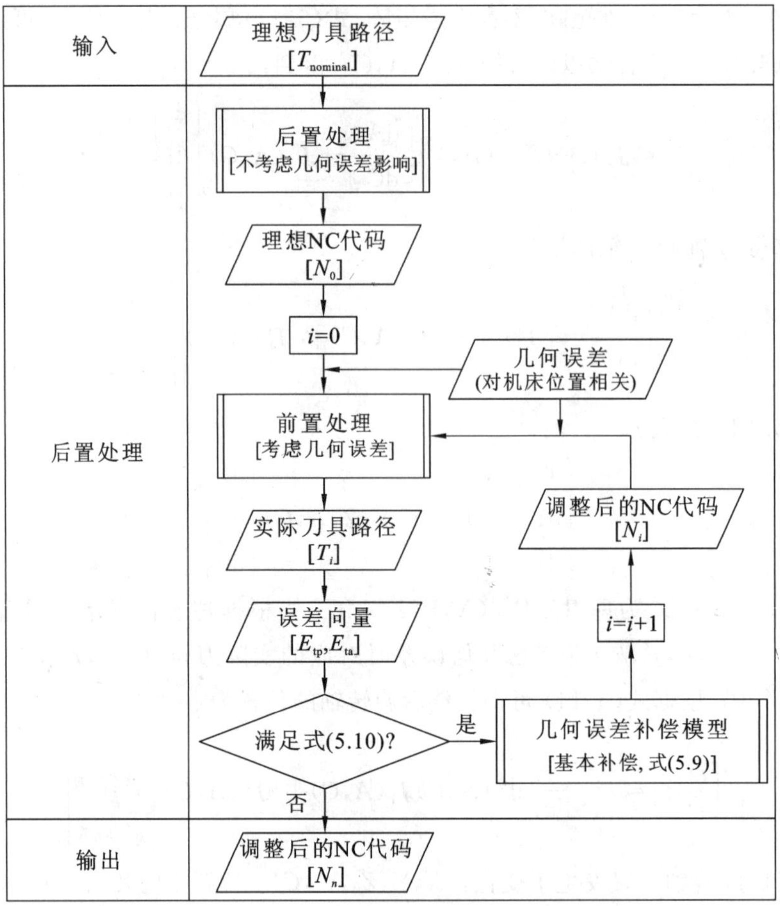

图 5.41　迭代补偿算法流程

表 5.7　机床基本参数

项目	参数
行程	X500mm,Y370mm,Z500mm A[−90,90]deg,C[0,360]deg
重复定位精度	平动轴:3μm 旋转轴:1mdeg
工作台	ϕ250mm
驱动	平动轴:带光栅滚珠丝杠 旋转轴:蜗轮蜗杆

机床运动轴几何误差的测量与识别是实现几何误差补偿的必要条件。实验中用英国雷尼绍公司 XL-80 型激光干涉仪进行平动轴几何误差测量,用英国雷尼绍公司 QC20-W 型球杆仪进行旋转轴几何误差测量。

为了验证补偿方法的有效性，分别在进行误差补偿与不补偿的情况下，加工如图 5.42 所示的试件的半开口槽。图中所示的侧壁利用五轴侧铣加工工艺进行铣削，刀路规划用西门子 UG 软件进行编程，并利用 CMM 进行加工精度检测，实验过程如图 5.43 所示。为了消除加工过程中的其他误差源，如刀具/工件受切削力变形等，加工工艺包括：

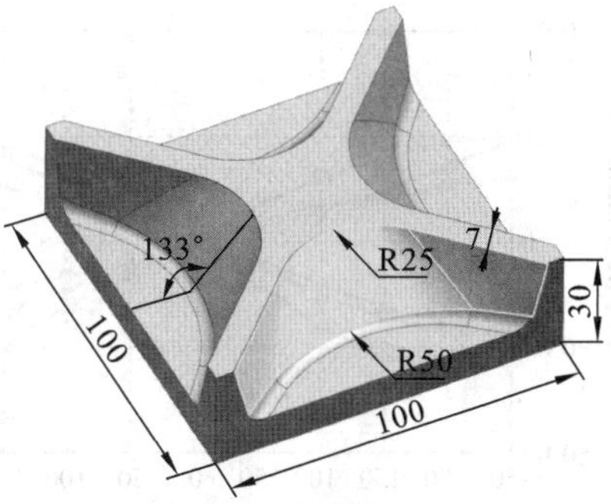

图 5.42 试件几何尺寸

(1) 粗加工　三轴型腔铣削，侧壁余量 1mm，底面余量 0mm；

(2) 半径加工　五轴侧铣侧壁，余量 0.4mm；

(3) 精加工　五轴侧铣侧壁，余量 0mm。

最后用德国蔡司 CONTURA G2 型的 CMM 测量机用于检测侧壁加工精度。

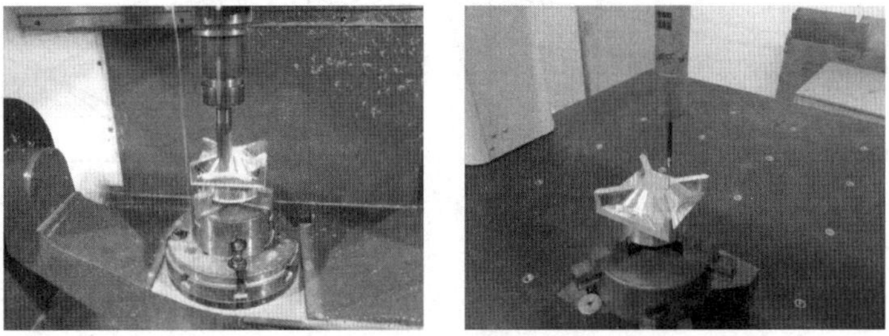

图 5.43 加工与测量过程

2. 几何误差识别

机床平动轴几何误差根据九线法[4]利用激光干涉仪进行求解，旋转轴几何误差根据文献[27]中的方法进行求解。在求解旋转轴几何误差时，需要预先实现平动轴几何误差测量与识别，以保证旋转轴几何误差测量结果的准确性。机床所有运动轴几何误差测量结果如图 5.44 所示。

从图 5.44 中可知，几何误差大小与对应轴的位置相关。显然，测量得到的离散误差数值不能直接用于几何误差补偿。文献[21]提出 5 次多项式曲线足以描述几何误差随位置的变化。基于此，利用最小二乘法用 5 次多项式曲线拟合各误差项。例如，A 轴几何误差随 A 轴位置[$-90°$,$90°$]变化的拟合曲线如下：

$$\varepsilon_{xa} = -2.702\times10^{-3} - 1.875\times10^{-4}A + 2.222\times10^{-6}A^2 + 1.014\times10^{-7}A^3 - 1.951\times10^{-10}A^4 - 9.298\times10^{-12}A^5$$

$$\varepsilon_{ya} = -1.216\times10^{-3} - 3.797\times10^{-5}A + 2.591\times10^{-6}A^2 + 5.545\times10^{-8}A^3 - 3.267\times10^{-10}A^4 - 6.483\times10^{-12}A^5$$

$$\varepsilon_{za} = 6.758\times10^{-4} + 2.610\times10^{-5}A - 1.616\times10^{-6}A^2 - 2.472\times10^{-8}A^3 + 4.239\times10^{-10}A^4 + 5.291\times10^{-12}A^5$$

$$\delta_{xa} = -3.312\times10^{-4} - 4.289\times10^{-5}A - 2.908\times10^{-6}A^2 + 1.319\times10^{-8}A^3 + 1.814\times10^{-10}A^4 - 8.059\times10^{-13}A^5$$

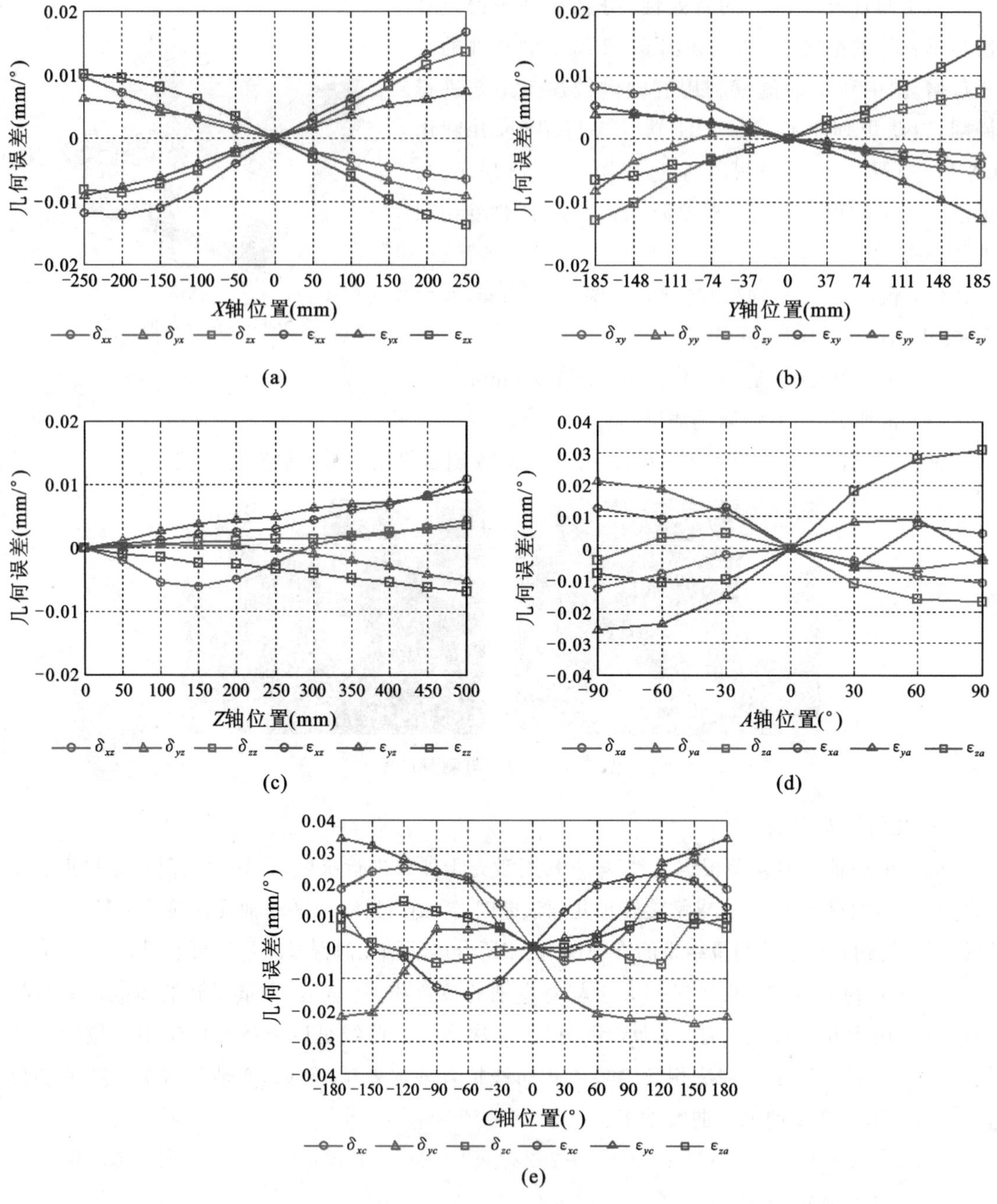

图 5.44 运动轴几何误差测量结果

(a)X 轴几何误差;(b)Y 轴几何误差;(c)Z 轴几何误差;(d)A 轴几何误差;(e)C 轴几何误差

$$\delta_{ya} = 4.225\times10^{-4} - 3.185\times10^{-4}A + 2.076\times10^{-6}A^2 + 3.701\times10^{-8}A^3 - 1.336\times10^{-10}A^4 - 1.831\times10^{-12}A^5$$

$$\delta_{za} = -1.006\times10^{-3} - 3.087\times10^{-4}A - 1.965\times10^{-6}A^2 + 5.100\times10^{-8}A^3 + 9.867\times10^{-11}A^4 - 2.692\times10^{-12}A^5$$

3. 加工误差仿真预测

根据实际测量得到的机床运动轴几何误差值，可利用本书中的算法进行加工误差预测，以及补偿效果的量化。为了体现出几何误差值随对应运动轴位置变化而变化对加工精度的影响，即迭代补偿的必要性，通过三种方式生成 NC 代码：

① 忽略几何误差的存在，根据理想的后置处理，得到加工代码。

② 考虑几何误差，但是忽略几何误差与机床运动轴位置的相关性，采用基本的补偿算法。

③ 考虑几何误差的位置相关性，采用迭代的补偿算法。

将上述三种方法计算得到的 NC 代码代入式(5.11)，能够计算得到考虑几何误差时，这三种 NC 代码在工件坐标系中对应的等效刀具路径。与此同时，利用文献[28]中的方法计算出工件坐标系下刀具路径的包络面，通过对这三种等效刀路与理想刀路的包络面进行比较，即可实现几何误差对加工精度的影响的预测。

本实验中的加工误差仿真如图 5.45 所示。

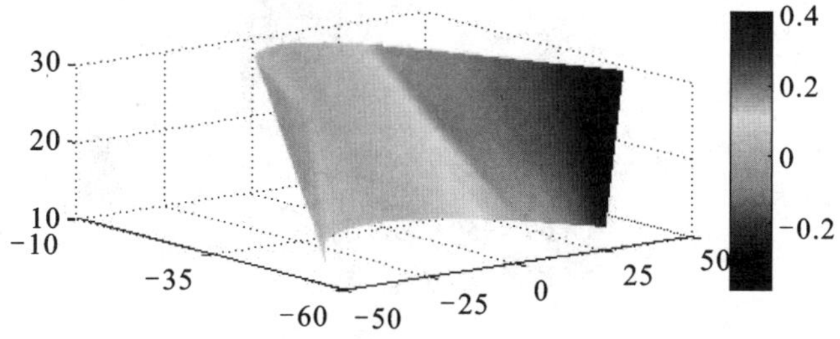

(a)

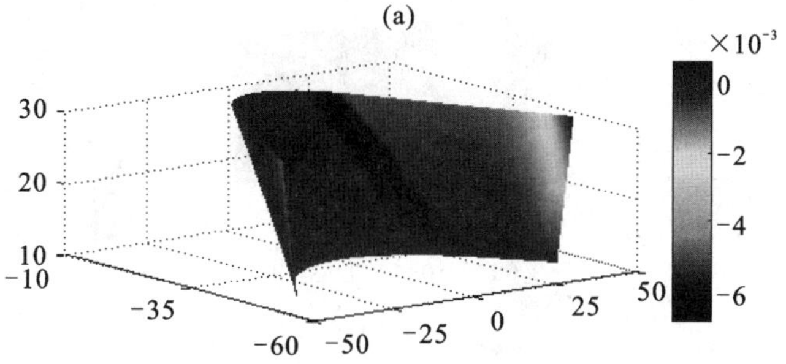

(b)

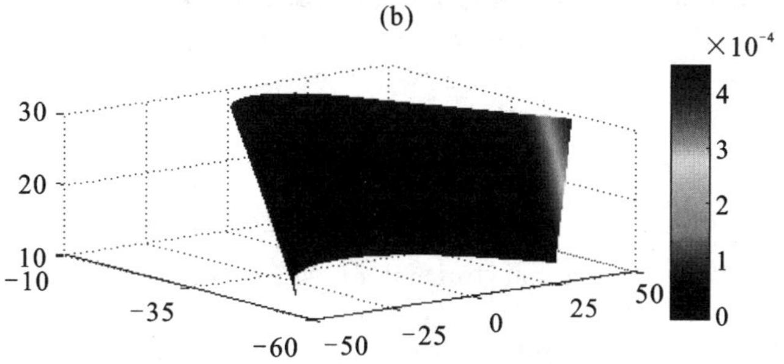

(c)

图 5.45　加工误差仿真(单位：mm)

(a) 没有补偿；(b) 基本补偿；(c) 迭代补偿

根据图 5.45 可以发现，经过基本补偿后，仿真的铣削精度较未补偿时得到了显著的提高。为了尽可能减小几何误差对加工精度的影响，要求通过补偿后，铣削误差低于 0.001mm。如图 5.43(c) 所示，经过迭代补偿，最大绝对误差约为 0.0005mm。因此，可得到结论：由于几何误差值相对于旋转轴位置的相关性的影响，极有必要进行迭代补偿，减小或消除几何误差对加工精度的影响。

4. 实验结果

各项几何误差都将直接影响机床的加工精度，因此，需要预先消除或减小几何误差的不利影响。图 5.46 显示了补偿前后试件加工精度分布。需要指出的是，图 5.45(a) 与图 5.46(a)，图 5.45(c) 与图 5.46(b) 中误差分布存在差异，因为在仿真过程中仅仅考虑了机床旋转轴几何误差对加工精度的影响，而实际加工时还存在一些其他的误差源，例如热误差、伺服驱动误差等。不过，通过图 5.44 可看出，几何误差补偿后加工精度得到了显著的提高。

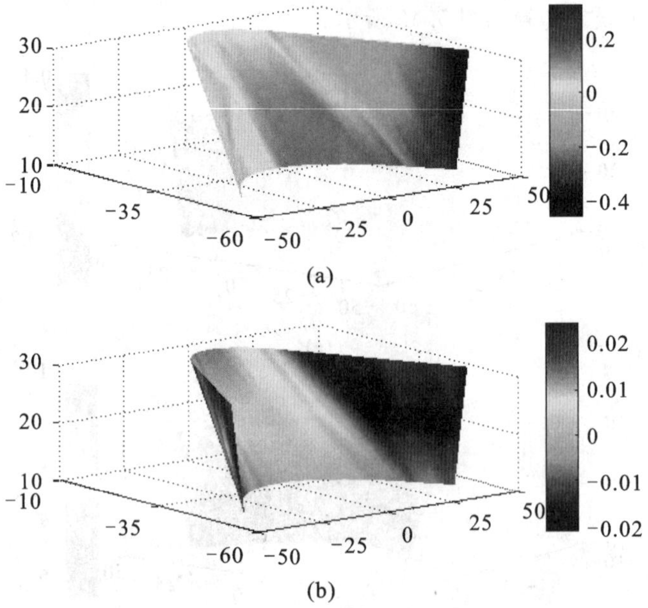

图 5.46　考虑与不考虑几何误差的加工误差图(单位：mm)

(a) 不考虑几何误差；(b) 考虑几何误差

参考文献

[1] Raksiri C, Parnichkun M. Geometric and force errors compensation in a 3.axis CNC milling machine[J]. International Journal of Machine Tools and Manufacture, 2004, 44(12): 1283.1291.

[2] Fu G, Fu J, Xu Y, et al. Product of exponential model for geometric error integration of multi-axis machine tools[J]. The International Journal of Advanced Manufacturing Technology, 2014, 71(9-12): 1653.1667.

[3] 范晋伟，邢亚兰，郗艳梅，等. 三坐标数控机床误差建模与补偿的实验研究[J]. 机械设

计与制造，2008 (9)：150-152.

[4] 刘又午，刘丽冰. 数控机床误差补偿技术研究[J]. 中国机械工程，1998，9(12)：4852-4852.

[5] Zhu S，Ding G，Qin S，et al. Integrated geometric error modeling，identification and compensation of CNC machine tools[J]. International Journal of Machine Tools and Manufacture，2012，52(1)：24-29.

[6] Lei W T，Paung I M，Yu C C. Total ballbar dynamic tests for five-axis CNC machine tools[J]. International Journal of Machine Tools and Manufacture，2009，49(6)：488-499.

[7] Hong C，Ibaraki S，Oyama C. Graphical presentation of error motions of rotary axes on a five-axis machine tool by static R-test with separating the influence of squareness errors of linear axes[J]. International Journal of Machine Tools and Manufacture，2012，59：24-33.

[8] HongC，Ibaraki S，Matsubara A. Influence of position-dependent geometric errors of rotary axes on a machining test of cone frustum by five-axis machine tools[J]. Precision Engineering，2011，35(1)：1-11.

[9] IbarakiS，Oyama C，Otsubo H. Construction of an error map of rotary axes on a five-axis machining center by static R-test[J]. International Journal of Machine Tools and Manufacture，2011，51(3)：190-200.

[10] Soichi Ibaraki，Takeyuki Iritani，Tetsuya Matsushita，Calibration of geometric errors of rotary axes on five-axis machine tools by on-machine measurement using a touch-trigger probe，International Journal of Machine Tools and Manufacture 58 (2012) 44-53.

[11] Soichi Ibaraki，Takeyuki Iritani，Tetsuya Matsushita，Error map construction for rotary axes on five-axis machine tools by on-machine measurement using a touch-trigger probe，International Journal of Machine Tools and Manufacture，68 (2013) 21-29.

[12] Bi Q，Huang N，Sun C，et al. Identification and compensation of geometric errors of rotary axes on five-axis machine by on-machine measurement[J]. International Journal of Machine Tools and Manufacture，2015，89：182-191.

[13] 西门子网站，https://support.industry.siemens.com/dl/files/300/109476300/att_845881/v1/BHFsl_0115_cs_zh-CHS.pdf.

[14] 雷尼绍网站，http://www.renishaw.com/en/machine-tool-probes-for-component-setting-and-inspection--6075.

[15] Ratchev S，Liu S，Becker A A. Error compensation strategy in milling flexible thin-wall parts[J]. Journal of Materials Processing Technology，2005，162：673.681.

[16] 朱绍维. 复杂零件五轴铣削加工精度预测与补偿技术研究[D]. 西南交通大学，2013.

[17] Schwenke H, Knapp W, Haitjema H, et al. Geometric error measurement and compensation of machines—an update[J]. CIRP Annals-Manufacturing Technology, 2008, 57(2): 660-675.

[18] Habibi M, Arezoo B, Nojedeh M V. Tool deflection and geometrical error compensation by tool path modification[J]. International Journal of Machine Tools and Manufacture, 2011, 51(6): 439-449.

[19] Nojedeh M V, Habibi M, Arezoo B. Tool path accuracy enhancement through geometrical error compensation[J]. International Journal of Machine Tools and Manufacture, 2011, 51(6): 471-482.

[20] Okafor A C, Ertekin Y M. Derivation of machine tool error models and error compensation procedure for three axes vertical machining center using rigid body kinematics[J]. International Journal of Machine Tools and Manufacture, 2000, 40(8): 1199-1213.

[21] Lee J H, Liu Y, Yang S H. Accuracy improvement of miniaturized machine tool: geometric error modeling and compensation[J]. International Journal of Machine Tools and Manufacture, 2006, 46(12): 1508-1516.

[22] Hsu Y Y, Wang S S. A new compensation method for geometry errors of five-axis machine tools[J]. International journal of machine tools and manufacture, 2007, 47(2): 352-360.

[23] Zhu S, Ding G, Qin S, et al. Integrated geometric error modeling, identification and compensation of CNC machine tools[J]. International Journal of Machine Tools and Manufacture, 2012, 52(1): 24-29.

[24] Chen J, Lin S, He B. Geometric error compensation for multi-axis CNC machines based on differential transformation[J]. The International Journal of Advanced Manufacturing Technology, 2014, 71(1-4): 635-642.

[25] Huang N, Jin Y, Bi Q, et al. Integrated post-processor for 5-axis machine tools with geometric errors compensation[J]. International Journal of Machine Tools and Manufacture, 2015, 94: 65-73.

[26] ISO/DIS10791-6:2012, Test conditions for machining centers—Part 6: Accuracy of speeds and interpolations.

[27] Huang N, Bi Q, Wang Y, Identification of two different geometric error definitions for the rotary axis of the 5-axis machine tools, International Journal of Machine Tools and Manufacture, 91(2015) 109-114.

[28] 丁汉，朱利民. 复杂曲面数字化制造的几何学理论和方法[M]. 北京：科学出版社，2011.

6 原位测量与智能控制

6.1 五轴加工原位测量与精度控制

薄壁件如整体叶轮被广泛应用于航空、航天、汽车和能源等行业，这些零件对几何轮廓精度和表面质量提出了高要求。由于对薄壁零件通常有轻量化的要求，故大量采用铝合金、钛合金等密度较低的材料。薄壁零件结构受力情况复杂，难以根据经典理论进行受力分析，制造过程中极易产生变形、失稳和振动等问题，制造难度极大，是国际上是公认的复杂难加工零件。铣削加工是实现薄壁零件轻量化加工的重要手段，实际加工过程中，受工件弱刚性影响（由于薄壁件结构特殊，刀具变形可忽略不计），不可避免地将产生加工误差。因此，高效的精密自适应加工方法具有非常重要的意义。五轴侧铣切削技术是解决复杂直纹面加工的重要手段，通过对刀尖轨迹和刀轴方向的调整，可以很好地适应复杂零件表面的几何特征。同时，该方法在避免过切与欠切、防止刀具与工件干涉、增大切宽、提高切削效率等方面，都具有独到之处，非常适用于典型复杂高精度直纹面零件的加工。

为了减小或消除刀具 / 工件变形引起的加工误差，常用的加工方法可总结为以下四种：

(1) 优化的加工策略。Kolluru 和 Axinte[1] 为了增加薄壁件的刚性以减少切削变形和切削振动，研发了基于扭力弹簧预紧的薄壁件支撑装置。根据薄壁件结构在加工面背面设计支撑结构，以提高切削时工件的刚性，如图 6.1 所示。Erdim[2] 比较了基于恒定材料去除率和基于恒定切削力的进给率规划方法，通过理论分析与实验验证，发现基于恒定切削力的进给率规划能够获得更好的切削质量，并且相对于恒定的进给速率，能够减少 45% ～ 65% 的加工时间。这些方法能够提高一些特定结构薄壁件的加工精度，但是会导致加工效率的降低，并且这类方法在一定程度上限制了数控机床高效精密加工的优势[3]。

(2) 实时补偿方法。研究人员设计了特殊的数控系统[4,5] 来控制加工过程中因刀轴方向变化引起的切削力。但是，这类数控系统要求对数控机床进行改造并且控制系统的硬件设施[6]，还没有被应用于实际生产。

(3) 离线误差预测与补偿。通过数值方法预测并仿真切削力和工件 / 刀具加工变形。Chen 等人[6] 利用有限元分析法建立动态模型用以预测和补偿多层切削过程中的变形。Ratchev 等人[7] 通过有限元法建立了基于弹性理论的受力变形模型来预测和补偿变形误差。为了考虑工件 / 刀具的综合变形，Wan 等人[8,9] 基于切削力模型针对圆周铣削制订了误差减小策略。虽然基于变形预测的误差补偿方法能够提高加工精度，但是，预测值与实际值之间不可避免地会存在偏差。有限元数值计算方法能够考虑切削瞬间的加工变形，但是，由于切削过程复杂，预测值

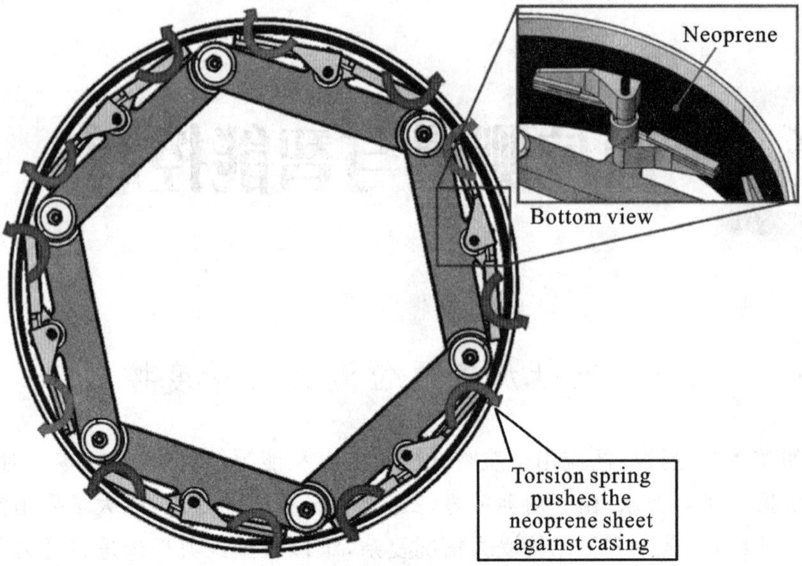

图 6.1　支撑结构增加铣削刚性

总会出现与实际不符的情况。并且，建立一个准确可靠的数值分析模型需要大量的经验、实验及专业的建模人员。同时，预测模型的建立与求解使得加工过程更加复杂，需要花费大量时间。

（4）在线误差测量与补偿。如今，随着接触式测头的广泛应用，实现了零件加工误差的在线测量，自适应补偿变得可行。Cho 等人[10] 研发了基于在线测量的误差补偿方法，并且提高了加工精度。但是，该方法是针对三轴铣削，不能用于补偿那些需要五轴加工的复杂薄壁零件的加工误差。在线测量系统和三坐标测量机均能够实现零件加工误差的在线检测，但是后者需要将工件从机床工作台拆下来，引入了二次装夹误差；前者能够实现在线精度检测。

本书针对薄壁件切削变形控制这一难点，充分利用接触式在线测量技术和实时超声波厚度测量等测试技术，分别采用薄壁件轮廓误差原位测量的自适应铣削技术和薄壁件厚度实时控制的镜像铣削技术，实现薄壁件的精密铣削，主要研发了以下工艺与技术。

（1）壁厚原位自动测量

为了保证等厚度加工，要求在加工时具有厚度测量功能，对工件实际厚度进行测量，然后根据实际厚度值来确定补偿加工的切削量。在对工件厚度进行测量时，大多通过人工手持测厚装置进行测量，测量过程中容易存在测量位置与实际加工位置不同、测厚装置与测量面接触不完全等问题，从而产生人为测量误差。为了获得更高的测量精度，减小人为误差，提高测量加工效率，需要进行厚度的自动测量。除此之外，需要一些测量辅助操作来帮助测量厚度。例如，超声波测厚仪需要在接触工件前，通过耦合剂来排除探头与工件之间的空气，保证测量精度。图 6.2 所示为集成超声测厚与数控系统。

（2）加工变形精度的原位测量补偿

目前大多数铣削模型和所有的商用 CAD/CAM 软件都根据工件理想的几何模型进行刀路规划，没有考虑工件 / 刀具受力变形、静态和动态顺应性。薄壁件刚性较弱，铣削过程中受切削力作用后会产生变形，导致材料去除量与预期不符，使得加工精度较差。为了提高薄壁件侧铣加工精度，亟须一种基于原位测量，通过调整加工刀路实现加工精度提升的误差补偿方法。

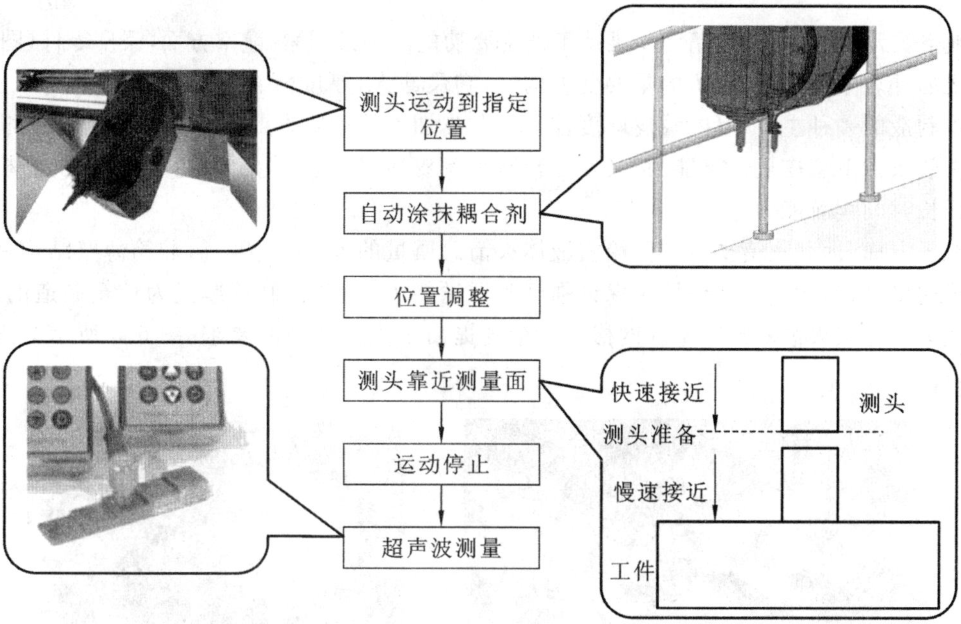

图 6.2 集成超声测厚与数控系统

(3) 加工变形的实时检测与控制

加工变形的产生直接影响了零件的加工精度，尤其是刚度较弱的大型薄壁件。大型薄壁件非常容易变形，而且结构复杂，形状精度要求很高，制造难度相当大。以长征系列运载火箭贮箱加工为例，零件的“米级尺寸”和“毫米级壁厚”导致零件结构的极端弱刚性，在铣削加工型槽、格栅、加强筋和凸缘等壁板结构特征时，变形问题非常严重，加工质量难以控制。由于火箭贮箱桶段工件尺寸大，厚度薄，在装夹时容易产生变形，随机变形明显，因而在薄壁件加工时，尤其是随机变形明显的大型薄壁件加工时，加工变形的实时检测与控制是非常必要的。图 6.3 所示为基于伺服和激光测距的实时变形跟踪。

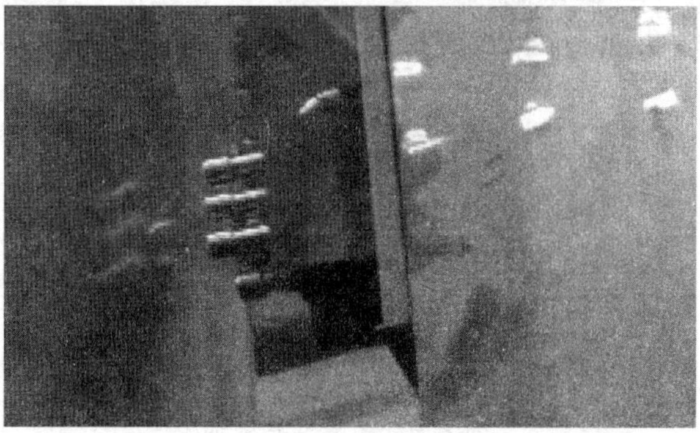

图 6.3 基于伺服和激光测距的实时变形跟踪

6.2 壁厚原位测量仪器的开发与应用

航空航天薄壁件的厚度精度是维持工件主要功能的关键因素。航空方面，蒙皮零件(图 6.4)是飞机的外表零件，也是飞机的重要受力构件，它尺寸大、厚度薄、刚性差且形状复杂，是飞机中较难制造的一种主要零件。蒙皮厚度控制是蒙皮加工的主要难点，既要保证航空发动机非包容性失效条件下蒙皮抗击穿能力，又要尽量减小蒙皮质量，减少能源消耗，增加飞机的机动性及保证长时间续航能力等。

航天方面，运载火箭推进剂贮箱占液体火箭总质量的 80% ～ 90%，贮箱薄壁结构件往往设计成网格结构，通过控制壁厚来保证强度和运送能力，因此控制壁厚成为贮箱制造的关键。新一代大型运载火箭对贮箱壁板网格壁厚精度提出了更为严格的要求。图 6.5 所示为火箭贮箱筒段。

图 6.4 大飞机与飞机蒙皮

图 6.5 火箭贮箱筒段

为了保证薄壁件的等厚度加工，要求加工时具有厚度测量功能，对工件实际厚度进行测量，然后根据实际厚度值来确定补偿加工的切削量。为了实现测厚补偿加工，本书提出了一种面向西门子 840Dsl 数控系统的工件原位厚度测量装置，并对原位厚度测量装置的结构及优点、测量控制方法、西门子 840Dsl 数控系统的二次开发、补偿过程中的安全防护以及应用案例等方面进行了介绍。

6.2.1 基本问题

1. 自动厚度测量

在对工件厚度进行测量时，大多通过人工手持测厚装置进行测量，测量过程中容易存在测量位置与实际加工位置不同、测厚装置与测量面接触不完全等问题，从而产生人为测量误差。为了获得更好的测量精度，减小人为误差，提高测量加工效率，需要进行自动厚度测量(图 6.6)。厚度数据的获得是通过探头与工件接触来实现的，因而如何设计测量探头装置以及探头的运动控制是实现工件原位厚度自动测量的主要问题。

2. 测量辅助

目前，厚度测量仪器都需要一些测量辅助操作来帮助测量厚度。例如，超声波测厚仪需要在接触工件前，通过耦合剂来排除探头与工件之间的空气，保证测量精度，图 6.7 为厚度测量装置。在手工测量时，耦合剂的喷涂是比较容易实现的，只需要在测量前，手工喷涂就可以。自动测量时，喷涂耦合剂需要通过装置自动实现。喷涂装置的组成、耦合剂喷涂的控制是实现自动厚度测量辅助的关键。

图 6.6 自动厚度测量

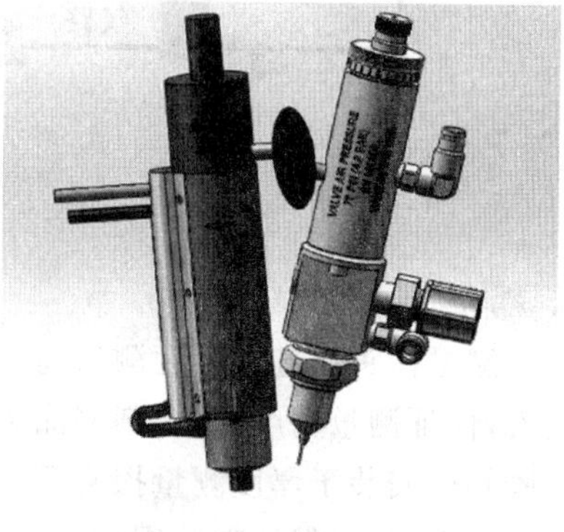

图 6.7 厚度测量装置

6.2.2 原位测厚装置组成

原位厚度测量流程如图 6.8 所示，原位测厚装置包括数字化测厚装置、蓝牙无线传输装置以及数控系统三个部分。其中数字化测厚装置用于测量加工后的工件实际厚度。数控系统用于对测得的工件厚度值进行保存并处理，最终确定补偿加工的切削量。蓝牙无线传输装置用于连接数字化测厚装置与数控系统，实现数字化测厚装置与数控系统之间的无线通信。

1. 数字化测厚装置

如图 6.9 所示，数字化测厚装置由耦合剂喷涂装置、厚度测量探头以及超声波测厚仪三部分组成，三者都与数控系统相连。其中耦合剂喷涂装置用于在厚度测量探头贴合被测物表面前喷涂耦合剂，厚度测量探头用于接触被测工件表面并获得被测工件实际厚度，超声波测厚仪用

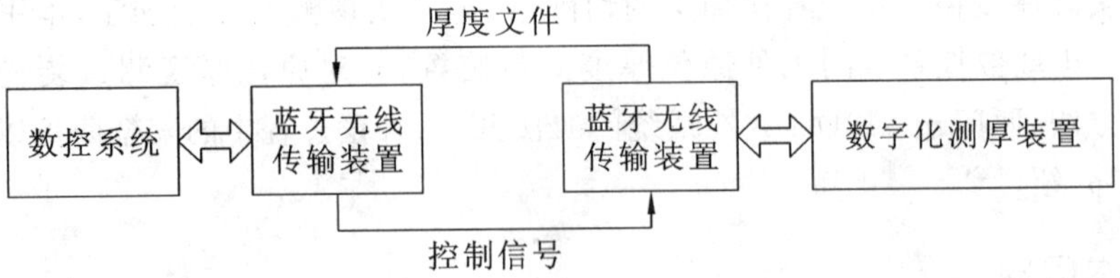

图 6.8 原位厚度测量流程

于接收并处理测量得到的厚度数据。下面对数字化测厚装置的各组成部分进行详细说明。

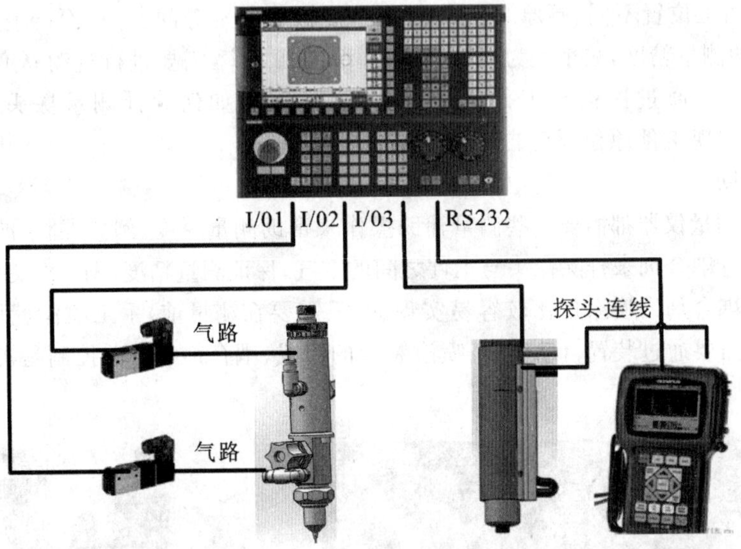

图 6.9 数字化测厚装置结构图

2. 耦合剂喷涂装置

厚度测量探头在进行厚度测量前，需要在工件被测表面喷涂耦合剂来排出探头与工件之间的空气，保证测量精度。耦合剂喷涂装置由喷雾阀和喷雾阀控制系统两部分组成。

喷胶阀门安装于厚度测量探头侧面，在进行测量前需要调节好喷胶阀门喷射的角度以及阀门安装的高度，以保证喷胶阀门喷射的耦合剂位置为测量位置。耦合剂喷涂的面积可以通过压力桶物料压力以及雾化气压（即物料气路调压阀以及雾化气路调压阀）调节，阀门开启以及开启时间由数控系统通过数控指令控制电磁阀的通断来控制。

3. 超声波测厚仪

厚度测量仪器有很多，常用的测厚仪从原理上可以分为：射线测厚仪、超声波测厚仪、磁性测厚仪和电流法测厚仪等。其中超声波测厚仪与利用其他原理制作的测厚仪相比，具有小型轻便、测量速度快、精度高等优点，因此，近年来工业上测厚所使用的测厚仪大部分都是超声波测厚仪。一般超声波测厚仪，其测量下限为 0.25mm，上限为几百毫米。当测厚仪接收到数控系统通过蓝牙装置发送过来的测量 M 指令时，控制发射电路输出宽度很窄、前沿很陡的周期性电脉冲，通过电缆加到超声波探头上产生脉冲超声波进行厚度测量。测厚仪具有开放式接口，可以与数控系统通信，将测得的厚度数据实时传输给数控系统。

影响超声波测厚仪的精度因素有两点：一是耦合剂的影响。耦合剂是用来排除探头和被测物体之间的空气，使超声波能有效地穿入工件达到检测目的。如果选择种类或使用方法不当，将造成误差或耦合标志闪烁，无法测量。应根据使用情况选择合适的种类，当使用在光滑材料表面时，可以使用低粘度的耦合剂；当使用在粗糙表面、垂直表面及顶表面时，应使用粘度高的耦合剂。高温工件应选用高温耦合剂。其次，耦合剂应适量使用，涂抹均匀，一般应将耦合剂涂在被测材料的表面，但当测量温度较高时，耦合剂应涂在探头上。二是声速的选择。测量工件前，根据材料种类预置其声速或根据标准块反测出声速。要求在测量前一定要正确识别材料，选择合适声速。

4. 厚度测量探头

厚度测量探头由超声波探头、接触式传感器及刀柄等部件组成。在线厚度检测装置可以采用弹簧夹头夹持于刀柄上，然后装夹到数控机床主轴上，跟随主轴一起由数控系统控制运动。其结构及主要组成部件如图 6.10 所示。

厚度测量探头各主要部件的作用如下：

(1) 刀柄　将厚度测量探头通过弹簧夹头夹持于数控机床主轴上，使厚度测量探头跟随机床主轴进行运动。

(2) 定位传感器　用于控制数控机床主轴在超声波探头接触并压紧被测面时停止运动，防止发生碰撞。

(3) 定位传感器保护罩　保护内部的接触式传感器，防止传感器受到弹簧的撞击及划伤。

(4) 探头顶盖　用于固定超声波测头。

(5) 超声波探头　用于发射超声波纵波来对工件厚度进行测量。

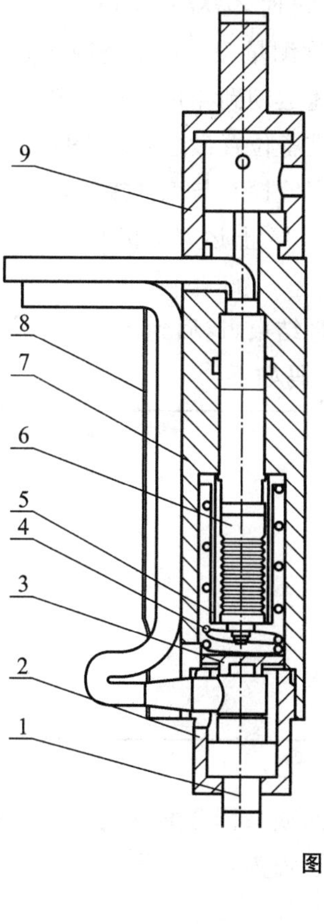

1	超声波探头
2	探头安装座
3	探头顶盖
4	弹簧
5	定位传感器保护罩
6	定位传感器
7	主体
8	电缆导管保护罩
9	刀柄

图 6.10　厚度测量探头结构

5. 蓝牙无线传输装置

工业上常用的数据传输方式为串口有线传输，但该方式存在布线困难、经济性差、传输距离短等不足，并且在加工过程中容易出现因线缆被拉断而造成的工件报废甚至发生人员伤亡等事故。

针对有线传输方式的种种不足，本书提出了利用蓝牙传输模块来建立数据的无线传输从而代替常用的有线传输。采用蓝牙传输模块可以实现点对点无线 RS232 串口通信，也适合于一对多的串口通信以及布线不便等应用场合，本装置通过蓝牙主、从通信模块将超声波测厚仪与数控系统相连接，其中蓝牙主模块与数控系统的串口相连，蓝牙从模块与超声波测厚仪相连。进行厚度测量时，数控系统通过蓝牙模块向超声波测厚仪发送一个测量 M 指令，超声波测厚仪收到 M 指令后进行厚度测量，然后将测得的厚度数据通过蓝牙模块发送给数控系统的 I/O 口，完成测量过程。

6.2.3 测量过程控制

整个厚度测量过程的控制可以分为运动控制和测量动作控制两部分。运动控制主要体现在厚度测量探头的运动控制以及耦合剂喷涂装置的动作控制，测量动作控制是指测厚系统取得工件厚度过程的控制。

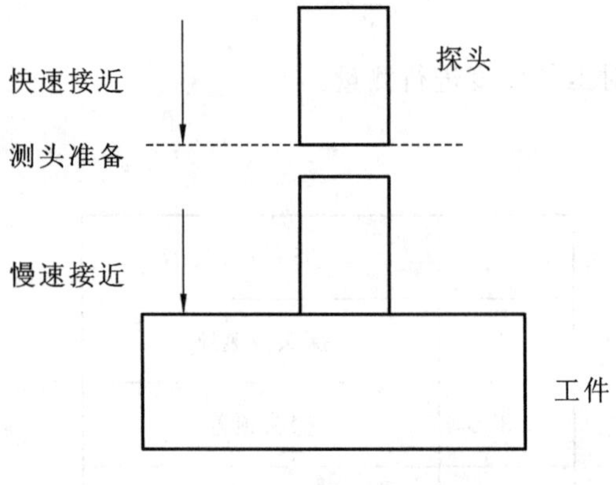

图 6.11 测厚探头运动路径

1. 运动控制：探头运动控制

测厚探头运动路径如图 6.11 所示，超声波测量工件厚度时，需要将超声波探头贴紧被测物表面。厚度测量探头运动路径如下：

① 快速运动到测量准备位置；

② 由准备位置慢速接近工件；

③ 超声波探头与工件接触；

④ 机床停止运动，保持当前位置等待测量；

⑤ 测量结束，返回到运动初始位置。

部分代码如下：

N100：G01 VP63 WP64 + P100 AP65 F2000	快速进给到安全位置
G100 WP64 + P102 F1000；	快速运动进给
G100 WP64 F200；	慢速接近工件
P110 = V. A. ATIPPOS. V	记录测量位置
P111 = V. A. ATIPPOS. W	
P112 = V. A. ATIPPOS. A	
P104 = 1；	测量动作结束标示符
G01 W50 F2000	返回初始位置

2. 运动控制：耦合剂喷涂控制

利用超声波进行厚度测量时，需要首先在被测工件表面喷涂耦合剂。如图 6.12 所示，耦合剂喷涂装置由喷雾阀和喷雾阀控制系统组成。喷雾阀控制过程为：

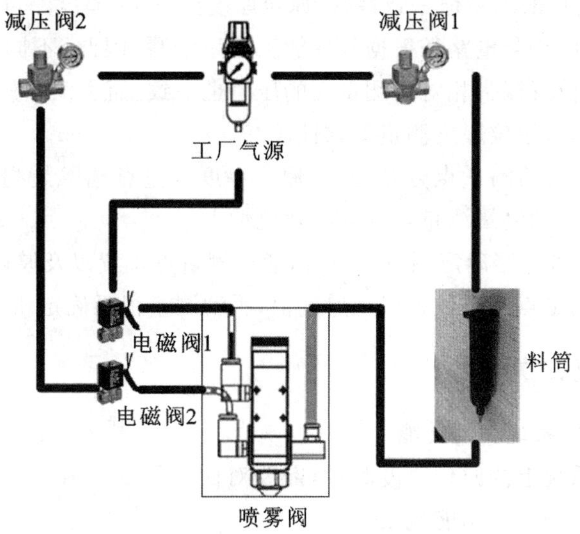

图 6.12 耦合剂喷涂装置控制系统

① 位移传感器判断测厚仪距离筒段位置，接近筒段时发出信号指令；

② 打开喷雾阀料筒加压气路；

③ 数控系统控制电磁阀 1 接通，开始喷涂耦合剂；

④ 电磁阀 1 接通瞬间，数控系统控制电磁阀 2 接通，将耦合剂雾化；

⑤ 耦合剂喷涂结束后，数控系统控制电磁阀 1 关闭；

⑥ 电磁阀 1 关闭瞬间，数控系统控制电磁阀 2 关闭。

3. 测量动作控制

当厚度测量探头贴紧工件被测面后，数控系统通过蓝牙装置向超声波测厚仪发送测量 M 指令，超声波测厚仪接收到 M 指令后由厚度测量探头向被测面发送超声波，当探头接收到反射回的超声波后再将其反馈给超声波测厚仪进行工件厚度计算，最后将计算出的厚度数据发送给数控系统进行下一步处理。测量动作控制过程如图 6.13 所示。

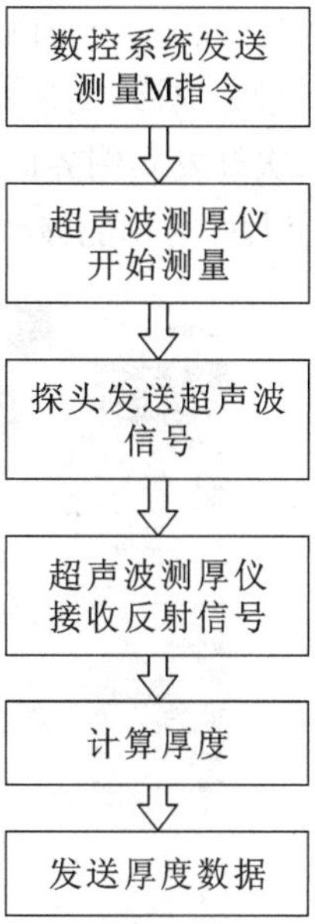

图 6.13 测量动作控制过程

部分代码如下：

```
M51;                                  位移控制喷胶功能开启
P104 = 1;                             测量动作结束标示符(测量运动控制)
CurThick = OCX.GetCurrentThick( );    获得的测量仪当前厚度值。
```

6.2.4 原位测厚装置优点

相对于传统手工测量，本书提出的原位厚度测量具有以下优势：

(1) 原位厚度测量的测量值一致性好。原位厚度测量中，厚度测量探头与测量面接触的姿态由测量路径决定，由于测量路径根据零件加工模型编写，因此，不同测量点探头的测量姿态一致，并且不同测量位置探头相对于测量面的压力也一致。而手工测量的探头姿态以及压力都有极大的随机性，因此，原位厚度测量一致性较好。

(2) 原位厚度测量的测量点分布均匀。原位厚度测量点选取是测量软件根据测量面均匀选取而非随机选取，手动测量测量点选取的随机性大。

(3) 原位厚度测量能够确定测量点位置，通过测量点位置以及厚度值进行补偿加工。原位厚度测量能够反馈测量点位置数据以及厚度值，手动测量很难确定所选测量点位置。

6.2.5 数控系统二次开发

1. 二次开发数控系统实现功能

为实现西门子系统上的原位厚度测量，需要对西门子 840Dsl 数控系统进行二次开发。数控系统需要进行二次开发的功能包括：

① 通过数控系统控制喷雾阀喷涂耦合剂的开始位置；

② 通过数控系统控制测量过程的相应动作；

③ 实现数控系统与测量设备之间的通信，实现厚度数据的自动获取；

④ 测量完成后，实现测量数据的自动存储。

2. 二次开发实例界面介绍

(1) 测厚主界面能够动态显示测量位置、测量状态以及该测量点处的工件实际厚度(图 6.14)。

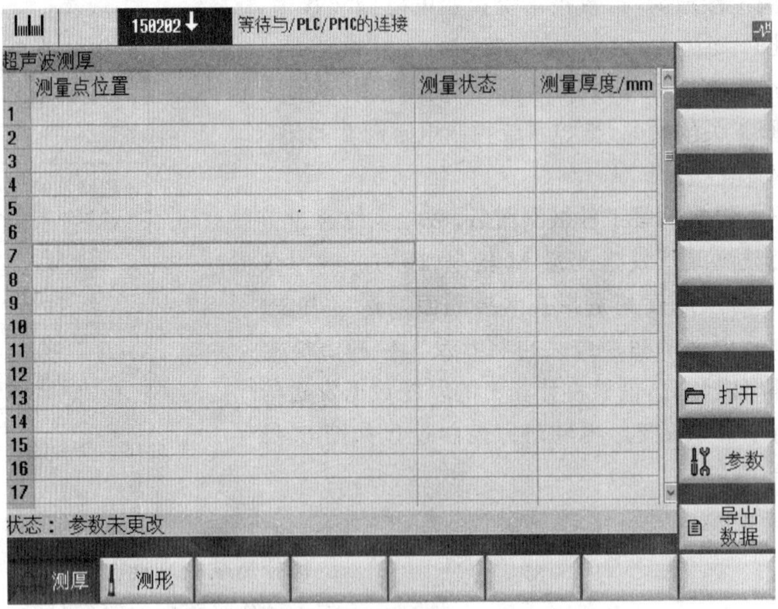

图 6.14 西门子机床测厚模块主界面

(2) 参数设置键用于设置厚度测量过程的相关参数以及串口通信的相关参数(图 6.15)。

(3) 导出数据键是将测量数据以指定的格式保存到本地驱动器(图 6.16)。

(4) 打开界面显示机床内存文件目录、本地驱动器目录以及 USB 目录。

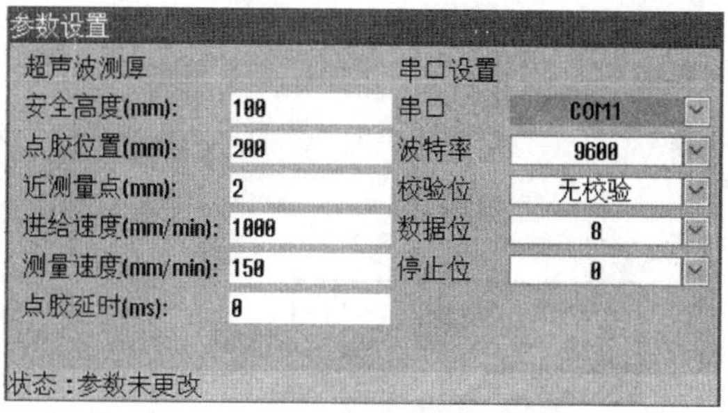

图 6.15　西门子机床测厚模块参数设置

① 加载:将点位文件格式指定“. txt”转化成“. MPF”机床程序并加载、选择;

② 加载:如果选择“. mpf”文件则直接加载并选择;

③ 加载:加载完成后自动跳回测厚主界面,失败则报错,不跳转;

④ 取消:用于返回测厚主界面;

⑤ 刷新:刷新目录列表。

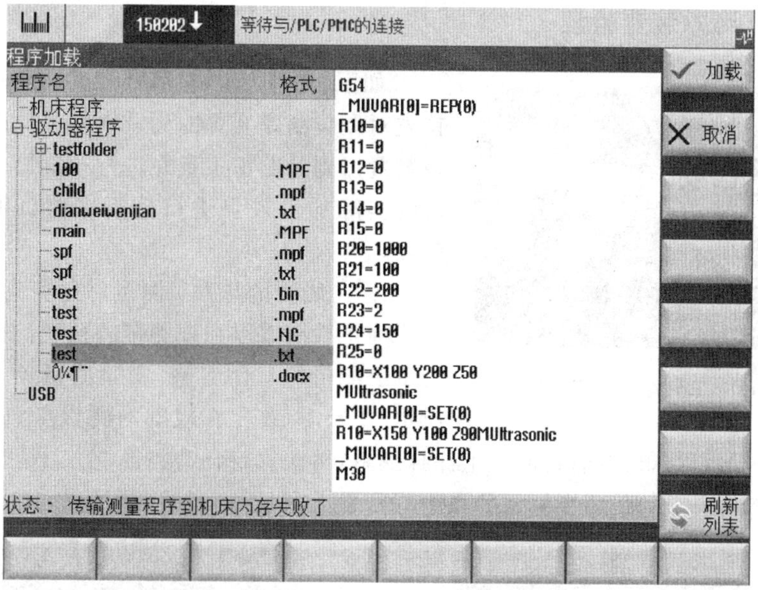

图 6.16　西门子机床测厚模块保存设置

6.2.6　安全防护

1. 探头的碰撞防护

厚度测量装置由数控系统控制完成厚度测量。数控系统通过 M 功能指令控制厚度测量探头与工件发生相对运动并进行厚度测量。然而,由于加工工件存在装夹变形,数控系统在控制探头完成快速进给后,无法精确控制探头慢速接近的位移量。为了防止探头与工件发生超程运动而发生碰撞,令探头末端与接触式位移传感器形成物理接触,当探头接触到被测工件并压紧时会触动传感器发出跳转信号。数控系统接收到传感器发送过来的跳转信号后,会执行相应的功能指令,控制机床主轴停止运动。其控制过程如图 6.17 所示。

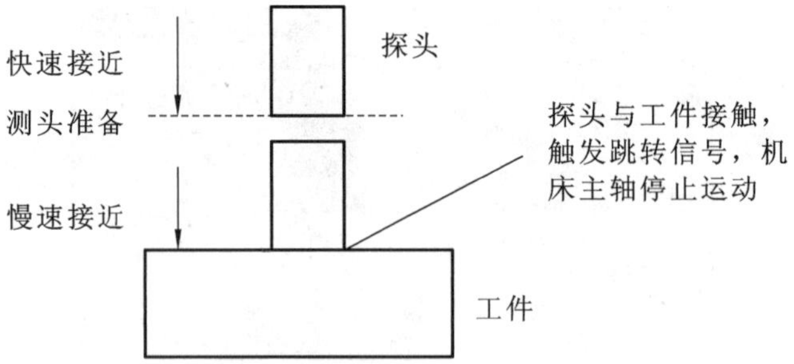

图 6.17 探头碰撞防护示意图

2. 主轴互锁

在线厚度检测装置夹持于刀柄上然后装夹到数控机床主轴上，跟随主轴一起由数控系统控制运动，因而在测量过程中主轴必须停止转动，防止由于主轴转动打伤他人。为了保证在测量时主轴停转，可以通过设置数控系统，在开启原位测量的同时（收到数控系统的 M 指令），启动主轴停转的 M 指令，保证主轴转动锁定。

6.2.7 原位测厚装置验证

图 6.18 工件原位厚度测量

如图 6.18 所示，在薄壁件五轴网格铣削加工中，首先对原位测厚装置的测量精度进行评价，然后利用该装置得到补偿加工量并进行补偿加工，最后对补偿后的实际加工效果进行分析来验证测厚装置的有效性。

1. 在线测量与手工测量对比实验

为了检测壁厚在线测量的精度，设计了在线测量与手工测量的对比实验。实验测量点规划如图 6.19 所示。实验时，首先在规划的测量点上进行壁厚自动测量，得到在线测量结果；然后在测头上涂抹颜料，再次进行自动测量，在工件上标注出测量点的位置，如图 6.20 所示；最后在标注的点上进行手工测量，得到手工测量结果。

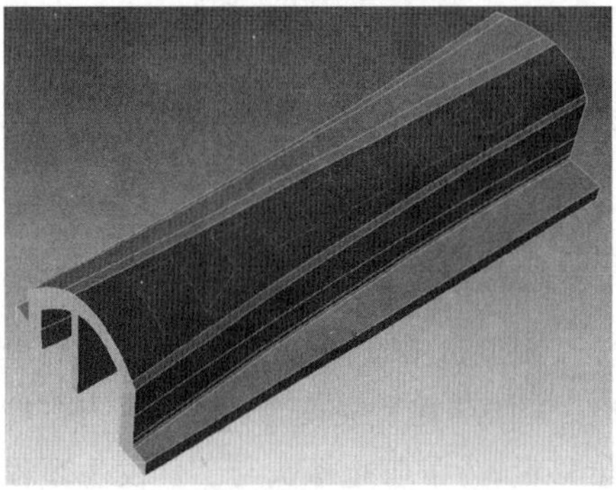

图 6.19 实验测量点规划

图 6.20 测量点标记及手工测量

测量结果如图 6.21 所示。从图中可以看出，手工测量与在线测量的结果差值在±0.03mm 以内。

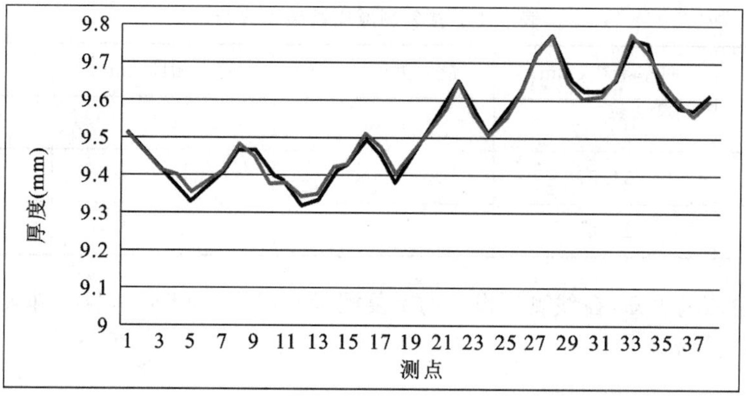

(a)

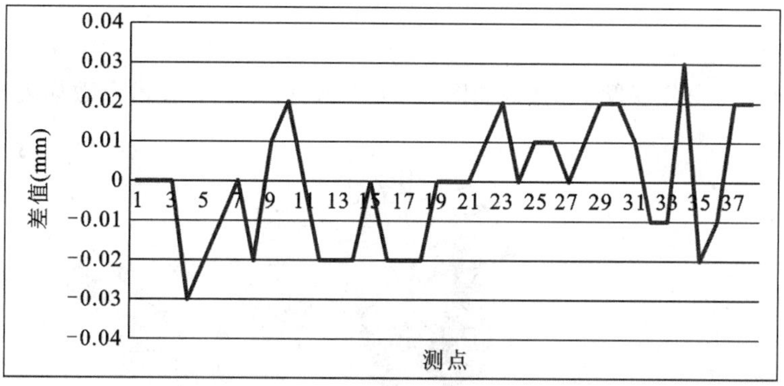

(b)

图 6.21　在线测量与手工测量结果

(a) 测量数据；(b) 差值分布

2. 重复测试实验

在工件上取厚度最大、厚度最小和厚度居中的三个点，如图 6.22 所示。其中，点 1 处的曲率半径约为 167.76mm，点 2 处的曲率半径约为 94.57mm，点 3 处的曲率半径约为 22.68mm。每个点分别测量 20 次，得到的测量结果如图 6.23 所示，测量所得最大值、最小值、极差如表 6.1 所示。

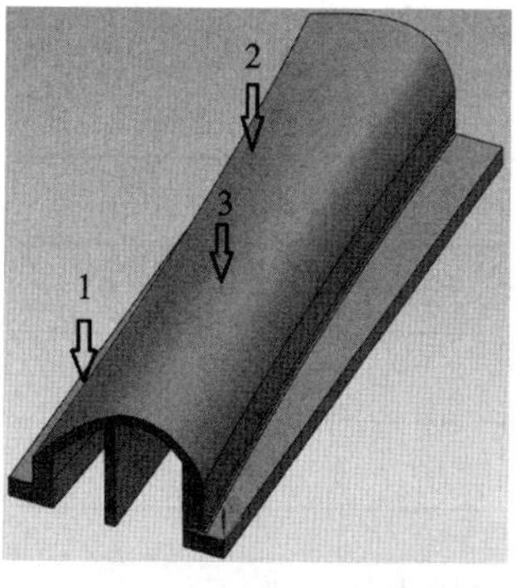

图 6.22　重复测厚点定义

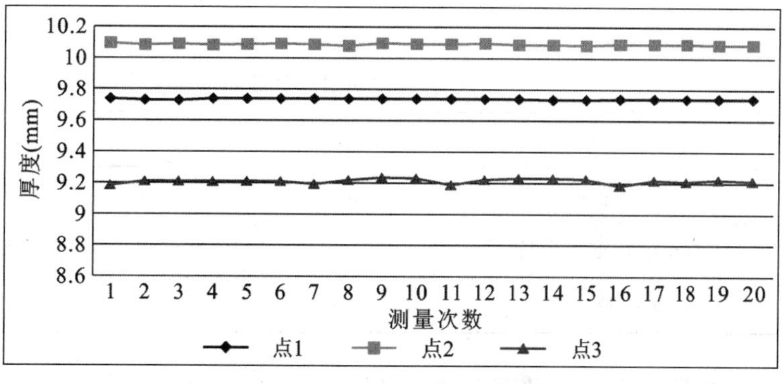

图 6.23　重复测厚测量结果

表 6.1 重复测厚实验结果分析

编号	曲率半径(mm)	最大测厚(mm)	最小测厚(mm)	极差 (mm)
1	167.76	9.74	9.73	0.01
2	94.57	10.09	10.07	0.02
3	22.68	9.24	9.19	0.05

从上述实验结果可知,在线测厚设备的重复测量精度为 0.05mm,且工件表面曲率半径越大,重复测量精度越高。

6.2.8 实际补偿加工

1. 实验条件

实验所用机床为 AC 双摆头机床,如图 6.24 所示。机床主要技术参数如表 6.2 所示。

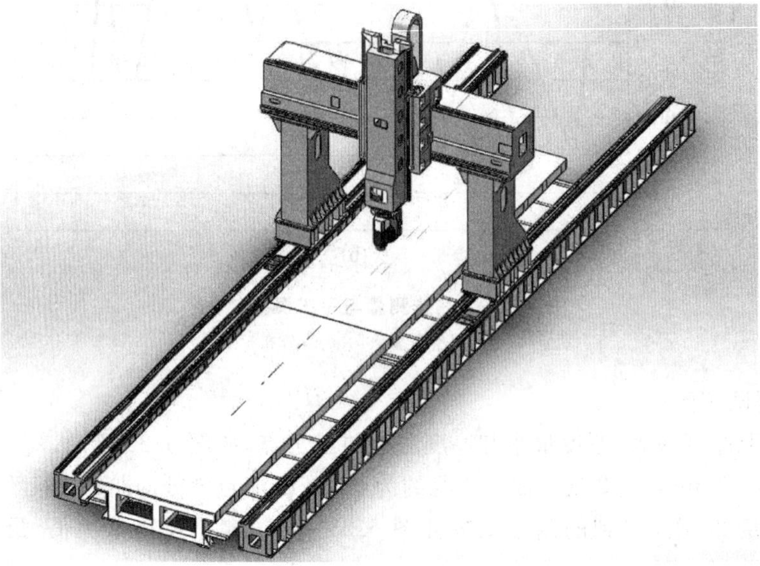

图 6.24 实验机床

表 6.2 实验机床主要技术参数

参数	X(mm)	Y(mm)	Z(mm)	A	C
行程	4800	1400	800	±100°	±200°
定位精度 / 全长	0.03	0.008	0.008	8″	8″
重复定位精度	0.005	0.004	0.004	4″	4″

根据特征模型,准备的毛坯如图 6.25 所示。毛坯壁厚为 10mm,材料为铝合金。

实验选用的刀具为 SECO 刀具,刀具参数如表 6.3 所示。

图 6.25　毛坯

表 6.3　刀具参数

参数	铝合金粗加工	铝合金精加工
尺寸	D16R0.8	D16R2.0
材质	硬质合金	硬质合金
涂层	无	无
刃数	3	2

考虑到铝合金切削过程中，发热量小，故采用涡流管(图 6.26)冷却。

2. 加工实验

在保证理论厚度的加工实验中，先将工件毛坯粗加工到 9mm 壁厚。加工刀路如图 6.27 所示，刀路前倾角 10°，侧倾角 0 ～ 40°，刀轨数量为 100。粗加工刀具几何尺寸为 $D16R0.8$，材质为硬质合金，无涂层，3 刃；加工主轴转速为 8000r/min，进给速度为 2000mm/min，加工时间为 25min。

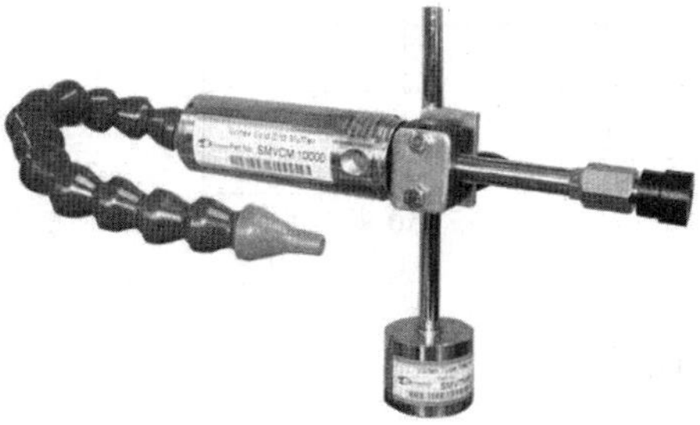

图 6.26　涡流管

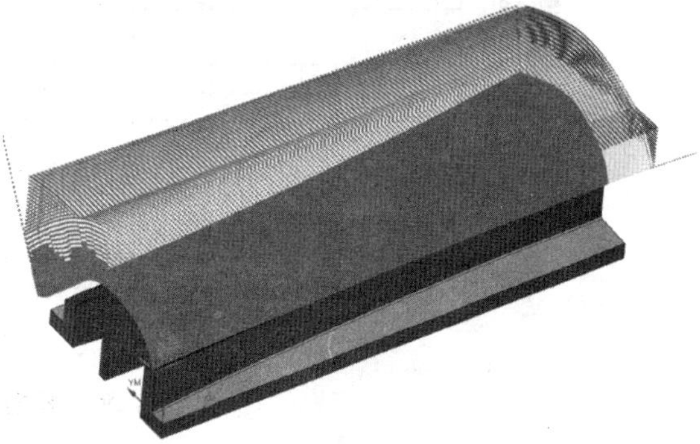

图 6.27　粗加工刀路

粗加工完成后，进行壁厚测量。测量路径如图 6.28 所示。

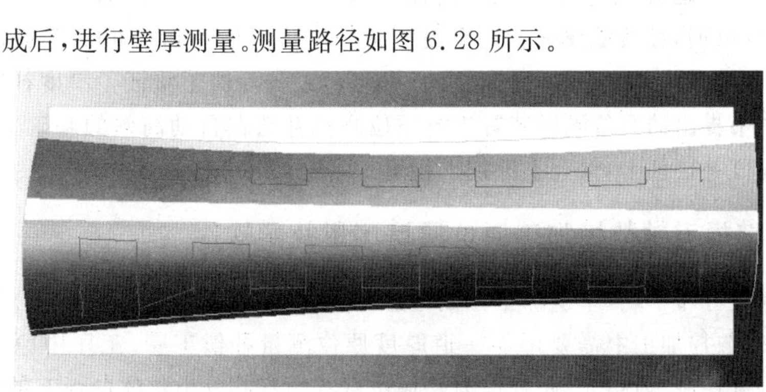

图 6.28　特征测量路径规划

以粗加工后测量得到的厚度作为当前实际厚度值，对测量结果在整个曲面范围内进行插值。然后，将上述厚度插值结果与当前理论厚度值进行对比，得到厚度误差。以该厚度误差为补偿值，以 8.0mm 为目标厚度值，进行厚度补偿刀路规划，刀路前倾角 10°，侧倾角 0 ～ 40°，每条刀轨刀位点数 201，刀轨数量 251。

粗加工刀具几何尺寸为 D16R2.0，材质为硬质合金，无涂层，2 刃；加工主轴转速为 8000r/min，进给速度为 3000mm/min；加工时间为 60min。

精加工完成后进行厚度测量。图 6.29 给出了实验补偿前后零件壁厚的对比。补偿前，理论厚度 9.00mm，实测厚度最大值 9.15mm，最小值 8.31mm，平均值 8.71mm，极差 0.84mm，标准差 0.270mm；补偿后，理论厚度 8.00mm，实测厚度最大值 8.15mm，最小值 8.03mm，平均值 8.11mm，极差 0.12mm，标准差 0.028mm。

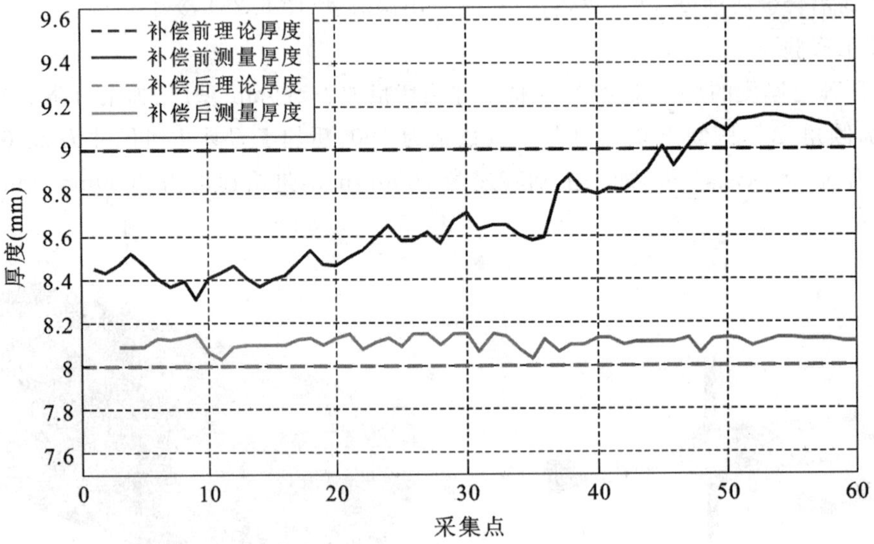

图 6.29　补偿前后厚度对比

3. 结论

测厚装置经过标定后，手动测量与自动测量数据相比，最大偏差为 0.03mm。当曲面的曲率半径大于 100mm 时，在线测厚设备的重复测量精度可以达到 0.01mm；当曲面的曲率半径较小时，重复测量精度为 0.05mm。除此之外，本书通过实际加工验证了厚度补偿加工的有效性。因此，使用本书提出的原位测厚装置进行原位测量补偿在自动高效的基础上，仍能够高精度地完成工件厚度补偿加工，保证工件加工精度。

6.2.9　整体壁板五轴数控加工原位厚度测量补偿软件

工件实际厚度分布不均，单从加工方面考虑，无法保证壁板的等厚度加工。为了解决上述问题，在壁板五轴数控加工中需要增加一道厚度原位测量补偿工序。工序中原位测量程序生成、误差计算、厚度控制、刀路光顺、补偿刀路输出以及仿真部分由整体壁板五轴数控加工厚度原位测量补偿软件实现。

厚度原位测量补偿主要由以下几个步骤组成(图 6.30)：

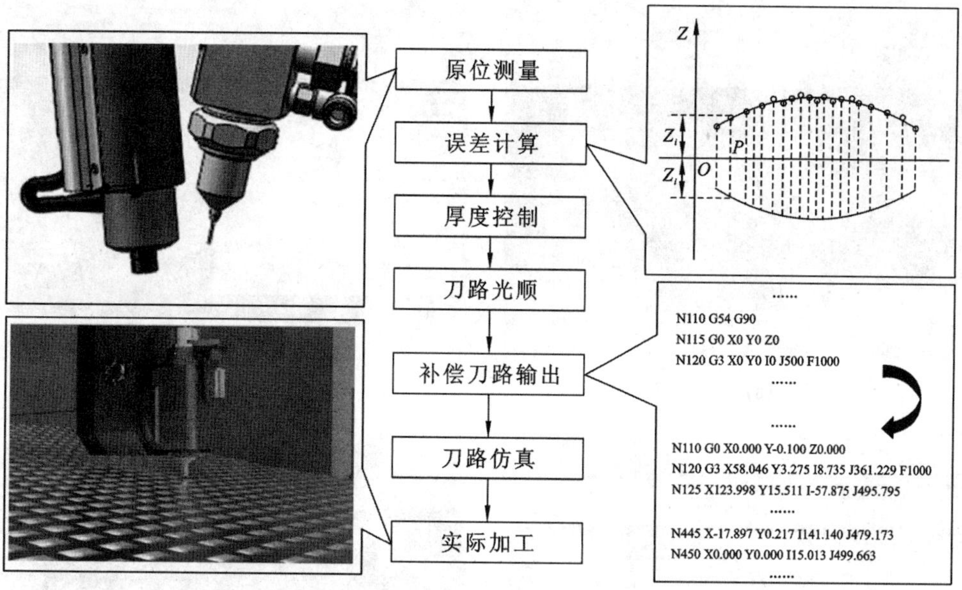

图 6.30 厚度原位测量补偿流程

1. 原位测量程序生成

原位测量主要包括测量点的选取、测量路径的规划、生成测量 NC 程序。为了保证快速、有效地获得测量信息，在加工测量过程中需要严格控制测量点的疏密程度、规划测量路径，防止测量过程中测头（这里选用雷尼绍无线测头）与机床产生干涉，威胁加工安全，同时保证测量过程能够快速有效地完成。测量 NC 程序需按照加工机床系统来进行后置处理，加工之前如有必要需进行加工仿真（图 6.31）。原位厚度控制工艺软件提供三维模型接口，用户可以根据零件三维模型进行编程。软件可以根据用户选择的测量面，选取合适的测量点、规划测量路径、生成测量 NC 程序，用户同时可以在仿真模块中仿真测量程序，验证程序的正确性。

2. 误差计算及厚度控制

对厚度测量数据进行分析，剔除明显超出测量平均值的测厚数据点，对错误点进行重新测量，防止厚度测量错误引起的补偿加工错误。原位厚度控制工艺软件提供数据分析模块，输入测量点数据文件，分析报告文件以及壁板的理论厚度。参数输入后，单击“分析”按钮，可以生成分析报告，并以云图的方式显示误差分布情况（图 6.32）。

通过对测量点厚度的原位测量，并根据理论厚度（目标厚度），计算得到各个测量点需要加工的深度。根据测量点加工深度以及用户要求，通过有效的拟合插值，可以获得 APT 每个刀位点的加工深度，以此来保证加工过程中的厚度控制。原位厚度控制工艺软件按照补偿加工界面提示填写需要加工零件的目标厚度值，导入 APT 刀位文件（即补偿前 APT），测量点厚度文件（数控系统生成的厚度测量数据文件），即可生成补偿加工 APT 程序。原位厚度控制工艺软件提供补偿比率、阈值等功能，补偿比率可以根据使用者要求给出，如实际误差为 2mm，补偿比率为 50%，那么实际补偿量为 1mm（图 6.33）。阈值则是补偿值的最大值，防止由于补偿量过大而对实际加工造成影响。

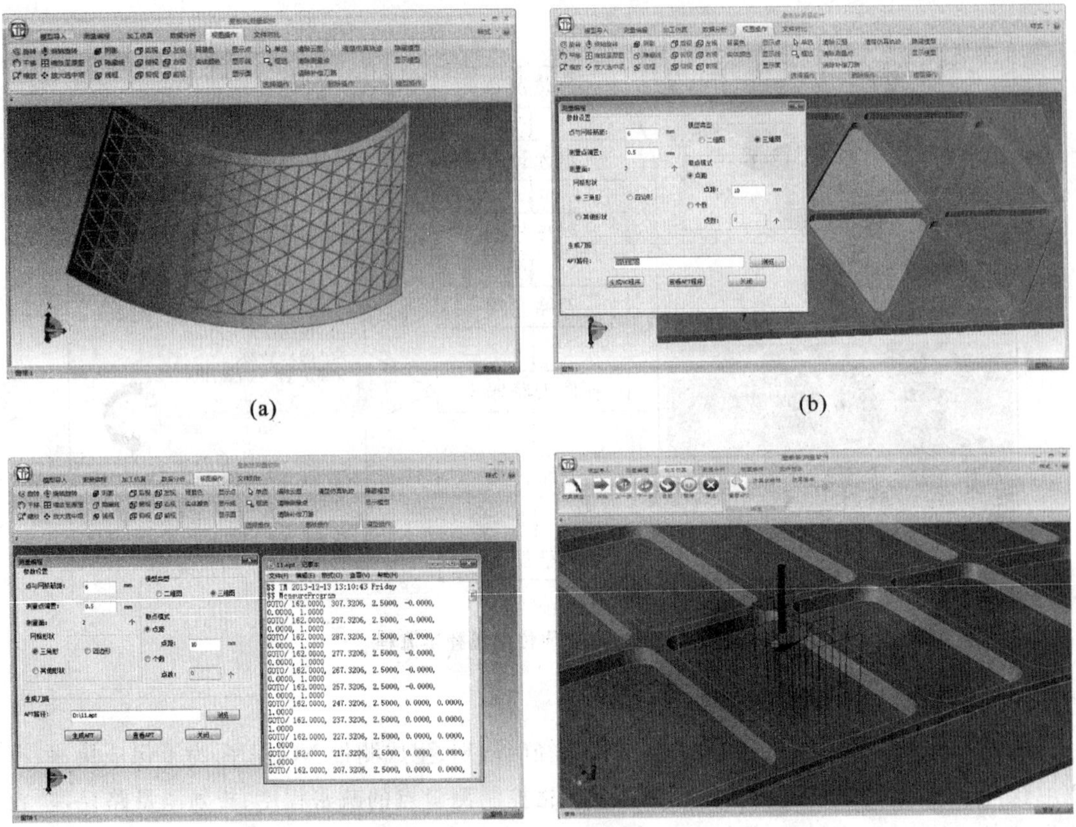

(a) (b) (c) (d)

图 6.31 厚度原位测量程序生成

(a) 模型导入；(b) 根据测量面选取测量点；(c) 生成测量程序；(d) 测量程序仿真

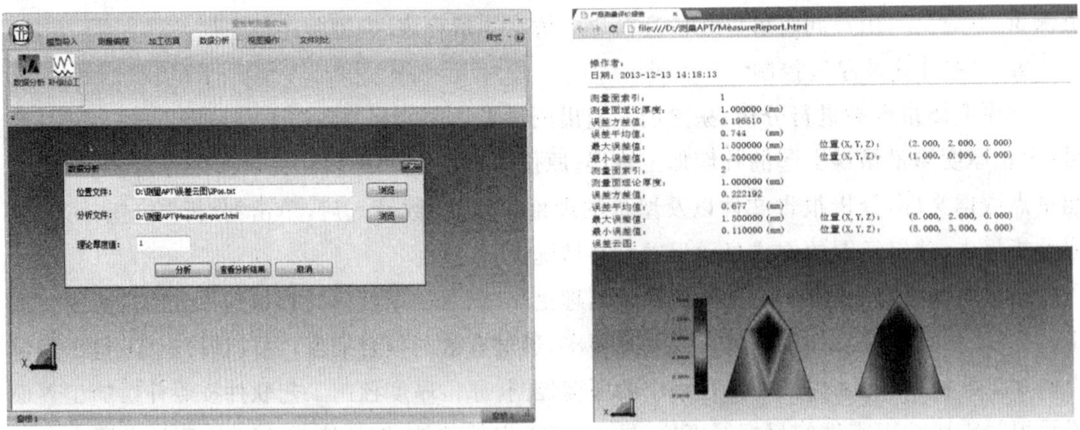

图 6.32 误差计算及显示

3. 刀路光顺

基于上述补偿加工的 APT 程序，利用曲面能量法等刀路光顺方法，保证刀尖点和刀具方向光滑，实现速度平滑。原位厚度控制工艺软件中采用螺旋铣进行加工。

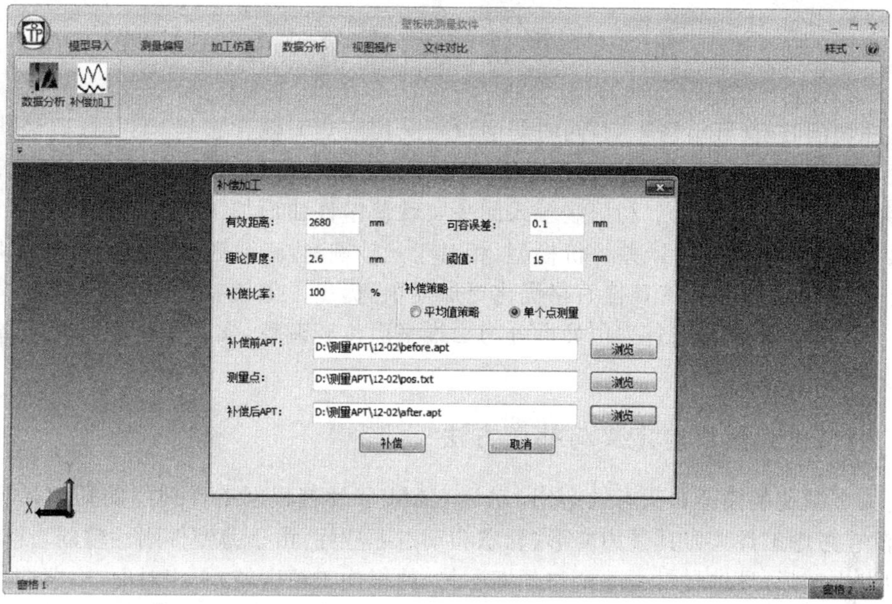

图 6.33　补偿加工工艺软件

4. 补偿刀路输出以及刀路仿真

光顺后的补偿加工 APT 程序，经过专用后置处理，可以得到适用于加工机床的 G 代码。如图 6.34 所示，在仿真软件中建立机床的仿真模型，导入加工刀路，仿真加工过程，避免刀具与机床的干涉，检查 G 代码的正确性。原位厚度控制工艺软件包含高效专用的后置处理软件，可以在软件中直接生成适用的 NC 程序，工艺软件还包括刀路仿真软件，以方便对程序的正确性作出判断。

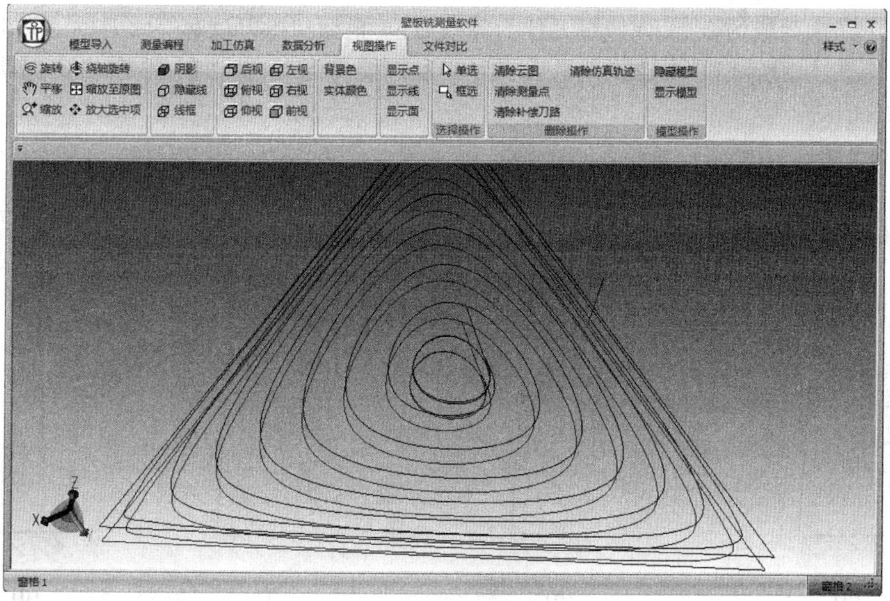

图 6.34　刀路仿真图

6.3 加工变形精度的原位测量与补偿

薄壁件切削时，受其结构影响，同时切削过程受切削热力耦合影响，难以按照经典理论进行切削变形预测与分析。薄壁件在加工过程中，易出现切削变形和切削过程失稳等问题，属于典型的难加工零件。对此，本节利用接触式测头实现薄壁件曲面加工轮廓的原位测量，建立了基于刀具包络面计算的变形误差评价模型。相对于三轴铣削，五轴侧铣增加了两个自由度控制刀具位姿，使得变形误差侧铣补偿刀路优化更加复杂。提出了侧铣补偿刀路调整算法，将复杂的三维空间刀具位姿优化在各刀位处拆分为二维平面位姿调整，实现了修正加工误差的刀路轨迹规划，详见文献[11]。

6.3.1 薄壁件变形误差定义与补偿方法

目前大多数铣削模型和所有的商用CAD/CAM软件都根据工件理想的几何模型进行刀路规划，没有考虑工件/刀具受力变形、静态和动态顺应性。由于薄壁件刚性较弱，铣削过程中受切削力发生变形，导致材料去除量与预期不符，使得加工精度较差。相对而言，薄壁件切削过程中，刀具的变形量可以忽略不计。

薄壁件铣削过程中，切削力引起的工件变形如图6.35所示，反映了加工过程中及加工后铣削状态的变化。图6.35中长虚线表示不考虑物理变形因素的工件几何模型。加工过程中受切削力影响，工件发生一定程度变形，变形量为δ_t。加工后，工件发生物理回弹，回弹量为δ_b。由工件变形引起的加工误差为：

$$\delta_b = \delta_t - \delta_r \tag{6.1}$$

其中，δ_r为残余的变形量，由于数值非常小，可忽略不计。

为了提高薄壁件侧铣加工精度，本书基于原位测量，采用通过调整加工刀路实现加工精度提升的误差补偿方法。首先假设图6.35(b)中所示的工件实际加工几何形貌是由加工刀具在理想情况下切削而成的，定义该假想刀位为等效刀位。根据初始刀位和等效刀位计算出的补偿刀位如图6.35(c)所示，在考虑工件受切削力变形的情况下，调整切削量，最终实现薄壁件加工精度的提升。

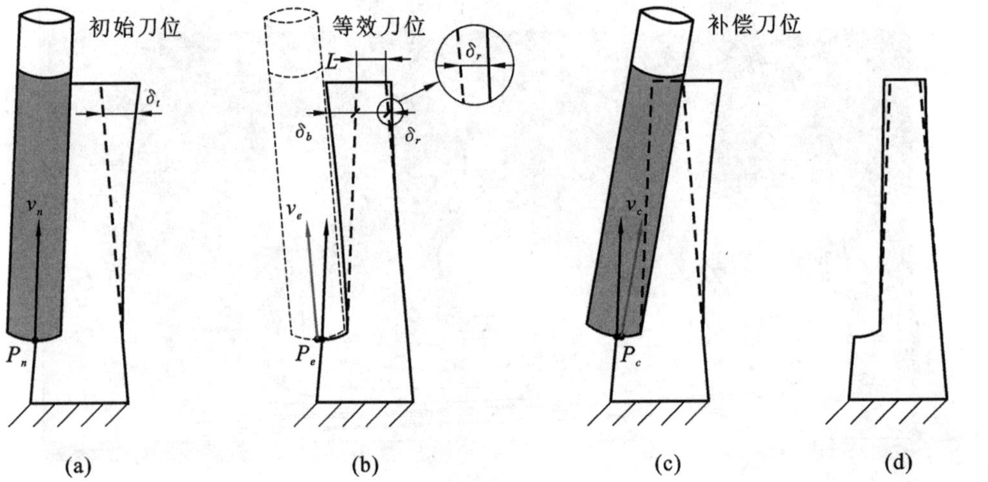

图6.35 侧铣变形误差定义

现有的CAM软件以工件几何模型为参考规划刀具路径，在保证刀路连续性的情况下，缩小刀具路径包络面与工件几何模型之间的偏差，没有考虑加工过程中刀具／工件因切削力发生的变形。基于在线测量的侧铣补偿策略的基本流程如图6.36所示，具体包括：

① 加工曲面的在线测量。根据工件几何模型及采样精度要求规划出接触式测头在线测量路径，实际测量后拟合出加工面。

② 刀具运动包络面计算。依据现有包络面计算方法，根据理想状态下规划出来的刀路及刀具参数，计算出刀具运动包络面。

③ 刀位补偿计算。通过与在线测量获得的加工面进行比较，计算出加工误差，若误差满足要求，则完成加工，否则计算对应的补偿量及补偿方向，获得新的刀路。

④ 补偿迭代计算。考虑到补偿后可能发生干涉，返回步骤2计算新刀路的包络面，迭代计算出补偿刀路。

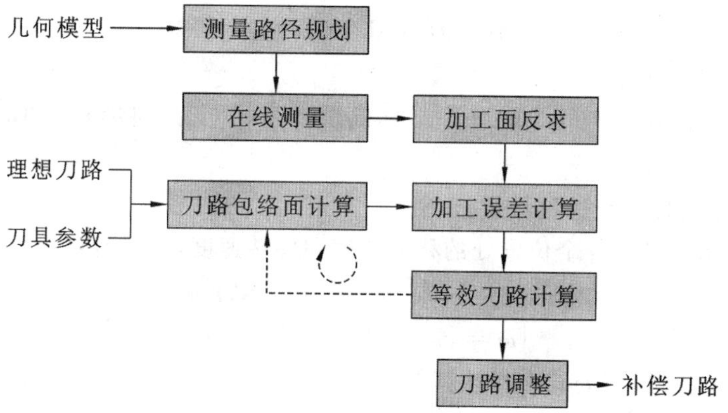

图6.36　基于在线测量的侧铣补偿策略的基本流程

6.3.2 刀具包络面计算

刀具包络面是指刀具沿刀具路径的连续运动而形成的刀具表面曲面[12]，如图6.37所示。刀具包络面常应用在数控仿真中，用来检查刀具与工件是否发生干涉，是否产生过切等情况[13]。刀具包络面计算采用朱利民等老师在文献[14]中推导的方法。本节主要对该算法的基本内容进行简要介绍。

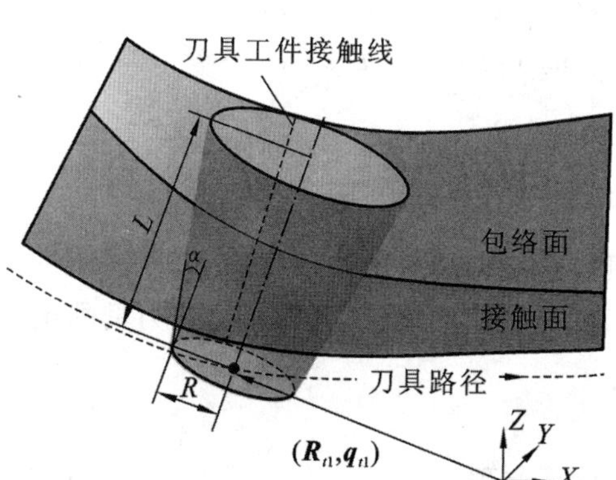

图6.37　刀具工件接触线形成

参考图 6.37 中的刀具尺寸参数，当 $\boldsymbol{S}(u,\theta)$ 和 $\boldsymbol{n}(u,\theta)$ 分别代表某一刀位处刀具表面和刀轴单位向量时，在以刀心点为原点建立的坐标系中有以下形式方程：

$$\begin{cases}\boldsymbol{S}(u,\theta)=[\rho(u)\cos\theta,\rho(u)\sin\theta,z(u)]^{\mathrm{T}} \quad u\in[0,1],\theta\in[0,2\pi] \\ \boldsymbol{n}(u,\theta)=[-z'(u)\cos\theta/D,-z'(u)\sin\theta/D,\rho'(u)/D]^{\mathrm{T}}\end{cases} \tag{6.2}$$

其中，$\rho(u)$ 和 $z(u)$ 分别表示关于参数 u 的刀具半径与刀具相对于刀心点的高度。参数 $D=\sqrt{[z'(u)]^2+[\rho'(u)]^2}$。针对图中的锥刀，有 $\rho(u)=L\tan\alpha\cdot u+R$ 和 $z(u)=Lu$。

根据刚体运动学，在工件坐标系中某个刀位点处，利用运动学变换矩阵($\boldsymbol{R}_{t1},\boldsymbol{q}_{t1}$)，能够求得刀具表面上一点的坐标。该运动学变换矩阵表示以刀心点为原点建立的坐标系相对于工件坐标系的姿态和位置。$\boldsymbol{R}_{t1}\in R^{3\times3}$ 表示姿态旋转矩阵，$\boldsymbol{q}_{t1}\in R^{3\times1}$ 表示位置移动矩阵。于是，工件坐标系中，某个刀位处刀具表面上一点的坐标和相对于刀具表面的单位法向为：

$$\begin{cases}\boldsymbol{F}(u,\theta)=\boldsymbol{R}_{t1}\boldsymbol{S}(u,\theta)+\boldsymbol{q}_{t1} \\ \boldsymbol{n}(u,\theta)=\boldsymbol{R}_{t1}\boldsymbol{n}(u,\theta)\end{cases} \tag{6.3}$$

其中，$\boldsymbol{R}_{t1}=\begin{bmatrix}k_x & s_x & a_x \\ k_y & s_y & a_y \\ k_z & s_z & a_z\end{bmatrix}=[\boldsymbol{k}\quad \boldsymbol{s}\quad \boldsymbol{a}]$，$\boldsymbol{q}_{t1}=[q_x\quad q_y\quad q_z]^{\mathrm{T}}$。列向量 $\boldsymbol{k}$、$\boldsymbol{s}$ 和 $\boldsymbol{a}$ 表示坐标轴的相对旋转量，$\boldsymbol{q}_{t1}$ 表示坐标原点的移动量。

令 $\boldsymbol{v}$ 和 $\boldsymbol{\omega}$ 表示刀具在各个位置处的移动速度和旋转速度，于是有：

$$\begin{cases}\boldsymbol{v}=[v_x\quad v_y\quad v_z]=\boldsymbol{R}_{t1}^{\mathrm{T}}\boldsymbol{p}'_{t1} \\ \boldsymbol{\omega}=[\omega_x\quad \omega_y\quad \omega_z]^{\mathrm{T}}\end{cases} \tag{6.4}$$

其中 ω_x、ω_y 和 ω_z 通过以下公式进行计算得到：

$$\boldsymbol{R}_{t1}^{\mathrm{T}}\boldsymbol{R}'_{t1}=\begin{bmatrix}0 & -\omega_z & \omega_y \\ \omega_z & 0 & -\omega_x \\ -\omega_y & \omega_x & 0\end{bmatrix} \tag{6.5}$$

根据文献[14]提供的方法，各刀位点处，刀具与包络面在参数 u 处的交点能够根据角度 θ 求得。

$$\theta=\sin^{-1}\left(\frac{c}{\sqrt{a^2+b^2}}\right)-\phi \quad 或 \quad \pi-\sin^{-1}\left(\frac{c}{\sqrt{a^2+b^2}}\right)-\phi \tag{6.6}$$

其中 $a=v_xz'(u)+\omega_y[\rho(u)\rho'(u)+z(u)z'(u)]$

$b=v_yz'(u)-\omega_x[\rho(u)\rho'(u)+z(u)z'(u)]$

$c=v_z\rho'(u)$

$\sin\phi=\dfrac{a}{\sqrt{a^2+b^2}},\quad \cos\phi=\dfrac{b}{\sqrt{a^2+b^2}}$

为了简化计算，把刀具与包络面的接触线视为一条直线。通过该方法可以求得各个刀位处刀具与包络面的接触线，通过扫描这些接触线，即可得到刀具的包络面。

6.3.3 补偿刀位计算

1. 变形误差补偿刀位计算原理

在实际加工中，通过控制加工参数改变铣削方式可以减小加工变形，从而提高加工精度。但是这类方法具有局限性，对铣削经验要求高，通用性较差，仅适合某一型号零件的加工参数，不适用于其他零部件。目前，在现有工艺基础上，通过改变铣削刀路实现变形误差补偿是采用较多的一种方法。

将现有的CAM软件规划出的刀路作为初始的刀位文件，通过比较实际加工面与初始刀位($\boldsymbol{P}^n$，$\boldsymbol{V}^n$)，求得该面的等效刀位($\boldsymbol{P}^e$，$\boldsymbol{V}^e$)。其中$\boldsymbol{P}^n$、$\boldsymbol{V}^n$分布表示刀尖点位置和刀轴方向。考虑到刀具与工件可能发生干涉，以刀具和工件是否发生干涉为边界条件，不断迭代求取等效刀位，得到最终的等效刀位($\boldsymbol{P}^e_{\mathrm{Final}}$，$\boldsymbol{V}^e_{\mathrm{Final}}$)。根据图6.38所示的刀位调整原理，实现变形误差补偿，得到调整后的刀位($\boldsymbol{P}^c$，$\boldsymbol{V}^c$)。

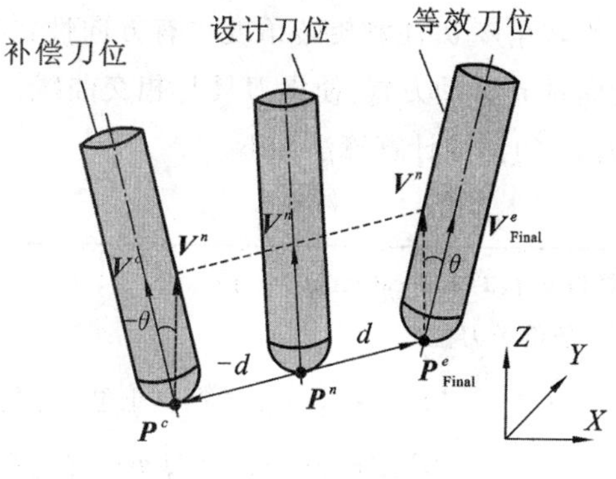

图6.38　刀位调整原理

2. 等效刀位计算

计算最优等效刀位即通过调整刀尖点位置和刀轴方向，使得该刀位处刀具与设计面之间的误差最小，属于最优化问题。利用指定刀位处刀具与其包络面之间的接触线所在的法平面，对刀具、实际测量得到的加工面进行切割，如图6.39所示，将3D空间中的问题转化为2D平面上的问题以进行优化。最优等效刀位须满足以下约束：

$$\min E = E_{\max} - E_{\min}$$
$$s.t.\begin{cases} E_{\min} = 0 \\ \boldsymbol{P}' = \boldsymbol{P} + k\boldsymbol{n} \quad k \in R \end{cases} \tag{6.7}$$

其中，E表示刀位点处误差范围，$E_{\max}$和$E_{\min}$分别表示最大、最小误差。针对约束条件，$E_{\min} > 0$时表示欠切，$E_{\min} < 0$表示过切，理想的情况是$E_{\min} = 0$。如图6.39所示，$\boldsymbol{P}$表示刀具底端与刀具包络面之间的交点，P'为等效刀位上的交点。向量$\boldsymbol{n}$表示刀具包络面在$\boldsymbol{P}$点处的单位法向量。式(6.7)能够防止刀具在底端处与设计面发生干涉。

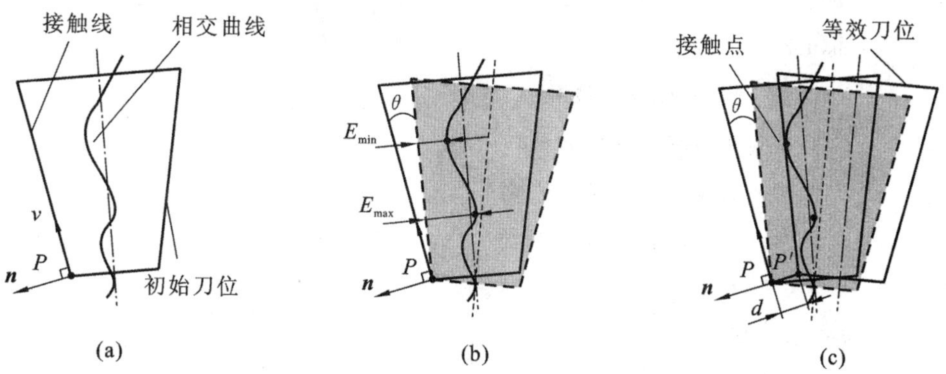

图6.39　等效刀位调整

(a) 初始几何关系；(b) 旋转参数θ的计算；(c) 平移参数d的计算

显然，式(6.7)属于非线性约束优化问题，很难直接求得最优的等效刀位，该式可等效为求最优的调整参数(θ，d)。如图6.39(a)所示，为设计刀位与加工面截面在2D平面上的关系。

绕刀具底端 P 点旋转刀具截面,并比较不同旋转角度 θ 对应的最大最小误差偏差 $E_{\max}-E_{\min}$(注意误差具有方向性,过切时偏差为负,欠切时为正),找到 $E_{\max}-E_{\min}$ 的最小值,得到最优旋转角度 θ。注意旋转角度也有方向性,如图 6.39(b)所示情况时顺时针为正,逆时针为负。沿向量 n 移动刀具,使得刀具与相交曲线接触,移动距离记为 d。综上得到最优调整参数。参数 (θ,d) 的详细计算算法如下。

算法 6.1:TPRelocation$(q(t),v)$

〈计算等效刀位〉

1:      $L(t) \leftarrow$ 初始刀具与理想包络面的接触线

2:      $E_{\max}(L,q) \leftarrow L(t)$ 与 $q(t)$ 之间的最大偏差

3:      $E_{\min}(L,q) \leftarrow L(t)$ 与 $q(t)$ 之间的最小偏差

4:      $E(L,q) \leftarrow E_{\max}(L,q) - E_{\min}(L,q)$

5:      $\Delta\theta \leftarrow L(t)$ 绕 P 点旋转的最小角度增量

6:      for $i=0$ to∞ do 〈往正方形搜索〉

7:      $L'(t) \leftarrow$ 接触线旋转 $i \times \Delta\theta$ 后的新位置

8:      $E(L',q) \leftarrow E_{\max}(L',q) - E_{\min}(L',q)$

9:      if $E(L',q) < E(L,q)$ then

10:      $L(t) \leftarrow L'(t)$

11:      $\theta \leftarrow i \times \Delta\theta$ 〈刀具旋转角度〉

12:      $d \leftarrow E_{\min}(L,q)\cos\theta$ 〈刀位移动距离〉

13:      else break

14:      end if

15:      end for

16:      for $i=0$ to∞ do 〈反方向搜索〉

17:      $L'(t) \leftarrow$ 接触线旋转 $-i \times \Delta\theta$ 后的新位置

18:      $E(L',q) \leftarrow E_{\max}(L',q) - E_{\min}(L',q)$

19:      if $E(L',q) < E(L,q)$ then

20:      $L(t) \leftarrow L'(t)$

21:      $\theta \leftarrow -i \times \Delta\theta$

22:      $d \leftarrow E_{\min}(L,q)\cos\theta$

23:      else break

24:      end if

25:      end for

26:      return(θ,d)

当参数(θ,d)获得后，设计刀位$(\boldsymbol{P}^n,\boldsymbol{V}^n)$与等效刀位$(\boldsymbol{P}^e,\boldsymbol{V}^e)$具有图6.40所示几何关系。根据刚体动力学，等效刀位可通过下式计算得到：

$$\begin{cases}\boldsymbol{P}^e=\boldsymbol{R}_{t2}\boldsymbol{R}_{z(\theta)}\boldsymbol{R}_{t2}^{\mathrm{T}}(\boldsymbol{P}^n-\boldsymbol{q}_{t2})+\boldsymbol{q}_{t2}-d\cdot\boldsymbol{y}_E\\ \boldsymbol{V}^e=\boldsymbol{R}_{t2}\boldsymbol{R}_{z(\theta)}\boldsymbol{R}_{t2}^{\mathrm{T}}\boldsymbol{V}^n\end{cases}\tag{6.8}$$

其中$\boldsymbol{R}_{t2}=\left[\boldsymbol{x}_E\quad \boldsymbol{y}_E\quad \dfrac{\boldsymbol{x}_E\times\boldsymbol{y}_E}{\|\boldsymbol{x}_E\times\boldsymbol{y}_E\|}\right]$，$\boldsymbol{q}_{t2}=\boldsymbol{W}_E$，而参数$\boldsymbol{x}_E$、$\boldsymbol{y}_E$和$\boldsymbol{W}_E$可在刀具包络面计算章节中获得。$\boldsymbol{R}_z(\theta)\in R^{3\times3}$表示绕$Z$轴逆时针旋转角度$\theta$。而等效刀位与设计刀位的刀尖点和刀轴方向移动向量为：

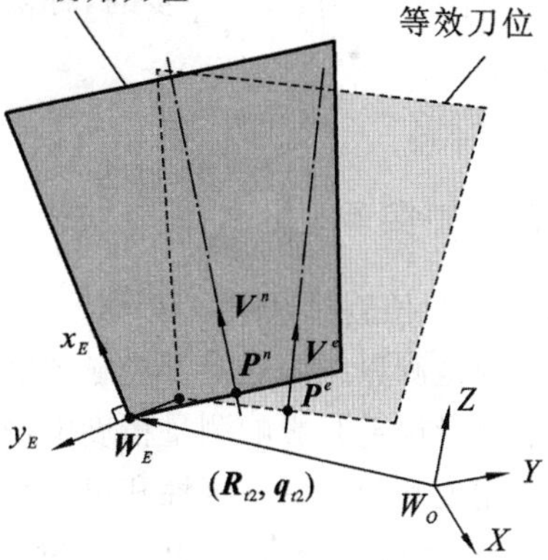

图6.40　刀具补偿策略

$$\begin{cases}\boldsymbol{v}^{\mathrm{tip}}=\boldsymbol{P}^e-\boldsymbol{P}^n\\ \boldsymbol{v}^{\mathrm{axis}}=\boldsymbol{V}^e-\boldsymbol{V}^n\end{cases}\tag{6.9}$$

式(6.9)代入式(6.8)化简后记为：

$$\begin{cases}\boldsymbol{v}^{\mathrm{tip}}=\boldsymbol{R}[\boldsymbol{R}_z(\theta)-\boldsymbol{E}]\boldsymbol{R}^{\mathrm{T}}(\boldsymbol{P}^n-\boldsymbol{q}_{t2})-d\cdot\boldsymbol{y}_E\\ \boldsymbol{v}^{\mathrm{axis}}=\boldsymbol{R}[\boldsymbol{R}_z(\theta)-\boldsymbol{E}]\boldsymbol{R}^{\mathrm{T}}\boldsymbol{V}^n\end{cases}\tag{6.10}$$

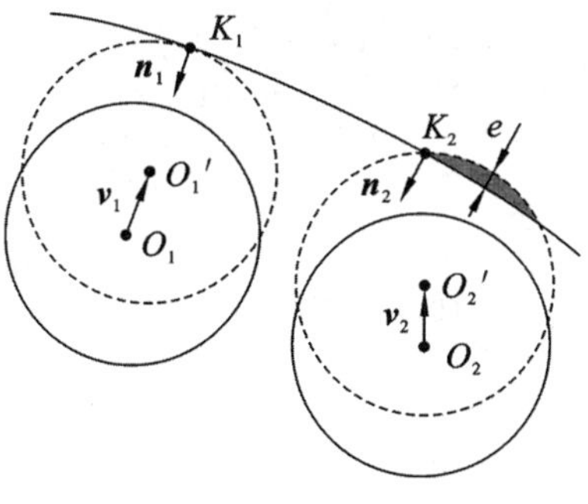

图6.41　等效刀路与设计面发生干涉的情况

3. 迭代计算补偿刀位

等效刀位的计算实际上是沿着特定的方向向量$\boldsymbol{v}_t$调整刀具位姿，找到刀具与设计面之间的交点$K_i(i=1,2\cdots)$。然而，如图6.41所示，在上述算法的调整下，会出现以下两种情况：

(1) 刀具从初始点$\boldsymbol{O}_1$沿给定单位向量$\boldsymbol{v}_1$移动到点$\boldsymbol{O}_1'$处，与设计面相交于点$\boldsymbol{K}_1$，$\boldsymbol{v}_1$与点$\boldsymbol{K}_1$处的法向$\boldsymbol{n}_1$平行，根据曲面几何关系，此时刀具可近似地看作与设计面相切，即理想的等效刀位点；

(2) 刀具从初始点$\boldsymbol{O}_2$沿给定单位向量$\boldsymbol{v}_2$移动到点$\boldsymbol{O}_2'$处，与设计面相交于点$\boldsymbol{K}_2$，$\boldsymbol{v}_2$与点$\boldsymbol{K}_2$处的法向$\boldsymbol{n}_2$不平行，此时刀具与设计面之间会发生干涉，导致工件过切，如图6.41中所示的阴影区域，即产生需要调整的等效刀位点。

为了消除刀具与工件之间的干涉，需要采用迭代算法计算等效刀位。判断理论刀具生产的包络面与等效刀位生产的包络面之间的误差。如果误差满足给定的阈值ε，则将此时的等效刀位作为补偿后的刀位文件；如果过切量超过给定的阈值ε，则将目前的等效刀位作为输入，计算出新的等效刀位，不断循环，直到满足给定阈值ε为止。本节中，设定$\varepsilon=0.001$。

综上所述，最终的等效刀位可通过下式计算得到：

$$\begin{cases}\boldsymbol{P}_{\mathrm{Final}}^e=\boldsymbol{P}^n+\sum\limits_{t=1}^{N}\boldsymbol{v}_i^{\mathrm{tip}}\\ \boldsymbol{V}_{\mathrm{Final}}^e=\boldsymbol{V}^n+\sum\limits_{t=1}^{N}\boldsymbol{v}_i^{\mathrm{axis}}\end{cases}\tag{6.11}$$

其中，($\boldsymbol{P}^e_{\text{Final}}$，$\boldsymbol{V}^e_{\text{Final}}$)表示最终生成的满足要求的等效刀位。$\boldsymbol{v}_i^{\text{tip}}$，$\boldsymbol{v}_i^{\text{axis}}$ 中下标表示迭代次数，式中 n 表示总的迭代次数。进一步的，补偿刀位可通过下式求得：

$$\begin{cases}\boldsymbol{P}^c = 2\boldsymbol{P}^n - \boldsymbol{P}^e_{\text{Final}} \\ \boldsymbol{V}^c = 2\boldsymbol{V}^n - \boldsymbol{V}^e_{\text{Final}}\end{cases} \tag{6.12}$$

6.3.4 实验验证

1. 原位测量系统搭建

原位测量系统决定了接触式红宝石探头的检测精度。文献[10] 指出机床的几何误差和测头的测量误差是影响测量精度的两大主要误差源。目前，典型的商业五轴数控机床已经具有很高的精度和很好的稳定性和可靠性。文献[15] 中测量五轴数控机床旋转轴的几何误差为十几微米或角秒。另外，已经有大量的研究成果，如文献[16] 和文献[17]，用来测量和补偿多轴数控机床的几何误差。利用前述的几何误差测量与补偿方法，保证原位测量系统测量结果的准确性。如图 6.42 所示，对 Φ29.9734 的高精度标准球进行原位测量，测量误差分布如图 6.42 (b) 所示，最大的测量误差为 0.0179 mm。

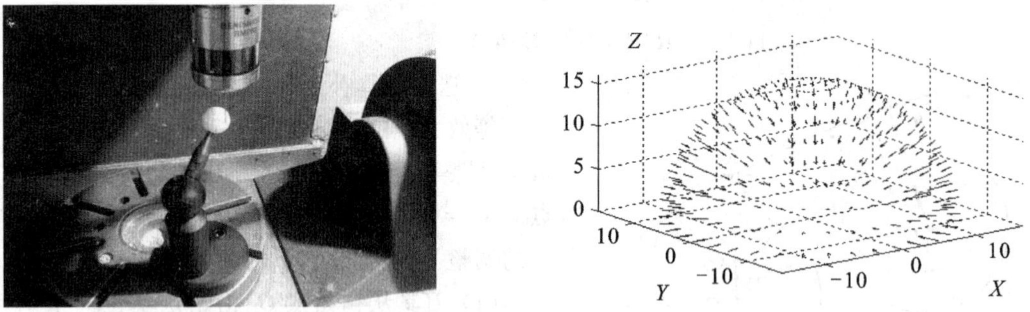

(a) (b)

图 6.42 测量误差标定

2. 原位测量路径规划

测量点采样策略决定了测量点的数量和分布，以及避免干涉的测量路径规划。目前已有大量的测量点采样策略，如文献 [18][19][20]。文献[21] 对常用的采样策略进行了较全面的总结，其中，根据等参数分布法确定采样点分布是目前最常用的策略之一，能够根据采样规模方便快速的确定采样点位置，同时，也便于测量路径的规划。等参数分布法可快速确定测量点。该方法还能够根据给定测量点数快速确定测量点的分布，能够方便的进行 B 样条曲面重构。

假设待测曲面的参数方程 $\boldsymbol{S}(u,v)$，$u \in [0,1]$，$v \in [0,1]$ 已知，根据预先给定测量点数量 ($n_u \times n_v$)，其中 n_u 和 n_u 分别表示沿曲面 u 方向和 v 方向测量点的数量，u 方向上第 i 个和 v 方向的 j 个测量点的理论坐标为 $S\left(\dfrac{i-1}{n_u-1},\dfrac{j-1}{n_u-1}\right)$。测量点数过少将影响待测曲面的拟合，测量点数过多将降低测量效率，本节给出了测量点数的确定方法，其步骤如下。

(1) 给定采样拟合误差 δ_{CS}。

(2) 根据不同的测量点规模，在 ACIS 平台上确定各测量点坐标，并根据离散的测量点坐标拟合出新的曲面。

(3) 计算拟合曲面和设计面之间的误差，作出各测量点规模与对应拟合误差之间的误差云图。

(4) 根据误差云图确定满足给定拟合误差 δ_{CS} 且规模最小的测量点数量。

针对特定零件的测量路径规划较简单，保证测头与工件不发生干涉即可。根据该方法确定的测量路径的 Vericut 仿真如图 6.43 所示。

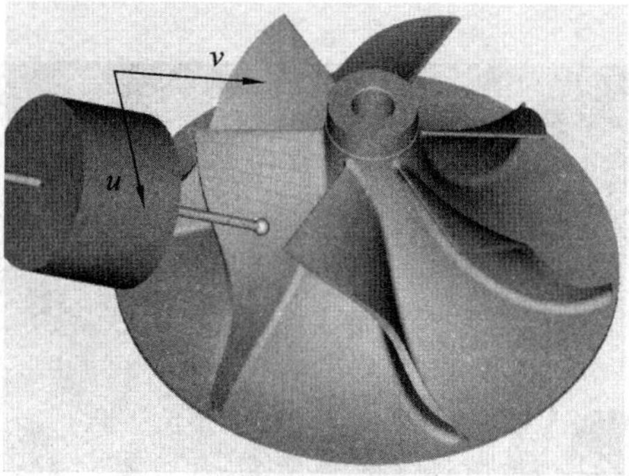

图 6.43 测量路径规划

3. 实验准备

通过侧铣方法，利用所设计的补偿算法加工一个离心叶轮的直纹叶片来验证该算法的有效性。离心叶轮叶片具有低刚性的特点，并且为了提高叶轮的气动性能，叶片表面被设计为扭曲的直纹面，非常适合本算法的验证。本实验中利用在线测量系统获得的测量数据，对叶片的加工刀路进行修正，提高叶轮叶片的加工精度。

图 6.44 为实验采用的离心叶轮的几何形状。叶片厚度为 0.53mm，进气口处叶展长度为 15.27mm，属于典型的薄壁件零件。实验用机床为 AC 双摆头机床。铣削刀具为小端 ϕ2mm，锥度为 5° 的锥铣刀。在线测量系统采用雷尼绍 RMP-60 接触式测头，配备 ϕ2mm 红宝石测头。

为了确定在线测量时合适的叶片采样点数量，需要保证通过采样点拟合出的曲面与设计面之间的逼近误差 δ_S 小于给定误差 δ_{CS}。本实验中取 $\delta_{CS} = 0.005$mm。采样点数量与最大逼近误差 δ_S 之间的关系如图 6.45 所示，随着采样点数量的增多，最大逼近误差不断减小。当采样点数量为 22×17 时，最大逼近误差满足规定要求，$\delta_S = 0.00493\text{mm} < \delta_{CS}$，且采样点数量相对最小，此即为本实验所用采样点数量。

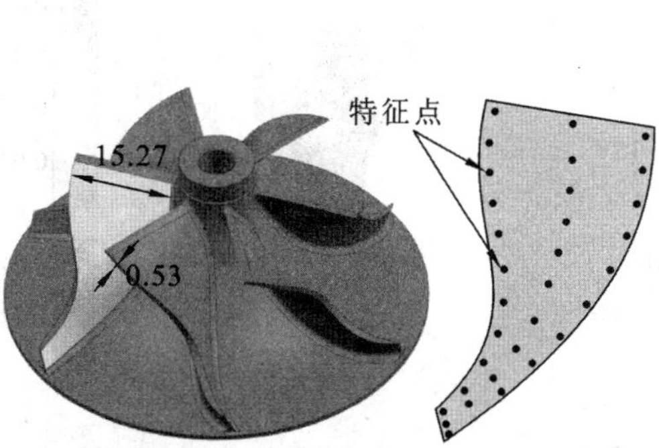

图 6.44 待加工叶片几何形状

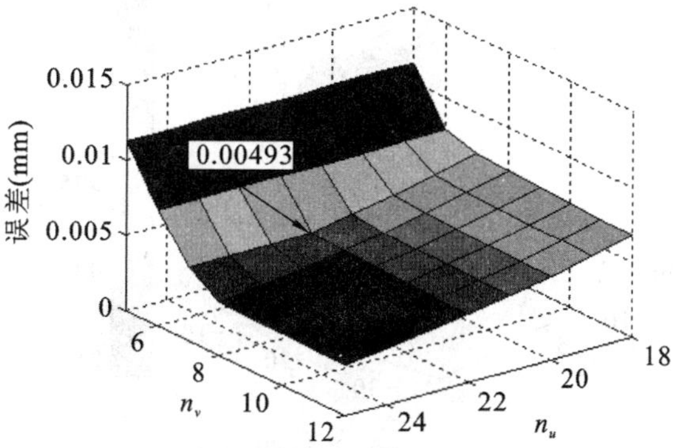

图 6.45 采样点规模与逼近误差的关系

通过自适应叶片精加工方法实现加工精度的提升。首先，用传统的加工方式加工一个叶片。然后，利用在线测量系统对加工精度进行检查，如图 6.46 所示。进一步的，利用本节所述的加工变形误差补偿方法对原加工刀路进行调整。最后用新的刀路对另一叶片进行精加工。加工参数如下：主轴旋转速度 $S=3000\text{r/min}$，每齿进给量 $f_z=0.05\text{mm/z}$。实验中为了尽可能保证对比实验的切削条件一致，三个叶片用传统的加工方法，另三个叶片用自适应补偿加工方法，使得对比实验更加直观。

图 6.46　叶片测量过程

4. 实验结果

本节对实验结果进行了对比分析，验证了基于在线测量的薄壁件加工变形误差自适应补偿加工方法的有效性和实用性。

利用在线测量系统对用传统的加工方法和自适应补偿加工方法的加工误差进行测量，如图 6.47 和图 6.48 所示。其中，图 6.47 为传统叶片加工的误差分布图，误差区间为[0.275，0.041]mm，图 6.48 为自适应叶片变形误差补偿加工的误差分布图，显然，通过自适应补偿加工，加工精度得到了大幅提升，最大误差仅为 0.083mm。同时，图 6.48 中所示的特征点处的加工误差如表 6.4 所示。其中，“(u,v)”表示特征点对应的 u-v 参数值，“δ_W”和“δ_A”分别表示传统方法和自适应补偿加工方法的加工误差，“%”表示补偿加工的加工精度提升效果，即 $(\delta_W-\delta_A)/\delta_W$。

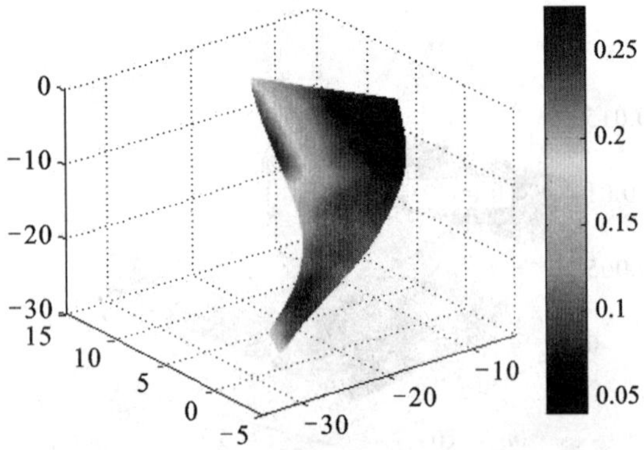

图 6.47　传统方法的加工误差

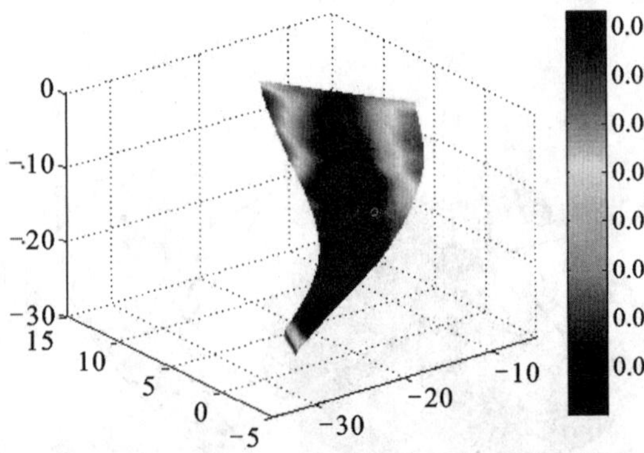

图 6.48　自适应补偿加工的加工误差

表 6.4 不同加工方法的加工误差

(u,v)	δ_W	δ_A	%	(u,v)	δ_W	δ_A	%	(u,v)	δ_W	δ_A	%
(0.0,0.0)	0.182	0.052	71.5%	(0.0,0.5)	0.090	0.012	86.4%	(0.0,1.0)	0.064	0.033	47.9%
(0.1,0.0)	0.235	0.081	65.8%	(0.1,0.5)	0.090	0.011	87.4%	(0.1,1.0)	0.046	0.068	−47.3%
(0.2,0.0)	0.258	0.068	73.7%	(0.2,0.5)	0.100	0.006	93.8%	(0.2,1.0)	0.046	0.069	−43.8%
(0.3,0.0)	0.273	0.064	76.6%	(0.3,0.5)	0.113	0.013	88.5%	(0.3,1.0)	0.076	0.047	38.3%
(0.4,0.0)	0.188	0.009	95.3%	(0.4,0.5)	0.094	0.006	93.6%	(0.4,1.0)	0.091	0.017	81.2%
(0.5,0.0)	0.149	0.017	88.4%	(0.5,0.5)	0.103	0.006	94.3%	(0.5,1.0)	0.097	0.009	90.8%
(0.6,0.0)	0.119	0.005	96.1%	(0.6,0.5)	0.099	0.013	87.3%	(0.6,1.0)	0.097	0.001	98.8%
(0.7,0.0)	0.098	0.003	97.1%	(0.7,0.5)	0.083	0.009	89.1%	(0.7,1.0)	0.087	0.003	96.5%
(0.8,0.0)	0.082	0.003	96.0%	(0.8,0.5)	0.076	0.002	97.0%	(0.8,1.0)	0.079	0.005	94.3%
(0.9,0.0)	0.105	0.016	84.4%	(0.9,0.5)	0.099	0.023	77.2%	(0.9,1.0)	0.088	0.031	64.4%
(1.0,0.0)	0.187	0.045	76.2%	(1.0,0.5)	0.198	0.048	75.9%	(1.0,1.0)	0.195	0.049	74.6%

这些结果显示自适应补偿加工的加工精度相对于传统的加工方法平均提升了75.2%。该实验说明针对薄壁件侧铣加工的自适应补偿加工方法能够提高加工精度。

6.4 加工过程的实时检测与控制

6.4.1 考虑迟滞补偿的力控制方法简介

在搅拌摩擦焊(Friction Stir Welding,简称FSW)中,为了获得稳定的加工质量,在加工过程中,需要将轴向力保持在一个最佳值附近。但是,由于装夹不当、工装或工件变形等因素,轴向力容易剧烈波动,进而导致加工质量下降。因此,轴向力的实时控制对于提高加工质量有重要意义。这种由加工过程中随机扰动引起的误差,必须通过在线方式才能进行有效的补偿。因此,复杂曲面五轴加工的一大发展趋势就是提高加工过程实时检测与控制的水平。Cook 等人[22]指出实现轴向力的伺服反馈控制是改善加工过程的关键。Longhurst 等人[23]指出由于加工设备末端变形等因素,单纯的位置控制不能有效地保持轴向力恒定,必须将轴向力的实时监控引入到加工过程中。目前,关于轴向力实时控制的研究逐年增加,但是对系统的迟滞补偿研究不足。Zhao 等人[24] 通过多项式极点配置的方法(Polynomial Pole Placement, PPP)实现力的反馈控制,并通过 Smith 预估补偿器(Smith Predictor-Corrector, SPC)补偿迟滞。但 PPP 和 SPC 的结构都较为复杂,难以整定和维护,不适于工业应用。Longhurst 等人[23]采用了 PID 控制器,但 PID 控制器对大迟滞或非线性系统的效果较差。Davis 等人[25] 采用了自适应鲁棒控制,但没有涉及系统迟滞补偿的问题。

实用的轴向力控制方法除了要考虑控制精度和系统的动态响应性能,还应考虑迟滞补偿的问题。基于执行器的动态特性、处理器间的通信时滞、力传感器和处理器间的数据传输等原因,迟滞在加工系统中广泛存在。迟滞会影响轴向力控制的精度,甚至导致加工系统失稳。

本书提出了一种轴向力控制方法。该方法可于扰动存在的条件下保持轴向力的恒定,并有效补偿系统迟滞。本节内容可参考文献[45]。

1. 动态系统建模

典型的轴向力控制系统如图 6.49 所示。上位处理器中集成有力控制器。下位处理器为执行机构（机床或机器人）的控制器。上位处理器根据力传感器采集的数据，通过力控制器计算出下压量的调整量，并将该量作为指令值传递给下位处理器。下位处理器根据指令值驱动执行机构运动。为了设计力控制器，需要首先对指令值和轴向力测量值间的动态关系进行建模。

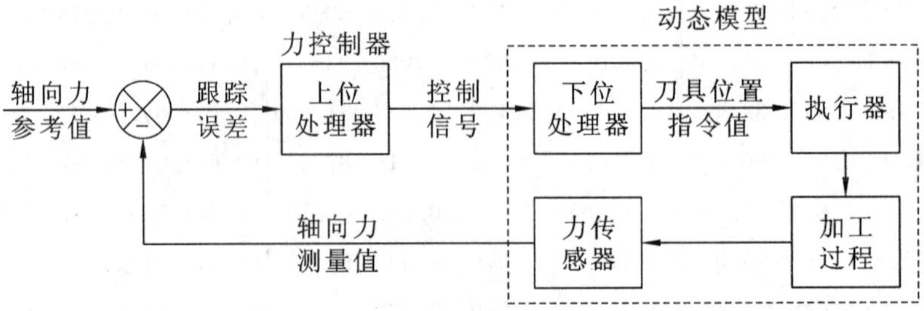

图 6.49　轴向力控制系统

通常采用含迟滞项的二阶离散模型进行建模，如式(6.13)所示。

$$F(z)=\frac{b_2z^2+b_1z+b_0}{z^2+a_1z+a_0}z^{-n}U(z) \tag{6.13}$$

其中 $F(z)$ 是轴向力，a_0、a_1、b_0、b_1 和 b_2 是模型系数，控制信号 $U(z)$ 与下压量 $D(z)$ 的关系可由 $U(z)=D(z)^{\gamma}$ 表示，延迟项 z^{-n} 中，n 表示迟滞周期的个数。

定义下列状态变量：

$$\left.\begin{aligned}\boldsymbol{x}_1(k)&=\boldsymbol{f}(k)-b_2\boldsymbol{u}(k-n)\\ \boldsymbol{x}_2(k)&=\boldsymbol{x}_1(k+1)-(b_1-a_1b_2)\boldsymbol{u}(k-n)\end{aligned}\right\} \tag{6.14}$$

则式(6.13)可以转换为状态空间的形式：

$$\left.\begin{aligned}\boldsymbol{x}(k+1)&=\boldsymbol{A}\boldsymbol{x}(k)+\boldsymbol{B}\boldsymbol{u}(k-n)\\ \boldsymbol{f}(k)&=\boldsymbol{C}\boldsymbol{x}(k)+\boldsymbol{D}\boldsymbol{u}(k-n)\end{aligned}\right\} \tag{6.15}$$

其中 $\boldsymbol{x}(k)$ 是二维状态向量，参数矩阵为：

$$\boldsymbol{A}=\begin{bmatrix}0 & 1\\ -a_0 & -a_1\end{bmatrix},\quad \boldsymbol{B}=\begin{bmatrix}B_1\\ B_2\end{bmatrix}=\begin{bmatrix}b_1-a_1b_2\\ b_0-a_1b_1-(a_0-a_1^2)b_2\end{bmatrix},\quad \boldsymbol{C}=[1\quad 0],\quad D=b_2 \tag{6.16}$$

2. 迟滞补偿

为了补偿式(6.15)中的迟滞项，定义如下新的状态变量[25]：

$$\left.\begin{aligned}\tilde{\boldsymbol{x}}(k)&=\boldsymbol{x}(k)+\sum_{i=k-n}^{k-1}\boldsymbol{A}^{k-n-i-1}\boldsymbol{B}\boldsymbol{u}(i)\\ \tilde{\boldsymbol{y}}(k)&=\boldsymbol{f}(k)+\sum_{i=k-n}^{k-1}\boldsymbol{C}\boldsymbol{A}^{k-n-i-1}\boldsymbol{B}\boldsymbol{u}(i)-\boldsymbol{D}\boldsymbol{u}(k-n)\end{aligned}\right\} \tag{6.17}$$

将(6.17)代入(6.15)，可获得如式(6.18)所示的不含迟滞项的标准形式：

$$\left.\begin{aligned}\tilde{\boldsymbol{x}}(k+1)&=\boldsymbol{A}\tilde{\boldsymbol{x}}(k)+\tilde{\boldsymbol{B}}\boldsymbol{u}(k)\\ \tilde{\boldsymbol{y}}(k)&=\boldsymbol{C}\tilde{\boldsymbol{x}}(k)\end{aligned}\right\} \tag{6.18}$$

其中

$$\tilde{\boldsymbol{B}}=\boldsymbol{A}^{-n}\boldsymbol{B}\begin{bmatrix}\tilde{B}_1\\ \tilde{B}_2\end{bmatrix} \tag{6.19}$$

在式(6.17)中，当采样周期k为0至n时，i的取值小于或等于0。为了使$u(i)$有意义，设d_0为G代码中的下压量指令值，定义：

$$\boldsymbol{u}(i)=\boldsymbol{d}_0^{\gamma}\quad(-n\leqslant i\leqslant 0) \tag{6.20}$$

Artstein[25]已经证明式(6.18)和(6.15)是等价的，则系统的控制问题可以基于补偿迟滞后的系统模型进行分析。

6.4.2 控制器设计

1. 设计流程

轴向力控制系统的设计流程如图6.50所示。设计过程分为三个主要步骤。步骤1为迟滞补偿。模型A是含迟滞的轴向力动态模型，即式(6.15)。模型B是式(6.18)描述的补偿迟滞后所得的模型。

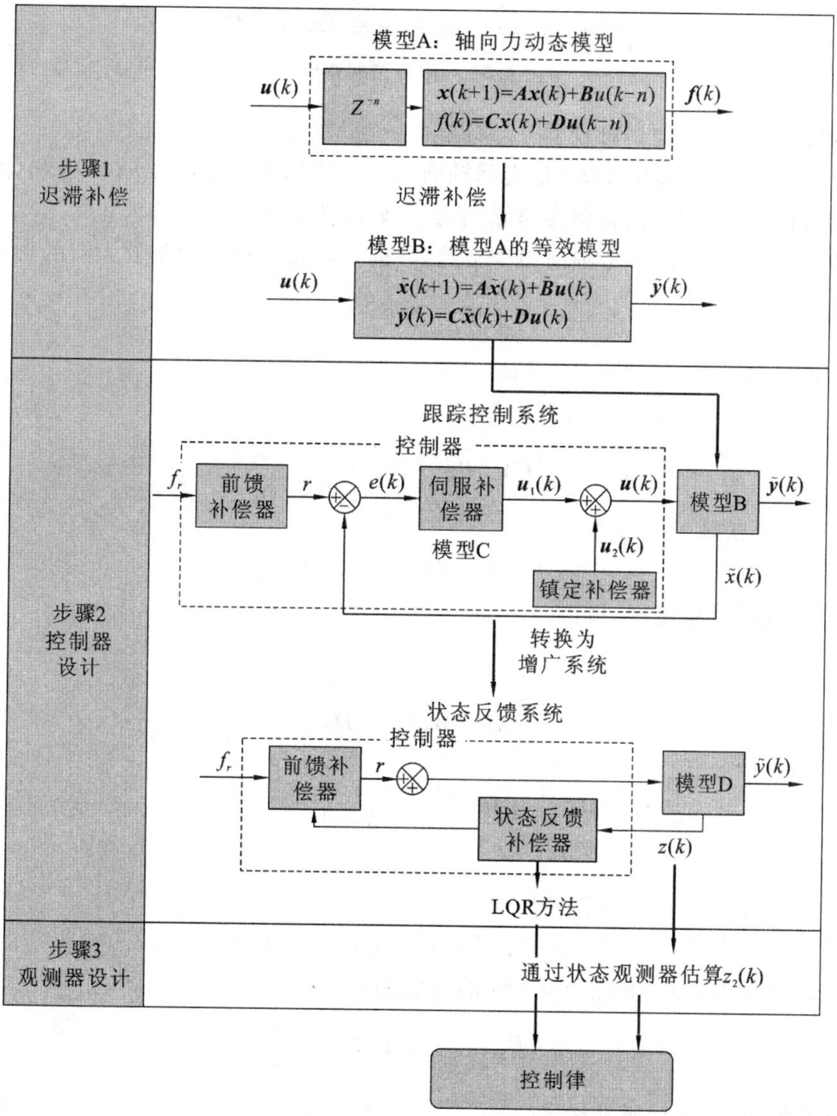

图6.50 轴向力控制系统的设计流程

步骤 2 在模型 B 的基础上，设计闭环控制系统。首先设计一个跟踪控制系统，系统所含的三个主要补偿器将在后文详细阐述。然后将跟踪控制系统改写为状态反馈系统的形式，并整定各个补偿器的补偿系数。

步骤 3 为控制系统添加状态观测器，以估计无法直接测量的状态量。

2. 跟踪控制系统

基于模型 B 建立的跟踪控制系统如图 6.51 所示。该控制系统包含前馈补偿器、镇定补偿器、伺服补偿器等 3 个主要的补偿器。

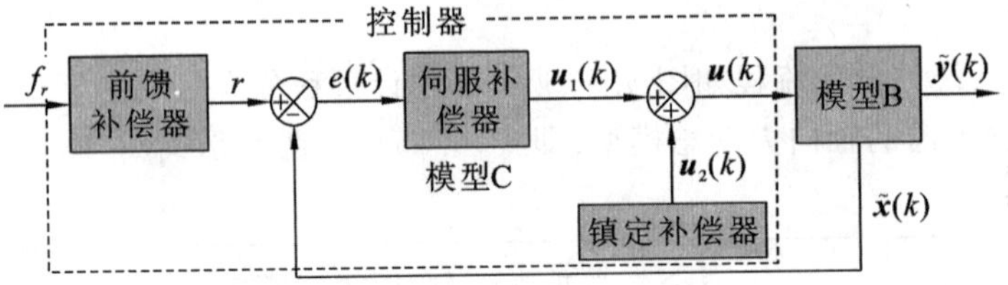

图 6.51 跟踪控制系统

(1) 补偿器 Ⅰ —— 前馈补偿器

根据式(6.17)，系统输出 $\tilde{y}(k)$ 是实际轴向力和 n 周期内控制信号 $u(i)$ 的和。由于不等于 $f(k)$，需要设计一个前馈控制器将参考轴向力 f_r 转换为正确的参考输入 r。

对于通常的加工过程，参考轴向力为常数，故前馈补偿器可为比例放大器的形式。

$$\frac{r}{f_r} = k_r \tag{6.21}$$

其中 k_r 是比例系数。

结合式(6.13)和式(6.17)，可得：

$$\tilde{\boldsymbol{y}}(z) = \left[1 + \left(\sum_{i=1}^{n} \boldsymbol{CA}^{-1}\boldsymbol{B}z^{j-1} - \boldsymbol{D}\right)\frac{z^2 + a_1 z + a_0}{b_2 z^2 + b_1 z + b_0}\right] F(z) \tag{6.22}$$

设 $F(z)$ 为阶跃输入的形式

$$F(z) = (1 - z^{-1})^{-1} F_r \tag{6.23}$$

根据 z- 变换的终值定理，可得：

$$\begin{aligned} r &= \lim_{k\to\infty} \tilde{\boldsymbol{y}}(k) \\ &= \lim_{z\to 1}(1 - z^{-1})\left[\left(1 + \sum_{j=1}^{n} \boldsymbol{CA}^{-j}\boldsymbol{B}z^{j-1} - \boldsymbol{D}\right)\frac{z^2 + a_1 z + a_0}{b_2 z^2 + b_1 z + b_0}\right](1 - z^{-1})^{-1} f_r \\ &= \left[1 + \left(\sum_{j=1}^{n} \boldsymbol{CA}^{-j}\boldsymbol{B}z^{j-1} - \boldsymbol{D}\right)\frac{z^2 + a_1 z + a_0}{b_2 z^2 + b_1 z + b_0}\right] f_r \\ &= k_r f_r \end{aligned} \tag{6.24}$$

(2) 补偿器 Ⅱ —— 镇定补偿器

镇定补偿器的作用是控制系统的动态特性，包括稳定性、振荡衰减和响应速度等。镇定补偿器采用状态反馈的形式，其输出 $\boldsymbol{u}_1(k)$ 的定义为：

$$\boldsymbol{u}_1(k) = [k_1 \quad k_2]\begin{bmatrix} \tilde{\boldsymbol{x}}_1(k) \\ \tilde{\boldsymbol{x}}_2(k) \end{bmatrix} \tag{6.25}$$

(3) 补偿器 Ⅲ —— 伺服补偿器

伺服补偿器的作用是通过输出反馈的方式，在存在干扰和系统不确定性的情况下，使系统

输出 $\tilde{\boldsymbol{y}}(k)$ 跟踪 r。

在 r 为常数的情况下，根据内模原理，伺服补偿器的分母必须含有 $z-1$ 项以消除稳态误差，如式(6.26) 所示。

$$\boldsymbol{u}_2(k)=\frac{k_3}{z-1}e(z) \tag{6.26}$$

其中 k_3 为输出反馈系数，控制信号 $\boldsymbol{u}_2(k)$ 为伺服补偿器的输出信号。

3. 状态反馈系统

为了便于整定各个补偿器的补偿系数，需要将跟踪控制系统改写为状态反馈系统的形式。将伺服补偿器描述为状态空间的形式，$x_C(k)$ 为其状态变量。

$$\begin{cases}\boldsymbol{x}_C(k+1)=\boldsymbol{x}_C(k)+\boldsymbol{e}(k)\\ \boldsymbol{u}_2(k)=k_3\boldsymbol{x}_C(k)\end{cases} \tag{6.27}$$

定义式(6.27) 为模型 C，则整个闭环控制系统可以表述为模型 B 和模型 C 的复合

$$\begin{bmatrix}\tilde{x}(k+1)\\ x_C(k+1)\end{bmatrix}=\begin{bmatrix}\boldsymbol{A} & 0\\ \boldsymbol{E} & 1\end{bmatrix}\begin{bmatrix}\tilde{x}(k)\\ x_C(k)\end{bmatrix}+\begin{bmatrix}\tilde{\boldsymbol{B}}\\ 0\end{bmatrix}\boldsymbol{u}(k)+\begin{bmatrix}\boldsymbol{0}\\ k_tf_t\end{bmatrix} \tag{6.28}$$

其中 $\boldsymbol{E}$ 是行向量$[-1\quad 0]$。

为式(6.28) 定义新的状态变量和参数矩阵如下：

$$\boldsymbol{z}(k)=\begin{bmatrix}z_1(k)\\ z_2(k)\\ z_3(k)\end{bmatrix}=\begin{bmatrix}\tilde{x}_1(k)\\ \tilde{x}_2(k)\\ \tilde{x}_3(k)\end{bmatrix},\quad \boldsymbol{G}=\begin{bmatrix}0 & 1 & 0\\ -a_0 & -a_1 & 0\\ -1 & 0 & 1\end{bmatrix},\quad \boldsymbol{H}=\begin{bmatrix}\tilde{B}_1\\ \tilde{B}_2\\ 0\end{bmatrix},\quad \boldsymbol{M}=\begin{bmatrix}0\\ 0\\ k_r\end{bmatrix},\quad \boldsymbol{N}=\begin{bmatrix}1\\ 0\\ 0\end{bmatrix}^{\mathrm{T}} \tag{6.29}$$

则控制系统的动态方程可描述为模型 D

$$\begin{cases}\boldsymbol{z}(k+1)=\boldsymbol{Gz}(k)+\boldsymbol{Hu}(k)+\boldsymbol{M}f_r\\ \tilde{\boldsymbol{y}}(k)=\boldsymbol{Nz}(k)\end{cases} \tag{6.30}$$

式(6.30) 说明原始的跟踪控制系统可以转化为不含输出反馈，而仅含状态反馈的增广系统，如图 6.52 所示。控制信号 $u(k)$ 为所有状态反馈量之和。

$$\boldsymbol{u}(k)=\boldsymbol{K}z(k) \tag{6.31}$$

其中 $\boldsymbol{K}$ 状态反馈系数向量，定义为：

$$\boldsymbol{K}=[k_1\quad k_2\quad k_3] \tag{6.32}$$

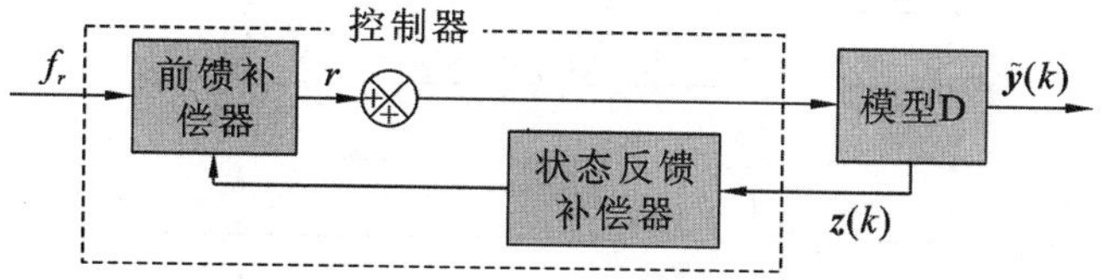

图 6.52 增广系统

6.4.3 实验验证

1. 系统辨识

为了正确设计控制器，首先需要确定轴向力动态模型的各项参数。模型参数可以通过根据

系统对阶跃输入的响应进行标定。标定实验中，刀具轨迹以阶跃的形式变化，记录轴向力的变化情况，采集的数据如图 6.53 所示。

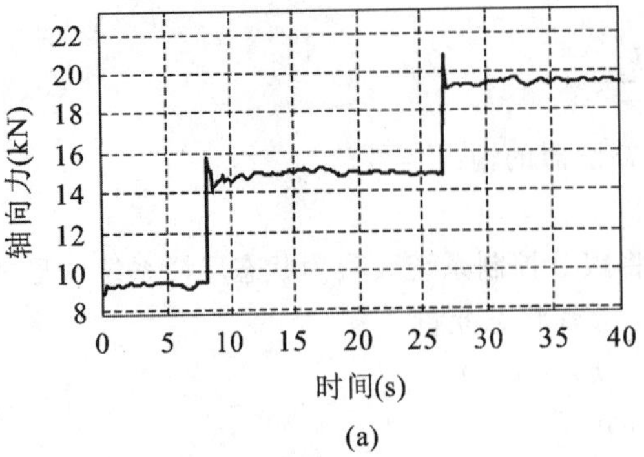

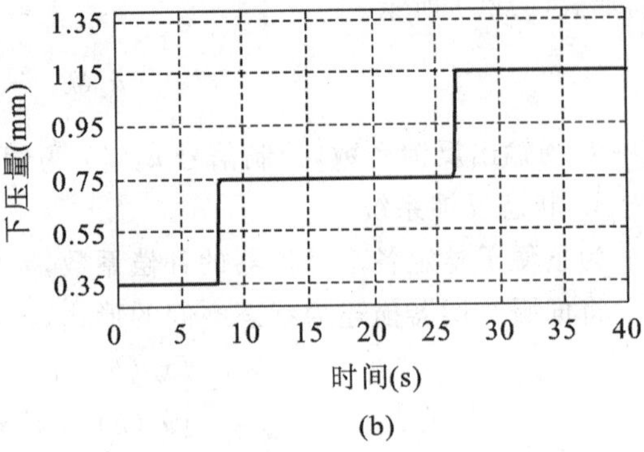

图 6.53　标定实验

(a) 轴向力测量值；(b) 下压量的指令值

采用二阶连续模型描述系统，如式(6.33)所示。其中 K_P 为比例系数，τ 为时间常数，ζ 为阻尼系数，ω_n 为自然角频率，T_d 是延迟时间。模型系数可以通过 Matlab 的系统辨识工具箱标定。

$$F(s) = K_P \frac{\tau s + 1}{s^2 + 2\xi\omega_n s + \omega_n^2} e^{-T_d^s} D(s)^\gamma \tag{6.33}$$

其中，$U(z)$ 和 $D(z)$ 间的关系可采用指数模型 $U(z) = D(z)^\gamma$ 表示，而 γ 值可由轴向力和下压量间的静态关系确定。设 $F = Kd^\gamma$，则有 $\ln F = \ln K + \gamma \ln d$，根据阶跃实验中各个稳态阶段的平均轴向力，$K$ 与 γ 可由最小二乘法确定。

标定后的式(6.33)可由 Matlab 函数 c2d() 转换为式(6.13)中的离散形式，则式(6.13)中的 a_i 和 b_i 得以确定。针对图 6.53 中的标定实验，标定结果如表 6.5 所示。

表 6.5　标定结果

模型	参数	估计值	单位
静态模型	K	14.65	kN/mm$^\gamma$
	γ	0.45	No unit
连续动态模型	K_P	14.68	kN/mm$^\gamma$
	τ	-1.87×10^{-5}	s
	ζ	0.49	No unit
	ω_n	34.13	Hz
	T_d	0.09	s
离散动态模型	a_0	0.30	No unit
	a_1	-0.50	No unit
	b_0	3.86	kN/mm$^\gamma$
	b_1	7.76	kN/mm$^\gamma$
	b_2	0.07	kN/mm$^\gamma$
	n	1	No unit

2. 控制器参数

基于一定的试凑和调整，加权矩阵 Q 和加权系数 R 分别取 diag ([1.7,0,0.1]) 和 $R = 0.3\mathrm{kN/mm}^{\gamma}$。观测器的反馈系数 k_g 取 0.1。

3. 迟滞补偿

通过一组比较实验验证迟滞补偿的效果。在实验过程中，参考轴向力以阶跃形式由 5kN 改变至 7kN，再改为 10kN，最后改为 6.5kN。

在第一次实验中，忽略式(6.13) 中的迟滞项，控制器的设计过程除跳过迟滞补偿外，其余内容与第 3 部分一致。为了表述简便，下文将该组实验称为"含迟滞"组。在第二组实验中，先运用式(6.17) 补偿迟滞，然后设计控制器。该组实验称为"无迟滞"组。

实验结果如图 6.54 和表 6.6 所示。与迟滞组相比，补偿组的轴向力变化的超调和稳态过程中的振动都明显减少，跟踪精度也得到提高。如图 6.54(b) 所示，补偿组的刀具轨迹调整过程更加平顺。

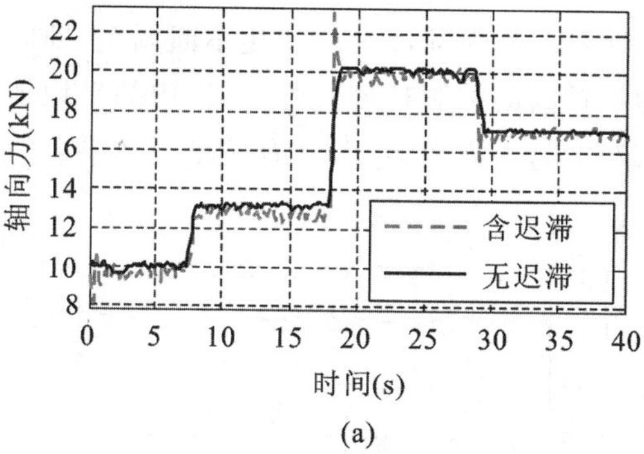

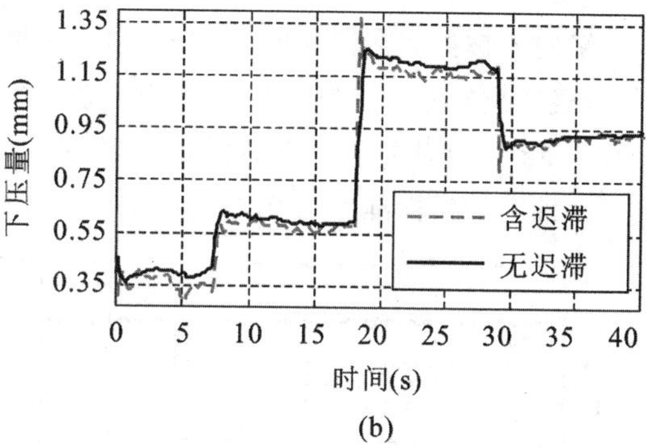

图 6.54　迟滞补偿实验

(a) 轴向力测量值；(b) 下压量测量值

表 6.6　迟滞补偿实验数据统计

阶段	F_r(kN)	F(kN)		ΔF(kN)	
		迟滞组	补偿组	迟滞组	补偿组
1	5.0	4.7	5.1	0.4	0.1
2	7.0	6.8	7.1	0.2	0.1
3	10.0	10.1	10.1	0.1	0.1
4	6.5	6.6	6.5	0.1	0.0

4. 抗干扰性能

通过一组对比实验验证控制系统在干扰情况下的跟踪能力，实验装置如图 6.55 所示。待加工工件放置于一倾斜的台面上，台面两端高度相差 1mm。刀具首先接触工件较高的一端，并沿着台面倾斜方向向前运动，最后于工件较低的一端结束加工。实验包括两组，一组实验使用固定的下压量，另一组使用轴向力控制器，参考轴向力设定为 8kN。

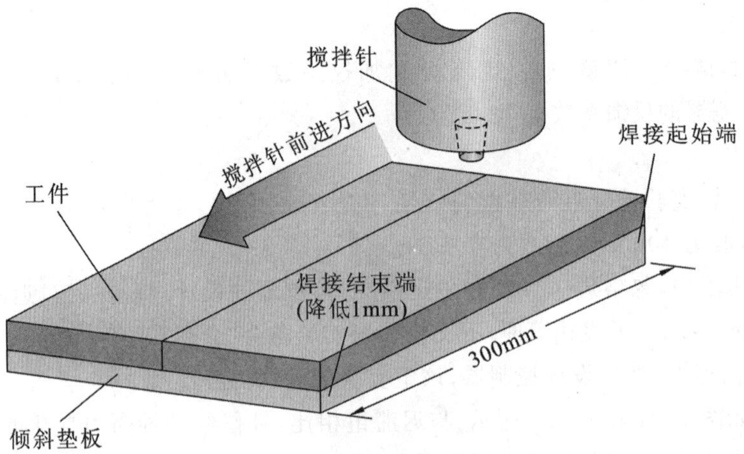

图 6.55　抗干扰实验的实验装置

实验结果如图 6.56 所示。当使用固定的下压量时，轴向力不断下降。当使用轴向力控制器时，轴向力被控制在恒定值，而刀具的下压量则随着工件表面高度的变化不断调整。轴向力控制器表现出较好的控制效果。一方面，系统达到了较高的控制精度，加工过程中的平均轴向力为 14.9kN，相对参考轴向力的相对误差为 0.67%。另一方面，系统具有较稳定和平顺的动态过程，轴向力的标准差为 0.17kN。

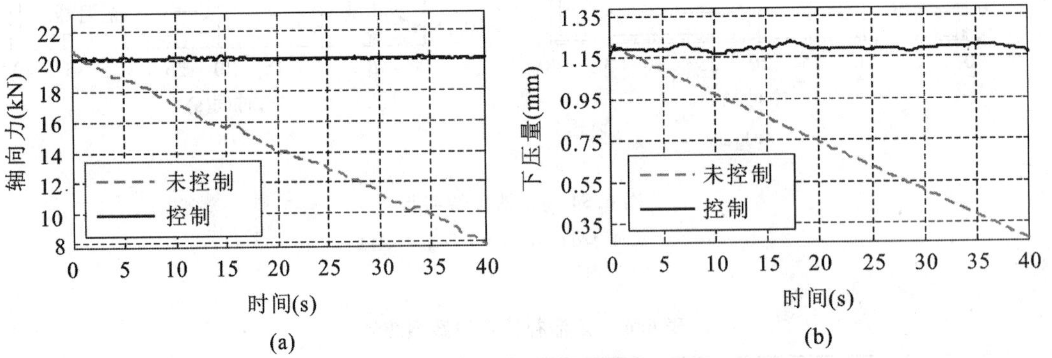

图 6.56　抗干扰实验

(a) 轴向力测量；(b) 下压量测量

6.4.4　五轴 FSW 的实时控制

如图 6.57 所示，采用五轴搅拌摩擦焊设备焊接空间曲线。其中 X、Y 与 Z 为平动轴，A 与 C 为旋转轴，W 为搅拌针的轴线方向。由于空间曲线的方向不断变化，下压量应沿着 W 方向调整，而非 Z 方向。

设第 k 个采样周期下压量的调整量为 $\Delta D(k)$，搅拌针轴线方向的调整量为 $\Delta W(k)$，则由式(6.20)、式(6.33)可得

$$\Delta W(k) = \Delta D(k) = u(k)^{1/\gamma} \tag{6.34}$$

设 ΔX、ΔY、ΔZ 分别为 ΔW 在 X、Y、Z 轴上的分量，则由图 6.57 中几何关系，三个平动轴的调整量可由下式计算得到：

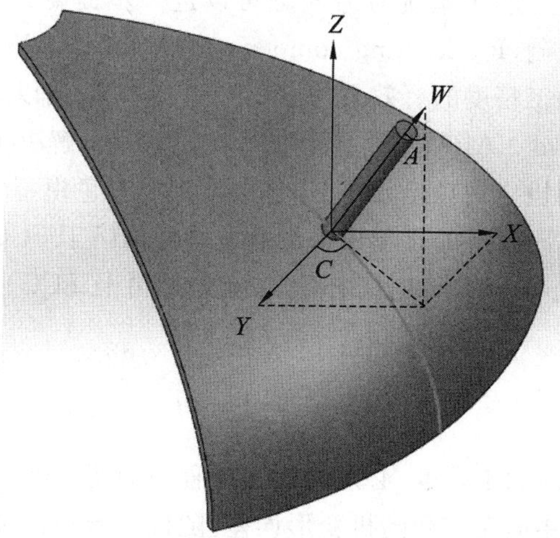

图 6.57 空间曲线的搅拌摩擦焊接

$$\left.\begin{aligned}\Delta Z &= \Delta W\cos A \\ \Delta X &= \Delta W\sin A\sin C \\ \Delta Y &= \Delta W\sin A\sin C\end{aligned}\right\} \tag{6.35}$$

6.5 加工变形的实时检测与控制:测量方案、补偿策略

加工过程中,由于工艺系统原始误差的存在,如机床、夹具、刀具的制造误差及磨损、工件的装夹误差、测量误差、工艺系统的调整误差以及加工中的各种力和热所引起的误差等,使工艺系统间正确的几何关系遭到破坏而产生加工变形。加工变形的产生直接影响了零件的加工精度,尤其是刚度较弱的大型薄壁件。大型薄壁件非常容易变形,而且结构复杂,形状精度要求很高,制造难度大。以大型贮箱加工为例,零件的"米级尺寸"和"毫米级壁厚"导致零件结构的"极端"弱刚性,在铣削加工型槽、格栅、加强筋和凸缘等壁板结构特征时的变形问题非常严重,加工质量难以控制。因而加工变形检测与控制是复杂零件五轴加工中必不可少的一环。网格加工普遍应用于大型薄壁件加工中。以火箭大型贮箱筒段为例,在筒段内表面需要铣削上万个网格来减轻整体重量和保持运输能力。网格的剩余厚度是平衡运输能力和强度的关键几何尺寸指标。然而在加工大型薄壁件时,工件的极度弱刚性易导致切削变形伴有随机特性,极大影响了网格剩余厚度的几何精度。

切削变形一般可以分为两类:确定性变形和随机变形。目前,很多离线补偿方法已经成功应用于确定性变形的补偿。Wan[27] 等人和 Ma[28] 等人依据切削力模型建立了切削变形模型,并通过修改刀路来补偿切削力引起的变形。一些以有限元模型为基础的方法[29-31] 已经被建立来预测铣削加工时切削力引起的变形。除此之外,一些基于原位检测的变形补偿方法[32-34] 可以根据检测的变形来修改相应的刀路。上述方法都忽略了随机变形的影响。

在线补偿控制可以有效提高大型薄壁件的加工精度。李迎光等人[35-37] 创造性地提出一种浮动装夹自适应加工方法,实时监测零件变形并自适应加工,把由于材料不均匀等不确定性因素引起的变形预测难题转化为根据位移监测量等确定性因素的问题求解,是大型复杂零件智能加工的一个成功范例。通过解决系统时滞问题可以进一步提高大型薄壁件的加工精度。文献[38]最先提出的预补偿控制(Forecasting compensatory control ,FCC)就是用来解决时滞问题,并被认为是一种提高加工精度的有效方法。Fung 等人[39]采用以线性和非线性随机自回归移动平均方法(ARMAX and NARMAX)为基础的 FCC 方法,解决了实时补偿存在的时滞问题,成功预测和补偿了车削机床的精度误差。通过集成混合灰色模型于 FCC 加工方法中,实现了磨削的精密加工[40]。Li 等人[41]通过集成模糊滤波神经网络于 FCC 方法来预测和补偿主轴的热变形。上述方法可以说明 FCC 对时滞补偿的有效性,并且 FCC 的精度在很大程度上取决于补偿量的预测精度。

6.5.1 预补偿控制

为了保证大型薄壁件的加工厚度,必须对加工过程中的变形进行补偿。大型薄壁件的变形补偿需要同时考虑确定性变形误差和随机变形误差。随机变形存在时变性,因而很难通过离线进行补偿。本书补偿控制策略采用预测模型以及卡尔曼滤波器[42]作为预估器,通过预估器获得测量数据的预测值,并将该预测值作为反馈值,反馈控制伺服补偿器。这样做的目的是可以减轻或消除补偿指令与补偿操作之间的滞后,更好地体现加工补偿的实时性。本节内容的详细描述可参见文献[46]。

整个预补偿控制过程如图 6.58 所示。为了解决时滞问题,通过测试获得测量与补偿的时间滞后量,并将该滞后量作为一个采样周期。下一个采样周期的加工变形可以由前几周期的变形以及预补偿控制器预测获得,并将该预测值作为补偿量,最终消除时滞。

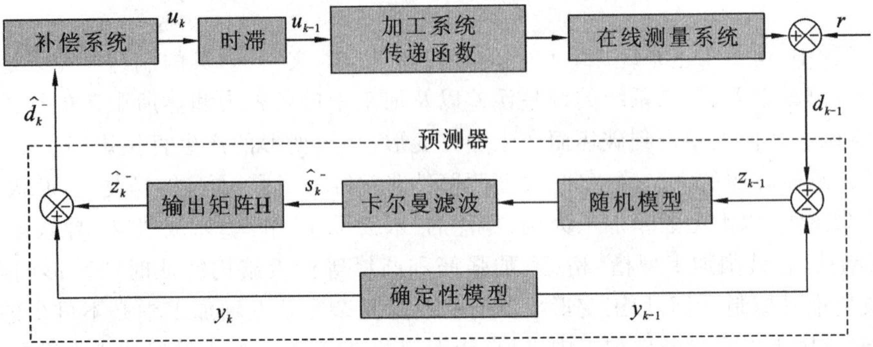

6.58 预补偿控制框图

预补偿控制系统结构如图 6.59 所示。本书介绍的系统是构建在镜像铣装备上的。镜像铣装备的刀具和支撑头分别位于工件两侧,沿工件表面镜像对称移动,始终保持点对点法向支撑,刀具顶端和支承头的间距决定了蒙皮壁板的铣切深度或加工出的厚度。

该预补偿控制中有三个重要的组成部分:① 在线测量系统;② 变形预测器;③ 补偿系统。如之前所述,补偿精度很大程度上依赖于预测精度。因此,变形预测是该控制系统的核心部分。本书通过两个方法来提高预测精度。首先,由于大型薄壁件加工时随机变形明显,因而需要同时考虑加工中的随机变形以及确定性变形。随机变形由自回归滑动平均法获得,确定性变形则由梁的变形通用模型获得。除此之外,在预测器中引入卡尔曼滤波来提高最终的预测精度。根据贝叶斯原理,卡尔曼滤波可以有效减少预测误差。因此卡尔曼滤波不仅可以预测加工变形,而且能够在预测补偿过程中优化预测模型。

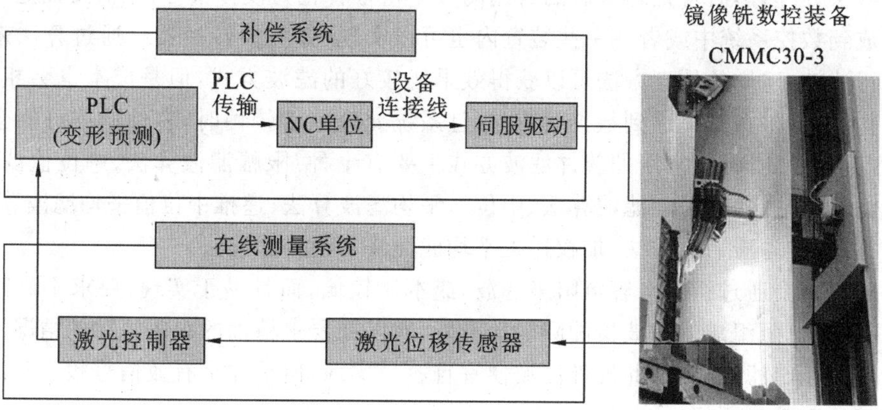

图 6.59　预补偿控制系统图

6.5.1.1　在线测量系统

在线测量系统主要由位移传感器和激光控制器组成。位移传感器被安装在支撑头处。如图 6.60 所示，变量 D 为 Z 轴方向(工件法向)上工件与位移传感器的距离。由于工件和位移传感器分别在 X 和 Y 轴方向上被固定了，加工时变量 D 的变化就等于工件在加工中法向的变形。激光控制器可以收集位移传感器的信息和做滤波处理。最终，变量 D 可以由激光控制器传输给补偿系统。

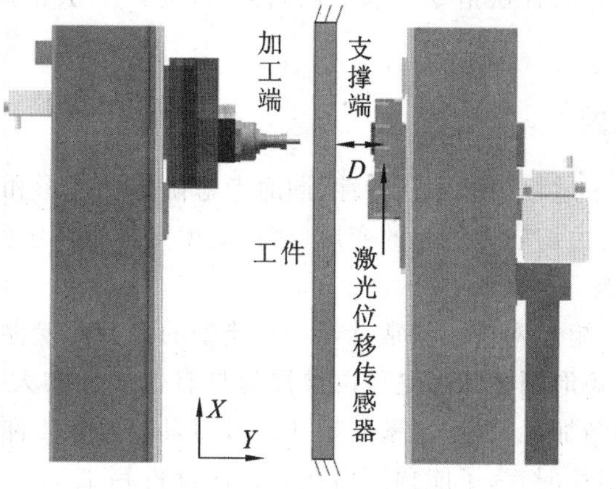

图 6.60　基于测距实时距离跟踪的示意图

为了提高在线测量的精度，对获得的数据进行处理是必不可少的。数据处理主要是指对数据进行滤波处理。在对实物测量数字化的过程中，会不可避免的引入错误点、冗余点以及扫描环境所带来的测量噪声等。除此之外，信号的输入、输出线路和供电线路也都会产生一定干扰，有些高频振动信号由于本身数量级比较小且频率高，无法通过补偿机构补偿(在加工过程中可以采用阻尼来抑制振动信号)。因而，为了保证加工精度，对获得的数据进行滤波处理是必不可少的。

数据滤波可以分为软件滤波和硬件滤波。软件滤波是通过软件来识别有用信号和干扰信号，并滤除干扰信号的方法。软件滤波先将模拟信号数字化，然后将得到的数字信号用现有的滤波器函数来处理，然后将处理过后的有用的数字信号转化为模拟信号（视需要而定）。软件滤波可以集成到数控系统中或者在一些装置内也可以实现（如数模转换器），通过算法来对获得的数据进行滤波。这样的处理方法可以获得效果比较好的滤波方式，但是成本也会相对高些。在实时补偿时，如果将其集成到数控系统中，且系统处理速度较慢时，软件滤波可能会消耗一定时间，产生较大的滞后。常用的软件滤波方式主要有十种：限幅滤波算法、中位值滤波算法、算术平均滤波算法、递推平均滤波算法、中位值平均滤波算法、递推中位值平均滤波算法、限幅平均滤波算法、一阶滞后滤波法、加权递推平均滤波法和消抖滤波法。

硬件滤波主要通过组合电容电阻来滤波，成本比较低，而且易于实现，要求不高时可以采用。因为用电容电阻组成的滤波器的陡峭性不好，所以在要求精确的频率滤除的情况下很可能将有用的信号也给滤除掉。因此硬件滤波便宜且容易实现，但是如果有效信号频率和滤除信号频率比较接近时效果不好。

6.5.1.2 变形预测器

预测的变形主要由两部分组成，可以表达为：

$$\hat{d}_k^- = y_k + \hat{z}_k^- \tag{6.36}$$

随机变形可由自回归滑动平均法和卡尔曼滤波获得，确定性变形则由梁的变形通用模型获得。

6.5.1.3 补偿系统

补偿控制建立在数控加工系统上，主要包括三个部分：可编程逻辑控制器（PLC）、数字控制器（NC）以及伺服控制器。变形预测器集成于可编程逻辑控制器中。PLC 在获取测量数据后，经变形预测器计算，发出补偿指令至数字控制器。最终，NC 会根据补偿指令通过坐标偏移来进行补偿。

6.5.2 变形预测模型

由于大型薄壁件加工过程中的随机特性，同时考虑确定性变形和随机变形是很有必要的。本书中，确定性变形主要由切削力引起的变形，随机变形则被视为实际变形与确定变形之差。

6.5.2.1 确定变形模型

在航空航天领域中，矩形网格比较常见于一些典型的大型薄壁件加工中，例如火箭贮箱筒段以及飞机壁板。因此，矩形网格加工是可以被视为具有代表性的大型薄壁件加工问题之一。通常加工分为粗加工和精加工，大型薄壁件粗加工时刀具相对于工件刚性较弱，然而在精加工中，工件则相对于刀具刚性弱。为了能预测出在大型薄壁件精加工中切削力引起的变形，需要建立工件模型。

矩形网格加工刀路中的每一个平行刀路的确定变形模型在本书中需要分别建立。为了实现上述目标，加工中的边界条件包括工件两端的夹持以及其他区域对加工区域的限制简化成两个横向弹簧以及两个转动弹簧。因此，如图 6.61 所示，每一个平行刀路的确定变形可以由一个具有两个横向弹簧以及两个转动弹簧的弹性梁模型获得。

上述弹性梁模型的横向变形根据欧拉-伯努利假设[42] 可以表达为：

$$\rho A_s \frac{\partial^2 y}{\partial t^2} + EI \frac{\partial^4 y}{\partial x^4} = f \tag{6.37}$$

其中：ρ 为梁的密度，A_s 为梁的横截面积，E 为弹性模量，I 为横截面力矩，y 为梁的横向变形，x 为沿着梁中性轴的空间坐标，f 为施加的力。

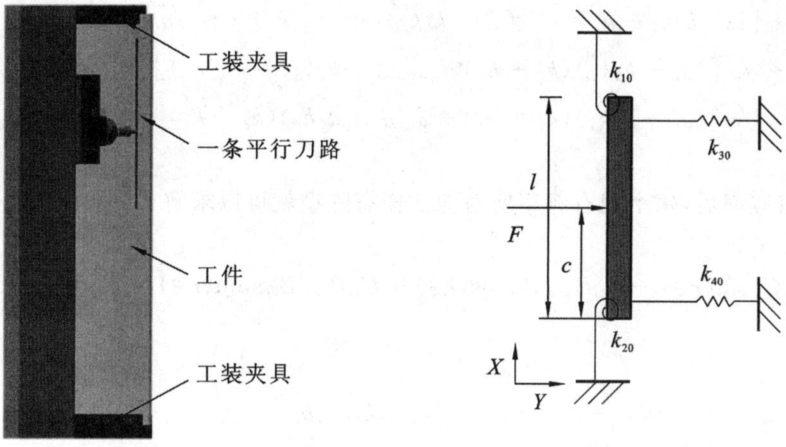

(a)　　　　　　　　　　(b)

图 6.61　一个平行刀路的加工过程

(a) 加工条件；(b) 简化模型

根据模态叠加原理，公式(6.37)中横向变形可以由如下公式获得：

$$y(\xi,t)=\sum_{i=1}^{\infty}Y_i(\xi)q_i(t) \tag{6.38}$$

其中：$\xi=x/l$，l 为梁的长度，$Y_i(\xi)$ 是梁的第 i 阶阵型，$q_i(t)$ 是广义模态坐标，可以通过满足边界条件来计算获得。边界条件如下所示：

$$\frac{\partial^2 Y_i(\xi)}{\partial \xi^2}\Big|_{\xi=0}-k_1\frac{\partial Y_i(\xi)}{\partial \xi}\Big|_{\xi=0}=0,\qquad \frac{\partial^2 Y_i(\xi)}{\partial \xi^2}\Big|_{\xi=1}+k_2\frac{\partial Y_i(\xi)}{\partial \xi}\Big|_{\xi=1}=0 \tag{6.39}$$

$$\frac{\partial^3 Y_i(\xi)}{\partial \xi^3}\Big|_{\xi=0}+k_3Y_i(\xi)\Big|_{\xi=0}=0,\qquad \frac{\partial^3 Y_i(\xi)}{\partial \xi^3}\Big|_{\xi=1}-k_4Y_i(\xi)\Big|_{\xi=1}=0 \tag{6.40}$$

其中：$k_1=k_{10}l/(EI)$，$k_2=k_{20}l/(EI)$，$k_3=k_{30}l^3/(EI)$，$k_4=k_{40}l^3/(EI)$，k_{10}，k_{20}，k_{30} 和 k_{40} 是图 6.61 所示的弹簧刚度系数。

梁的第 i 阶阵型可以表示为：

$$Y_i(\xi)=C_{1i}\sin(r_i\xi)+C_{2i}\cos(r_i\xi)+C_{3i}\sinh(r_i\xi)+C_{4i}\cosh(r_i\xi) \tag{6.41}$$

其中：$0\leqslant\xi\leqslant 1$，$r_i=\sqrt{\alpha_i}$，$\alpha_i=\omega_i\sqrt{\rho A_s l^4/(EI)}$，$C_{1i}$，$C_{2i}$，$C_{3i}$ 和 C_{4i} 是通过求解边界条件获得的 4 个常数。

将公式(6.41)代入边界条件公式中，可以获得 4 个带有 C_{1i}，C_{2i}，C_{3i} 和 C_{4i} 的方程。

$$k_1r_iC_{1i}+r_i^2C_{2i}+k_1r_iC_{3i}-r_i^2C_{4i}=0$$

$$-r_i^3C_{1i}+k_3C_{2i}+r_i^3C_{3i}+k_3C_{4i}=0$$

$$[r_ik_2\cos(r_i)-r_i^2\sin(r_i)]C_{1i}-[r_ik_2\sin(r_i)+r_i^2\cos(r_i)]C_{2i}+[r_ik_2\cosh(r_i)+r_i^2\sinh(r_i)]C_{3i}+[r_ik_2\sinh(r_i)+r_i^2\cosh(r_i)]C_{4i}=0$$

$$[k_4\sin(r_i)+r_i^3\cos(r_i)]C_{1i}+[k_4\cos(r_i)-r_i^3\sin(r_i)]C_{2i}+[k_4\sinh(r_i)-r_i^3\cosh(r_i)]C_{3i}+[k_4\cosh(r_i)-r_i^3\sinh(r_i)]C_{4i}=0 \tag{6.42}$$

通过保证上述公式的系数矩阵奇异来获得非零解，固有频率方程可以得到：

$$(\alpha_i^2+k_1k_3)(\alpha_i^2+k_2k_4)-2\alpha_i(\alpha_i^2k_1k_2-k_3k_4)\sin\sqrt{\alpha_i}\sinh\sqrt{\alpha_i}$$

$$+\left[2\alpha_i^2(k_1k_4+k_2k_3)-(\alpha_i^2-k_1k_3)(\alpha_i^2-k_2k_4)\right]\cos\sqrt{\alpha_i}\cosh\sqrt{\alpha_i}$$
$$-\sqrt{\alpha_i}\left[(\alpha_i^3-k_3k_4)(k_1+k_2)+\alpha_i(\alpha_i-k_1k_2)(k_3+k_4)\right]\sin\sqrt{\alpha_i}\cosh\sqrt{\alpha_i}$$
$$-\sqrt{\alpha_i}\left[(\alpha_i^3+k_3k_4)(k_1+k_2)-\alpha_i(\alpha_i+k_1k_2)(k_3+k_4)\right]\cos\sqrt{\alpha_i}\sinh\sqrt{\alpha_i}=0 \tag{6.43}$$

当求解完固有频率后,每个固有频率所对应的模态阵型就可以求解得到:

如果 $B_{0i}\neq 0$

$$Y_i(\xi)=C_{1i}\sin(r_i\xi)-C_{1i}B_{1i}/B_{0i}\cos(r_i\xi)+C_{1i}B_{2i}/B_{0i}\sinh(r_i\xi)-C_{1i}B_{3i}/B_{0i}\cosh(r_i\xi) \tag{6.44}$$

其中:

$$B_{0i}=r_i(\alpha_i^2+k_1k_3)b_{12}-2k_3\alpha_ib_{13}+r_i(r_i^4-k_1k_3)b_{14}$$
$$B_{1i}=r_i(\alpha_i^2+k_1k_3)b_{11}+2k_1\alpha_i^2b_{14}+r_i(r_i^4-k_1k_3)b_{13}$$
$$B_{2i}=r_i(\alpha_i^2+k_1k_3)b_{14}+2k_3\alpha_ib_{11}+r_i(r_i^4-k_1k_3)b_{12}$$
$$B_{3i}=r_i(\alpha_i^2+k_1k_3)b_{13}-2k_1\alpha_i^2b_{12}+r_i(r_i^4-k_1k_3)b_{11}$$
$$b_{11}=k_2r_i\cos(r_i)-r_i^2\sin(r_i),\ b_{12}=-k_2r_i\sin(r_i)-r_i^2\cos(r_i)$$
$$b_{13}=k_2r_i\cosh(r_i)+r_i^2\sinh(r_i),\ b_{14}=k_2r_i\sinh(r_i)+r_i^2\cosh(r_i)$$

如果 $B_{0i}=0$

$$Y_i(\xi)=-C_{2i}(B_{5i}/B_{4i})\sin(r_i\xi)+C_{2i}\cos(r_i\xi)-C_{2i}(B_{6i}/B_{4i})\sinh(r_i\xi)+C_{2i}(B_{7i}/B_{4i})\cosh(r_i\xi) \tag{6.45}$$

其中:

$$B_{4i}=r_i(\alpha_i^2+k_1k_3)b_{41}+2k_1\alpha_i^2b_{44}+r_i(r_i^4-k_1k_3)b_{43}$$
$$B_{5i}=r_i(\alpha_i^2+k_1k_3)b_{42}-2k_3\alpha_ib_{43}+r_i(r_i^4-k_1k_3)b_{44}$$
$$B_{6i}=r_i(\alpha_i^2+k_1k_3)b_{44}+2k_3\alpha_ib_{41}+r_i(r_i^4-k_1k_3)b_{42}$$
$$B_{7i}=r_i(\alpha_i^2+k_1k_3)b_{43}-2k_1\alpha_i^2b_{42}+r_i(r_i^4-k_1k_3)b_{41}$$
$$b_{41}=k_4\sin(r_i)+r_i^3\cos(r_i),\ b_{42}=k_4\cos(r_i)-r_i^3\sin(r_i)$$
$$b_{43}=k_4\sinh(r_i)-r_i^3\cosh(r_i),\ b_{44}=k_4\cosh(r_i)-r_i^3\sinh(r_i)$$

根据拉格朗日方程,$q_i(t)$ 是可以通过求解下列非耦合的系统方程得到的:

$$\ddot{q}_i(t)+\omega_i^2q_i(t)=N_i(t) \tag{6.46}$$

其中 ω_i 是梁的第 i 阶固有频率。

加工过程模型如图 6.61 所示。模态阵型可以按照上述方法获得。加工时的切削力以及加工背面的支撑力统一被假设为一个外力。该外力可以表示为:

$$f(\xi,t)=\delta(\xi-c/l)F=\delta(\xi-c/l)F_0\sin(\omega_Ft) \tag{6.47}$$

其中 ω_F 是外力的激励频率。广义力可以表示为:

$$N_i(t)=\frac{1}{M_i}\int_0^1Y_i(\xi)f(\xi,t)\mathrm{d}\xi=\frac{1}{M_i}Y_i(c/l)F_0\sin(\omega_Ft) \tag{6.48}$$

其中 M_i 是广义质量,根据公式(6.46)和公式(6.47),在非零初始条件下可以通过计算得到:

$$\begin{aligned}q_i(t)&=\frac{1}{\omega_i}\frac{F_0}{M_i}Y_i(c/l)\int_0^t\sin(\omega_F\tau)\sin\omega_i(t-\tau)\mathrm{d}\tau\\&=\frac{F_0Y_i(c/l)}{M_i(\omega_i^2-\omega_F^2)}\left[\sin(\omega_Ft)-\frac{\omega_F}{\omega_i}\sin(\omega_it)\right]\end{aligned} \tag{6.49}$$

将公式(6.49)代入公式(6.46)中,梁在受力点的动态响应可以得到:

$$y(c/l,t)=F_0\sum_{i=1}^{\infty}\frac{1}{M_i(\omega_i^2-\omega_F^2)}Y_i^2(c/l)\left(\sin(\omega_F t)-\frac{\omega_F}{\omega_i}\sin(\omega_i t)\right) \tag{6.50}$$

由于本书采用的补偿频率较低,因而只考虑静态响应。因此外力为静态力且激励频率 $\omega_F \ll \omega_i$。根据公式(6.50),在受力点梁的静态变形可以表达为:

$$y(c/l,t)=F_0\sum_{i=1}^{\infty}\frac{1}{M_i\omega_i^2}W_i^2(k_{10},k_{20},k_{30},k_{40},c/l) \tag{6.51}$$

其中 W_i 为表示梁的第 i 阶阵型的方程表达式。

为了保证上述弹性梁模型的准确性,弹簧的刚度系数 k_{10},k_{20},k_{30} 和 k_{40} 需要离线进行辨识。刚度系数的离线辨识是通过减少在计算点上模型响应与实际加工变形的误差 δ 来进行的。为了避免陷入局部最优,本书采用了遗传算法[44] 进行优化。离线辨识的目标函数为:

$$\delta=\min\sum_{j=1}^{m}(d_j-y_j)^2 \tag{6.52}$$

6.5.2.2 随机变形模型

不少数学模型已经被用于建立对随机过程的预测模型,如自回归滑动平均法[37] 和灰色模型[38]。自回归滑动平均法由于对随机系统的预测精度较高,因此获得了广泛的应用。自回归滑动平均模型由自回归模型(简称 AR 模型)与滑动平均模型(简称 MA 模型)为基础构成。本书以 ARIMA(5,0,0) 为例。

$$z_{k+1}=a_1z_k+a_2z_{k-1}+a_3z_{k-2}+a_4z_{k-3}+a_5z_{k-4} \tag{6.53}$$

其中:$a_1,a_2,\cdots,a_5$ 独立于时间变量 k。

除此之外,为了保证随机变形的预测精度,本书采用了卡尔曼滤波。卡尔曼滤波是最小二乘法的推广,这种推广有诸多优点,尤其是卡尔曼滤波不但可以预测数值而且可以优化预测模型,最终减少平方预测误差[42]。为了通过卡尔曼滤波预测随机变形,需要建立系统状态空间方程。

基于公式(6.53),我们可以获得

$$\begin{bmatrix}z_{k-3}\\z_{k-2}\\z_{k-1}\\z_k\\z_{k+1}\end{bmatrix}=\begin{bmatrix}0&1&0&0&0\\0&0&1&0&0\\0&0&0&1&0\\0&0&0&0&1\\a_5&a_4&a_3&a_2&a_1\end{bmatrix}\begin{bmatrix}z_{k-4}\\z_{k-3}\\z_{k-2}\\z_{k-1}\\z_k\end{bmatrix} \tag{6.54}$$

根据上述公式,我们可以得到系统状态空间方程

$$\begin{cases}\boldsymbol{s}_{k+1}=\boldsymbol{A}\boldsymbol{s}_k+\boldsymbol{w}_k\\z_k=\boldsymbol{H}\boldsymbol{s}_k+v_k\end{cases} \tag{6.55}$$

其中:$\boldsymbol{s}_{k+1}=\begin{bmatrix}z_{k-3}\\z_{k-2}\\z_{k-1}\\z_k\\z_{k+1}\end{bmatrix}$,$\boldsymbol{A}=\begin{bmatrix}0&1&0&0&0\\0&0&1&0&0\\0&0&0&1&0\\0&0&0&0&1\\a_5&a_4&a_3&a_2&a_1\end{bmatrix}$,$\boldsymbol{H}=[0\ \ 0\ \ 0\ \ 0\ \ 1]$,$w_k$ 和 v_k 为模型及观察中相互独立的随机噪声,且其服从以下高斯分布

$$p(w) = N(0,\boldsymbol{Q})$$
$$p(v) = N(0,\boldsymbol{R}) \tag{6.56}$$

因为各噪声信号相互独立，因此式(6.56)中$\boldsymbol{Q}$,$\boldsymbol{R}$均为对角阵，且对角元素为各噪声对应的方差。

在以上假设的基础上，卡尔曼滤波在处理过程上可以分为预测(predict)和校正(correct)两步。在给定初始值$\hat{\boldsymbol{s}}_k^-$ 及 $\boldsymbol{P}_k^-$ 后，完整的卡尔曼滤波循环可表示为图6.62。

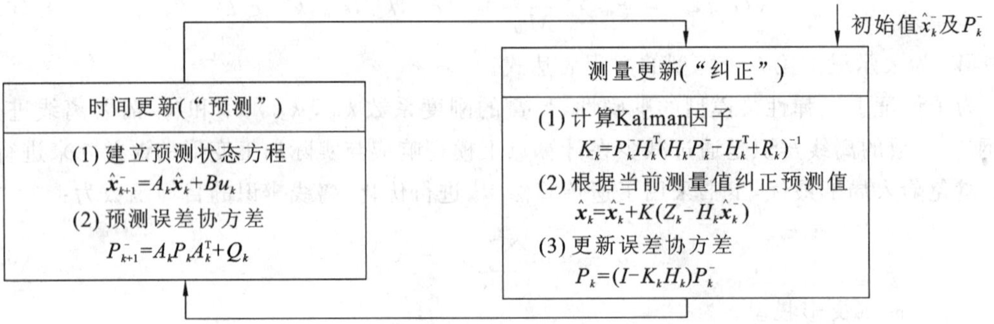

图6.62 卡尔曼滤波循环

6.5.3 案例

本案例是针对大型薄板矩形网格加工的变形补偿。实验平台如图6.63所示。该实验平台包括镜像铣装备CMMC30-3、补偿系统和在线测量系统。补偿系统在FAGOR 8070数控系统基础上开发，补偿周期为20ms。在线测量系统主要包括激光位移传感器(OPTEX CD5-W85)和激光控制器(CD5A-N)。工件高2000mm，宽1500mm，厚度为6mm。

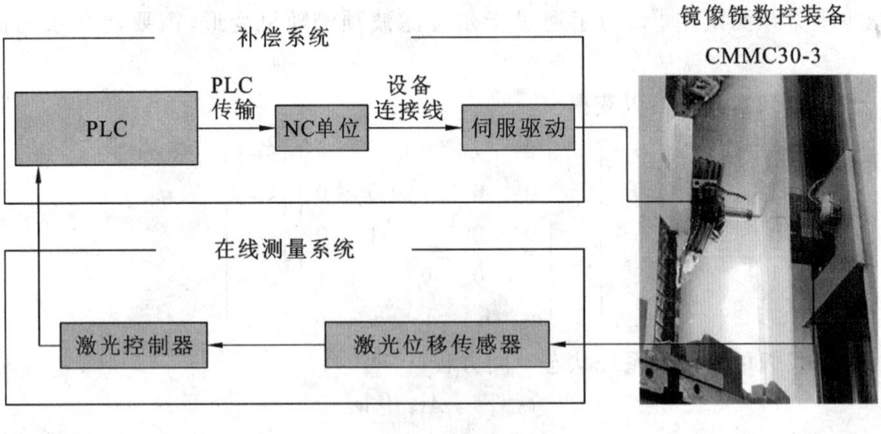

图6.63 实验平台

为了证明该预补偿控制的有效性，以大型薄板矩形网格精加工作为一个案例。为了确保矩形网格1和2的加工条件尽量一致，两个矩形网格的加工刀路如图6.64(b)所示。首先，在加工之前，矩形网格1和2的轮廓误差通过在线扫描和刀路调整进行补偿。然后，矩形网格1采用没有补偿的常规加工方法，并获取加工过程中的变形。依据矩形网格1的加工变形和本书所述的实时补偿方法建立预补偿控制器。在所建立的预补偿控制器基础上，对矩形网格2进行实时补偿加工。最终通过超声波测厚系统测量矩形网格 1 和 2 加工后的厚度。贮箱材料为铝合金，加工参数如表 6.8 所示。

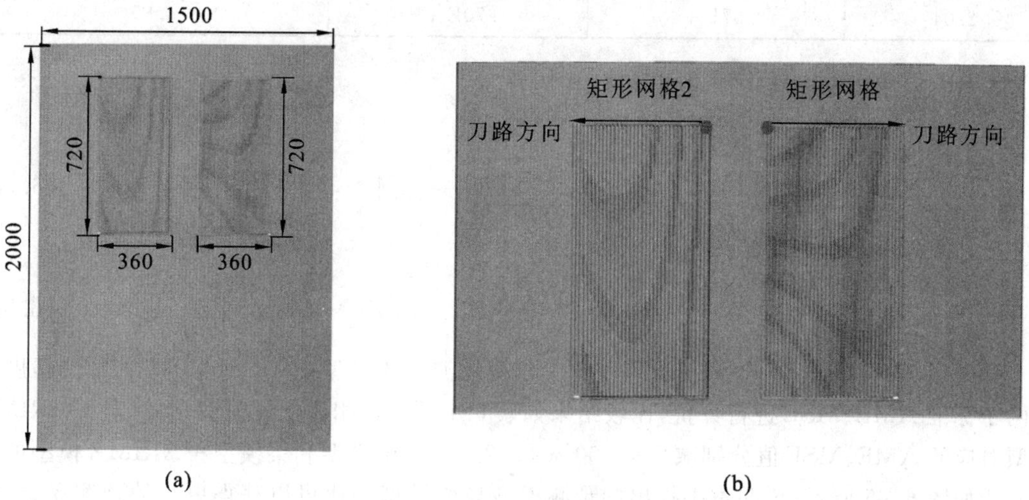

图 6.64 加工工件整体图和局部图(单位：mm)

表 6.8 大型贮箱加工参数

加工参数	描述
网格尺寸	700mm × 360mm
目标厚度	1.1mm
主轴转速	8000r/min
进给速率	2500mm/min
轴向切深	1.5mm
刀具螺旋角	0°
刀具直径	18mm
刀具齿数	2

6.5.3.1 仿真分析

本书以矩形网格 2 精加工第一条平行刀路所获得的法向变形作为分析数据。这里只考虑第一阶模态，因此梁在刀具接触点的静态变形可以表示为：

$$y(\xi)=\frac{Y^2(\xi)F_0}{M_1 w^2} \tag{6.57}$$

根据公式(6.57)，只有 $Y^2(\xi)$ 为一个变量，其余皆为常量。因此经过标准化后，确定性变形可以与 $Y^2(\xi)$ 的值相等。为了避免寻求别的参数如杨氏模量、切削力等，$Y^2(\xi)$ 的值和实验获得的切削变形都经过了标准化。两者经过标准化后，可以直接进行比较来获得离线辨识。离线辨识后，无量纲化的弹簧刚度系数可以计算获得，如表 6.9 所示。

表 6.9 无量纲化后的弹簧刚度系数

k_1	k_2	k_3	k_4
2.04	8.57E+3	8.70E+4	4.89

本书中采用两个标准来衡量变形预测精度。

第一个标准是绝对平均误差：

$$\text{AME}=\frac{1}{n}\sum_{k=1}^{n}\left|\hat{d}_k^- - d_k\right| \tag{6.58}$$

第二个标准是均方误差：

$$\text{MSE}=\frac{1}{n}\sum_{k=1}^{n}(\hat{d}_k^- - d_k)^2 \tag{6.59}$$

梁模型、梁模型＋ARIMA 模型和基于卡尔曼滤波的梁模型＋ARIMA 模型的预测精度通过两个标准 AME、MSE 进行评价，比较结果如表 6.10 所示。相比于梁模型，梁模型＋ARIMA 模型对应的 AME、MSE 值分别减少 90.00％和 87.29％。梁模型和梁模型＋ARIMA 模型的预测曲线如图 6.65 所示，说明本书提出的预测模型与梁模型相比可以获得更小的预测误差。然而当预测数据出现较大程度的随机特性时，预测精度并不理想。因此，本书采用卡尔曼滤波来提高预测精度。如图 6.66 和 6.67 所示，预测模型在卡尔曼滤波的帮助下可以获得很好的预测精度。如表 6.9 所示，相比于无卡尔曼滤波的预测模型，基于卡尔曼滤波的梁模型＋ARIMA 模型对应的 AME、MSE 值分别减少 17.47％和 51.69％。除此之外，本书提出的预补偿控制可以有效地补偿时间滞后，如图 6.67 所示。从仿真分析可以得到，预补偿控制可以获得较好的预测精度，为 0.011mm。

表 6.10 不同预测模型的预测精度

模型	AME	MSE
梁模型	0.027	2.10E－4
梁模型＋ARIMA 模型	2.69E－3	2.67E－5
基于卡尔曼滤波的梁模型＋ARIMA 模型	2.22E－3	1.29E－5

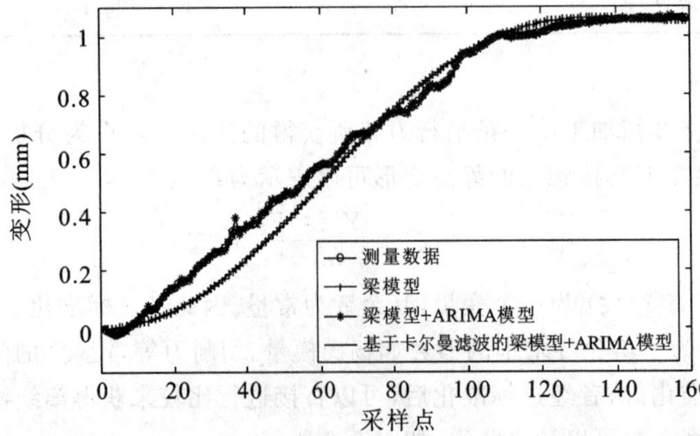

(a)

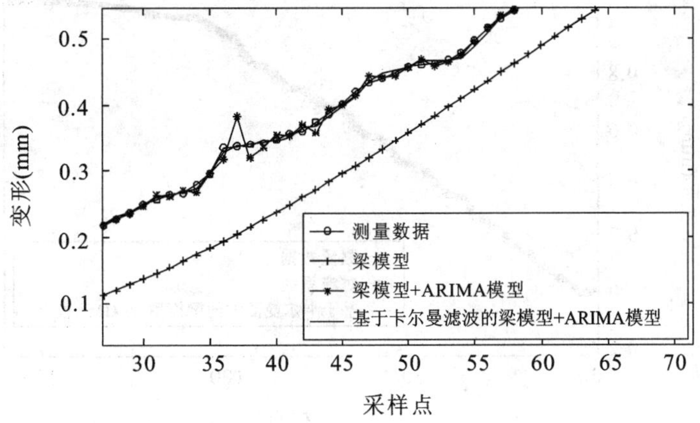

(b)

图 6.65 梁模型、梁模型＋ARIMA 模型和基于卡尔曼滤波的梁模型＋ARIMA 模型的预测曲线

(a) 完整图;(b) 局部放大图

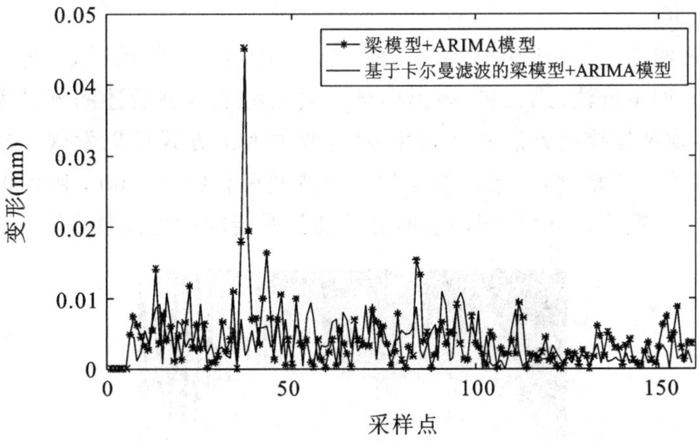

图 6.66 梁模型＋ARIMA 模型和基于卡尔曼滤波的梁模型＋ARIMA 模型的绝对残余误差

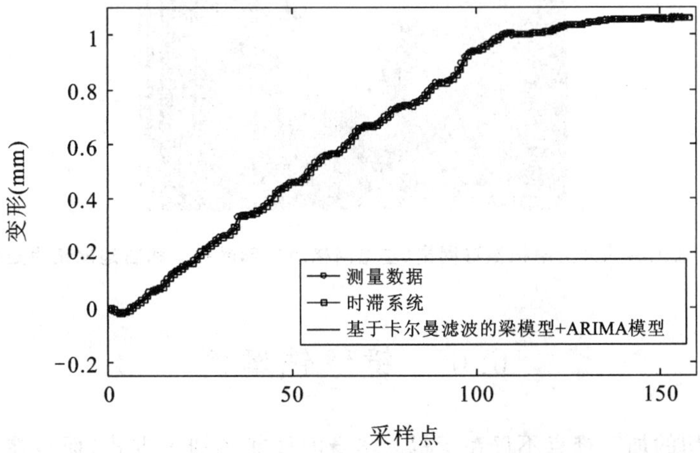

(a)

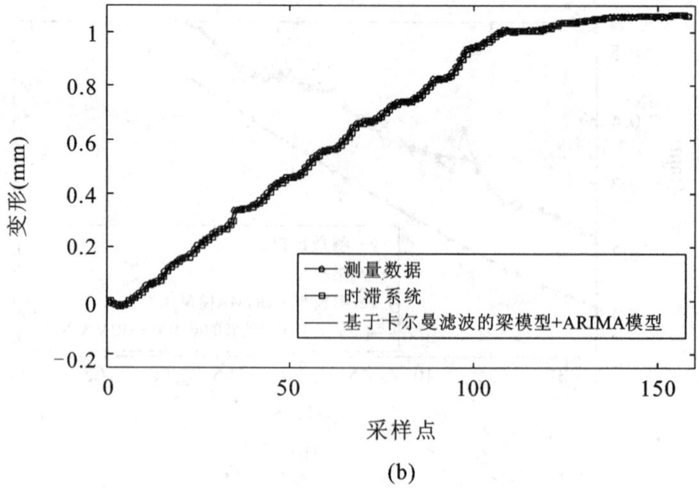

图6.67 基于卡尔曼滤波的梁模型＋ARIMA模型和时滞系统的预测曲线

(a) 完整图；(b) 局部放大图

6.5.3.2 实验验证

针对大型薄板网格，采用两种加工方式来加工，如图 6.68 所示。第一种，矩形网格 1 精加工中采用了常规的加工方法。第二种，矩形网格 2 则采用了本书所述的预补偿控制方法。两者进行了对比，表明预补偿控制方法的有效性。对比两种加工方式可以发现，采用实时补偿加工可以达到 0.1mm 的加工精度，未采用补偿加工的精度只有(＋0.9mm 到 0.01mm)，补偿加工的精度是未补偿加工精度的 9 倍，因而实时补偿加工对精度的提高具有明显的效果。

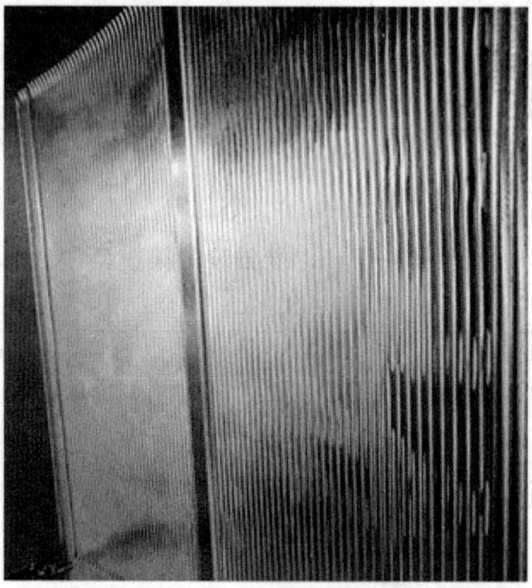

图 6.68 加工后的大型薄板矩形网格(左边网格为矩形网格 2 和右边网格为矩形网格 1)

6.6 镜像铣案例

壁板数控铣切的加工难点不仅在于机床本身的性能和加工方式，而且在于薄壁件的薄壁装夹支承难度大、受切削力变形量大。传统工艺装备无法实现易变形薄壁件的柔性定位、柔性装夹、柔性输送和柔性存储，因此，仅靠数控机床本身的柔性和常规自动化物流系统无法实现对这类特殊零件实施高柔性制造，更无法实现系统化的柔性制造(从柔性成型、柔性加工到柔性装配的全过程柔性制造)。

镜像铣削是基于柔性工装研发的一种新的铣削方式，是解决整体大型壁板高效加工的重要手段。镜像铣是指在加工工件的两侧，一侧为加工表面，进行工件铣削加工；另一侧为支撑表面，对加工区域进行支撑。由于加工工件自身的刚度低，加工过程易产生变形和振动，支撑机构的作用就是为了减轻工件加工振动，提高加工区域刚度，最终提高加工精度。

镜像铣系统(Mirror Milling System，MMS)是由法国杜菲工业公司(Dufieux Industrie)和空客首次提出的。近年来双方联合开发的系统成功地解决了大型薄壁零件的装夹支撑和厚度控制问题，其优越性已被空客公司验证，具有逐步完全取代化铣加工的趋势。如图6.69所示，MMS8008主机结构形式属于对称双立柱移动卧式加工中心，左侧为切削立柱，右侧为支承立柱，立柱上下均有导向支承。零件夹持框进入中央导轨后固定。整个主机安装在专门设计的混凝土加工室内加以屏蔽。每根立柱各有6个数控轴，采用直线电机驱动，最大进给速度40m/min，高速电主轴转速30000r/min，功率40kW。适合加工的壁板尺寸长1000～10500mm，宽800～3300mm，厚0.5～12mm，拱高0～1200mm。目前可提供的还有MMS8008中型机和小型机，结构相同，但加工壁板尺寸范围有所不同。某空客厂采用该系统的柔性生产线，年加工7000张壁板的效益为：作业时间和成本各减少50%、大量铝屑回收、总运行费用比传统化铣工艺节省约500万欧元，环保效益好。

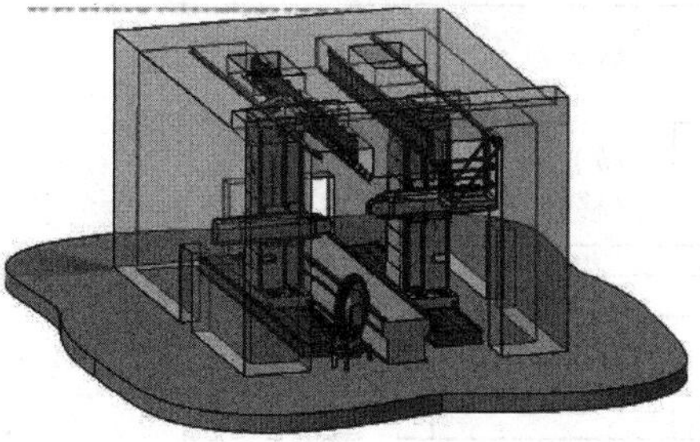

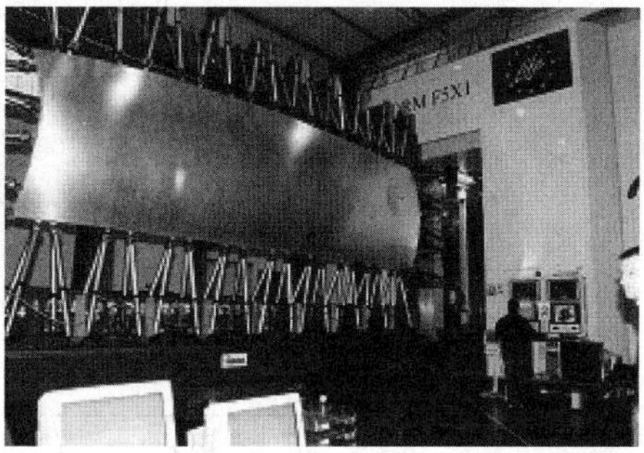

图6.69 MMS8008系统

6.6.1 局部变形量的实时非接触测量与补偿技术

在薄壁筒段铣削过程中，筒段铣削背面需要浮动支撑提供铣削时的背面压紧力。工件铣削时刀具对工件有动态变化的铣削力，而薄壁工件在支撑前后、铣削前后由于受力不均、厚度变化产生动态变化的形变，对实际铣削质量有决定性影响。没有实时形变测量补偿控制功能的薄壁工件铣削存在严重问题：(1) 当浮动支撑不紧时，由于刀具铣削力不能被平衡，工件退让使刀具落空形成欠切；(2) 当浮动支撑撑紧时，工件向着进刀的反向凸起，刀具扎入过深形成过切；(3) 铣削时刀尖与工件的接触情况不断变化导致工件形变波动，工件的厚度逐渐减小导致形变加剧，如以恒定补偿量补偿工件形变，容易造成铣削深度不一致。因此，加工中工件局部形变控制功能对于保证铣削深度有重要意义。

这里提出一种局部变形量的实时非接触测量与补偿方法，包括实时激光测量模块、进给轴位置补偿模块。实时激光测量模块是通过激光位移传感器实时采样测量铣削过程中工件铣削点背面的位置，用计算机串口读取该位置数据，经专用模块处理后输入到指定的 PLC 内部地址；进给轴位置补偿模块是通过内置于数控系统的 PLC 模块比较工件背面位置与参考位置获得工件变形量，计算目标进给轴的位置修正值，通过数控系统的坐标轴位置偏差补偿接口，实现刀尖进刀量均匀化周期性补偿。该技术可实现局部工件变形实时测量补偿，无误差积累、响应速度快，能有效降低薄壁工件加工中局部形变对铣削效果的影响，目前应用于镜像铣削系统。工作原理见图 6.70(a)。

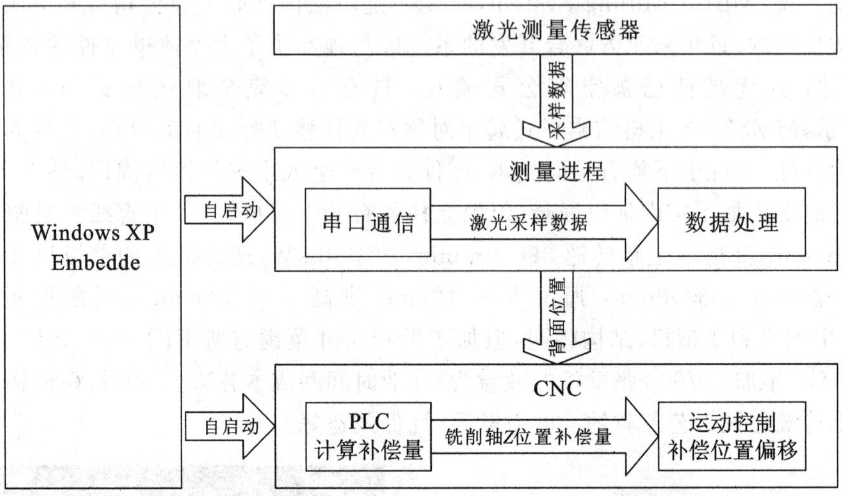

(a)

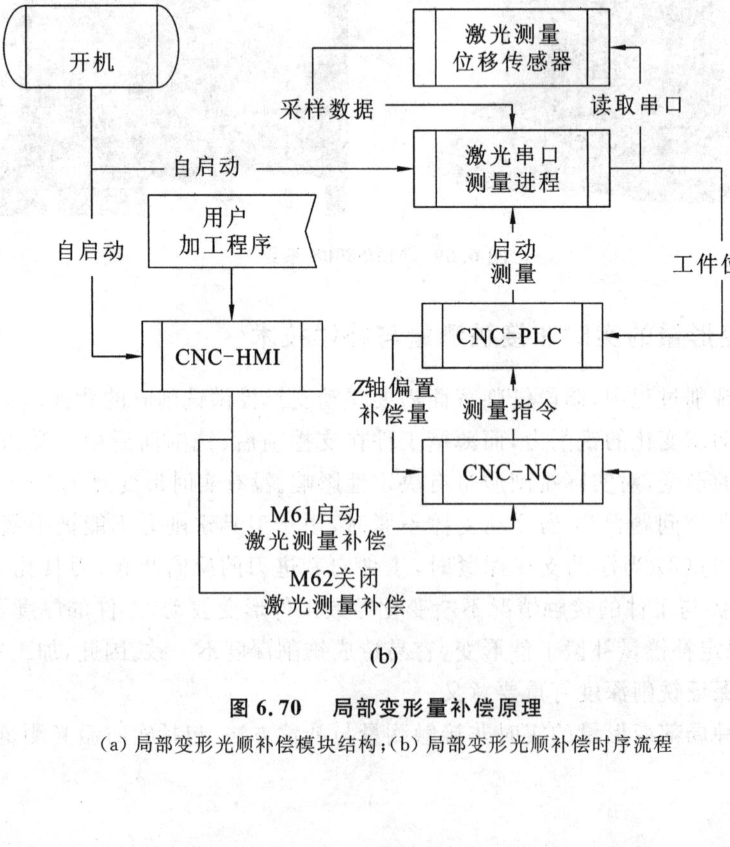

(b)

图 6.70　局部变形量补偿原理

(a) 局部变形光顺补偿模块结构；(b) 局部变形光顺补偿时序流程

在图 6.70(b) 中测量进程通过串口不间断读取激光传感器采样的数据，最小周期是 3.5ms，考虑 XP 系统的延时，可实现每 10ms 向数控系统更新一次当前的铣削工件(局部) 背面位置。图 6.71 中数控系统的 PLC 处理速度大于每千步 1ms，实际处理速度不大于 4ms，考虑进给轴的最大加速度 0.3g，设置其坐标偏置补偿运动安全处理速度为 4ms/0.16mm(加速度 0.24g)。可知本补偿技术的有效补偿周期为 10 ～ 20ms，则可实现最小 0.8mm/20ms 的补偿速度。实际加工中的下刀速度为 F300 ～ F1000，Z 轴下刀 2 ～ 5mm 耗时 120 ～ 1000ms，对应的可补偿偏差为 4.8 ～ 40mm，考虑实际偏差小于 4.5mm，则 F1000 下刀 2mm 时亦可在下刀结束之前完成补偿。在加工过程中一般铣削速度为 F3000，进刀深度为 1mm，可实现 0.16mm 的实时补偿。

6.6.2 筒段壁厚原位超声测量与补偿技术

镜像铣采用一种筒段壁厚原位超声测量与补偿方法。设计了专用在位超声波厚度测量装置，将该装置安装于筒段整体多头数控外立柱执行器末端上，通过机床 NC 代码控制测量加工零件上各点的厚度，实现工件厚度的在位测量(图 6.71)，完成后数据保存到数控系统中(图 6.72)。

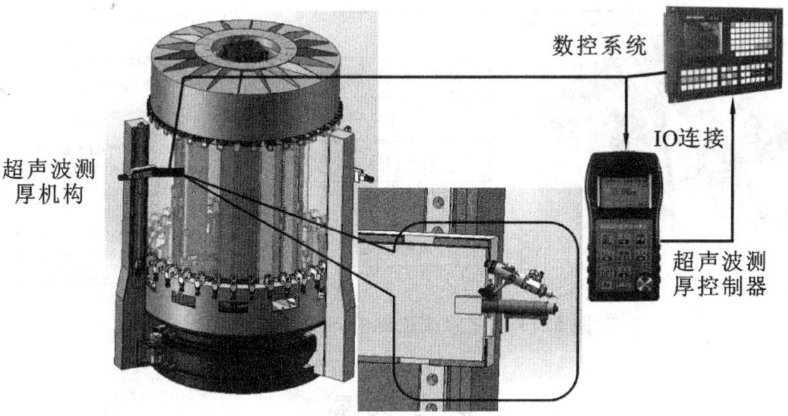

图 6.71 筒段整体多头数控设备超声波测厚结构图

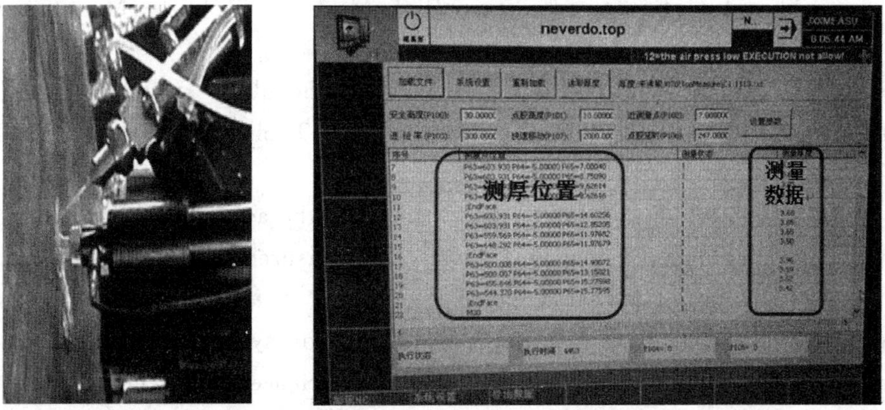

图 6.72 筒段整体多头数控设备超声波测厚在线测量及数据保存图

该壁厚原位超声测厚装置在超声测厚仪上开发了数字化控制功能，通过测厚运动、涂耦合剂、测厚压力、触发机制、数据获取等功能实现了自动化厚度测量，并通过耦合剂、下压力和测量方向的数字控制保证测量精度的一致性，测量精度达到 0.01mm，摆脱了传统手工测量方法，能够在测量一致性差、出错概率高、无位置和厚度的对应等问题时，实现壁厚的原位数字化检测。

基于壁厚和位置数据实现了筒段的壁厚自适应加工，如图 6.73 所示，在壁板网格半精加工后，测量网格的厚度值采用壁厚补偿加工工艺软件，调整理论刀具路径生成目标厚度加工的补偿刀具路径，实现剩余壁厚的自适应控制。

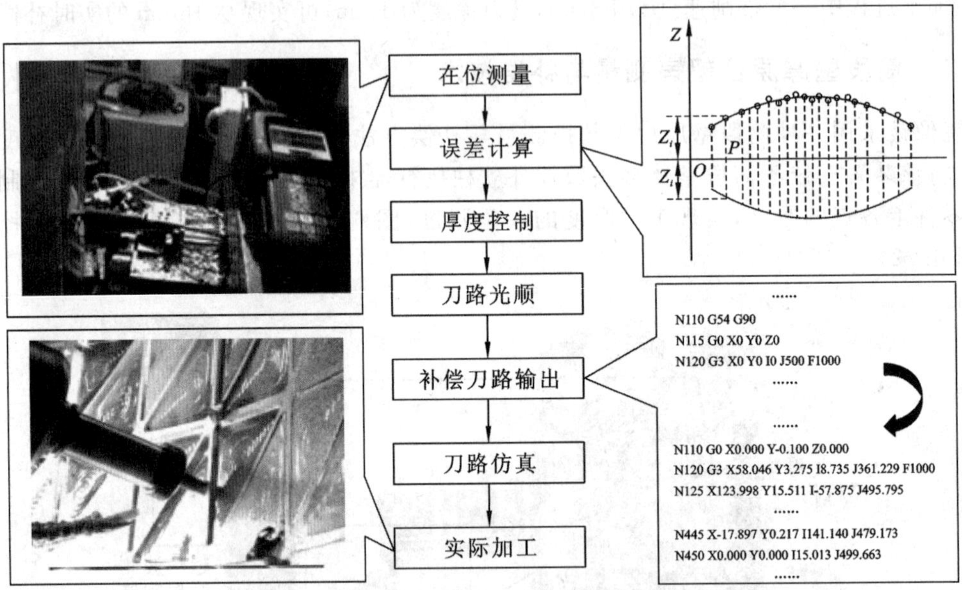

图 6.73 壁厚原位测量与自适应加工

参 考 文 献

[1] Kolluru K, Axinte D. Novel ancillary device for minimising machining vibrations in thin wall assemblies[J]. International Tournal of Machine Tools & Manufacture, 2014, 85(7): 79-86.

[2] Erdim H, Lazoglu I, Ozturk B. Feedrate scheduling strategies for free-form surfaces[J]. International Journal of Machine Tools and Manufacture, 2006, 46(7): 747-757.

[3] Watanabe T, Iwai S. A control system to improve the accuracy of finished surfaces in milling[J]. Journal of dynamic systems, measurement, and control, 1983, 105(3): 192-199.

[4] Yang M Y, Choi J G. A tool deflection compensation system for end milling accuracy improvement[J]. Journal of manufacturing science and engineering, 1998, 120(2): 222-229.

[5] Rao V S, Rao P V M. Tool deflection compensation in peripheral milling of curved geometries[J]. International Journal of Machine Tools and Manufacture, 2006, 46(15):

2036-2043.

[6] Chen W, Xue J, Tang D, et al. Deformation prediction and error compensation in multilayer milling processes for thin-walled parts[J]. International Journal of Machine Tools and Manufacture, 2009, 49(11): 859-864.

[7] Ratchev S, Liu S, Huang W, et al. An advanced FEA based force induced error compensation strategy in milling[J]. International Journal of Machine Tools and Manufacture, 2006, 46(5): 542-551.

[8] Wan M, Zhang W H, Qin G H, et al. Strategies for error prediction and error control in peripheral milling of thin-walled workpiece[J]. International Journal of Machine Tools and Manufacture, 2008, 48(12): 1366-1374.

[9] Wan M, Zhang W H. Systematic study on cutting force modelling methods for peripheral milling[J]. International Journal of Machine Tools and Manufacture, 2009, 49(5): 424-432.

[10] Cho M W, Kim G H, Seo T I, et al. Integrated machining error compensation method using OMM data and modified PNN algorithm[J]. International Journal of Machine Tools and Manufacture, 2006, 46(12): 1417-1427.

[11] Huang N, Bi Q, Wang Y, et al. 5-Axis adaptive flank milling of flexible thin-walled parts based on the on-machine measurement[J]. International Journal of Machine Tools and Manufacture, 2014, 84: 1-8.

[12] Wen T, Yang C, Zhang S, et al. Characterization of deformation behavior of thin-walled tubes during incremental forming: a study with selected examples[J]. International Journal of Advanced Manufacturing Technology, 2015, 78(9-12): 1769-1780.

[13] Aras E. Generating cutter swept envelopes in five-axis milling by two-parameter families of spheres[J]. Computer-Aided Design, 2009, 41(2): 95-105.

[14] 丁汉，朱利民. 复杂曲面数字化制造的几何学理论和方法[M]. 北京：科学出版社，2011.

[15] IbarakiS, Iritani T, Matsushita T. Calibration of location errors of rotary axes on five-axis machine tools by on-the-machine measurement using a touch-trigger probe[J]. International Journal of Machine Tools and Manufacture, 2012, 58: 44-53.

[16] JungJ H, Choi J P, Lee S J. Machining accuracy enhancement by compensating for volumetric errors of a machine tool and on-machine measurement[J]. Journal of Materials Processing Technology, 2006, 174(1): 56-66.

[17] ChoiJ P, Min B K, Lee S J. Reduction of machining errors of a three-axis machine tool by on-machine measurement and error compensation system[J]. Journal of Materials Processing Technology, 2004, 155: 2056-2064.

[18] Li Y F, Liu Z G. Method for determining the probing points for efficient measurement and reconstruction of freeform surfaces[J]. Measurement science and technology, 2003, 14(8): 1280.

[19] Cho M W, Lee H, Yoon G S, et al. A feature-based inspection planning system for coordinate measuring machines[J]. The International Journal of Advanced

Manufacturing Technology, 2005, 26(9-10): 1078-1087.

[20] Wang J, Jiang X, Blunt L A, et al. Intelligent sampling for the measurement of structured surfaces[J]. Measurement Science and Technology, 2012, 23(8): 085006.

[21] Talón J L H, Marín R G, García-Hernández C, et al. Generation of mechanizing trajectories with a minimum number of points[J]. The International Journal of Advanced Manufacturing Technology, 2013, 69(1-4): 361-374.

[22] Cook G E, Crawford R, Clark D E, et al. Robotic friction stir welding[J]. Industrial Robot: An International Journal, 2004, 31(1):55-63.

[23] Longhurst W, Strauss A, Cook G, et al. Investigation of force-controlled friction stir welding for manufacturing and automation[J]. Proceedings of the Institution of Mechanical Engineers, 2010, 224:937-49.

[24] Zhao X, Kalya P, Landers R G, et al. Design and implementation of nonlinear force controllers for friction stir welding processes[J], Journal of Manufacturing Science and Engineering, 2008, 130 (6): 0610111

[25] Davis T A, Shin Y C, Yao B. Observer-based adaptive robust control of friction stir welding axial force[J], IEEE/ASME Transactions on Mechatronics, 2011, 16:1032-9.

[26] Artstein Z, Linear systems with delayed controls: a compensation[J], Automatic Control, 1982, 27 (4): 869-879.

[27] Wan M, Zhang W, Qin G, Wang Z (2008) Strategies for error prediction and error control in peripheral milling of thin-walled workpiece. International Journal of Machine Tools and Manufacture 48 (12):1366-1374

[28] Gao Y-y, Ma J-w, Jia Z-y, Wang F-j, Si L-k, Song D-n (2016) Tool path planning and machining deformation compensation in high-speed milling for difficult-to-machine material thin-walled parts with curved surface. The International Journal of Advanced Manufacturing Technology 84 (9):1757-1767

[29] Rai JK, Xirouchakis P (2008) FEM-based prediction of workpiece transient temperature distribution and deformations during milling. The International Journal of Advanced Manufacturing Technology 42 (5):429-449

[30] Dong Z, Jiao L, Wang X, Liang Z, Liu Z, Yi J (2016) FEA-based prediction of machined surface errors for dynamic fixture-workpiece system during milling process. The International Journal of Advanced Manufacturing Technology 85 (1):299-315

[31] Ratchev S, Liu S, Becker A (2005) Error compensation strategy in milling flexible thin-wall parts. Journal of Materials Processing Technology 162:673. 681

[32] Huang N, Bi Q, Wang Y, Sun C (2014) 5-Axis adaptive flank milling of flexible thin-walled parts based on the on-machine measurement. International Journal of Machine Tools and Manufacture 84:1-8

[33] Guiassa R, Mayer JRR, St-Jacques P, Engin S (2015) Calibration of the cutting process and compensation of the compliance error by using on-machine probing. The International Journal of Advanced Manufacturing Technology 78 (5):1043. 1051

[34] Liu HB, Wang YQ, Jia ZY, Guo DM (2015) Integration strategy of on-machine measurement (OMM) and numerical control (NC) machining for the large thin-walled parts with surface correlative constraint. The International Journal of Advanced Manufacturing Technology 80 (9):1721-1731

[35] Li Y, Liu C, Hao X, Gao JX, Maropoulos PG (2015) Responsive fixture design using dynamic product inspection and monitoring technologies for the precision machining of large-scale aerospace parts. CIRP Annals - Manufacturing Technology 64 (1):173. 176

[36] Li Y, Wang W, Li H, Ding Y (2012) Feedback method from inspection to process plan based on feature mapping for aircraft structural parts. Robotics and Computer-Integrated Manufacturing 28 (3):294-302

[37] Li Y, Liu C, Gao JX, Shen W (2015) An integrated feature-based dynamic control system for on-line machining, inspection and monitoring. Integr Comput-Aided Eng 22 (2):187-200

[38] Wu S, Ni J (1989) Precision machining without precise machinery. CIRP Annals-Manufacturing Technology 38 (1):533. 536

[39] Fung EH, Wong Y, Ho H, Mignolet MP (2003) Modelling and prediction of machining errors using ARMAX and NARMAX structures. Applied Mathematical Modelling 27 (8):611-627

[40] Li GD, Yamaguchi D, Nagai M (2007) Application hybrid grey dynamic model to forecasting compensatory control. Engineering Computations 24 (7):699-711

[41] Li Y, Wang M, Hu Y, Wu B (2015) Thermal error prediction of the spindle using improved fuzzy-filtered neural networks. Proceedings of the Institution of Mechanical Engineers, Part B: Journal of Engineering Manufacture 230 :770-778

[42] Kalman RE (1960) A New Approach to Linear Filtering and Prediction Problems. Journal of Basic Engineering 82 (1):35-45

[43] Xing J-Z, Wang Y-G (2013) Free vibrations of a beam with elastic end restraints subject to a constant axial load. Archive of Applied Mechanics 83 (2):241-252

[44] Melanie M (1999) An introduction to genetic algorithms. MIT Press, Cambridge

[45] Zhao S, Bi Q Z, Wang Y H, Shi J, Empirical modeling for the effects of welding factors on tensile properties of bobbin tool friction stir-welded 2219-T87 aluminum alloy, The International Journal of Advanced Manufacturing Technology, 2016,

[46] Wang X Z, Bi Q Z, Zhu L M, Ding H, Improved forecasting compensatory control to guarantee the remaining wall thickness for pocket milling of a large thin-walled part, The International Journal of Advanced Manufacturing Technology, 2016

7 复杂曲面五轴加工的发展趋势

7.1 多五轴协同与实时测控

多五轴协同与实时测控是大型复杂曲面加工的必然发展趋势，本节以飞机蒙皮五轴镜像铣削加工为例进行阐述。

7.1.1 飞机蒙皮双五轴镜像铣削加工的必要性

飞机蒙皮部件是飞机上非常关键的气动外形件，通过壁厚控制平衡强度和运送能力，它的性能直接决定了飞机制造的质量。由于蒙皮部件具有尺寸大、形状复杂、壁薄弱刚性的特点，因此，其制备是航空制造业的一个难题，典型的蒙皮部件及其特征如图 7.1 所示。目前飞机蒙皮部件生产采用化铣与传统数控铣，化铣工序对操作人员经验要求高，且加工精度低，对环境造成污染；传统数控铣难以避免工件颤振与变形的问题，且基于位置控制的数控加工无法保证蒙皮的壁厚。采用五轴蒙皮镜像铣削技术不但能降低工人劳动强度，提高蒙皮部件生产效率，降低生产成本，而且能减少人为因素对蒙皮部件质量的影响，保证蒙皮部件质量的一致性，也使得整个制造过程更加环保。

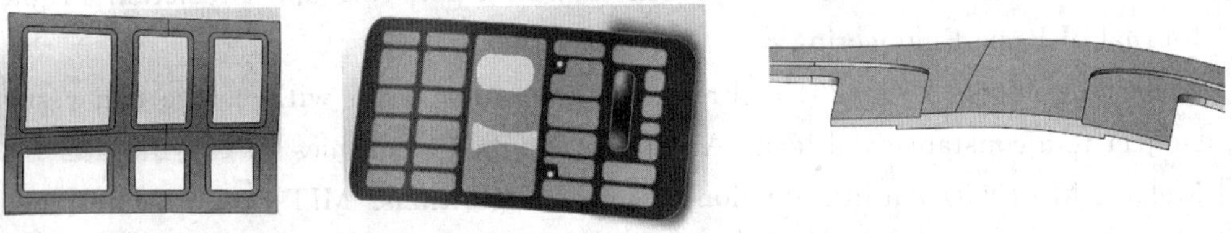

(a)　　(b)　　(c)

图 7.1　典型蒙皮部件及其特征

(a)S 形蒙皮；(b) 平缓曲率蒙皮；(c) 双面化铣蒙皮

传统的蒙皮化铣加工(图 7.2) 工艺存在高污染、精度差和减重能力不足的缺陷，由于化铣过程中采用大量化学物品，加工产生的化学废液会对环境造成危害，化铣中消耗的铝材无法回收，后续废液处理增加了生产成本；化铣工艺精度差，且受板材质量影响，一般最后壁厚均在误差上限，使得整体板厚偏厚，同时化铣圆角与壁板下陷深度成正比，无法精确控制，也造成壁板材料去除率下降，对壁板整体质量的控制不足。实验表明，化铣厚度精度目前一般为 0.2mm，同一蒙皮不同区域分层化铣厚度公差设计要求为±0.05mm，而实际化铣厚度公差保证不了。因此传统的蒙皮化铣加工工艺不符合绿色制造需求，且无法满足壁厚加工精度的要求。

飞机蒙皮上的网格特征复杂、材料去除量大，传统机械铣加工(图7.3、图7.4)同样也难以保证其加工精度。蒙皮具有双曲率形状复杂、零件尺寸大、壁薄弱刚性的特点，因此，采用传统机械铣容易产生变形与加工振动，并在毛坯制备、装夹定位和切削过程中存在随机变形。采用传统机械铣削技术，当加工壁厚小于3mm时，就极易产生加工振动。传统机械铣采用位置控制方法，但变形的薄壁件难以贴合固定工装，网格剩余壁厚精度(±0.1mm)难以保证，因此亟须改变现有工艺路线，提高蒙皮制造精度。

图7.2 蒙皮化铣加工

图7.3 蒙皮传统机械铣加工(一)

(图片来源于西班牙 MTORRES 公司)

(a)

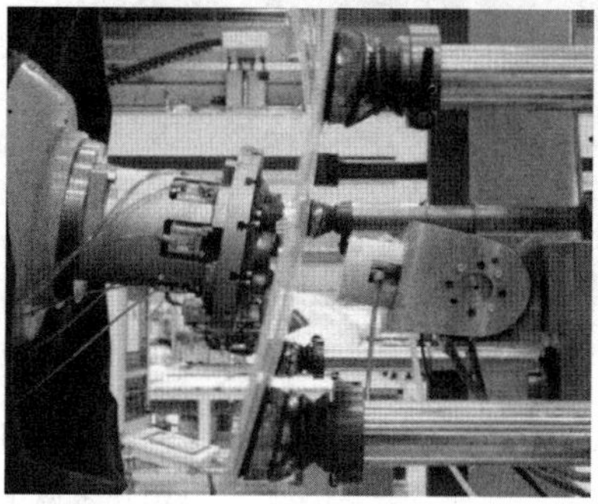

(b)

图7.4 蒙皮传统机械铣加工(二)

(图片a来源于法国杜菲工业公司，图片b来源于西班牙 MTORRES 公司)

五轴蒙皮镜像铣削系统拥有两个同步运动的五自由度主轴头，一个主轴头为切削头，另一个主轴头为支撑头，两个主轴头能够保证镜像随动对蒙皮进行法向立承和法向铣削。与化铣工艺相比，五轴蒙皮镜像铣削加工采用绝对尺寸和厚度控制的方法，加工精度高，零件加工的废屑可回收，加工时无污染。与传统机械铣工艺相比，镜像铣削加工采用局部随动支撑的方式，有利于提高工件局部刚度，减小加工振动及变形，并通过实时厚度控制，保证加工厚度的精度，可以有效突破薄型蒙皮和双曲率蒙皮的加工难点。

7.1.2 飞机蒙皮加工国内外发展趋势

现在国外先进制造商多采用高速数控铣和拉伸成形组合工艺进行绿色高效生产。数控铣削壁板网格能保证壁厚均匀、尺寸精度高，并能减小余重，从而增加飞机的有效载荷。美国、欧洲、日本的飞机蒙皮加工通常是先拉伸成型，然后再进行铣削加工。例如，空客公司在美国 A320 客机飞机蒙皮的加工中去除了 60% ～ 70% 的原材料。图 7.5 所示为国外飞机蒙皮制造过程。

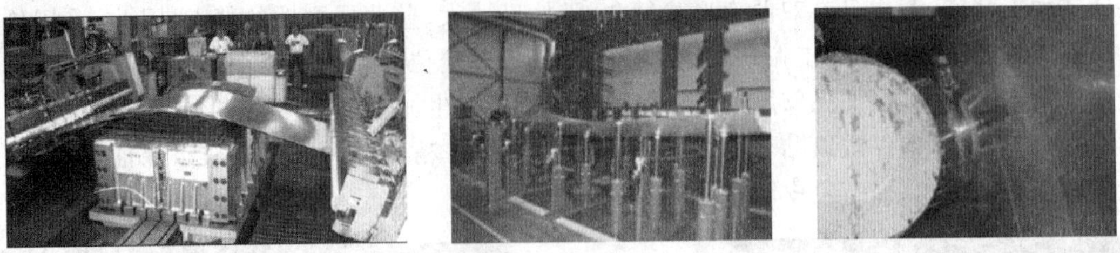

(a)　(b)　(c)

图 7.5　国外飞机蒙皮制造过程

（图片 **a** 来源于美国 **Gyfil booth** 公司，图片 **b**、**c** 来源于法国杜菲工业公司）

(a) 蒙皮拉伸成型；(b) 蒙皮安放定位；(c) 蒙皮铣削加工

我国飞机蒙皮加工仍然延续“拉伸成型＋化学铣工艺”的传统工艺路线。基于化铣材料去除的飞机蒙皮加工工艺，存在加工精度低，剩余壁厚难以控制，化学污染、耗电量大和消耗铝材无法回收等固有弊病，成为该行业的一项困扰。图 7.6 所示为大型网格壁板的主要生产工艺。

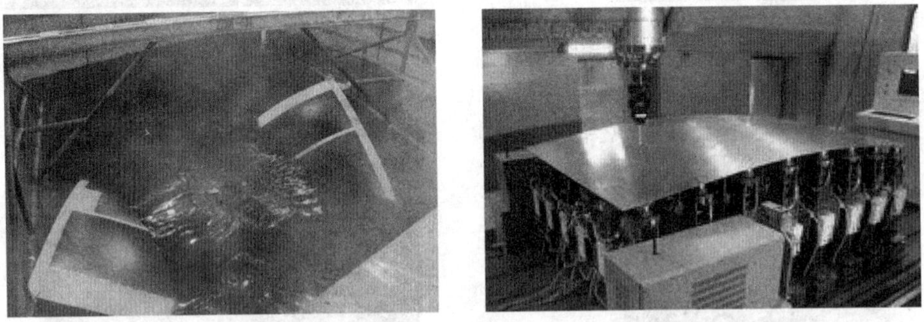

(a)　(b)

图 7.6　大型网格壁板的主要生产工艺

（图片来源于中航工业成飞公司）

(a) 化学铣削；(b) 机械加工

近几年，国内多家主机厂从国外购买真空柔性吸附装置，配以五轴数控铣床加工蒙皮工件。然而，真空柔性吸附装置装夹时只能对蒙皮曲面进行多点离散支承夹持，在刀具对夹持点之间的悬空区域，特别是对较薄蒙皮进行切削加工时，蒙皮会不可避免地发生颤振，铣切深度和表面粗糙度无法控制，达不到精度要求，因此仅通过柔性夹持装置和五轴数控铣床组合式加工仍无法完全替代化铣。如图 7.7 所示，镜像顶撑铣系统是蒙皮铣切加工的新型柔性加工系统，与传统多点离散夹持系统不同，蒙皮镜像顶撑铣系统由双五轴系统组成。一侧五轴系统用于正面加工蒙皮工件，另一侧五轴系统主轴安装顶撑装置，与用于加工的五轴系统做同步镜像顶撑运动，既能保证工件加工部位的刚性支撑，也有效地防止了加工过程中的颤振。

7.1.3　飞机蒙皮双五轴协同镜像铣削测控的实现

双五轴镜像铣削加工装备采用两个卧式五轴龙门结构，镜像分布于加工工件两侧，工件一侧为加工主轴，另一侧为测量 / 支撑末端。加工过程中加工主轴与测量 / 支撑末端同步运动，

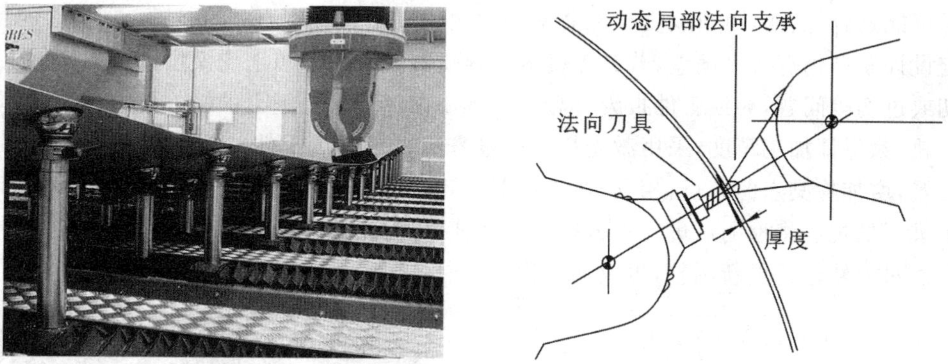

(a)　　(b)

图 7.7　飞机蒙皮壁板机械加工

（图片来源于西班牙 **MTORRES** 公司）

(a) 龙门配矩阵工装；(b) 镜像铣削

刀具顶端和支撑头的间距控制决定了网格壁板铣切深度和加工出的厚度。自适应支撑装置中包括壁厚测量、阻尼支撑和激光测距：壁厚测量用于质量检测和补偿加工；阻尼支撑在切削区域提高工艺系统刚度，降低弱刚性零件的切削振动；激光测距实现切削变形的实时检测和补偿。通过镜像铣削与智能控制实现蒙皮工件的高效高精加工，保证壁厚、立筋和轮廓精度。

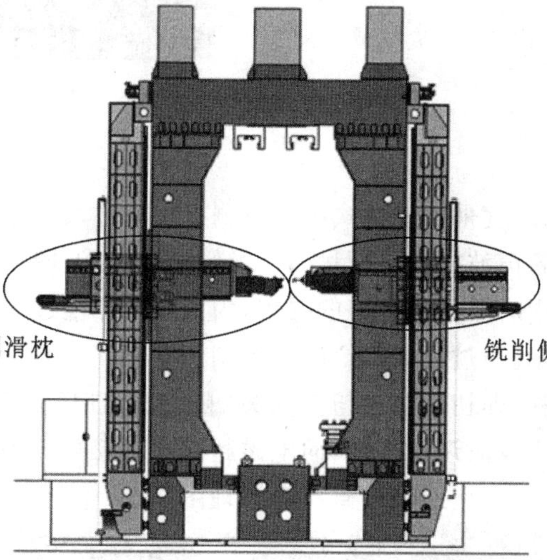

图 7-8　飞机蒙皮双五轴协同镜像铣削系统

1. 双五轴运动镜像运动控制

镜像铣装备的运动控制系统由两套五轴数控系统组成。铣削侧进行 RTCP 控制，支撑侧执行后处理过的刀路，数控系统自动加工时在每行加工程序中同时控制内外刀尖点。对铣削轴进行 RTCP 控制时，加工程序仅需包含刀尖点工件坐标，数控系统实时分解到各运动轴，实现点位和速度的连续控制，保持刀尖点运动同步。支撑轴则同步控制。外部削铣和内部支撑双五轴同步控制，实时保证工件顶紧和厚度补偿，达到更高的加工质量和效率。

2. 蒙皮外形线激光扫描测量

飞机蒙皮工件机加工前需通过成型方式对蒙皮毛坯进行处理，使毛坯与蒙皮工件的设计模型尽可能贴合。然而，由于蒙皮工件曲率变化大及成型过程中有残余应力，成型后的蒙皮毛坯件与设计模型仍有较大偏差，若蒙皮镜像顶撑铣数控铣削依照理论模型进行刀轨加工，会出现欠切或过切等问题，导致工件报废。因此，在加工前需要对毛坯工件的外形进行检测，以调整加工刀轨。为保证加工精度，采用激光扫描测量方法直接测量工件的几何特征，在工件曲率较大的位置，增加检测点的数目；相反，在工件曲率较小的位置，减少检测点的数目。对存储的检测数据进行处理后将检测点进行点云拟合生成实际曲面，并用实际曲面代替理论曲面，再根据实际曲面对刀轨进行更新调整，生成加工程序。图 7.9 所示为流程图与线激光图。

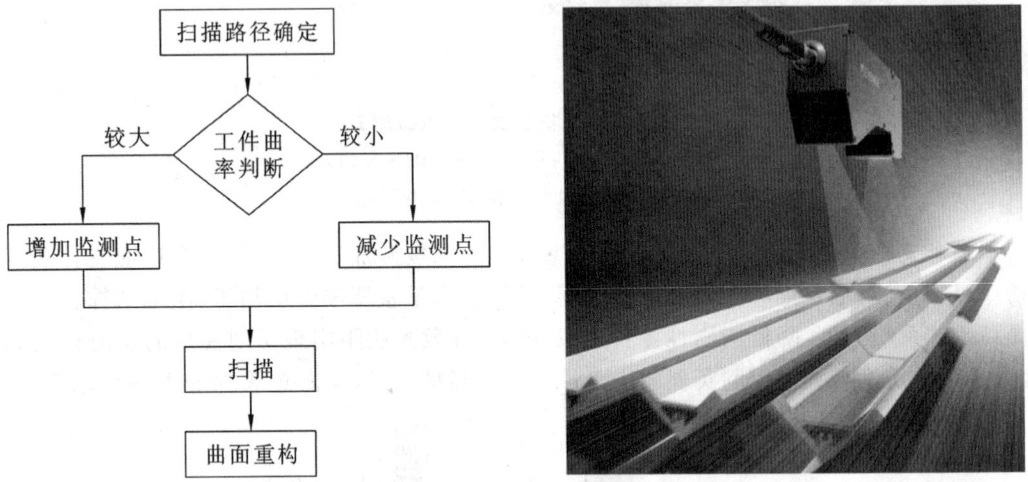

图 7.9　流程图与线激光图

3．壁厚实时测量系统

现在飞机蒙皮壁板的厚度采用手持式超声波测厚仪通过人工进行测量。由于是人工测量，厚度实测值受测量位置、超声波探头与测量面接触倾角、超声波探头所承受的力度等因素的影响。在飞机蒙皮壁板加工中对厚度有严格的要求，为消除在测量过程中人为因素引入的测量误差，引入在位厚度测量技术。通过机床 NC 代码控制测量加工零件上各点的厚度，实现工件厚度的在位测量。在内外立柱（即切削主轴与支撑头）随动加工时，由于蒙皮类零件形状复杂，曲率较大，需要在较大范围内及时调整法向，而电磁超声式非接触式测量不同于接触式测量，能够快速响应调整法向。图 7.10 所示为电磁超声原理图。

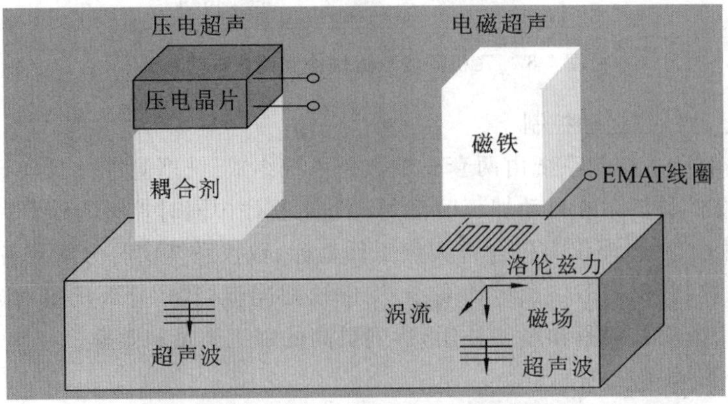

图 7.10　电磁超声原理图

4. 防划伤工件的随动顶紧系统

飞机蒙皮铣削的随动多点阻尼柔性支撑装置如图 7.11 所示，该装置周边分布有顶紧钢珠滚轮，与主轴头镜像运动，防止划伤表面，能够自适应工件表面形状，通过支撑局部增强工件的刚度和阻尼，克服了大型薄壁件固有频率密集、加工过程中易发生颤振和强迫振动的问题，并能减小加工过程中的振幅，改变工件的固有频率，提升加工过程中的稳定性，减小振动对壁厚和表面质量的影响。同时，阻尼支撑前端的滚轮，可以随着外部测量装置一起运动，实现内部铣削、外部随动的镜像铣削加工。

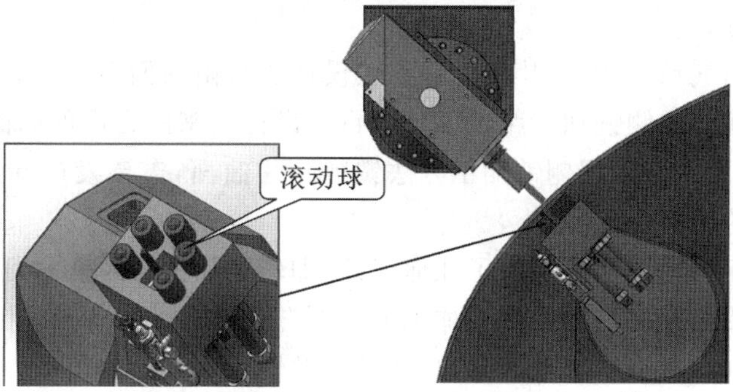

图 7.11　随动多点阻尼柔性支撑装置

5. 法向运动轴实时补偿控制

针对切削过程中的变形问题，开发了基于电动伺服控制的局部变形量实时非接触测量系统，实时控制非接触测量模块和法向运动轴运动，以及变形量的实时跟踪（图 7.12）。变形补偿周期为插补周期，实时补偿了薄壁工件在工件毛坯、支撑压力、铣削应力、壁厚改变等过程中产生的不可预测变形，实现了铣削深度、测厚和支撑进给量的自适应控制。

6. 铣边时的随动夹紧头压力与位置控制

飞机蒙皮边缘无法受到夹具支撑，因而在壁板边缘铣削加工时，工件变形严重，加工过程振动明显，加工精度严重降低，亟须一种压力与位置可控的随动局部夹紧机构，在加工过程中能根据理论模型以及实时变形测量，对随动夹紧头压力与位置进行控制，对加工区域提供优化后的局部支撑，增大切削刚度，提高加工质量。图 7.13 为随行支撑机构。

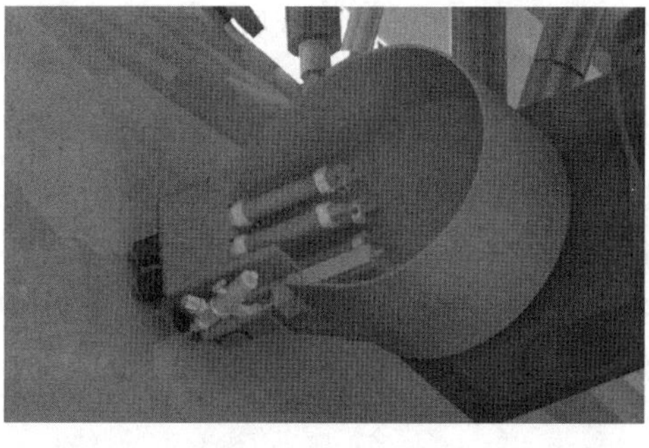

图 7.12　基于伺服和非接触测量的实时变形跟踪

图 7.13　随行支撑机构

（图片来源于德国库比亚公司）

7.2 设计-制造一体化

叶轮机械具有能量密度高和质量小的优势，被广泛应用于航空、航天、运输、石油、化工等行业。目前，金属切削方法仍然是叶轮制造技术的主流方法。五轴侧铣加工是提升整体叶轮类复杂曲面零件加工效率与质量的主要方法。目前，我国制造企业中大量使用球头刀端铣的点接触加工方式，需要密集的刀路来保证加工精度，因而加工效率低、表面质量差。而侧铣加工是用刀具侧刃成型的加工方法，也被称为侧铣加工，与点铣加工对比，它具有高切削带宽、高表面质量和高一致性的优点。

为了增强叶轮的气动性能，叶片曲面往往被设计成自由曲面。目前的商业 CAM 软件只能针对直纹面叶片曲面生成侧铣加工路径，因此，目前设计出来的自由的曲面叶片的曲面一般采用点铣加工方法。为了能够采用侧铣加工方法铣削叶片曲面，需要发展叶片曲面转换方法，将直纹面转换成近似的自由曲面[1-5]。

目前常用的曲面转换方法只考虑了几何误差，即转换后的直纹面尽可能逼近原自由曲面，这样转换得到的叶片曲面可能不能铣削加工或者要花费高成本才能铣削加工，因此在转换过程中需要考虑叶轮制造加工的约束，即刀具运动光顺性和直纹面的可展性[6]。在加工过程中刀具运动的光顺性会影响叶片表面质量。如果刀具在加工过程中有突然的大幅度摆动，很容易在叶片表面上留有刀痕，影响零件表面质量。刀具运动的光顺性可以在工件坐标系和机床坐标系中度量：采用曲面应变能度量刀具在工件坐标系中的光顺性[7-8]，采用机床两个旋转角的旋转运动度量刀具在机床坐标系中的光顺性[9-11]。在转换过程中考虑直纹面的可展性，则可以减小加工几何偏差。

曲面转换流程如图 7.14 所示，包括以下 5 个步骤：

(1) 在叶片曲面上生成一系列可选直线，计算每条直线与曲面之间的最大距离偏差。如果偏差超过给定的偏差值，则把该直线从可选直线中剔除。

(2) 以刀具运动光顺性和直纹面的可展性为度量指标，采用动态规划算法，在步骤(1)得到的可选直线中选择最优的直线。

(3) 插值步骤(2)得到的直线即可得到直纹面。采用多目标优化方法优化直纹面的形状控制参数，满足近似误差、光顺性和可展性要求。

(4) 重构叶轮的前尾缘，得到曲面转换后的叶轮模型。

(5) 输出转换后叶轮模型的几何参数，包括叶片角、叶片厚度等，检查转换前后这些几何参数的变化。

如果仅在制造过程中考虑曲面转换，会存在以下两个困难：一是高性能叶轮的可侧铣加工率很低。随着对叶轮压比和效率等工作性能要求的提高，设计的叶片形状变得越来越扭曲和复杂，尤其是航空发动机的轴流式叶轮，刀具包络面与设计曲面之间的偏差往往很大，难以进行侧铣加工。二是刀具包络面与叶片设计曲面偏差对叶轮工作性能的影响难以确定。即使刀具包络面与叶片曲面的偏差较小，但仍然可能改变叶片角和叶轮通道面积等关键参数，而工作性能和寿命对叶片不同区域误差的敏感度会差近十倍。

因此，上述曲面转换方法应该融入到叶轮设计过程中，达到叶轮设计制造一体化的效果，使得设计出来的叶片不仅能满足气动和结构要求，而且能够采用侧铣加工方法来铣削

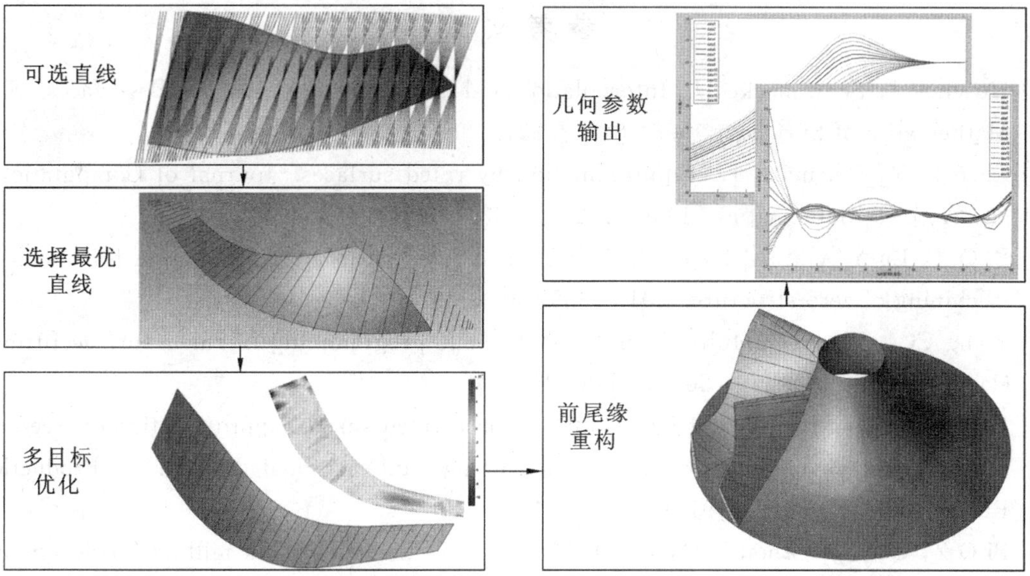

图 7.14　曲面转换流程

加工。其流程如图 7.15 所示，包括以下步骤：生成侧铣加工刀具路径、计算刀具包络面以刀具包络面作为叶片设计曲面、利用有限元软件分析叶轮的工作性能；如果叶轮的工作性能不满足要求，则调整刀具路径、改变刀具包络面，即叶片设计曲面，进而改变叶片的几何参数，然后重新分析叶轮工作性能。经过多次迭代，直到叶轮工作性能满足设计要求，实现可侧铣叶片曲面设计。

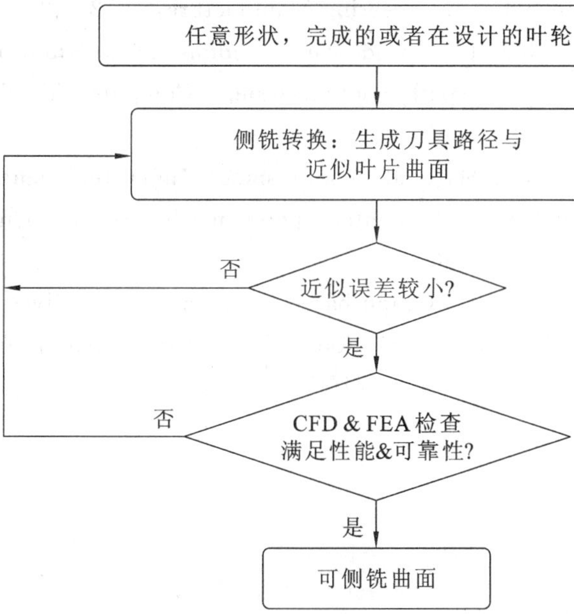

图 7.15　曲面设计制造流程

参考文献

[1] Hoschek J, Schwanecke U. Interpolation and approximation with ruled surfaces. The Mathematics of Surfaces, 1998, 8:213.231.

[2] Chen H Y, Pottmann H. Approximation by ruled surfaces. Journal of Computational and Applied Mathematics, 1999, 102(1):143.156.

[3] Bi Q Z, Lu Y A, Li Z L, et al. Constrained ruled surface reconstruction for 5-axis nc machining of aero-structure. 2013, 365:938-945.

[4] Wang CC, Elber G. Multi-dimensional dynamic programming in ruled surface fitting. Computer-Aided Design, 2014, 51:39-49.

[5] Han Z L, Yang D, Chuang J J. Isophote-based ruled surface approximation of freeform surfaces and its application in NC machining. International Journal of Production Research, 2001, 39(9):1911-1930.

[6] Bi Q Z, Chen H, Zhou X Q, Zhu L M, Ding H, Five-axis flank milling for design and manufacture of turbocharger compressor impeller, Proceedings of Turbo Expo 2014. June 16-20, Dusseldorf, Germany, 2014.

[7] Pechard P Y, Tournier C, Lartigue C, et al. Geometrical deviations versus smoothness in 5-axis high-speed flank milling. International Journal of Machine Tools &Manufacture, 2009, 49(6):454-461.

[8] Zheng G, Bi Q Z, Zhu L M. Smooth tool path generation for five-axis flank milling using multi-objective programming. Proceedings of the Institution of Mechanical Engineers, Part B: Journal of Engineering Manufacture, 2012, 226(2):247-254.

[9] Castagnetti C, Duc E, Ray P. The domain of admissible orientation concept: a new method for five-axis tool path optimisation. Computer-Aided Design, 2008, 40(9):938-950.

[10] Bi Q Z, Wang Y H, Zhu L M, et al. Wholly smoothing cutter orientations for five-axis NC machining based on cutter contact point mesh. Science China Technological Sciences, 2010, 53(5):1294-1303.

[11] Plakhotnik D, Lauwers B. Graph-based optimization of five-axis machine tool movements by varying tool orientation. The International Journal of Advanced Manufacturing Technology, 2014, 74(1-4):307-318.